“十四五”普通高等教育本科部委级规划教材

计算机应用基础

主　编　沈　沛　王亚坤　刘　萍
副主编　查金旺　黄恩平

中国纺织出版社有限公司

内 容 提 要

　　本教材是一本全面、系统、实用的计算机应用入门教材。本教材共有 6 个项目，主要内容包括计算机基础知识、使用 Windows 系统、使用 Word 2016 制作文档、使用 Excel 2016 制作电子表格、使用 PowerPoint 2016 制作演示文稿、局域网和 Internet 应用。通过学习这些内容，学生可以了解计算机的基本概念和原理，掌握 Windows 操作系统和 Office 办公软件的基本操作，以及网络基础知识和网络安全常识。

图书在版编目（CIP）数据

　　计算机应用基础 / 沈沛，王亚坤，刘萍主编 . --
北京 : 中国纺织出版社有限公司，2025. 1. --（"十
四五"普通高等教育本科部委级规划教材）. -- ISBN
978-7-5229-2328-4（2025.2 重印）

　　Ⅰ . TP3

　　中国国家版本馆 CIP 数据核字第 2024XF6411 号

責任编辑 : 顾文卓　　向连英　责任校对 : 高　涵　责任印制 : 储志伟

中国纺织出版社有限公司出版发行
地址 : 北京市朝阳区百子湾东里 A407 号楼　邮政编码 : 100124
销售电话 : 010—67004422　传真 : 010—87155801
http://www.c-textilep.com
中国纺织出版社天猫旗舰店
官方微博 http://weibo.com/2119887771
三河市海新印务有限公司印刷　各地新华书店经销
2025 年 2 月第 1 版第 2 次印刷
开本 : 787×1092　1/16　印张 : 24.5
字数 : 485 千字　定价 : 85.00 元（全两册）

凡购本书，如有缺页、倒页、脱页，由本社图书营销中心调换

党的二十大报告明确指出，教育是国之大计、党之大计。培养什么人、怎样培养人、为谁培养人是教育的根本问题。育人的根本在于立德。这一重要论述为我们指明了教育发展的方向。

本教材是一本全面、系统、实用的计算机应用入门教材。通过学习本教材，学生可以了解计算机的基本概念和原理，掌握Windows操作系统和Office办公软件的基本操作，以及网络基础知识和网络安全常识。同时，本教材还注重培养学生的计算机实践能力和创新思维，通过丰富的案例和实用的操作，引导学生将所学知识应用于实际生活和工作中，并作为学习其他专业课程的有力工具。在编写风格上，本教材采用图文并茂的方式，力求简洁明了、通俗易懂。同时注重理论与实践相结合，通过丰富的案例和实用的操作指南，帮助学生掌握计算机基础知识，提高解决实际问题的能力。

本教材注重知识的系统性、准确性和实用性，具有以下特点。

（1）体现任务驱动教学法思想。本教材采用了"任务描述—相关知识—任务实施"的任务驱动教学方式编写，适合以学生为主体、教师为主导的互动式教学模式。

（2）任务的选取贴近学生实际生活。例如，选择了制作海报、简历、毕业论文、成绩单等案例介绍Office软件的使用。

（3）兼顾理论思考与实训指导。为进一步提升学生的综合应用能力，本教材的每个项目都设计了项目实训和项目考核。

本教材由南昌职业大学沈沛、王亚坤、刘萍、查金旺、黄恩平五位老师共同编写。其中，沈沛、王亚坤、刘萍担任主编，负责编写工作的总体组织和审稿；查金旺、黄恩平担任副主编，负责统稿和校稿。本教材所有编写人员均具有多年计算机应用基础课程一线教学经历，教学经验丰富。

本教材在编写过程中得到了院校领导和教师的大力支持，在此一并表示感谢。由于编者水平有限，不足之处在所难免，恳请广大师生多提宝贵意见。

编者

2024 年 10 月

《计算机应用基础》配套素材

目录
CONTENTS

项目 4
使用 Excel 2016 制作电子表格 /135

项目 5
使用 PowerPoint 2016 制作演示文稿 /189

项目 6
局域网和 Internet 应用 /227

W

计算机基础知识

项目导读

目前，计算机已成为人们不可或缺的工具，它极大地改变了人们的工作、学习和生活方式，成为信息时代的主要标志。本项目将带领大家了解计算机的一些基础知识，包括计算机的发展及其应用领域，计算机系统的构成，计算机中使用的数制和字符编码等，以便对计算机有一个总体认识。同时，本项目还将介绍软件国产正版化，知识产权（版权、商标、专利等），计算机病毒与防护等知识。

学习目标

◆ 了解计算机发展及应用领域。
◇ 掌握计算机系统的组成，以及微型计算机的基本结构和各部件的功能。
◆ 了解组装计算机的方法和技巧。
◇ 了解计算机中数的表示方法及数据存储基本单位。
◆ 了解软件国产化，知识产权知识。
◇ 了解计算机病毒的基本知识。
◆ 掌握计算机病毒的防护。

任务 1.1　计算机的发展及其应用领域

世界上第一台电子计算机重达 30 余吨，占地面积约 160 平方米（相当于两三间教室的面积），由 1.8 万个电子管组成，耗电功率约 150 千瓦。从庞然大物到可随身携带的掌上电脑，计算机的发展究竟经历了怎样的历程？从最初的数值计算到可以利用计算机进行日常娱乐、办公等，计算机究竟为我们的生活和工作带来了哪些变化？下面我们将进入一个精彩的计算机世界。

1.1.1　计算机技术的发展

自 1946 年 2 月 15 日世界上第一台电子计算机 ENIAC 诞生以来，计算机技术获得了迅猛发展。计算机的发展可以根据所用电子器件划分为电子管、晶体管、集成电路、大规模及超大规模集成电路 4 个时代。

（1）第一代：电子管计算机（1946—1958 年）。

电子管计算机如图 1-1 所示，其主要特点是：硬件方面采用电子管作为基本逻辑电路元件，主存储器采用汞延迟线、磁鼓和磁芯，外存储器采用磁带；软件方面只能使用机器语言和汇编语言；计算机体积庞大、功耗大、可靠性差、速度慢且价格昂贵；应用以科学计算为主。

图 1-1　电子管计算机

（2）第二代：晶体管计算机（1959—1964 年）。

晶体管计算机如图 1-2 所示，其主要特点是：硬件方面采用晶体管作为基本逻辑电路元件，主存储器主要采用磁芯，外存储器开始采用磁盘；软件有了很大发展，出现了各种各样的高级语言及其编译程序，还出现了以批处理为主的操作系统；计算机体积大大缩小，耗电量减少，可靠性提高；应用以科学计算和各种事务处理为主，并开始用于工业控制。

图 1-2　晶体管计算机

（3）第三代：集成电路计算机（1965—1970 年）。

集成电路计算机如图 1-3 所示，其主要特点是：硬件方面主要采用中、小规模集成电路，主存储器开始采用半导体存储器；软件方面的计算机程序设计语言进行了标准化工作，并提出了结构化程序设计思想；计算机的体积进一步减小，运算速度、运算精度、存储容量及可靠性等主要性能指标大为改善；计算机的应用领域和普及程度有了迅速发展。

图 1-3　集成电路计算机

（4）第四代：大规模及超大规模集成电路计算机（1971 年至今）。

大规模及超大规模集成电路计算机的主要特点是：硬件方面，计算机逻辑部件由大规模和超大规模集成电路组成，主存储器采用半导体存储器，计算机外围设备多样化、系列化；软件方面，实现了软件固化技术，出现了面向对象的计算机程序设计思想。

在第四代计算机发展过程中，最重要的成就之一表现在微处理器的体积不断减小，集成度不断提高，运算速度越来越快，计算机逐渐向微型机方向发展，使计算机逐渐走进办公室、学校或普通家庭，应用领域不断拓展。如图 1-4 所示的是日常使用的个人计算机，如台式机、笔记本电脑等，它们都属于微型计算机。

台式机　　　　　笔记本电脑　　　　　一体机　　　　　平板电脑

图 1-4　微型计算机

提示

> 　　说到计算机的发展，就不能不提到美国科学家冯·诺依曼。20 世纪 30 年代中期，诺依曼提出了电子计算机存储程序的理论。直到今天，计算机内部依然采用这种机制，其特点是：计算机由输入设备、控制器、运算器、存储器、输出设备五大部分组成。输入设备用来输入原始数据和指令；控制器根据用户给出的指令对计算机的其他部件发出各种控制信号；运算器用来对数据进行运算；存储器用来存储数据处理前和处理后的结果；输出设备用来输出计算结果。

　　目前，计算机正在朝着量子化方向发展。量子计算机是一种全新的基于量子理论的计算机，它遵循量子力学的规律来进行高速的数学和逻辑运算、存储及处理量子信息，这种计算机的概念源于对可逆计算机的研究。量子计算机应用的是量子比特，可以同时处在多个状态，而不像传统计算机那样只能处于 0 或 1 的二进制状态。

　　2017 年 5 月 3 日，中国科学技术大学常务副校长潘建伟宣布，在光学体系，研究团队在 2016 年首次实现十光子纠缠操纵的基础上，利用高品质量子点单光子源构建了世界首台超越早期经典计算机的单光子量子计算机。同年 12 月，德国康斯坦茨大学与美国普林斯顿大学及马里兰大学的物理学家合作，开发出了一种基于硅双量子位系统的稳定的量子门。2018 年 12 月 6 日，首款量子计算机控制系统 OriginQ Quantum AIO 在中国合肥诞生，该系统由本源量子开发。2019 年 1 月 10 日，IBM 宣布推出世界上第一台商用的集成量子计算系统：IBM Q System One。

　　量子计算主要应用于复杂的大规模数据处理与计算难题，以及基于量子加密的网络安全服务。基于自身在计算方面的优势，量子计算在金融、医药、人工智能等领域有着广阔的市场。量子计算机如图 1-5 所示。

图 1-5　量子计算机

1.1.2　计算机应用领域

　　计算机问世之初，主要用于数值计算，"计算机"也因此得名。但随着计算机技术的发展，计算机的应用范围不断扩大，不再局限于数值计算，它被广泛地应用于数据处理、自动控制、计算机辅助设计、计算机辅助制造、计算机辅助教学、人工智能、多媒体技术、计算机网络等领域。

　　（1）科学计算。

　　科学计算又称数值计算，它是计算机最早的应用领域。科学计算是指计算机用于完成科学研究和工程技术中所提出的数学问题的计算。这类计算往往公式复杂、难度很大，用一般计算工具或人力难以完成。

在物理学中，计算机可以模拟粒子的运动和相互作用。例如，通过大型计算机模拟宇宙大爆炸后的物质演化过程，从而帮助科学家更好地理解宇宙的形成和发展。

在化学领域，计算机用于计算和模拟分子结构和化学反应。例如，预测新药物分子的活性和毒性，加速药物研发的进程。

在气象学中，计算机可以进行复杂的气象模型运算，以预测天气变化。例如，天气预报系统能够根据大量的气象数据，预测未来几天甚至几周的天气情况。

在数学领域，计算机可以解决复杂的数学难题，如求解大型矩阵的特征值和特征向量。

在生物学中，计算机可以通过分析基因序列和模拟生物进化过程，推动生命科学的研究。

计算机在科学计算领域的应用，为科学研究和工程实践提供了强大的工具，加速了知识的发现和创新。

（2）数据处理。

数据处理是指在计算机上管理、加工各种数据资料，从而使人们获得更多有用信息的过程。数据处理是计算机的主要应用领域之一，涵盖了对大量数据的收集、存储、整理、分类、统计和分析等操作，以提取有价值的信息和知识。

在企业管理中，计算机通常用于处理财务数据。例如，使用财务软件自动计算收支、生成财务报表，帮助企业作出财务决策，如用友、金蝶等财务系统。如图 1-6 所示的是金蝶 KIS 财务管理系统示意图。

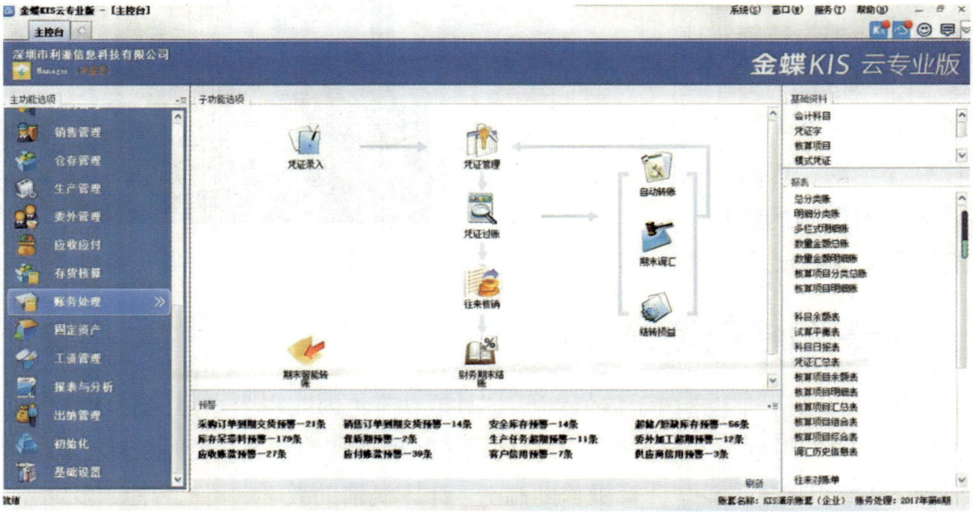

图 1-6　金蝶 KIS 财务管理系统

在人力资源管理方面，计算机可以管理员工的信息，包括考勤、绩效评估等。例如，一些企业使用的人力资源管理系统，可以快速统计出员工的工作时长和绩效得分。

在市场营销中，计算机可以处理消费者的购买行为数据，进行市场分析和客户细分。例如，电商平台通过分析用户的购买历史和浏览记录，为用户推荐个性化的商品，淘宝、京东等网购平台就是很好的例子。

在医疗领域，计算机可以处理患者的病历和医疗数据，辅助医生进行诊断和治疗决策。例如，医院的信息系统可以存储患者的检查结果、诊断记录等，方便医生随时查阅和对比。

政府部门可以利用计算机处理各种政务数据，如人口统计、税收信息等。例如 国家统计局通过收集和分析大量的数据，发布各种统计报告。

计算机在数据处理领域的应用，大大提高了工作效率和决策的科学性，为各个领域的发展提供了有力支持。

（3）自动控制。

自动控制是指利用计算机对某一过程进行自动操作的行为。它不需要人工干预，能够按照人们预定的目标和状态进行过程控制。

在工业生产方面，计算机可实现对生产流程的精确控制。例如，在化工生产中，通过计算机控制反应的温度、压力、流量等参数，确保生产过程的稳定和产品质量的一致性。

智能交通系统，计算机可以控制交通信号灯的切换时间，根据实时交通流量进行调整，以减少拥堵。例如，一些大城市的交通管理中心，利用计算机算法优化信号灯设置。

在农业领域，温室大棚的环境控制可以由计算机完成，它能自动调节温度、湿度、光照等条件，为农作物创造适宜的生长环境。

机器人制造方面，计算机编程可以控制机器人的动作和操作。例如，在汽车生产线上，机器人在计算机的控制下进行焊接、喷漆等工作，提高生产效率和精度，如图 1-7 所示。

图 1-7　机器人焊接

智能家居系统方面，计算机可以控制家电设备的运行。例如，根据设定的时间和环境条件自动开启或关闭灯光、空调等。

在电力系统方面，计算机可以实现对电网的监控和调度，确保电力的稳定供应和合理分配。

计算机在自动控制领域的应用，使得各种系统能够高效、准确地运行，提高了生产效率和生活质量。

（4）计算机辅助系统。

计算机辅助系统是指利用计算机来辅助完成特定任务或工作的系统，它极大地提高了工作效率和质量。计算机辅助系统包括计算机辅助设计、计算机辅助制造和计算机辅助教学等。

①计算机辅助设计（CAD）。建筑师和工程师可以使用 CAD 软件来创建精确的二维和三维设计图。例如，在建筑设计中，可以设计出建筑物的外观、结构和内部布局；在汽车制造中，计算机能设计汽车的外形和零部件，如图 1-8 所示。常见的 CAD 软件有 AutoCAD、SolidWorks 等。

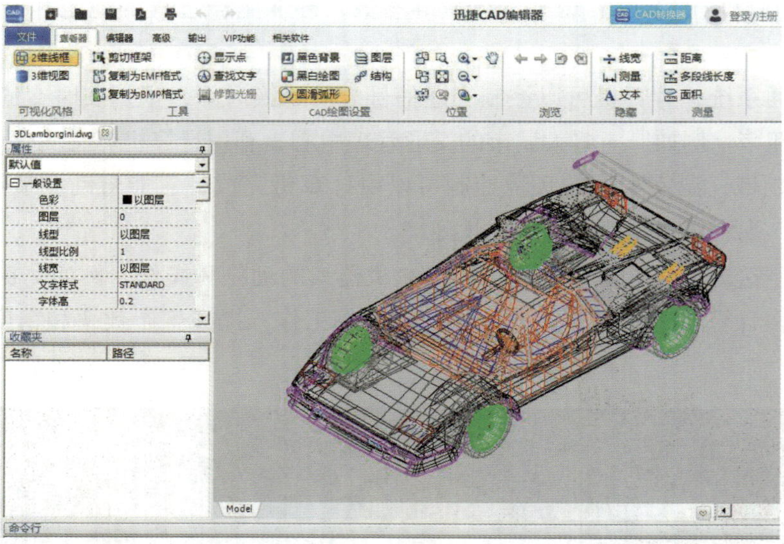

图 1-8　汽车 CAD 设计图

②计算机辅助制造（CAM）。控制机床等生产设备进行自动化制造。例如，在数控加工中，CAM 系统根据 CAD 设计生成加工指令，精确控制机床切削零件。

③计算机辅助教学（CAI）。通过多媒体元素（如动画、视频、交互练习等）辅助教学。例如，在线学习平台上的课程，包含各种互动式的学习内容，可以帮助学生更好地理解知识。

④计算机辅助测试（CAT）。自动生成和评估测试题，快速准确地评估学生或员工的知识和技能水平。许多在线考试系统都属于 CAT 应用。

⑤计算机辅助工程（CAE）。对工程结构和性能进行分析和模拟。例如，在航空航天

领域，模拟飞机机翼在不同条件下的受力情况，优化设计。

总之，计算机辅助系统在各个领域的应用，为专业人员提供了强大的工具，促进了创新和发展。

（5）人工智能。

人工智能（Artificial Intelligence，AI）是指让计算机模拟人类的某些智力行为，它对未来世界的影响极大。例如，可以用计算机模拟人脑的部分功能进行思维、学习、推理、联想和决策，使计算机具有一定的"思维能力"。

机器学习方面，计算机通过处理大量有标记的数据，如图像分类任务中，给计算机提供大量已标记为猫、狗等的图片，让其学习如何识别新的未知图片所属的类别。

自然语言处理方面，计算机可以将一种语言自动翻译成另一种语言，如谷歌翻译等工具。此外，计算机能够理解用户提出的问题，并给出准确的回答，如智能客服。

智能语音技术方面，计算机可以将人类的语音转换为文字，如语音输入法。计算机还可以完成语音合成，即将文字转换为自然流畅的语音，例如导航软件中的语音播报。AI 交互数字人对话。

智能推荐系统的典型是电商平台的应用，计算机可以根据用户的浏览和购买历史，为用户推荐可能感兴趣的商品。计算机还要完成内容推荐，如视频网站、音乐平台为用户推荐个性化的视频和音乐。

人工智能一直在争议中前行，在利用人工智能造福人类，使人类变得更智慧。

（6）大数据应用。

大数据是指无法在合理时间内用常规软件工具进行捕捉、管理和处理的庞大数据集合。大数据技术的核心在于对这些数据进行有效的存储、处理、分析和挖掘，以从中提取有价值的信息和知识，从而支持决策制定、业务流程优化、风险管理、市场分析等。大数据的应用已经渗透到各个行业，包括互联网、金融、医疗、交通、教育、零售等。

金融领域，我们可以通过计算机更好地完成客户的信用评估，整合客户的财务数据、消费数据、社交数据等多源数据，进行更准确的信用评估，降低信贷风险。例如，蚂蚁金服通过大数据分析为用户提供信用评分，决定其贷款额度。另外，计算机可以帮助银行完成客户洞察，更好地了解客户的需求和行为，从而提供个性化的金融产品和服务。例如，中国建设银行通过大数据技术构建风险控制系统，进行信贷审批、客户个性化推荐等。

医疗健康领域，计算机可以实现疾病监测与防控，收集和分析大量的医疗数据，包括患者的症状、诊断结果、治疗方案等，及时发现疾病的流行趋势和异常情况。另外，药物研发方面，通过计算机可以分析药物试验数据、基因数据等，以加速药物研发过程，提高研发成功率。例如，辉瑞公司在研发新药时，借助大数据技术筛选潜在的有效化合物。医疗大数据可视化分析系统，如图 1-9 所示。

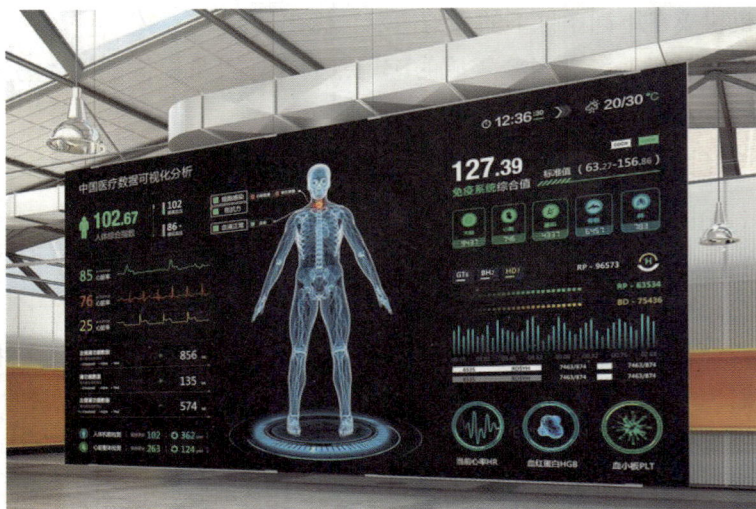

图 1-9　医疗大数据可视化分析系统

制造业领域，计算机可以提高质量控制能力，如分析生产过程中的数据，实时监测产品质量，及时发现质量问题并进行调整。汽车制造企业可以通过对生产线上的传感器数据进行分析，确保汽车零部件的质量。计算机还可以提高企业的供应链管理，整合供应商、库存、生产计划等数据，优化供应链，减少库存积压和缺货情况，如苹果公司利用大数据管理其全球供应链。

教育领域，计算机可以实现学习行为分析，跟踪学生的学习过程数据，如在线学习时间、作业完成情况、考试成绩等，了解学生的学习特点和需求，提供个性化的教育支持。例如，一些在线教育平台根据学生的学习数据，推送适合的课程和练习。

总之，计算机在大数据领域的应用已经深入到各个行业，通过对海量数据的分析和处理，为决策提供支持，提高效率，创造价值。

（7）多媒体应用。

多媒体（Multimedia）是文本、动画、图形、图像、音频和视频等各种媒体的组合物。近年来，多媒体技术被广泛应用于各行各业，以及家庭娱乐等。

在图像方面，计算机用于图像的获取、编辑和处理。例如，摄影师使用图像编辑软件（如 Adobe Photoshop）对照片进行调色、裁剪和修饰，以达到理想的视觉效果。

音频领域，计算机可以实现音频的录制、编辑和合成。例如，音乐制作人借助专业音频软件（如 Cubase）创作和制作音乐，还能通过语音识别技术，如智能语音助手实现语音控制。

视频方面，计算机支持视频的拍摄、剪辑和特效制作。电影和电视剧的后期制作使用 Adobe Premiere Pro 等软件添加特效、剪辑片段，如《流浪地球》中的特效场景。

动画制作方面，计算机可以辅助生成二维和三维动画。例如，三维动画《哪吒之魔童降世》就是依赖计算机技术进行创作的。

多媒体教学中，计算机可以结合图像、音频和视频等元素，提供丰富的教学资源。

例如，在线教育平台（如学而思网校）的课程包含动画演示、视频讲解等。

虚拟现实（VR）和增强现实（AR）领域，计算机可以创造沉浸式体验，如 VR 游戏《节奏光剑》让玩家身临其境地享受游戏，AR 应用，如支付宝的集五福活动通过手机摄像头将虚拟元素与现实场景结合。

计算机在多媒体领域的不断发展和创新，为人们带来了更加丰富、生动和便捷的信息交流和娱乐方式。

（8）计算机网络。

计算机网络是现代计算机技术与通信技术高度发展和密切结合的产物，它利用通信设备和线路将地理位置不同、功能独立的多个计算机系统互连起来，实现网络中的资源共享和信息传递。例如，全世界最大的计算机网络Internet（因特网）把整个地球变成了一个小小的村落，人们可以方便地在网上查询信息、下载资源、通信、学习、娱乐和交易等。

在通信方面，计算机网络让人们能够便捷地进行远程交流。例如，通过电子邮件（如 Gmail 、Outlook ），人们可以随时随地发送和接收邮件；即时通讯工具如微信、QQ ，让人们能够实时文字聊天、语音通话和视频通话。

资源共享是计算机网络的重要应用。在云存储服务中，如百度网盘、OneDrive ，用户可以将文件上传并在不同设备上进行访问和下载。软件共享方面，开源软件社区（如 GitHub ）允许开发者共享代码和项目。

在商业领域，电子商务平台（如淘宝、京东）可以借助网络实现商品的在线销售和交易。企业内部也可以通过网络搭建办公系统，实现协同工作，如使用钉钉进行考勤、审批等工作流程。

总之，计算机网络已经深入到人们生活和工作的各个方面，极大地改变了信息交流和资源利用的方式。

任务 1.2　计算机的系统组成

1.2.1　计算机系统组成概述

现代计算机系统由硬件系统和软件系统两大部分组成。硬件系统是指直观的机器部分，一般来说是看得见摸得着的部分，以台式计算机为例，它包括主机、显示器、键盘和鼠标等设备，如图 1–10 所示；软件系统是相对于硬件而言的，是指为计算机运行工作服务的各种程序、数据及相关资料。

计算机硬件系统和软件系统相辅相成，缺一不可。没有软件系统的计算机就像是一具僵硬的躯壳，无法为我们做任何事情；同样，如果没有硬件系统的支持，软件系统将无处安身。

图 1-10　台式计算机外观

1.2.2　计算机主机配置

主机是计算机硬件系统的核心。在主机箱的前后面板上通常会配置一些设备接口、按键和指示灯等，如图 1-11 所示。虽然主机箱的外观样式千变万化，但这些设备接口、按键和指示灯的功能基本上大同小异。

在主机的内部包含主板、CPU、存储器、显卡、声卡、光盘和光驱、电源等部件，它们共同决定了计算机的性能。

电源接口
PS2接口
USB3.0接口
网络接口
USB2.0接口
HDMI接口
VGA接口
5.1声道音频接口
PCI-EX16
2个PCI-EX1
PCI接口

光驱接口
音频接口
USB2.0接口
软驱读卡器接口
开机按钮

图 1-11　主机前后面板

（1）主板。

主板又称母板，它是一块印刷电路板，是计算机中其他组件的载体，在各组件中起着协调工作的作用，如图 1-12 所示。主板主要由 CPU 插座、总线及总线扩展槽（如内存插槽、显卡插槽和PCI扩展槽)、各种I/O设备接口(如ATX电源接口、显示器信号接口、USB接口、网络接口、音源输入插孔等),以及其他集成电路等组成。

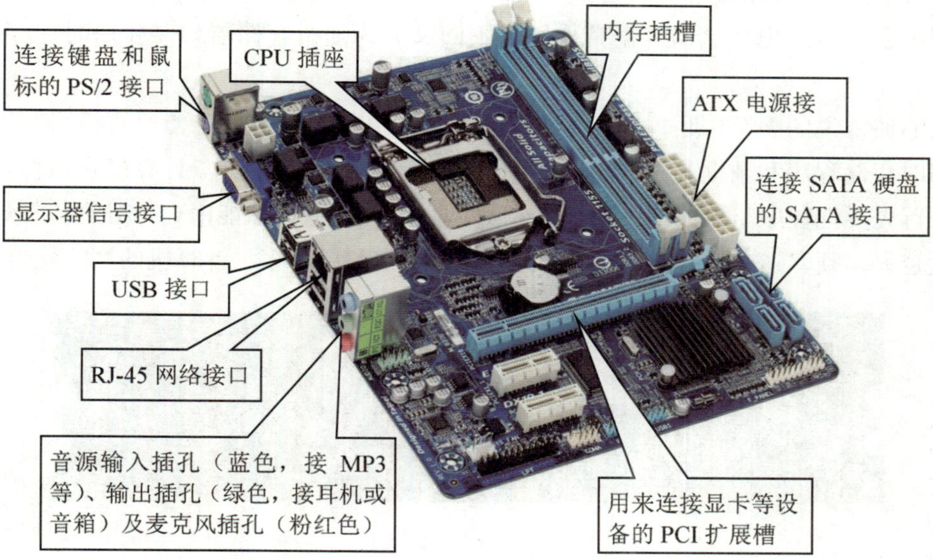

连接键盘和鼠标的 PS/2 接口

CPU 插座

内存插槽

ATX 电源接

连接 SATA 硬盘的 SATA 接口

显示器信号接口

USB 接口

RJ-45 网络接口

音源输入插孔(蓝色,接 MP3 等)、输出插孔(绿色,接耳机或音箱)及麦克风插孔(粉红色)

用来连接显卡等设备的 PCI 扩展槽

图 1-12 主板

总线和总线扩展插槽:总线用于在计算机的各个部件之间传输信息;总线扩展槽用来连接计算机的内存、显卡等部件。总线按传输信息的不同分为数据总线、地址总线和控制总线,分别用来在设备之间传输数据、地址和控制信息。

输入输出(I/O)接口:输入输出接口主要用来连接计算机的各种外设,包括 PS/2 接口(用来连接鼠标和键盘)和USB接口等。其中,USB接口是电脑中最常用的接口,可以用来连接键盘、鼠标、打印机、扫描仪、摄像机、数码相机、U盘等设备,具有传输数据速度快,可在开机状态下插拔(即热插拔)设备等优点。

(2)CPU。

CPU(Central Processing Unit)的中文名称是中央处理器,它由控制器和运算器组成,是计算机的指挥和运算中心,其重要性好比大脑对于人一样,负责整个系统的协调、控制及运算,如图 1-13 所示。CPU的规格决定了计算机的档次。

CPU的速度主要取决于主频、核心数和高速缓存容量。主频单位有MHz、GHz,现在都以GHz为单位,表示每秒运算的次数。主频越高,电脑运算速度越快。例如,采用酷睿 3.0 GHz 的电脑要快于采用酷睿 2.0 GHz 的电脑。

图 1-13 CPU

(3)存储器。

存储器是计算机中用来存储指令和数据的部件。按照存储器和CPU的关系,可以将其分为内存储器(也称为主存储器)和外存储器(也称为辅存储器)。它们的主要区别是:

内存储器是CPU直接读取信息的地方，程序和数据必须先调入内存储器才能由CPU处理；内存储器存取数据的速度快，而外存储器相对较慢；内存储器的容量小，而外存储器的容量可以很大；内存储器中的数据在关机后消失，而外存储器中的数据可以永久保存。

①内存储器。内存储器根据其作用的不同又分为随机存储器（RAM）和只读存储器（ROM）。

我们通常说的内存（图1-14）便是随机存储器（RAM），它的特点是可读可写，主要用于临时存储程序和数据，关机后在其中存储的信息会自动消失。计算机在执行各种程序时，首先要把程序与数据调入内存（如从硬盘调入），这样才能由CPU处理。显然，内存容量越大，频率越高，CPU在同一时间处理的信息量就越多，计算机的性能就越好。

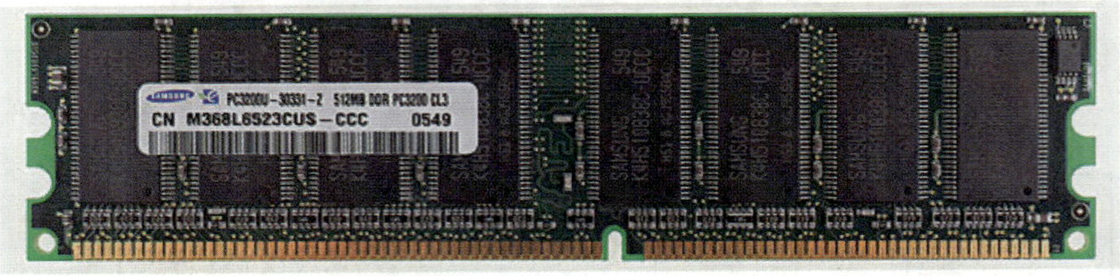

图 1-14　内存

只读存储器（ROM）的特点是只能读出信息，不能写入信息，它通常是主板厂家固化在主板上的一块芯片，其中存储的是计算机的自检程序及输入输出程序等系统服务程序，这些信息可以永久保存而不受断电影响。

②外存储器。外存储器包括硬盘、光盘、U盘和移动硬盘等，它们是计算机的辅助存储设备，这里先介绍硬盘。

硬盘固定在主机箱内，并通过主板的IDE或SATA接口与主板连接，是计算机最主要的外存储器，计算机中的大多数文件都存储在硬盘中，如图1-15所示。例如，为计算机安装操作系统及应用软件，实际上就是将相关文件"复制"到硬盘中。此外，对于一些有价值的图像、文档等，也通常将其保存在硬盘中。

图 1-15　硬盘

硬盘容量较大，因此对于新硬盘，需要先对其进行分区（即将硬盘划分为多个存储空间）才能使用。用户可利用操作系统对硬盘以及硬盘中存储的文件进行管理。

（4）显卡。

显卡又称显示卡或显示适配卡，它插在主板的PCI-E16扩展槽上，如图1-16所示。显卡的早期作用是将CPU处理过的输出信息转换成字符、图形和颜色等传送到显示器上显示。现在，显卡已经拥有独立的图形处理功能。此外，一些低档计算机也将显卡集成到了主板上。

图 1-16　显卡

（5）声卡。

利用声卡可以播放和录制声音。早期的声卡都是独立的，插在主板的 PCI 扩展槽上，如图 1-17 所示。现在由于集成电路技术的发展，很多主板直接集成了声卡的全部功能。

图 1-17　声卡

（6）光盘和光驱。

光盘用来存储需要备份或移动的数据。常见的光盘分为 CD 和 DVD 两种类型，CD 光盘的容量一般为 650 MB，DVD 光盘的容量一般为 4.7 GB 或更大。

根据其使用特点，光盘又分为只读光盘和刻录光盘两种类型。只读光盘（CD-ROM 和 DVD-ROM）只能从中读取信息而不能写入信息，通常这些信息是厂家预先写入的；刻录光盘分一次性写入光盘（CD-R 和 DVD-R）和可擦写光盘（CD-RW 和 DVD-RW），用户可将信息刻录（写入）到此类光盘中，其中可擦写光盘可多次擦除和写入信息。

光驱又称光盘驱动器，用来读取或写入光盘数据，如图 1-18 所示。光驱一般固定在主机箱内，并通过主板的 IDE 或 SATA 接口与主板连接。

图 1-18　光驱

根据功能及所使用的存储介质的不同，光驱可分为 CD-ROM（能读 CD 光盘）、CD-RW（能刻录和读 CD 光盘）、DVD-ROM（能读 CD、DVD 光盘）、DVD-RW（能刻录和读 CD、DVD 光盘）等类型。我们也将能刻录光盘的光驱称为刻录机。

（7）电源。

电源用于为计算机各配件提供电力，电源质量的好坏将影响计算机运行的稳定性，如图 1-19 所示。

1.2.3　计算机外设配置

图 1-19　电源

除了主机内的配件外，一台完整的计算机还应包括 3 个基本外设——显示器、键盘和鼠标。此外，为了扩充计算机的功能，用户还可以为计算机配置打印机、音箱、麦克风、摄像头、U 盘等辅助设备。

（1）显示器。

①显示器：计算机输出的关键窗口。显示器作为计算机最重要的输出设备，承担着至关重要的角色。它能够实时地在屏幕上呈现使用者的键盘和鼠标操作情况，清晰地展示程序的运行结果，精准地反映内存中的各类信息。不仅如此，在我们观看 VCD、DVD 影片时，显示器更是让我们得以欣赏精彩的影像。

②常见显示器类型。现阶段，常用的显示器主要分为两大类（图 1-20）：阴极射线管显示器（CRT）：具有一定的历史和特点。液晶显示器（LCD）：其优势逐渐凸显。

图 1-20 显示器

③显示器的屏幕尺寸规格。若依据屏幕尺寸来划分，这两类显示器可进一步细分为17 英寸（0.4318 米）、19 英寸（0.4826 米）以及 21 英寸（0.5334 米）等不同规格。

④两类显示器的特点对比。与 CRT 显示器相比，LCD 显示器具有诸多优点。首先，其机身较为轻薄，便于安置和携带；其次，在节能省电方面表现出色；再者，无辐射的特性对使用者的健康更为友好；最后，其画面柔和，能够有效保护眼睛，减少视觉疲劳。然而，LCD 显示器也存在一定的不足，如在色彩丰富度方面，不如 CRT 显示器。

⑤当前的使用趋势。就目前的情况而言，一般都倾向于使用 LCD 显示器，这主要是基于其众多的优点以及更符合现代使用需求。例如，在办公室环境中，轻薄的 LCD 显示器能够节省空间，且无辐射的特点让长时间使用电脑的工作者减少了健康风险。而在家庭使用中，省电和画面柔和不伤眼的特性，也使得 LCD 显示器成为首选。

（2）键盘和鼠标。

键盘和鼠标主要用于向计算机发出指令和输入信息，是计算机最主要的输入设备，如图 1-21 所示。

图 1-21 键盘和鼠标

（3）打印机。

打印机可以将用户编排好的文档、表格及图像等内容输出到纸张上。目前打印机主要分为针式打印机、喷墨打印机和激光打印机三种类型。

➡️ **针式打印机**：针式打印机是早期的机械式打印机，打印噪声较大，一般只用来打印票据，如银行存折、财务发票、条形码等。

➡️ **喷墨打印机**：喷墨打印机使用墨盒作为耗材，其优点是打印机价格低，使用成本低（耗材较便宜）；缺点是打印速度稍慢，因而适合打印量不大的场合。

➡️ **激光打印机**：激光打印机使用硒鼓作为耗材，其优点是打印速度快，因而适合打印量较大的场合；缺点是打印机价格高，且使用成本较高（耗材贵）。

（4）优盘。

优盘（U盘）也称闪盘，是一种小巧玲珑、易于携带的移动存储设备，如图1-22所示。U盘的接口是USB，使用时无须外接电源，且可在计算机开机状态下进行热插拔和快速读写、删除数据。U盘还具有防震功能，因此便于在不同计算机之间传输数据。

图 1-22　U盘

（5）移动硬盘。

①机械式移动硬盘。移动硬盘是由普通硬盘和硬盘盒共同构成的。硬盘盒不仅能够为硬盘提供保护，更为关键的是，它能把硬盘的SATA接口（或者IDE接口）转化为可热插拔的USB或其他标准接口，从而与计算机相连，达成移动存储的目的，如图1-23所示。由于采用了普通硬盘作为数据的承载媒介，移动硬盘的显著优势在于拥有较大的存储容量。然而，移动机械硬盘也存在一些不足。它惧怕振动，功耗相对较大，而且数据传输速度较慢。

图 1-23　移动硬盘

②固态硬盘。当前常见的移动硬盘中，固态硬盘（SSD）也是重要的一员。简而言之，SSD是通过固态电子存储芯片阵列制成的硬盘。其芯片的工作温度范围十分宽泛，商规产品在 0℃ ~ 70℃，工规产品则在 –40℃ ~ 85℃。尽管成本较高，但目前也已在DIY市场逐渐普及。

SSD属于一种电脑外部存储设备，可以是永久性存储器，如闪存；也可以是非永久性存储器，如同步动态随机存取存储器（SDRAM）。在笔记本电脑中，固态硬盘常被用来替代传统的常规硬盘。虽然在固态硬盘内部不再有可旋转的盘状结构，但依据人们的命名习惯，这类存储器依然被称为"硬盘"。固态硬盘的内部结构图，如图1-24所示。

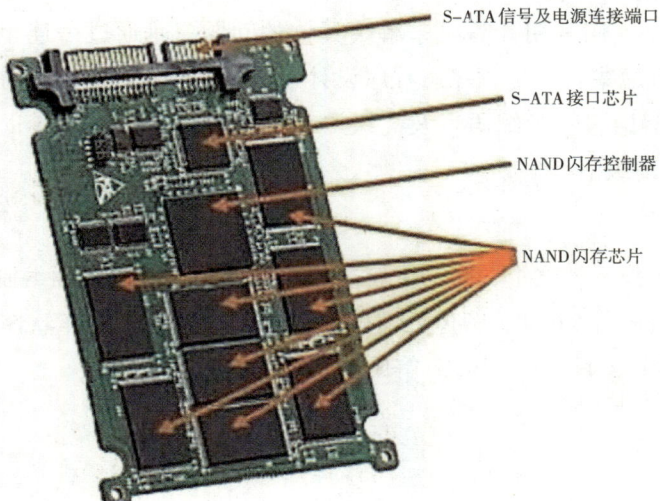

S-ATA信号及电源连接端口

S-ATA接口芯片

NAND闪存控制器

NAND闪存芯片

图 1-24　固态硬盘的内部结构图

举例来说，在一些需要频繁移动办公的场景中，如果使用机械移动硬盘，稍有不慎的振动就可能导致数据损坏；而固态硬盘则能很好地应对这种情况。又如，在一些对温度环境要求苛刻的工业应用中，固态硬盘宽泛的工作温度范围就体现出了优势。

1.2.4 计算机软件系统

软件是指为计算机运行工作服务的各种程序、数据及相关资料。软件是计算机的灵魂，是计算机具体功能的体现，要让计算机为我们工作，必须在计算机中安装相应的软件。一台没有安装软件的计算机无法完成任何有实际意义的工作。

软件主要分为系统软件和应用软件两大类，下面分别对它们进行介绍。

（1）系统软件。

系统软件是管理和控制计算机软、硬件资源的软件，其功能是使计算机正常工作或具备解决某些问题的能力。系统软件包括操作系统、数据库管理系统和各种程序设计语言。

①操作系统。操作系统作为控制和管理计算机软、硬件资源的平台，在计算机系统中具有特殊的重要地位。计算机只有安装了操作系统才能正常运转。这主要是由于一方面，用户需要借助操作系统来操控计算机，从而能够合理且有效地利用各种资源，而无须直接对计算机硬件进行操作；另一方面，计算机中其他所有的软件都是建立在操作系统的基础之上，并获得其支持与服务。

常见的操作系统有 Windows、Linux 等。其中，Windows 是最为常用的操作系统之一，涵盖了 Windows XP、Windows 2003、Windows 2008、Windows Vista、Windows 7、Windows 8、Windows 10 、Windows 11 等多个版本。

②数据库管理系统。数据库管理系统是用户建立、使用和维护数据库的软件，简称 DBMS。目前，常用的数据库管理系统有 Visual FoxPro，Sybase，MySQL、Oracle，SQL Server 等。

③程序设计语言。人们利用计算机来解决具体的问题，是通过一连串的指令来实现的，一连串指令的有序集合就是程序。程序设计语言是用来编制各种程序所使用的计算机语言，它包括机器语言、汇编语言及高级语言等。例如，Visual Basic（简称VB），C++，C#，Java等都是高级语言。

（2）应用软件。

应用软件运行在操作系统之上，是为了解决用户的各种实际问题而编制的程序及相关资源的集合，如办公软件Office、图像处理软件Photoshop、动画制作软件Flash、工程绘图软件AutoCAD、杀毒软件360、压缩/解压缩软件WinRAR等。

任务 1.3　计算机中的数制与字符编码

在具体学习计算机的应用之前，有必要了解计算机中的数制、字符编码以及数据在计算机中的存储单位。

1.3.1　计算机中的数制

数制又称为计数制，指的是运用一组固定的符号以及统一的规则来表示数值的方法。通常情况下，人们所采用的数制包含十进制、二进制、八进制以及十六进制。计算机能够以极快的速度进行运算，但其内部并非如人类在实际生活中所常用的十进制，而是使用仅包含 0 和 1 两个数值的二进制。不论是文字、数字，还是声音、图形图像，抑或是视频以及动画等数据，都是以二进制的形式存储于计算机当中。

提示

> 一般情况下，我们在数字的后面用特定的字母（下标）表示该数的进制，表示方法为：B 表示二进制；D 表示十进制（D 可省略）；O 表示八进制；H 表示十六进制。例如，二进制数 101120 表示为（101120）$_B$。

1.3.2　数制的转换

无论运用哪一种进位计数制，数值的表示均涵盖两个基本要素：基数和各位的"位权"。

基数指的是一个进位计数制允许选用的基本数字符号的个数。一般来说，r 进制数的基数是 r，可供选用的计数符号有 r 个，分别是 0 至（r–1），每个数位计满 r 就向其高位进 1，也就是"逢 r 进一"。

例如，十进制数的基数是 10，可供选用的计数符号有 10 个，分别是 0 至 9，每个数位计满 10 就向其高位进 1，即逢十进一；二进制的基数为 2，只有 0 和 1 这两个符号，计数规则是逢二进一；在十六进制中，数用 0、1……9 和 A、B……F（或 a、b……f）这 16 个符号来描述，计数规则是逢十六进一。

"位权"简称"权"，指的是在一个进位计数制里，各位数字符号所表示的数值等于该数字符号值乘以一个和该数字符号所处位置有关的常数。位权的大小是以基数为底，数字符号所处位置的序号为指数的整数次幂。各数字符号所处位置的序号计算方法为：以小数点为基准，整数部分从右向左依次为 0、1……递增，小数部分从左向右依次为 –1、–2……递减。

虽然不同进制数之间的转换过程是由计算机自动完成的，但是我们仍然有必要了解不同进制数之间的转换方法。

（1）其他进制转换为十进制。

方法是：将其他进制按权位展开，然后各项相加，就得到相应的十进制数。

例1-1 $N=(10110.101)_B=(22.625)_D$

按权展开 $N=1\times2^4+0\times2^3+1\times2^2+1\times2^1+0\times2^0+1\times2^{-1}+0\times2^{-2}+1\times2^{-3}$

$=16+0+4+2+0+0.5+0+0.125=(22.625)_D$

例1-2 $N=(654.23)_O=(428.296875)_D$

按权展开 $N=6\times8^2+5\times8^1+4\times8^0+2\times8^{-1}+3\times8^{-2}$

$=384+40+4+0.25+0.046875=(428.296875)_D$

例1-3 $N=(3A6E.5)_H=(14958.3125)_D$

按权展开 $N=3\times16^3+10\times16^2+6\times16^1+14\times16^0+5\times16^{-1}$

$=12288+2560+96+14+0.3125=(14958.3125)_D$

（2）十进制转二进制。

整数部分的转换采用"除r取余法"。例如，为了把十进制数转换成相应的二进制数，只要把十进制数不断除以2，并记下每次所得余数，所有余数按与所得到的相反次序排列即为相应的二进制数。小数部分的转换则采用"乘r取整法"，并将所得数按顺序排列。

例1-4 $N=(43.625)_D=(101011.101)_B$

将43.625的整数部分和小数部分分开处理：

整数部分	小数部分
取余数	取整数
2 ⌋ 43 ······ 1 ↑	$0.625\times2=1.25$ ······ 1
2 ⌋ 21 ······ 1	$0.25\times2=0.5$ ······ 0
2 ⌋ 10 ······ 0	$0.5\times2=10$ ······ 1 ↓
2 ⌋ 5 ······ 1	
2 ⌋ 2 ······ 0	
2 ⌋ 1 ······ 1	
0	

解得：$(43.625)_D=(101011.101)_B$

（3）二进制、八进制、十六进制数之间的转换。

由于二进制、八进制、十六进制之间存在特殊的关系：$8^1=2^3$，$16^1=2^4$，即1位八进制数据相当于3位二进制数，1位十六进制数相当于4位二进制数，因此转换比较容易，对照表1-1进行转换即可。

表1-1　各种进制数码对照表

十进制	二进制	八进制	十六进制	十进制	二进制	八进制	十六进制
0	0	0	0	2	10	2	2
1	1	1	1	3	11	3	3

十进制	二进制	八进制	十六进制	十进制	二进制	八进制	十六进制
4	100	4	4	10	1010	12	A
5	101	5	5	11	1011	13	B
6	110	6	6	12	1100	14	C
7	111	7	7	13	1101	15	D
8	1000	10	8	14	1110	16	E
9	1001	11	9	15	1111	17	F

例 1-5 二进制转换成八进制

$N=(10101011.110101)_B=(253.65)_O$

$(\underline{010}\ \underline{101}\ \underline{011}.\underline{110}\ \underline{101})_B=(253.65)_O$（整数高位补 0）

　2　5　3　6　5

例 1-6 二进制转换成十六进制

$N=(10101011.110101)_B=(AB.D4)_H$

$(\underline{1010}\ \underline{1011}.\underline{1101}\ \underline{0100})_B=(AB.D4)_H$（小数低位补 0）

　A　B　D　4

十六进制与八进制转换成二进制的方法同上。

1.3.3 字符编码

计算机内部采用二进制的方式计数，无论是数值数据还是非数值数据（如文字、图形等），在计算机内部都采用统一的编码标准。编码标准可以把这些数据转换成二进制数以进行处理，然后计算机再将处理后的信息转换成可视的信息显示出来。

（1）字符编码。

字符是计算机中使用颇为频繁的信息形式之一，在计算机中，需为每个字符设定一个明确的二进制编码，以此作为识别和使用这些字符的依据。字符编码即规定以二进制数来表示文字和符号的方法。在西文范畴，当下广泛采用的字符编码是 ASCII 码（美国标准信息交换码），它存在七位版本与八位版本之分。

目前，在国际上通用且使用范围极广的字符包括：十进制数字符号 0 至 9、大小写的英文字母、各类运算符、标点符号等，这些字符的数量未超过 128 个。鉴于需要编码的字符未超过 128 个，所以用七位二进制数即可对这些字符进行编码。七位的 ASCII 码也被称作标准 ASCII 码。

ASCII 码具有唯一性，不会出现两个字符的 ASCII 码值相同的情况。以下是七位 ASCII 码常用的码值。

32 ~ 126（共计 95 个）属于字符（32 代表空格），其中 48 ~ 57 为 0 ~ 9 的 10 个阿

拉伯数字，65 ~ 90 为 26 个大写英文字母，97 ~ 122 号为 26 个小写英文字母。

八位版的 ASCII 码指的是一个字符通过八位二进制数来表示，能够表示 256 个字符（0 至 255）。

（2）汉字编码。

从汉字编码的角度看，计算机对汉字信息的处理过程实际上是各种汉字编码间的转换过程。这些编码主要包括汉字外码、汉字交换码、汉字机内码和汉字字形码等。

①汉字外码（输入码）。汉字外码亦称汉字输入码，指的是通过键盘将汉字输入至计算机的编码方式。当下常用的输入码包含拼音码、五笔字型码、自然码、表形码、认知码、区位码以及电报码等。一种优良的输入码应当具备编码规则简便、易学易记、操作便捷、重码率低、输入速度快等优点，用户可以依据自身需求作出选择。

②汉字交换码（国标码）。汉字交换码是在汉字信息处理系统之间或者通信系统之间用于信息交换的汉字代码，简称为交换码，是为了便于在各类系统、设备之间进行信息交换而制定的。1981 年，我国制定并发布了《国家标准信息交换用汉字编码字符集·基本集》（GB2312—80），故而汉字交换码也被称作国标码。国标码中收录了 682 个常用图形符号（序号、数字、罗马数字、英文字母、日文假名、俄文字母、汉语注音等）以及 6763 个汉字。这些汉字被分为两级：第一级涵盖了常用汉字 3755 个，依照拼音进行排序；第二级包含了一般汉字 3008 个，按照部首进行排序。

③汉字机内码。汉字机内码是在计算机内部用于存储和处理的汉字代码。每一个汉字输入到计算机后都会被转换为机内码，只有这样才能在计算机中进行后续的处理和传输工作。例如，当我们输入"中"这个汉字时，计算机首先会将其转换为对应的机内码，然后对其进行诸如计算、存储等操作。

④汉字字形码。汉字字形码是汉字的输出码。在输出汉字时，均采用图形的形式。不管汉字的笔画是多是少，每个汉字都能够被写在大小相同的方块之中。通常情况下，会用 16×16 点阵来显示汉字。比如，"国"字和"一"字在输出显示时，都会占据同样大小的 16×16 点阵空间，只是其内部的点阵分布不同，从而会呈现出不同的字形。

1.3.4 计算机中数据的存储单位

如前所述，计算机中的数据，包括文字、数字、声音、图形图像、视频及动画等，在计算机中都是用二进制形式表示和存储的，其最基本的存储单位是"位"和"字节"。

位（bit）：一个二进制位称为比特，用"b"表示，是计算机中存储数据的最小单位。一位可以表示"0"或"1"。

字节（byte）：八个二进制位称为字节，通常用"B"表示，它是数据处理和数据存储的基本单位，如一个英文字母占一个字节，一个汉字占两个字节。

此外，计算机中通常用 KB、MB、GB 或 TB 表示存储设备的容量或文件的大小，它们之间的换算关系如下：

$$1B=8bit$$
$$1KB=1024B$$
$$1MB=1024KB=1024\times1024B$$
$$1GB=1024MB=1024\times1024\times1024B$$
$$1TB=1024GB=1024\times1024\times1024\times1024B$$

任务 1.4　软件的国产正版化

近年来，随着科技的飞速发展和国家对信息技术自主创新的高度重视，操作系统领域的国产化进程不断加快。曾经，国外厂商对操作系统的垄断严重制约了我国软件产业的进步。如今，政府和产业界齐心协力，致力于研发具有自主核心技术的国产正版软件，如国产操作系统。

软件国产化是指将原本依赖外国进口的软件系统替代为国内自主研发的软件系统。这一过程强调技术的自主可控，避免受制于人，以确保国家信息安全和技术自主能力。国产化软件产业的发展得到了国家政策的大力支持，如《"十四五"软件和信息技术服务业发展规划》中提出了推动软件产业链升级、提升产业基础保障水平、强化产业创新发展能力等任务措施，旨在推动国产软件产业的高质量发展。同时，国产软件企业也在不断提升自身的技术创新能力和市场竞争力，以满足不断增长的市场需求。软件国产化涉及多个层面，包括操作系统、数据库、办公软件、各类应用软件和中间件等。国产操作系统，如银河麒麟、UOS、鸿蒙等，通常与国产硬件相结合，以提供自主可控的解决方案。

1.4.1　软件国产正版化具有重要意义

（1）推动软件产业的发展。

正版化能够为国产软件企业提供充足的市场空间和资金支持，让企业有更多资源投入产品研发和创新中，从而提升国产软件的质量和竞争力，促进软件产业的健康发展。例如，随着正版化工作的推进，我国出现了一批优秀的国产办公软件、操作系统等，在功能和性能上不断提升，逐渐获得了市场认可。

（2）保障了国家信息安全。

使用国产正版软件可以更好地控制和保护信息安全。国产软件在开发和应用过程中，更能符合国内的信息安全标准和要求，减少使用国外软件可能带来的安全隐患，如数据泄露、被恶意软件攻击等风险。对于政府部门、金融机构等对信息安全要求较高的单位，软件国产正版化尤为重要。

（3）符合国家知识产权的法律要求。

使用盗版软件是侵犯知识产权的行为，而推进软件国产正版化是遵守法律法规的体现。在国际知识产权保护日益加强的背景下，加强软件国产正版化可以避免因侵权问题给企业带来法律风险和经济损失。

（4）支持国家战略。

软件产业是国家战略性新兴产业的重要组成部分，软件国产正版化有助于实现软件产业的自主可控，减少对国外软件的依赖，对于国家的经济安全和科技发展具有重要战略意义。

1.4.2 国产正版软件的崛起

国产正版软件的崛起，最典型的就是国产操作系统，如红旗 Linux、统信 Linux、深度 Linux 这类的中文操作系统及其应用方案。这些国产操作系统的诞生，为保护我国信息系统的安全筑起了坚固的防线，也为民族软件产业的发展注入了强大动力。尽管现阶段国产操作系统在稳定性和兼容性方面与国外成熟产品相比还有所欠缺，但在国家"核高基"战略的积极推动以及建立中国自主产权操作系统的强烈需求下，国产操作系统定能在短期内实现质的飞跃，在我国 IT 市场上绽放出更加绚烂的光彩，发挥举足轻重的作用。

1.4.3 国产操作系统软件

为避免我国陷入国外软件的掌控与威胁中，软件的软件国产正版化已然刻不容缓。推进软件的软件国产正版化工作，不仅对于振兴软件产业、增强全社会的版权保护意识具有重大价值，而且是推进政府部门依法施政、践行国际承诺的客观需要，更是落实创新驱动发展战略、加快创新型国家建设的必然要求。政府对软件版权保护予以高度关注，将正版化当作专项工作大力推进。国家版权局依照《2019 年推进使用正版软件工作计划》的要求与部署，进一步优化长效机制，全方位推动软件正版化工作走向规范化、常态化、制度化，持续巩固并拓展软件正版化的工作成果。其目的在于提升全社会的知识产权保护意识，促使软件版权环境获得显著改善，有力推动我国软件产业的发展。

在这一领域，国内专注于操作系统的公司数量众多，如 deepin 等。然而，大多数公司都是各自为政，一直未能构建出足以与微软、谷歌相抗衡的操作系统。2019 年 12 月，中国电子集团旗下的中国软件宣告整合旗下的中标软件、天津麒麟两家子公司，并出资创建新的"统信软件"技术有限公司，致力于塑造统一的国产 Linux 操作系统。统信 UOS 统一操作系统由此诞生，其筹备组是由多家国内操作系统核心企业，包括中国电子集团（CEC）、武汉深之度（deepin）科技有限公司、南京诚迈科技、中兴新支点等自愿发起组建而成。统信 UOS 统一操作系统的界面，如图 1-25 所示。

图 1-25 统信UOS统一操作系统界面

2019 年 12 月 13 日，统一操作系统 UOS 的官方网站成功上线，同时发布了 UOS 面向外界的测试与开放规划。国产统一操作系统 UOS 当下已发布了支持龙芯、华为、飞腾、兆芯、海光等国产桌面平台的测试版。

统信 UOS 统一操作系统 UOS 特点如下：①多家巨头公司共同研发，稳定可靠，属我国自主研发。②美观易用，自带统一深度商店，统一仓库。③更高性能，自带更多原生 AI 智能应用。

目前，统信软件正式发布了统信 UOS V20 桌面专业版。另外，操作系统开发与软件生态构建是一对相互关联又相互矛盾的存在，如果国产操作系统没有全面的软件支持，就难以拥有大量用户，用户量少的操作系统也不会有第三方软件开发者愿意为其开发更多的软件。所以，一个操作系统软件生态的成熟与完善，不能只依靠某家操作系统开发商或组织的单独努力，必须有大量第三方软件开发者和全民的积极投入。不论是 UOS、deepin，还是中兴新支点，在软件支持方面，已经出现了 QQ、微信、网易云音乐等许多日常必备软件的 Linux 版本。相信在未来，我们一定会迎来更加成熟且活跃的国产操作系统与软件生态。

任务 1.5 计算机病毒及其防护

计算机在为我们的工作、学习和生活带来便利的同时，也面临着许多安全威胁，用户稍不留意，计算机就可能感染病毒或被黑客攻击，导致计算机不能正常使用，或造成重要数据的丢失。下面我们就来学习计算机病毒的概念、特点，以及传播方式和预防方法。

1.5.1 计算机病毒的概念

计算机病毒是一种人为编制的特殊程序，或普通程序中的一段特殊代码，它的功能是影响计算机的正常运行、毁坏计算机中的数据或窃取用户的账号、密码等。计算机病毒能隐藏于正常的程序、文件或系统中，通过各种渠道（如网络连接、移动存储设备等）在计算机之间进行传播。一旦激活，就可能干扰计算机的正常运行，损坏文件和数据，甚至使整个系统瘫痪。大多数情况下，计算机病毒不是独立存在的，而是依附（寄生）在其他计算机文件中。由于它像生物病毒一样，具有传染性、破坏性并能够进行自我复制，因此被称为计算机病毒。

提示

我们经常听说的木马属于远程控制软件，木马传播者利用各种渠道（如邮件附件、恶意网页等）将木马种植在用户的计算机中，这样他们便可以远程控制用户的计算机，盗取用户的账号、密码，或者删除用户计算机中的文件等。

1.5.2 计算机病毒的特点

计算机病毒具有以下几个明显的特点：

破坏性：计算机病毒发作时，轻则占用系统资源，影响计算机运行速度；严重的甚至会删除、破坏和盗取用户计算机中的重要数据，或损坏计算机硬件等。

传染性：传染性是计算机病毒的基本特征。计算机病毒会进行自我繁殖、自我复制，并通过各种渠道，如移动U盘、网络等传染计算机。

隐蔽性：计算机病毒具有很强的隐蔽性，它通常使用正常的文件图标来伪装自己，如伪装成图片、文档或注册表文件等。但当用户执行病毒寄生的程序，或打开病毒伪装成的文件等时，病毒就会运行，对用户的计算机造成破坏。

寄生性：计算机病毒通常寄生在正常的程序之中，从而使用户不易发觉。

潜伏性与激发性：计算机感染病毒后，病毒一般不会马上发作，而是长期潜伏在文件中，不会因为长时间不使用而自动消失，反而继续进行传播而不被发现。计算机病毒种类很多，有的病毒进入计算机后立即发作，破坏计算机的软件资源或使计算机无法正常工作；有的病毒并不一定立即发作，具有可激发性，只有在具备了一定的外部条件下才发作，开始破坏活动。例如由病毒设计者规定的发作日期、时间、特定的文件或使用了特定的命令等，一旦条件具备即可发作，同样会带来灾难性后果，如"愚人节"病毒的发作条件是愚人节，即每年的4月1日。

1.5.3 计算机病毒的传播和预防

计算机病毒主要通过移动存储设备（如移动硬盘、U盘和光盘）、局域网和Internet（如网页、邮件附件、从网上下载的文件）等途径传播。因此，要预防计算机病毒，除了要加强计算机自身的防护功能外，还应养成良好的使用计算机和上网习惯。

▰ **慎用移动存储设备或光盘**：对外来的移动存储设备或光盘等要进行病毒检测，确认无毒后再使用。对执行重要工作的计算机最好专机专用，不用外来的存储设备。

▰ **文件来源要可靠**：慎用从 Internet 上下载的文件，因为使用这些文件可能惑染病毒。

▰ **安装操作系统补丁程序**：许多病毒都是利用操作系统的漏洞入侵的，因此，应及时下载相关补丁来修复漏洞。目前，许多安全软件都带有系统漏洞修复功能。

▰ **安装杀毒软件**：利用杀毒软件的病毒防火墙可以防范病毒入侵。当计算机感染病毒后，还可以使用杀毒软件查杀病毒。

▰ **安装网络防火墙**：网络防火墙能防范木马窃取计算机中的数据，以及防范黑客攻击。

▰ **定期备份重要数据**：防止病毒破坏数据后造成不可挽回的损失。

▰ **加强网络访问控制**：设置合理的用户权限，限制敏感数据的访问。

▰ **养成良好的上网习惯**：不要打开来历不明的电子邮件附件，不要浏览来历不明的网页，不要从不知名的站点下载软件。使用 QQ 等聊天工具聊天时，不要轻易接收别人发来的文件，不要轻易打开聊天窗口中的网址等。

1.5.4 使用 360 安全卫士对系统进行扫描和病毒查杀

（1）360 安全卫士基本简介。

360 安全卫士是北京奇虎科技有限公司推出的一款永久免费的杀毒防毒软件，是一款互联网安全软件。2006 年 7 月 27 日，360 安全卫士正式推出，因其方便实用，当前的用户量已超过 10 亿。360 安全卫士拥有查杀木马、清理插件、修复漏洞、电脑体检、清理垃圾等多种常用功能，并独创了"木马防火墙"功能，依靠抢先侦测和 360 安全中心云端鉴别，可全面、智能地拦截各类木马，保护用户的账号、隐私等重要信息。

目前，木马威胁之大已远超病毒，360 安全卫士运用云安全技术，在拦截和查杀木马的效果、速度以及专业性上表现出色，能有效防止个人数据和隐私被木马窃取，被誉为"防范木马的第一选择"。360 安全卫士自身非常轻巧，同时还具备开机加速、垃圾清理等多种系统优化功能，可大大加快电脑运行速度，内含的 360 软件管家、360 网盾还可帮助用户轻松下载、升级和强力卸载各种应用软件、拦截广告、安全下载，保护用户的上网安全。

（2）360 安全卫士的使用。

使用 360 安全卫士程序，具体操作步骤如下：

步骤 1 打开 360 安全卫士程序，单击"木马查杀"按钮，如图 1-26 所示。

利用 360 安全卫士程序

图 1-26　360 安全卫士界面

步骤 2　在查杀病毒前，请先点击查杀引擎，确保所有的引擎都已经打开，如没有打开，请点击打开按钮，将自动下载最新病毒引擎。

步骤 3　勾选强力模式并点击全盘查杀。

步骤 4　勾选"扫描完成后自动关机（自动清除木马）"，将进入自动查杀病毒，自动清楚模式，且查杀完成后将自动关机。

1.5.5 应对未来

2017 年 5 月，Windows XP 系统停止更新服务三年后，利用 Windows 系统 SMB 漏洞席卷全球的 WannaCry 勒索病毒，横扫 150 个国家的政府、学校、医院、金融、航班等各领域。

大学生应养成良好的计算机使用习惯，不随意下载不明来源的软件和文件，谨慎打开陌生邮件及其附件。定期更新系统和软件，安装可靠的杀毒软件并及时升级病毒库。加强对计算机病毒知识的学习，了解常见病毒的特征和传播方式。在使用网络时保持警惕，不轻易点击可疑链接。重视数据备份，防止重要资料因病毒攻击而丢失。同时向身边同学传播正确的防范理念，共同提升应对计算机病毒的能力。

项目总结

　　本项目主要学习了计算机的一些基础知识。学完本项目内容后，学生应了解计算机的发展历史和应用领域；了解计算机系统的组成；了解计算机中的数制、字符编码和数据在计算机中的存储单位；掌握计算机组装的方法和技巧；了解软件的软件国产正版化，知识产权（版权、商标、专利等）；了解计算机病毒的概念和特点，并掌握其预防方法；了解并掌握使用 360 安全卫士的使用技巧。

项目实训

（1）硬件系统的组成、外部设备连接，以及开关计算机。

（2）鼠标和键盘的操作、击键指法。

（3）杀毒软件的下载与安装。

项目考核

一、选择题

1. 第一台电子计算机ENIAC诞生于（　　）年。

A. 1946　　　　　B. 1958　　　　　C. 1964　　　　　D. 1978

2. 第四代计算机所采用的主要逻辑元件是（　　）。

A. 电子管　　　　　　　　　　　B. 晶体管

C. 集成电路　　　　　　　　　　D. 大规模和超大规模集成电路

3. 计算机的指挥中心是（　　）。

A. 运算器　　　　B. 控制器　　　　C. 存储器　　　　D. I/O设备

4. （　　）是计算机应用中最早的领域。

A. 科学计算　　　　B. 自动控制　　　C. 数据处理　　　D. CAD/CAI

5. 下列不属于辅存储器的是（　　）。

A. 硬盘　　　　　B. 软盘　　　　　C. 光盘　　　　　D. 内存条

6. 打印机属于（　　）。

A. 输入设备　　　　B. 输出设备　　　C. 存储设备　　　D. 显示设备

7. 下列哪款软件不属于应用软件（　　）。

A. Office　　　　B. Flash　　　　C. Photoshop　　　D. Visual FoxPro

8. 计算机中的数据，包括文字、数字、声音、图形图像、视频及动画等，在计算机中都是用（　　）形式表示和存储的。

A. 二进制　　　　B. 十进制　　　　C. 八进制　　　　D. 十六进制

9. 计算机病毒的基本特征是（　　）。计算机病毒会进行自我繁殖、自我复制，并通过各种渠道，如移动U盘、网络等传染计算机。

A. 破坏性　　　　B. 传染性　　　　C. 隐蔽性　　　　D. 潜伏性

二、简答题

1. 计算机系统由什么组成？计算机主机内有哪些部件？常用的计算机外设有哪些？

2. 目前常用的操作系统有哪些？

3. 硬盘和内存的区别是什么？它们各有什么性能指标？

4. CPU在计算机中的作用是什么？它主要有什么性能指标？

5. 将十进制数256转换成二进制数，结果是什么？

6. 将二进制数 11010 转换成十进制数，结果是什么？

7. 计算机病毒是什么？它有什么特点？

8. 一个 50MB 的文件，若将存储单位换算成 KB，约为多少 KB？

9. 谈谈你对软件的软件国产正版化的理解。

10. 请举例说明你了解的典型软件国产化操作系统公司及其产品有哪些？

项目 2

使用 Windows 系统

```
= d.filter(":checked").length;
1 e >= b.arg || g.minChecked.replace("{couns}", b.arg)

function(a) {
11 != a.val ? a.val.length <= a.arg || g.maxSelected

function(a) {
11 != a.val && a.val.length >= a.arg || g.minSelected.repla

ion(b) {
(this.form.querySelectorAll('input[type=radio]
= c

tion(a, b) {
.options.custom[a.arg]
```

项目导读

学习计算机首先要学习操作系统的使用。Windows是目前使用最广泛的一种操作系统，图形化的界面让计算机操作变得更加直观和容易，截至2023年底，微软的Windows操作系统在全球桌面操作系统市场中的份额将近73%。Windows操作系统包括多个版本，其中的Windows 10虽然自发布至今已经过去九年时间（截至2024年7月），但是仍以67.42%的市场份额在Windows操作系统中占据着主导地位。目前，最新的Windows 11的市场份额为26.54%，在Windows操作系统中也占据了重要地位。本项目将重点对Windows 10操作系统的相关知识、操作和管理进行介绍，以此来学习操作系统的使用方法，并同时介绍Windows 11操作系统的基本知识。

学习目标

◆ 了解Windows操作系统的版本。
◇ 掌握Windows 10操作系统的基本操作。
◆ 掌握Windows 10操作系统管理文件和文件夹的方法。
◇ 掌握Windows 10操作系统的系统管理和应用，如设置系统、管理用户账户，安装和卸载应用程序等。
◆ 掌握Windows 10操作系统管理和维护磁盘的方法。
◇ 了解Windows 11操作系统的基本操作。

任务 2.1　Windows 10 的使用基础

在具体学习Windows 10的基本操作前，需先了解Windows操作系统的版本和安装Windows 10的方法，并掌握启动和关闭Windows 10的操作。

2.1.1　相关知识

2.1.1.1　Windows 的版本

Windows操作系统由美国微软公司开发。从总体的使用用途上来说，微软公司的操作系统划分为Windows和Windows Server两大系列。Windows系列主要面向个人用户，侧重于对办公、娱乐等功能的支持，图形显示效果较好；Windows Server系列主要面向服务器，在省去了许多娱乐和图形功能后，添加了对更多硬件的支持，并提高了稳定性和安全性。在日常生活中，我们主要使用的是Windows操作系统，目前使用较为广泛的版本有Windows XP、Windows 7、Windows 8.1、Windows 10、Windows 11 等，另外还有一些其他版本，如Windows 95/98、Windows ME、Windows Vista、Windows 8，由于历史原因或者一些其他原因，现已退出历史舞台或占有率较低。这里对目前较为有代表性的Windows版本进行介绍。

Windows XP：2001 年 10 月发布，是Windows 7 之前（2012 年以前）最常用的个人计算机操作系统，其界面友好，计算机配置要求低。目前，Windows XP基本已被Windows 7、Windows 10 取代，但是有部分用户因个人喜好或电脑硬件、相关软件的兼容性原因，还在使用此系统。

Windows 7：2009 年 10 月发布，相比Windows XP，它界面更加华丽、操作更加容易、运行速度更快和更稳定，且支持的软硬件更多、功能更加强大。Windows 7 在继承并升级了Windows Vista的Aero主题（玻璃风格主题）的基础上，提高了性能，因此受到了广大用户的欢迎，在推出几年内，就替代了Windows XP系统，成为当时的主流操作系统。

Windows 8/8.1：Windows 8 于 2012 年 10 月发布，从此版本开始，取消了经典主题以及Windows 7 和Widnows Vista的Aero效果，加入了Modern UI，并引入动态磁贴技术，和Windows传统界面并存，从此Windows系统界面进入了“扁平化”显示效果的时代。Windows 8 首次引入了Microsoft Store（Windows应用商店），引入了设置应用来代替控制面板，并首次支持使用Microsoft账户进行在线登录。由于开始菜单设计改变跨度过大（全屏动态磁贴，专为触屏设备设计），操作逻辑设计不太符合大多数人需要，一些程序兼容性问题等原因，以及很多用户反馈此版本对于生产力工作流程并未带来实质性提升，导致Windows 8 并未流行起来就被淘汰。微软公司为了弥补Windows 8 的不足之处，于 2013 年 10 月推出了Windows 8.1，目前该版本还是有一小部分的市场占有率。

Windows 10：2015 年 7 月发布，该版本为跨平台操作系统，可应用于计算机和平板电脑等设备，在易用性、兼容性、安全性等方面有了极大的提升，除了针对云服务、智能移动设备、自然人机交互等新技术进行融合外，还对固态硬盘、生物识别、高分辨率屏幕等硬件进行了优化完善与支持，在系统中还整合了虚拟语音助理Cortana、引入了全新的Edge浏览器，并支持多桌面操作，是目前最优秀的操作系统之一。

Windows 11：2021 年 6 月发布，2021 年 10 月发行，此版本与Windows 10 相比比较大的变化是删除了IE浏览器，重新设计了右键菜单、任务栏、开始菜单和搜索界面，并优化了游戏体验，支持动态刷新率屏幕，并对很多原有功能进行了升级和优化。目前此版本操作系统占有率也相对较高。

2.1.1.2 Windows 10 的各种版本

Windows 10 常见的版本有家庭版、专业版、教育版和企业版，以下为各个版本的特点和区别：

❖ **Windows 10 家庭版**：适合家庭和学生用户，没有高级功能，如 BitLocker 加密和远程桌面。

❖ **Windows 10 专业版**：适合专业人士和企业用户，具备加入域、群策略管理、BitLocker 等功能。

❖ **Windows 10 教育版**：专门针对学校和教育机构。在 Windows 10 之前，微软并未推出过教育版，该版本除了更新机制外，与企业版没有太大区别。

❖ **Windows 10 企业版**：设计用于大型企业和组织，功能更多、更全面。值得一提的是，企业版除了常规版本外，也有两个特殊版本 LTSB（Long Term Servicing Branch，长期服务分支）和 LTSC（Long Term Servicing Channel，长期服务通道），这两个版本都是微软公司针对企业用户发布的特殊长期支持版本，精简了部分功能（如应用商店等），且只安装安全补丁，不安装功能更新，注重系统运行的安全性与稳定性，两者不同之处在于 LTSB 版本为 2016 年的版本，LTSC 为 2019 年推出的升级版，两个版本的主要支持周期都是 5 年，外延支持周期再加 5 年。

一般来说，对于普通用户，使用家庭版即可满足日常需求；对于软件开发人员来说，建议安装专业版；教育版和企业版分别适用于特定人群。但是没有绝对的规定来限定使用的版本，可以根据自己的需要自由选择，如很多软件开发人员喜欢使用企业版的 LTSC 版本。

2.1.1.3 安装 Windows 10 或从旧版本升级

如果计算机中还没有安装 Windows 10，或者 Windows 10 运行不稳定，则需要在计算机中安装或重装 Windows 10。如果当前使用的是之前版本的操作系统，则可以通过升级将系统升级到 Windows 10，在 Windows 10 下载页面选择下载更新器来进行升级。

安装全新的 Windows 10 一般有两种方式，一种是通过光盘安装，另一种是通过 U 盘安装。由于目前很多电脑都不再保留光驱，所以目前较流行的安装方式是通过 U 盘安装。使用 U 盘安装 Windows 10 时，可以直接制作 U 盘安装盘，或者使用预先制作好的 WinPE（Windows Preinstall Environment，Windows 预安装环境）系统启动 U 盘先启动到一个精简版 Windows 系统中，再用其中自带的系统安装工具进行安装。

步骤 1 下载 Windows 10 安装文件或制作启动 U 盘。

在进行安装之前，首先需要获取 Windows 10 安装光盘或者光盘镜像。随着技术的发展，目前实体光盘已经非常少见，一般来说我们会选择从网上下载光盘镜像。为了保证安全性和纯净性，需要到微软官方网站上下载，微软提供了一个专门的 Windows 下载工具 Media Creation Tool，可在搜索引擎中搜索 Windows 10 下载，然后进入微软官方网站链接后，选择"立即下载工具"，如图 2-1 所示。

图 2-1 下载 Media Creation Tool 页面

注：点击第一个选项"立即更新"按钮时，会下载 Windows 更新工具，根据提示操作可以将当前 Windows 系统升级到 Windows 10。

运行 Media Creation Tool 后，经过一段时间的等待，接受许可协议之后，会有如图 2-2 所示的两个选项。

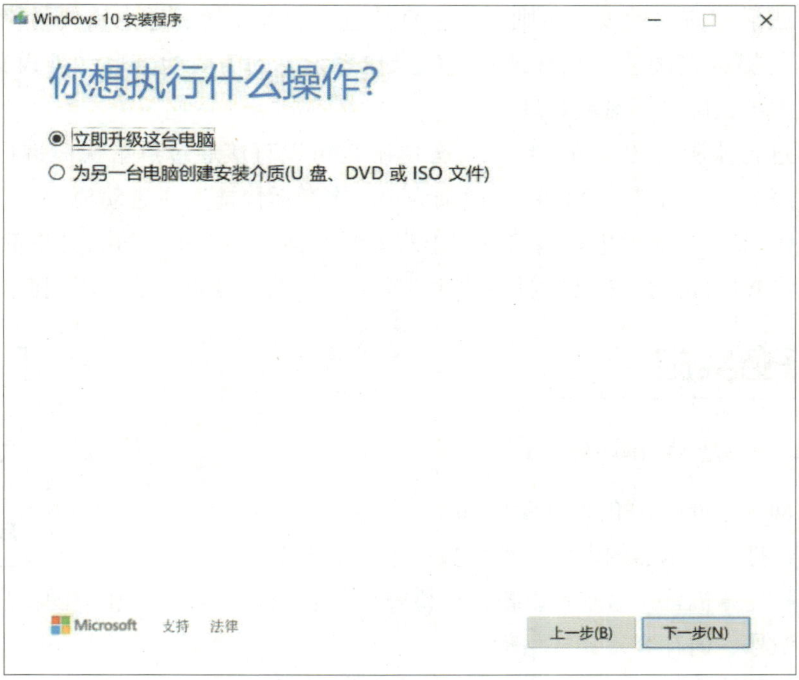

图 2-2 Media Creation Tool 选项

▦ 选择"立即升级这台电脑"，将会把当前操作系统升级到 Windows 10。

▦ 选择"为另一台电脑创建安装介质"，则会根据后续选项下载 Windows 10 安装文件。

选择"为另一台电脑创建安装介质"时，会有如下步骤：

（1）点击下一步后，会提示下载的语言、版本、32位/64位等信息，默认是根据当前系统推荐，如果需要自定义选项，可以关掉"对这台电脑使用推荐的选项"。

（2）再点击下一步时，进入介质选择界面，此时有两个选项：U盘或ISO文件，选择U盘选项时，需要使用一个容量至少为8G的U盘，工具会使用此U盘制作一个系统安装U盘，制作过程中，会将U盘内的数据全部抹除，需要特别注意！选择ISO文件时，系统会将安装文件制作成光盘安装镜像，此镜像可用于刻录为安装光盘，或者使用其他工具，如WinPE等进行系统安装。

步骤2 根据安装方式设置BIOS启动项。

如果使用光驱读取光盘进行安装，需要设置BIOS启动项第一选项为光驱启动；如果使用U盘安装，需要在电脑开机之前将U盘插入对应接口，设置BIOS启动项第一选项为对应U盘的名称。由于每个品牌电脑甚至同品牌不同型号电脑的启动项设置都不尽相同，所以需要自行查询或者询问电脑供应商BIOS设置启动项的方式，这里不再一一说明。

步骤3 启动计算机后，激活相应的启动项。

在系统启动默认不是本机硬盘时，大部分电脑都会有一个启动等待的提示时间，按任意键才会激活相应启动项，否则还是会直接进入当前系统，这点需要特别注意。如果系统没有任何提示直接进入原有已安装的操作系统，则需要检查启动项设置是否正确，或者是否插入了正确的光盘或U盘。

如果不进行步骤2的设置，绝大部分电脑也可以直接通过点击快捷键（在系统通电开始一直不停持续点击某个功能键，通常为F8）来激活快捷选择启动项。

步骤4 系统自动收集安装信息，出现安装画面，根据提示进行几个简单的选择和输入，即可将Windows 10安装在计算机中（安装时间随计算机性能的不同而有所差异）。

2.1.2 任务实施

2.1.2.1 启动 Windows 10

正确启动Windows 10的操作步骤如下：

启动 Windows10

步骤1 打开显示器的电源，然后按一下主机电源开关。

步骤2 计算机首先对基本设备进行检查（称为自检），并显示相应的信息（包括主板型号、CPU型号、内存容量和规格等）。

步骤3 稍等片刻，便会显示Windows 10的欢迎界面（锁屏界面）。

注：不同的版本以及根据后续设置的不同，此界面会稍有不同，而且通常在默认设置下，此界面会定期更新，所以在不同时间看到的界面不同。

步骤4 点击鼠标左键或按下键盘上的任意键，切换到用户登录界面，使用键盘在密码框中输入登录密码，然后按下回车键或用鼠标左键点击右侧的箭头按钮，登录

Windows 10。

提示

　　如果设置了自动登录选项，那么启动时将直接显示 Windows 10 的桌面，不会出现此登录界面。关于创建和设置用户账户的方法，请参考后面内容。

步骤 5　登录 Windows 10 后，展示在我们面前的画面便是系统桌面，主要由桌面图标、任务栏、桌面区几个部分组成，如图 2-3 所示。作为一个视窗化的操作系统，Windows 10 的所有操作都从桌面开始，在桌面进行。

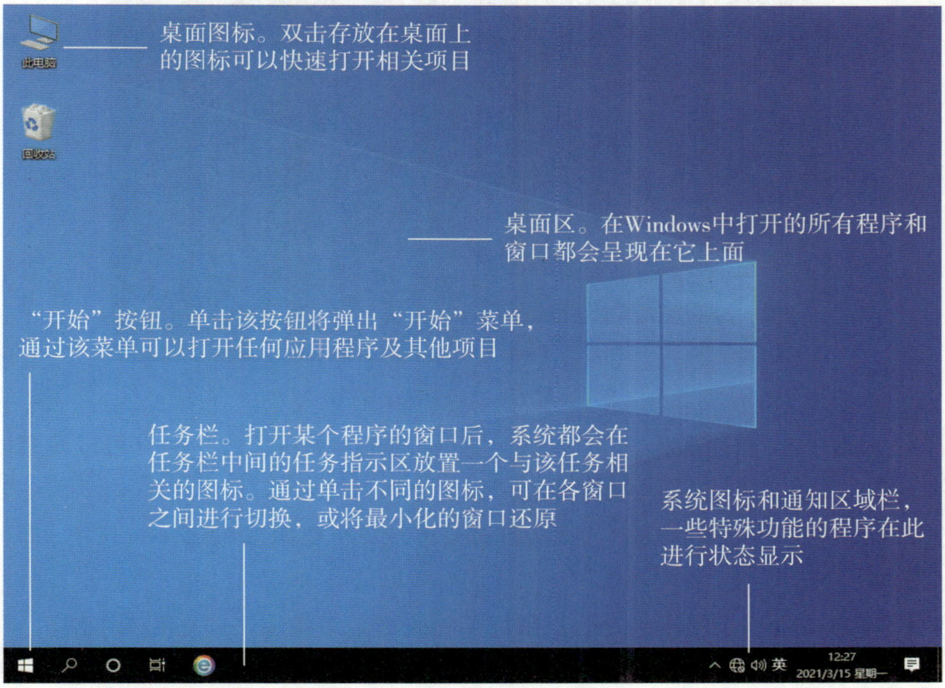

图 2-3　Windows 10 桌面

2.1.2.2　关闭 Windows 10

　　Windows 10 是一个庞大的操作系统，启动时会装载许多文件和程序，因此，必须使用正确的方法来关闭它，否则有可能导致系统损坏、重要文件损坏或数据丢失。正确关闭 Windows 10 的操作步骤如下：

步骤 1　关闭所有打开的应用程序。如果有文档没保存，需要先将其保存。

步骤 2　将鼠标指针移至屏幕左下角的"开始"按钮上并点击鼠标左键，弹出"开始"菜单，然后将鼠标指针移至"电源"按钮上并点击鼠标左键，单机弹出列表中的"关机"，如图 2-4 所示。

步骤 3　等显示器屏幕黑屏后，按下显示器电源开关，关闭显示器（如果电脑经常使用，可以不关闭显示器电源）。

步骤 4　如果长时间不使用计算机，需要切断计算机主机和显示器的电源。

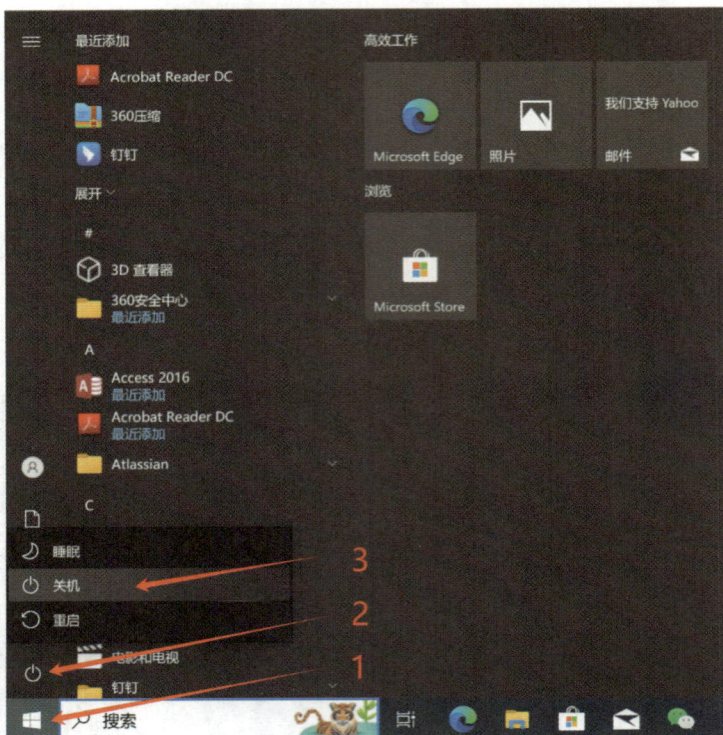

图 2-4 关闭 Windows 10

需要注意的是：上述操作方式实现了计算机的正常关机流程，另外可以使用以下其他几种方式来关机，以适应不同的特殊情况。

在 Windows 10 的电源管理中，默认设置按下计算机电源按钮（Power 按钮）即可自动关闭计算机。

使用【Windows+X】组合键关机。在打开的快捷菜单中单击"关机或注销"，在子菜单中选择"关机"项。

按快捷键【Ctrl+Alt+Delete】显示功能界面，单击右下角的电源按钮，在弹出选项中单击"关机"。

按下主机电源开关（主机前面的 Power 按钮）不放，大概 8 ～ 10 秒后待主机电源关闭，然后再松开主机电源开关。这种操作与直接切断电源进行关机效果相同，适用于不方便切断电源，又通过软操作无法关机的情况，如电源放置位置不好接触，或者笔记本、平板电脑这种自带电池无法切断电源的计算机。

如图 2-4 所示，操作界面还有另外两个按钮：睡眠和重启。

单击睡眠按钮时，计算机会进入睡眠状态。睡眠是电脑处于待机状态下的一种模式，在计算机进入睡眠状态时，显示器将关闭，计算机的风扇也会停转，计算机机箱外侧的一个指示灯将闪烁或变黄，此时 Windows 将记住并保存正在进行的工作状态，因此在睡眠前不需要关闭程序和文件。计算机处于睡眠状态时，将切断除内存外其他配件的电源，耗电量极少。工作状态的数据将保存在内存中，若要唤醒计算机，可以通过按下计算机电源按钮恢复工作状态。

单击重新启动按钮时，计算机会执行关机然后再开机的操作。在系统运行时遇到软件故障、改动配置、安装更新时，可通过重新启动来进行重新引导操作系统。

首先通过"相关知识"了解鼠标的基本操作，熟悉键盘按键，认识Windows 10 的"开始"菜单、窗口、对话框和任务栏，它们是使用计算机时最常接触的对象，然后在"任务实施"中启动"记事本"程序，输入一篇中文文章后，保存和关闭记事本文档。

2.2.1 相关知识

2.2.1.1 鼠标的基本操作

登录Windows 10 后，轻轻移动鼠标，会发现Windows桌面上有一个箭头图标随着鼠标的移动而移动，我们将该图标称为鼠标指针，它用于指示要操作的对象或位置。在Windows系列操作系统中，常用的鼠标操作见表 2-1。

表 2-1　鼠标操作相关的说明

操作	说明
移动鼠标指针	在鼠标垫上移动鼠标，此时鼠标指针将随之移动
左键单击	将鼠标指针移到要操作的对象上，快速按一下鼠标左键并快速释放（松于鼠标左键），主要用于选择对象或打开超链接等
右键单击	将鼠标指针移至某个对象上并快速单击鼠标右键，主要用于打开快捷菜单
双击	在某个对象上快速双击鼠标左键，主要用于打开文件或文件夹
左键拖动	在某个对象上按住鼠标左键不放并移动，到达目标位置后释放鼠标左键。此操作通常用来改变窗口大小，以及移动和复制对象等
右键拖动	按住鼠标右键的同时并拖动鼠标，该操作主要用来复制或移动对象等
拖放	将鼠标指针移至桌面或程序窗口空白处（而不是某个对象上），然后按住鼠标左键不放并移动鼠标指针。该操作通常用来选择一组对象
转动鼠标滚轮	常用于上下浏览文档或网页内容，或在某些图像处理软件中改变显示比例

2.2.1.2 熟悉键盘按键

在操作计算机时，键盘是使用比较多的工具，各种文字、数据等都需要通过键盘输入计算机中。此外，在Windows系统中，键盘还可以代替鼠标快速地执行一些命令。

键盘一般包括 26 个英文字母键、10 个数字键、12 个功能键（F1 ~ F12）、4 个方向键以及其他的一些功能键。所有按键分为 5 个区：主键盘区、功能键区、编辑键区、辅助键区和键盘指示灯，如图 2-5 所示。需要注意的是，键盘布局根据厂商的不同会有一些区别，如自定义快捷键、部分键盘无小键盘区、笔记本键盘布局等，此处仅展示常规的键盘布局。键盘上的部分按键上有两个符号，下面的字符一般直接按下按键即可获得，被称为下档字符；上面的字符需要按下【Shift】键同时按下此键才能获得，被称为上档字符。

图 2-5　键盘的组成

（1）主键盘区。

主键盘区是键盘的主要使用区，包括字符键和控制键两类。字符键包括英文字母键、数字键、标点符号键，按下它们可以输入键面上的字符；控制键主要用于辅助执行某些特定操作。下面介绍一些常用的控制键的作用。

▦▦ 制表键【Tab】：编辑文档时按一下该键，光标将向右或向左移动一个制表的距离，此按键对于常规文本编辑中进行多行对齐时非常有用。

▦▦ 大写锁定键【CapsLock】：用于控制大小写字母的输入。默认情况下，敲字母键将输入小写英文字母；按一下【CapsLock】键，键盘 CapsLock 指示灯变亮，此时敲字母键将输入大写英文字母；再次按一下该键可返回小写字母输入状态。

▦▦ 上档键【Shift】：主要用于与其他字符键组合，输入键面上有两种字符的上档字符。例如，要输入"！"号，应在按住【Shift】键的同时敲 ¦（1）键。

▦▦ 组合控制键【Ctrl】和【Alt】：这两个键只能配合其他键一起使用才有意义。

▦▦ 空格键：编辑文档时，敲一下该键输入一个空格，同时光标右移一个字符。

▦▦ Win键▪：标有 Windows 图标的键，任何时候按下该键都将弹出"开始"菜单。通常此按键位于空格键左右侧的 Alt 键的旁边。

▦▦ 快捷菜单键▪：相当于单击鼠标右键，因此，按下该键将弹出快捷菜单（右键菜单）。通常此按键位于右边的 Win 键旁边。

▦▦ 回车键【Enter】：主要用于结束当前的输入行或命令行，或接受某种操作结果。

▦▦ 退格键【BackSpace】：编辑文档时，按一下该键光标向左退一格，并删除原来位置上的对象。

（2）功能键区。

功能键位于键盘的最上方，主要用于完成一些特殊的任务和工作。

➡【F1】~【F12】功能键：这12个功能键在不同的程序中有各自不同的作用。例如，在大多数程序中，按一下【F1】键都可打开帮助窗口。

➡【Esc】键：该键为取消键，用于放弃当前的操作或退出当前程序。

➡【Prt Sc】键：截屏键，按下此按钮后，系统会自动将当前桌面显示内容截屏，并以图片形式保存在剪贴板中，可以粘贴到画图或者其他可以处理图片的程序中，如微信、钉钉、Word、Excel、PowerPoint等。

➡【Scroll Lock】键：滚动锁定键，源于IBM键盘，目前对于大部分程序来说，此键无任何作用。能用到此键的是在Excel程序中，当Scroll Lock为打开时，按下【↑】【↓】键时，只有屏幕显示区域上下卷动，所选单元格位置不变，但是如果为关闭时，变为所选单元格上下移动。

➡【Pause Break】键：目前此键作用有：①电脑在有软件运行的时候按下Pause Break键会让打开的程序关闭，这种方式属于强制退出，与任务管理器类似；②在电脑开机的时候按住Pause Break键会暂停开机程序的启动，之后按任意键可以继续；③系统正常运行时，同时按下Win键和Pause Break键可以打开系统属性栏。

（3）编辑键区。

编辑键区的按键主要在编辑文档时使用。

➡【↑】【↓】【←】【→】方向键：在进行文本编辑时按下方向键将会向对应的方向移动光标位置。在一些展示程序或游戏中可以实现相应的控制。

➡【Insert】键：实现插入和覆盖模式的切换，插入模式时，输入一个字符会在当前光标位置插入此字符，覆盖模式时则会使用此字符替换光标右面的字符。

➡【Delete】键：删除当前光标所在位置后的一个对象，通常为字符。

➡【Home】键：移动光标到起点，通常在文本编辑时，按下Home键会回到行首。

➡【End】键：移动光标到终点，通常在文本编辑时，按下End键会将光标定位到行尾。

➡【Page Up】键：当前编辑区域向上滚动一页，如果上方内容不足一页的滚动到文档开头。

➡【Page Down】键：当前编辑区域向下滚动一页，如果下方内容不足一页的滚动到文档末尾。

（4）小键盘区。

小键盘区位于键盘的右下角，也叫数字键区，主要用于快速输入数字。该键盘区的【Num Lock】键用于控制数字键上下档的切换。当Num Lock指示灯亮时，表示可输入数字；按一下【Num Lock】键，指示灯灭，此时只能使用下档键；再次按一下该键，可返回数字输入状态。

2.2.1.3　认识 Windows 10 的视窗元素

Windows是一个视窗化的操作系统，使用Windows系统，其实就是操作各种窗口、菜单和对话框等视窗元素。下面就来认识一下Windows 10的视窗元素。

（1）"开始"菜单。

通过"开始"菜单可以打开计算机中大多数应用程序和系统管理窗口，单击任务栏左侧的"开始"按钮■即可打开"开始"菜单，如图2-6所示。

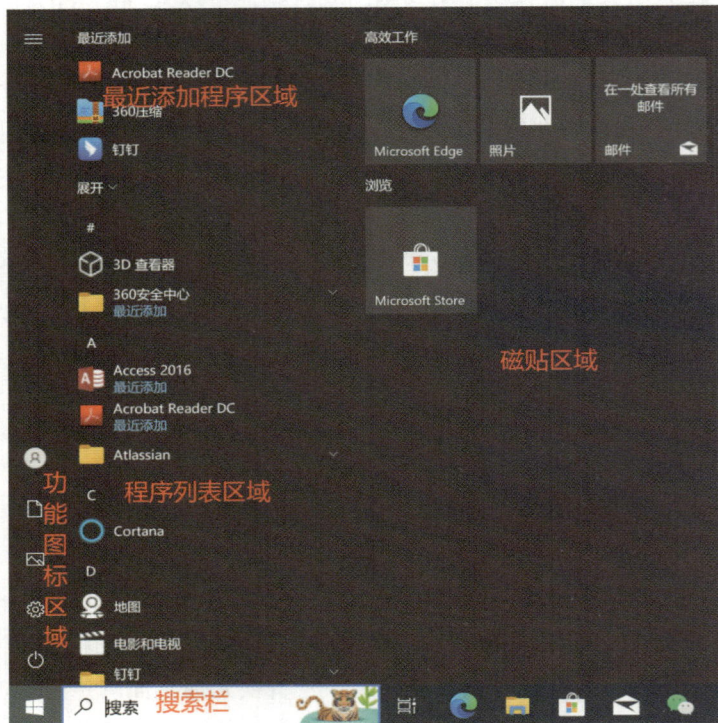

图2-6　Windows 10的"开始"菜单

Windows 10的开始菜单栏大体分为4个功能区域，分别为程序列表区域、功能图标区域、最近添加程序区域、磁贴区域。这4个区域再加上一个关联性比较强的搜索栏，组成了整个开始菜单。各个区域的用途和特点如下。

▦ **程序列表区域**：此区域显示所有安装的应用程序，按字母分组排列，所有选择安装到开始菜单快捷方式的程序，都会在此区域显示。功能内容其实就是早期版本的菜单栏中的"所有程序"。

▦ **最近添加程序区域**：此区域展示的为最新添加（安装）的应用程序，可以在选项中关闭此功能。

▦ **功能图标区域**：展示登录信息、开关机、系统设置以及其他自定义的快捷功能按钮，此区域内的按钮可以在设置→个性化→开始→选择哪些文件夹显示在"开始"菜单上进行自定义设置。

▦ **磁贴区域**：本区域是从Windows 8新加入到开始菜单的功能，相当于除了桌面和任务栏快捷方式后，在开始菜单区域又增添了一个新的快捷方式机制，可以将常用的程序或者组件快捷方式添加到开始菜单中。磁贴的大小和位置可以通过拖放和右键设置进行更改。通过从开始菜单中的程序列表区域左键拖动到磁贴中或者使用鼠标右键点击程序列表中的快捷方式→固定到"开始"屏幕进行添加。

搜索栏： 在打开开始菜单之后，默认会激活搜索功能，此时如果不做鼠标操作，直接使用键盘打字时，即可激活搜索功能，快捷定位已安装程序或通过搜索功能寻找新的程序。

与 Windows 7 不同的是，在开始菜单上通过点击鼠标右键，可以激活更多的快捷功能，如设置中常用的选项（电源、系统信息、设备管理器、事件查看器等）、命令行（终端 Terminal，默认为 Power Shell，可在设置中进行切换）、运行等，极大地方便了日常使用。

（2）窗口。

在 Windows 10 中启动程序或打开文件夹时，会在屏幕上划定一个矩形区域，这便是窗口。操作应用程序大多是通过窗口中的菜单、工具按钮、工作区或打开的对话框等来进行。由于目前技术的进步以及审美观念的不断变化。窗口打开后展示的形式也是千变万化。一般来说，窗口控制按钮（最小化、最大化、关闭窗口）和工作区是必不可少的元素，其他诸如菜单栏、工具栏等区域是否存在以及展示的形式也是多种多样，下面就以 Windows 典型布局样式为例进行展示，窗口包括窗口控制按钮、分组工具栏和工作区，资源管理器、Word、Excel、PowerPoint 等典型软件都是使用此布局方式，通过双击分组工具栏的组标题可以显示/隐藏工具栏，单击工具栏按钮可以显示工具栏，并在进行工具栏中图标的点击之后隐藏工具栏。如图 2-7 所示的是"开始"菜单→文档点击后打开的资源管理器的展示图。

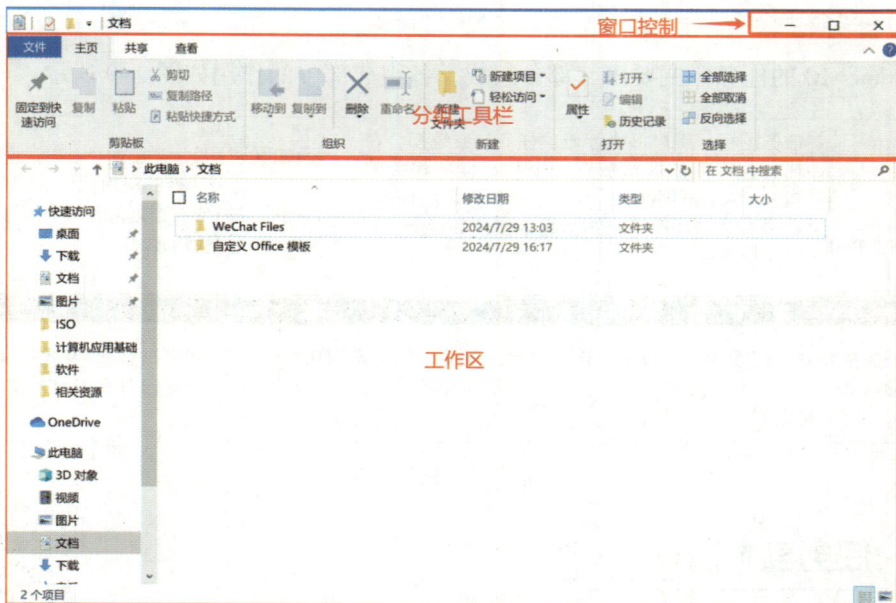

图 2-7　资源管理器窗口界面

（3）对话框。

对话框是一种特殊的窗口，用于提供一些参数选项供用户设置。不同的对话框，其组成元素也不相同。例如，图 2-8 所示的对话框包含了标题栏、选项卡、复选框、列表框、下拉列表框和按钮等组成元素。

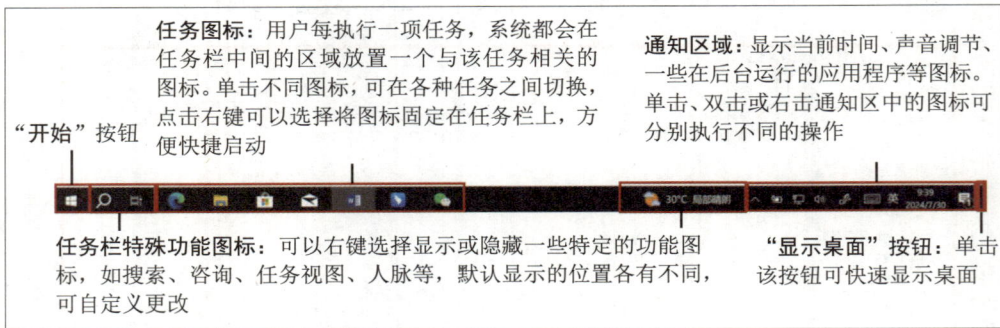

选项卡：当对话框的内容很多时，通常采用选项卡的方式来分页，从而将内容归类到不同的选项卡中。通过单击选项卡标签可在不同选项卡之间切换

复选框：用于设定或取消某些项目，单击□可选中复选框，此时方框变为☑形状，再次单击☑可以取消选择

标题栏

下拉列表框：在下拉列表框中显示了一个当前选项，可单击其右侧的小三角按钮 ，从弹出的下拉列表中选择其他选项，如果是不可修改内容的下拉框，可以直接点击下拉框任何区域激活下拉菜单

列表框：列表框是以列表形式显示有效选项的框，可以单击选择需要的选项。如果选项较多的话，在其右侧还会有一个垂直滚动条，拖动该滚动条可显示隐藏的选项

图 2-8　对话框

提示

在对话框中有许多按钮，单击这些按钮可以打开某个对话框或执行相关操作。几乎所有对话框中都有"确定""取消"和"应用"按钮。其中，单击"确定"按钮可使对话框中所做的设置生效并关闭对话框；单击"应用"按钮可使设置生效而不关闭对话框；单击"取消"按钮将取消操作并关闭对话框。

（4）任务栏。

Windows 10 的任务栏主要由 5 部分组成，各组成部分的作用如图 2-9 所示。

任务图标：用户每执行一项任务，系统都会在任务栏中间的区域放置一个与该任务相关的图标。单击不同图标，可在各种任务之间切换，点击右键可以选择将图标固定在任务栏上，方便快捷启动

"开始"按钮

通知区域：显示当前时间、声音调节、一些在后台运行的应用程序等图标。单击、双击或右击通知区中的图标可分别执行不同的操作

任务栏特殊功能图标：可以右键选择显示或隐藏一些特定的功能图标，如搜索、咨询、任务视图、人脉等，默认显示的位置各有不同，可自定义更改

"显示桌面"按钮：单击该按钮可快速显示桌面

图 2-9　任务栏

2.2.2 任务实施

2.2.2.1 启动"记事本"程序

利用"开始"菜单启动"记事本"程序，具体操作步骤如下：

步骤 1 单击"开始"按钮，打开"开始"菜单。

启动"记事本"程序

步骤 2 在"开始"菜单的程序列表区域滚动鼠标滚轮找到"Windows附件",点击展开,然后在展开的"Windows附件"列表中单击"记事本",启动"记事本"程序。

2.2.2.2 在"记事本"中输入中文

在安装系统时,默认可以选择微软拼音或者微软五笔输入法,拼音输入法在学习成本上较低,容易上手;五笔输入法在经过学习后可以有较快的打字速度,可根据自己需要进行选择。Windows 10 中自带的微软拼音输入法功能已经比较完善,能够较好满足日常打字需求,如果有特殊需要,可以自行下载安装其他输入法,目前较流行的输入法有搜狗输入法、微信输入法等,各个输入法在运行速度、打字优化、个性化界面等方面各有优劣,可以根据自己的需要进行选择。

在"记事云"中输入中文

系统在未安装其他输入法时,默认使用微软拼音输入法,在任务栏的"通知区"内显示"英"/"中"的文字标记用来指示当前输入法的语言状态。可以使用【Shift】键或者手动用鼠标点击进行切换。

如果系统内安装有其他类型输入法,会在"英"/"中"输入法语言状态右方显示对应输入法的图标,点击之后可以进行输入法切换,或者使用键盘快捷键进行切换(默认快捷键为【Ctrl+Shift】,可进行自定义按键设置)。

Windows 10 中输入法默认是隐藏任务栏的,可以通过右键点击"英"/"中"图标,来弹出各个输入法的设置选项,选择显示/隐藏任务栏以及进行其他选项的详细设置。

使用汉字输入法在"记事本"程序中输入诗歌《天净沙·秋思》,操作步骤如下:

步骤 1 观察确认右下角"通知区"内输入法状态是否是中文状态,是中文输入状态时会显示一个"中"字,否则需要鼠标左键点击或者按【Shift】键进行切换。如果安装了多个输入法,需要确认右边的输入法图标是否为你想要使用的输入法,不是的话可以使用鼠标左键点击或键盘快捷键【Ctrl+Shift】进行切换(注:如果进行了自定义设置,则需要使用自定义的快捷键)。例如,选择了"搜狗拼音输入法",状态栏的详细图标功能如图 2-10 所示。需要注意的是,不是所有输入法的状态栏图标都相同,但大体意义和展示方式都较为类似,且一般来说鼠标放到该图标上也会显示功能提示,可自行研究使用。

步骤 2 选择输入法后将显示此输入法提示条,如示例所选择输入法为搜狗拼音输入法,其各按钮的作用如图 2-10 所示。

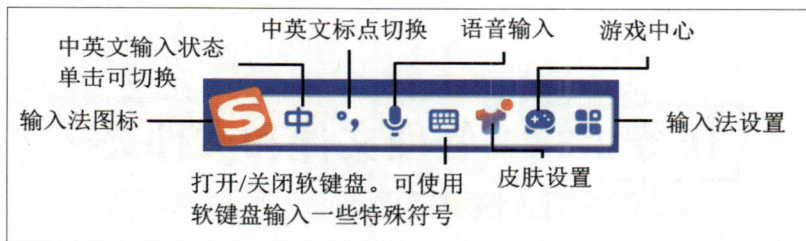

图 2-10 搜狗拼音输入法提示条上各按钮的作用

步骤 3 输入单字或词组的拼音,将显示一个输入候选窗口,按照一定顺序(通常为输入频率从高到低，现在大部分输入法还会参考网络大数据）。输入窗口上面的一排是输入的拼音，下面一排是根据输入的拼音列出的候选字。要输入某候选字或词，可敲其左侧数字代表的按键。如果所需候选字位于第一个，可直接敲空格键将其输入；如果所需候选字不在输入窗口中，可按【＋】或【－】键前后翻页，显示其他候选字。翻页按键可在输入法设置中配置，一般可配置加减号、左右方括号、逗号句号等。现在大部分输入法都具有简拼功能，可通过输入汉字声母或声母首字母来提高输入效率，如输入"tjs"，也可得到"天净沙"，但是前提是这个词组是经常输入的词或者网络上的高频词。

步骤 4 在"记事本"中输入图 2-11 所示的诗歌内容。输入完毕，保持"记事本"窗口的打开状态，我们将在下一小节对该窗口进行操作。

特殊字符·可以使用软键盘输入，也可输入"dian"来在候选字中选择，注意不是所有输入法都支持这种输入方式

```
*无标题 - 记事本                          —  □  ×
文件(F)  编辑(E)  格式(O)  查看(V)  帮助(H)
《天净沙·秋思》
马致远
枯藤老树昏鸦，
小桥流水人家，
古道西风瘦马，
夕阳西下，
断肠人在天涯。|


第 7 行，第 8 列          100%    Windows (CRLF)    UTF-8
```

该行中的书名号可在中文输入状态下按住【Shift】键的同时按逗号和句号键输入。此外，要换行，可按【Enter】键

图 2-11　在"记事本"中输入的诗歌内容

2.2.2.3　保存记事本文档并关闭窗口

通过保存记事本文档并关闭，来了解窗口、窗口菜单和对话框操作。

保存记事本文档并关闭窗口

步骤 1 单击"记事本"程序窗口菜单栏中的"文件"主菜单，在弹出的下拉菜单中单击"保存"菜单项。

步骤 2 弹出"另存为"对话框，在"文件名"编辑框中输入"天净沙"，单击"保存"按钮，将文档保存在默认的"文档"文件夹中。

步骤 3 单击"记事本"程序窗口右上角的"最小化"按钮 － 以最小化窗口，然后单击任务栏中的记事本图标，将最小化的窗口还原。

步骤 4 单击"记事本"程序窗口右上角的"关闭"按钮 × 以关闭窗口。

任务 2.3　管理文件和文件夹

计算机中的所有数据都以文件的形式保存，而文件夹用来分类存储文件，因此，在

Windows 10 中最重要的操作就是管理文件和文件夹。下面首先通过"相关知识"简单讲解文件和文件夹概念，然后通过"任务实施"掌握管理文件和文件夹的各种操作。

2.3.1　相关知识

2.3.1.1　认识文件

文件是数据在计算机中的组织形式。计算机中的任何程序和数据都是以文件的形式保存在计算机的外存储器（如硬盘、光盘和 U 盘等）中的。Windows 10 中的任何文件都是用图标和文件名来标识的，其中文件名由主文件名和扩展名两部分组成，中间由"."分隔。

　　◆ **主文件名**：由英文字符或汉字组成，或者混合使用字符、汉字、数字甚至空格。但是，文件名中不能含有"\""/"":""<"">""？""*""""和"|"字符。系统默认对文件路径（包括目录和文件名）最大长度限制为 260 字符，可以通过系统组策略或者注册表修改来解除这一限制，但是为了使用方便，尽量不要使用过长的文件名。

　　◆ **扩展名**：通常为 3 个英文字符，当然也可以没有扩展名或者使用任意多长度的扩展名，总体上不超过路径字符限制即可，但是不推荐使用过长的文件扩展名。扩展名决定了文件的类型，也决定了可以使用什么程序来打开文件。常说的文件格式指的就是文件的扩展名，如我们经常使用的 .exe 可执行文件，Word 2003 之前的 .doc 文件，Word 2007 以及之后版本的 .docx 文件等。

提示

　　默认情况下，为避免用户修改文件扩展名导致打不开文件，在资源管理器中查看文件时，系统不会显示文件的扩展名。可以在文件夹选项或者资源管理器中的"查看"工具栏组内设置显示文件扩展名。

从打开方式看，文件分为可执行文件和不可执行文件两种类型。

　　◆ **可执行文件**：可以自己运行的文件，其扩展名主要有 .exe、.com 等。用鼠标双击可执行文件，它便会自己运行。

　　◆ **不可执行文件**：不能自己运行，而需要借助特定程序打开或使用的文件。例如，双击 txt 文档，系统将调用"记事本"程序打开它。不可执行文件有许多类型，如文档文件、图像文件、视频文件等。每一种类型又可根据文件扩展名细分为多种类型。大多数文件都属于不可执行文件。

2.3.1.2　认识文件夹

文件夹是存放文件的场所。在 Windows 10 中，文件夹由一个黄色的小夹子图标和名称组成，如图 2-12 所示。为了方便管理文件，用户可以创建不同的文件夹，将文件分门别类地存放在文件夹内。在文件夹中除了包含文件外也还可以包含其他文件夹。

Windows 10 中的文件夹分为系统文件夹和用户文件夹两种类型。系统文件夹是安装好操作系统或应用程序后系统自己创建的文件夹，它们通常位于 C 磁盘中，不能随意删除和更改名称；用户文件夹是用户自己创建的文件夹，可以随意更改和删除

图 2-12　文件夹

2.3.1.3　认识资源管理器

在 Windows 10 中，资源管理器是管理计算机中文件、文件夹等资源的最重要工具。单击"开始"菜单中的"计算机""文档"等图标，或双击桌面上的"计算机""网络"等图标，都可打开资源管理器。如图 2-13 所示为双击"计算机"图标打开的资源管理器。

资源管理器主要由导航窗格、地址栏、搜索框、工具栏、内容区等元素组成，在图 2-13 中，由于我们打开的是"此电脑"（旧版本系统中可能会被称为"计算机"或"我的电脑"），所以显示的内容是磁盘驱动器列表和一些常用文件夹的快捷方式，如果插入移动存储设备（如 U 盘、移动硬盘等）或者电脑具有光驱（或虚拟光驱），也会在此界面进行展示。

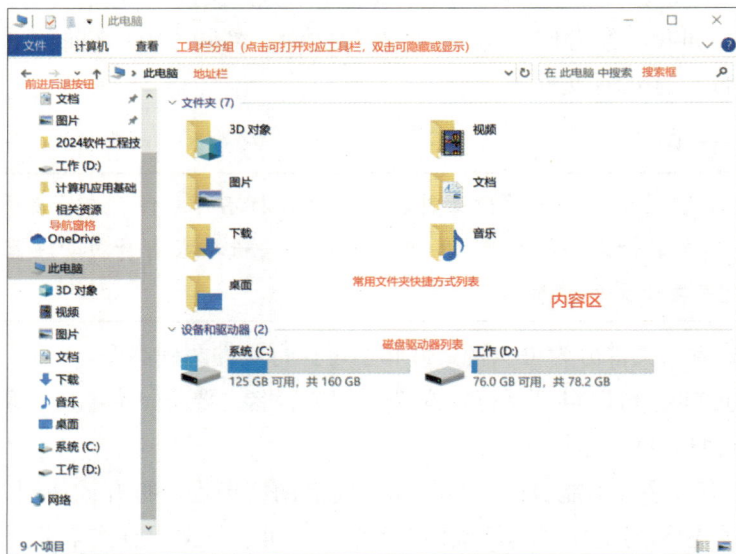

图 2-13　资源管理器

💡 **提示**

利用不同方式打开的资源管理器，其内容区中显示的内容可能不同，但窗口组成元素是相同的。打开特定文件夹时，会在地址栏显示当前文件夹的路径，在导航窗格定位到当前文件夹所在的目录或导航中能显示到的最底层目录位置，并在内容区显示文件夹的具体内容。可以通过"查看"工具栏设置内容显示的方式以及可以显示/隐藏的其他内容，如文件扩展名、隐藏文件、导航窗格以及详细信息窗格等。

████ **导航窗格**：采用层次结构来对计算机中的资源进行导航，通常是包括以下几个部分：①快速访问，展示常用文件夹列表或最近访问文件夹列表；②其他自定义链接，通常是一些程序自行添加的快捷链接，图 2-13 展示的是 OneDrive 添加的快捷链接；③此电脑，展示电脑中的快捷文件夹链接和电脑内的各个磁盘驱动器的快捷链接；④网络，展示网络上可以探测到的计算机列表。

████ **磁盘驱动器列表**：电脑上的磁盘驱动器列表，通常从 C 盘开始，具体多少个磁盘取决于电脑上分了多少个区，盘符可以在磁盘管理器中自定义。双击某个驱动器图标可将其打开，以查看和管理其中的文件。注意，磁盘驱动器通过对硬盘分区产生，不同的计算机分区情况可能不同，磁盘驱动器的数量也不同。光驱和 U 盘等移动设备展示也是在此列表中，在插入 U 盘后会在列表中新增加 U 盘的驱动器图标，光驱中插入光盘后会在对应的驱动器信息中展示新插入的光盘信息。

████ **地址栏**：显示当前文件夹的路径，也可通过输入路径的方式来打开文件夹，还可通过单击文件夹名或三角按钮来切换到相应的文件夹中。

████ **"前进" ← 和 "后退" 按钮 →**：单击这两个按钮可在打开文件夹历史记录之间切换。点击后退按钮旁边的 ↑ 按钮后可以跳转到上一层目录文件夹。

████ **搜索框**：在其中输入关键字，可查找当前文件夹中存储的文件或文件夹，模糊查询时可以使用 * 来代替模糊查询内容，如查找所有 jpg 图片，可以输入查询内容 "*.jpg"。

████ **工具栏**：以分组形式进行组织，双击分组名称可以切换显示/隐藏当前分组工具栏，如果使用单击则会显示对应工具栏，在点选工具栏内图标或者工具栏外其他位置时，工具栏会再次隐藏，比较特殊的是，点击 "文件" 按钮时，会弹出一个文件操作相关的工具窗口，和其他工具栏不太相同。

2.3.2 任务实施

2.3.2.1 使用资源管理器

（1）打开文件夹和文件。

使用资源管理器

步骤 1　单击 "开始" 菜单中的 "计算机" 选项，打开资源管理器。

步骤 2　双击 D 盘，打开该磁盘，查看保存在该磁盘中的文件和文件夹。

步骤 3　在 D 盘中双击任意一个文件夹将其打开，查看保存在其中的文件或文件夹。

步骤 4　双击某个文件，系统会自动启动相应的应用程序将其打开；也可在选中文件后，单击 "工具栏" 中的 "打开" 按钮将其打开。

此外，也可利用资源管理器左侧导航窗格来打开磁盘或文件夹窗口。

（2）改变图标的显示方式。

Windows 10 是一个图形化的操作系统，其中驱动器、文件和文件夹等对象都是以图标的方式显示的。为了方便查看文件夹中的内容，可以对图标的显示方式进行调整。为此，可单击 "查看" 工具栏中的 "布局" 中的按钮，单击选择一种显示方式，如 "大图标"，显示效果如图 2-14 所示。

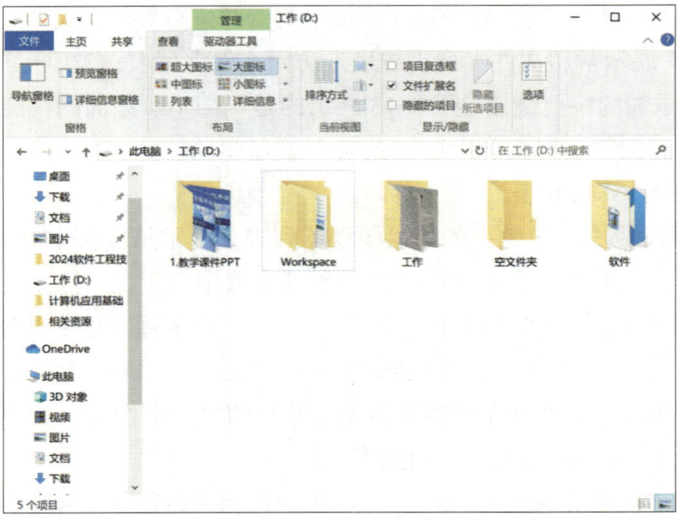

图 2-14　资源管理器修改图标显示方式

（3）改变图标的排序方式。

为了方便查看和比较文件，还可改变图标的排序方式。具体操作步骤如下：

步骤 1 右击资源管理器内容区空白处，弹出快捷菜单。

步骤 2 将鼠标指针移至"排序方式"，显示其子菜单项，然后单击选择一种排序方式，如"名称"，从而以名称为依据对图标进行排序。也可使用"查看"工具栏中"当前视图"的"排序方式"按钮，点击选择所需的排序方式，或者在"详细信息"显示方式下，直接点击列表标题栏进行"递增""递减"排序切换。

步骤 3 继续在"排序方式"子菜单中选择图标是以"递减"还是"递增"方式排列。

（4）分组显示文件夹内容。

要对文件夹中的内容进行分组显示，可在鼠标右击弹出的快捷菜单中选择"分组依据"中的某子菜单项，如选择"类型"，显示效果如图 2-15 所示。

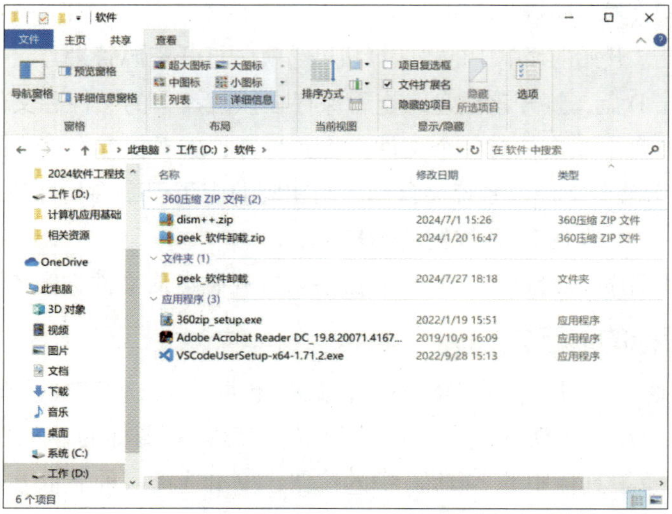

图 2-15　分组显示文件夹内容的效果

提示

要取消分组，可在鼠标右击弹出的快捷菜单中选择"分组依据"→"无"菜单项。在 Windows 10 中，点击鼠标右键弹出的快捷菜单会随操作环境或单击位置的不同而不同，用户可利用快捷菜单中的命令快速执行一些常用操作。

2.3.2.2 管理文件和文件夹的常用操作

在使用计算机的过程中，经常需要对文件或文件夹进行各种管理操作，如新建、选择、重命名、删除、移动或复制文件和文件夹等，下面就来介绍一下这些操作。

管理文件和文件夹的常用操作

（1）创建和重命名文件夹。

Windows 10 中的文件夹是存放文件的仓库，为了分类存放文件，有时候需要创建新文件夹，或更改已存在的文件夹或文件名称等。具体操作步骤如下：

步骤 1 打开用来存放新文件夹的磁盘驱动器或文件夹窗口。

步骤 2 通过内容区点击鼠标右键→新建→文件夹，或者点击资源管理器左上角第三个图标 来实现，此时将新建一个文件夹，且文件夹的名称处于可编辑状态，输入一个新名称，按【Enter】键确认。

步骤 3 单击选中要重命名的文件或文件夹，然后再单击文件或文件夹名称，使其处于可编辑状态，接着输入文件或文件夹的新名称，按【Enter】键确认，或者可以通过文件夹上点击鼠标右键→重命名来激活文件夹名称修改模式。

提示

命名文件和文件夹时，要注意在同一个文件夹中不能有两个名称相同的文件或文件夹。此外，不要对系统中自带的文件或文件夹，以及安装应用程序时所创建的文件或文件夹重命名，以免引起系统或应用程序运行错误。

（2）选择文件或文件夹。

在对文件或文件夹进行移动、复制、重命名等操作时，都需要先选择文件或文件夹。下面是选择文件和文件夹的几种方法。

选择单个文件或文件夹。直接单击该文件或文件夹即可，选中的文件或文件夹将高亮显示。

同时选择不连续的多个文件或文件夹。首先单击要选择的第 1 个文件或文件夹，然后按住【Ctrl】键，依次单击要选择的其他文件或文件夹。

同时选择连续的多个文件或文件夹。单击选中第一个文件或文件夹后，按住【Shift】键单击其他文件或文件夹，则两个文件或文件夹之间的对象均被选中。

使用鼠标拖动选择。按住鼠标左键不放，拖出一个矩形选框，释放鼠标后，选框内的所有文件或文件夹都会被选中。

选择当前窗口中的所有文件和文件夹。单击工具栏中的"组织"按钮，在弹出的下拉列表中单击"全选"选项，或者直接按【Ctrl+A】组合键。

（3）移动与复制文件或文件夹。

移动是指将所选文件或文件夹移动到指定位置，在原来的位置不保留被移动的文件或文件夹，而复制会在原来的位置保留被移动的文件或文件夹。移动与复制是管理文件时经常使用的操作，应牢牢掌握。

下面首先介绍复制文件或文件夹的具体操作步骤。

步骤 1 打开要复制的文件或文件夹所在的磁盘驱动器或文件夹窗口。

步骤 2 选中需要复制的文件或文件夹，然后单击"主页"工具栏中的"复制"按钮。复制操作还有另外两种方式：选中对象后按【Ctrl+C】组合键或者鼠标右键点击要复制的对象，在弹出菜单中选择"复制"。

步骤 3 打开想要复制到的目标磁盘驱动器或文件夹窗口，然后单击"主页"工具栏中的"粘贴"按钮。粘贴操作还有另外两种方式：在合适文件夹下按【Ctrl+V】组合键或者鼠标右键点击文件夹空白位置，在弹出菜单中点击"粘贴"。需要注意的是，在粘贴操作时，必须是已经执行过复制操作，且复制的对象是适合进行粘贴的文件或文件夹，如果没有复制或复制的对象不是文件或文件夹，则不能在资源管理器中执行粘贴操作。

步骤 4 如果要复制的文件较大的话，此时将出现一个复制进度对话框，视文件大小等待一段时间后，选定的文件或文件夹即可被复制到当前文件夹中。

如果希望移动文件或文件夹，只需要将上述步骤 2 的操作中"复制"改为"剪切"选项，或者按【Ctrl+X】组合键；步骤 3 的操作不变。

（4）删除文件或文件夹。

对于不再需要的文件或文件夹，可以将其删除以腾出磁盘空间。具体操作步骤如下：

步骤 1 选中要删除的文件或文件夹，按【Delete】键，或者鼠标右键点击要删除的文件或文件夹，选择"删除"。

步骤 2 执行此操作即可将所选文件或文件夹放入回收站中，即删除文件。需要注意的是，在 Windows 10 中，除非有文件占用或者文件过大不能放入回收站的情况下，删除文件操作不会有提示，请注意在文件或文件夹较多的情况下小心处理，避免误操作。

若希望从回收站中恢复被误删除的文件或文件夹，可双击桌面上的"回收站"图标，打开"回收站"窗口，选中误删除的文件或文件夹，单击工具栏中的"还原此项目"选项，将该文件或文件夹恢复到原来的位置。

回收站中的文件仍然会占用磁盘空间，因此，用户应定期检查回收站，如果确认没有需要保留的内容，应及时予以清空。为此，可在回收站窗口中单击"清空回收站"选项。

提示

删除大文件时，可使其不经过回收站而直接从硬盘中删除。方法是：选中要删除的文件或文件夹，按【Shift+Delete】组合键，然后在打开提示框中确认即可。

（5）查找文件或文件夹。

使用计算机时经常会发生找不到某个文件或文件夹的情况，此时可借助 Windows 10 的搜索功能进行查找。具体操作步骤如下：

步骤 1　打开资源管理器，在窗口的右上角搜索编辑框中输入要查找的文件或文件夹名称（如果记不清文件或文件夹全名，可只输入部分名称）。

步骤 2　此时系统自动开始搜索，等待一段时间即可显示搜索的结果，如图 2-16 所示。

步骤 3　对于搜到的文件或文件夹，用户可对其进行复制、移动或打开等操作。

图 2-16　搜索文件

设置合适的搜索范围很重要，由于现在的硬盘容量都很大，若把所有硬盘搜索一遍将会耗费很长的时间。若能确定文件存放的大致文件夹，可首先在步骤 1 中直接打开该文件夹窗口，然后再进行搜索。

另外，在输入文件名时还可使用通配符。常用的通配符有星号（*）和问号（?）两种。其中，"*"代表一个或多个任意字符，"?"只代表一个字符。例如，*.*表示所有文件和文件夹；*.jpg表示扩展名为.jpg的所有文件；?ss.doc表示扩展名为.doc，文件名为 3 位，且必须是以 ss 为文件名结尾的所有文件。

2.3.2.3　查看对象信息和属性

如果希望查看磁盘驱动器、文件夹或文件等对象的简单信息，只需将图标的显示方式设置为"详细信息"；或选中要查看信息的对象，在窗口底部的"详细信息"面板中进行查看。如果希望了解对象的更多属性，可利用以下方法查看。

查看对象信息
和属性

（1）查看磁盘驱动器的常规属性。

磁盘驱动器是计算机中最常用的外存储设备，通过查看磁盘驱动器的具体信息，可以了解磁盘空间的使用情况，以及清除磁盘中的垃圾文件等。具体操作步骤如下：

步骤 1　在"计算机"窗口中用鼠标右击要查看属性的磁盘驱动器，在弹出的快捷菜单中单击"属性"菜单项。

步骤2 在弹出的磁盘属性对话框的"常规"选项卡中查看该磁盘的文件系统类型、总容量、已用空间和可用空间。

步骤3 单击"磁盘清理"按钮，可清除该磁盘中的垃圾文件。

步骤4 单击"确定"按钮，关闭对话框。

当磁盘的可用空间很少时，应清理该磁盘或删除磁盘中不用的文件或文件夹。

（2）查看文件或文件夹的常规属性。

要查看文件或文件夹的详细信息和常规属性，可按以下步骤进行操作：

步骤1 选中要查看属性的文件或文件夹，用鼠标右击所选对象，在弹出菜单中单击"属性"菜单项。

步骤2 在弹出的属性对话框的"常规"选项卡中查看所选文件或文件夹的大小、占用空间、创建时间等信息，还可查看和设置对象属性。

步骤3 单击"确定"按钮。

文件或文件夹有只读和隐藏两种属性。将文件属性设置为"只读"后（勾选"只读"复选框），将不能更改文件内容，但可删除文件；将文件或文件夹属性设置为"隐藏"后，其将不会显示在资源管理器中。如果对文件夹进行"隐藏"设置，会提示"仅将更改应用于此文件夹"或者"将更改应用于此文件夹、子文件夹和文件"，如果选择第一项，则隐藏仅对当前文件夹生效，打开文件夹时，里面的文件是正常显示的，但是选择第二项时，会将文件夹内的所有东西都隐藏。

🚍 提示

　　要显示隐藏的文件或文件夹，可在资源管理器中单击"查看"工具栏分组，在弹出的工具栏中"显示/隐藏"分组中选中"隐藏的项目"选项，即可显示隐藏的内容。

2.3.2.4 使用U盘

U盘是计算机用户经常使用的一种移动储存设备，其使用方法如下：

步骤1 把U盘插到计算机的任意一个USB接口中，系统会自动探测到U盘，探测结束后，系统会在右下角提示U盘已插入，单击会弹出一个"自动播放"对话框，单击"打开文件夹以查看文件"选项，如图2-17所示，将打开显示U盘内容的资源管理器窗口。

图2-17 "自动播放"对话框

步骤2 像操作本地磁盘中的文件一样对U盘中的文件进行操作，如打开文件、删除文件，或在本地磁盘和 U 盘之间复制和移动文件等。

步骤 3　U 盘使用完毕后要取出 U 盘，应首先从计算机中删除该设备。为此，可单击任务栏提示区可移动存储设备标志，在弹出的菜单中单击"弹出×××"，如图 2-18 所示，单击后 U 盘会自动从系统中卸载，此时即可将 U 盘从主机箱上拔下。注意：由于 U 盘属于即插即用设备的一种，如果未经过此步骤先移除设备后再拔出，大部分情况下是没有太大问题的，但是会有一定概率对 U 盘造成不可逆的损坏。

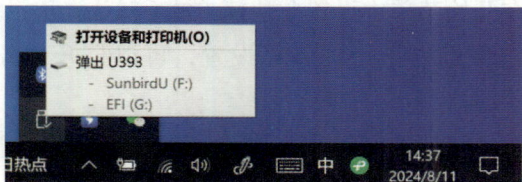

图 2-18　安全拔出 U 盘

提示

> 　　其他移动存储设备，如数码相机和手机的闪存卡（SD 卡），移动硬盘等，它们的使用方法与 U 盘相同，只是各种存储设备使用的外接连接端口略有不同。

　　此外，插入 U 盘后，在"此电脑"窗口中的"设备和驱动器"列表中会出现 U 盘信息及图标（和普通硬盘的图标没有什么不同），双击该盘符图标也可打开显示 U 盘内容的窗口。

任务 2.4　系统管理和应用

　　用户在使用计算机时，经常需要对系统进行设置和管理，以及安装和卸载应用程序等。下面首先通过"相关知识"简单讲解设置系统的门户——设置，以及传统的"控制面板"界面。然后通过"任务实施"上机学习设置 Windows 10 外观和用户账户，以及安装和卸载应用程序等的方法。

2.4.1　相关知识

2.4.1.1　认识设置和控制面板

　　Windows 10 允许用户根据自己的使用习惯定制工作环境，以及管理计算机中的软、硬件资源。Windows 10 与 Windows 7 以及之前版本的不同之处在于，之前版本都是通过"控制面板"来进行各种系统的设置的，Windows 10 新增的"设置"功能将日常应用部分的设置进行了重新组织和扩展，采用了 Metro/Modern 设计，提供了一个更加直观和统一的界面来管理系统的各种设置。与此同时，"控制面板"功能继续保留，但是打开的方法没有那么简单方便，习惯旧版本系统的用户还是可以通过控制面板进行各种设置。利用"设置"或"控制面板"可以设置系统个性化显示效果，修改系统日期和时间，添加和删除程序，查看和管理系统软、硬件信息和优化系统，以及配置网络等。

通过以下各种途径可以快捷打开"设置"的某个界面，并在此基础上进行灵活切换。

▓▓ 单击"开始"按钮→设置 ⚙ 按钮，或者在"开始"按钮上点击鼠标右键→设置，打开设置主界面，需要在开始菜单中设置此快捷方式（默认选项已设置）。

▓▓ 在任务栏上点击鼠标右键→任务栏设置，可以打开任务栏的个性化设置功能模块。

▓▓ 在任务栏系统托盘图标上右键点击网络、声音图标，在弹出的菜单中选择相应的设置选项，可以快捷跳转到网络或者声音相关的设置界面。

▓▓ 在桌面上点击鼠标右键→"显示设置"或"个性化"，弹出设置中将显示分辨率设置和系统主题设置的界面。

▓▓ 在"开始"按钮上点击鼠标右键→"网络连接"或"系统"或"电源选项"或"应用和功能"等按钮，可进入设置的对应主界面。

通过以下各种途径可以打开控制面板。

▓▓ 单击"开始"按钮→所有程序列表→Windows 系统→控制面板。

▓▓ 单击搜索按钮，输入"控制面板"，单击搜索到的结果。

▓▓ 在"运行"窗口中输入control，单击"确定"。

由于微软倾向于让用户使用新的"设置"界面来完成系统的各项设置，所以本书主要讲解通过"设置"界面进行各种类型的配置，控制面板相关的功能可对应名称自行研究，这里不再详述。如图 2-19 所示，设置窗口按照功能进行了分类管理，通过分类的名称以及下方的说明，可以很容易看到本分类内大概的选项。如果找不到某项功能所在位置，可以在上方的搜索框内输入功能名称进行搜索。

图 2-19 "设置"主页面

如图 2-20 所示的是 Windows 10 的控制面板主页面，默认以类别方式进行查看，用过旧版本 Windows 系统的用户对这个界面较为熟悉。

图 2-20　"控制面板"主页面

2.4.1.2　认识应用软件

应用软件运行在操作系统之上，是为了解决用户的各种实际问题而编制的程序及相关资源的集合。虽然 Windows 10 系统默认提供了一些应用程序帮助用户完成某些操作，如"记事本""写字板"和"画图"等程序，但这些程序无法完全满足用户的实际需要。为了扩展计算机的功能，用户必须为计算机安装相应的应用软件。

例如，要使用计算机进行办公，需要安装 Office 办公软件；要解压缩文件，需要安装 WinRAR 或其他解压缩软件；要保护计算机的安全，需要安装 360 安全卫士或其他安全软件；观看特定格式的视频也需要安装对应的视频播放器等。

2.4.2　任务实施

2.4.2.1　个性化 Windows 10

Windows 10 提供了强大的外观和个性化设置功能，用户可通过"设置"中的"个性化"分类的相应选项来进行设置。现有的个性化设置选项有以下几种。

个性化
Windows 10

背景：设置桌面背景图片以及切换方式。

颜色：选择颜色模式以及主题色。颜色模式可设置 Windows 任务栏、开始菜单、窗体及按钮等颜色为深色或浅色，还能为界面自定义喜欢的主题颜色。

锁屏界面：系统刚启动时进入的界面显示模式的各种设置，在此界面下，按下任意键盘按钮或者点击鼠标才会进入系统登录界面。

主题：一整套的系统展示方案的设置，一套主题方案包括背景图片、颜色、声音和鼠标光标样式，可以在 Microsoft Store 获取别人做好的主题，或者自定义自己喜欢的主题。

字体：系统字体的安装和管理。

开始：开始菜单的个性化设置，包括开始菜单上显示的内容，以及点击开始按钮后展示的快捷按钮（选择哪些文件夹显示在"开始"菜单上）。

任务栏：任务栏显示的设置选项，按照选项描述提示进行设置即可。值得注意的是，通知区域的两个选项：选择哪些图标显示在任务栏上（选中的项目会始终在通知区域显示，未选中的项目将会隐藏，点击^按钮才会显示）、打开或关闭系统图标（决定那些系统图标，如网络、声音等会显示在任务栏通知区域）。

（1）更换桌面主题。

桌面主题是桌面总体风格的集合，通过改变桌面主题，可以同时改变桌面图标、背景图像和窗口等项目的外观。具体操作步骤如下：

步骤1 在"设置"窗口中单击"个性化"类别（或在桌面空白位置点击鼠标右键 → "个性化"），并在打开的界面中单击"主题"。

步骤2 在显示的"主题"设置界面，如图2-21所示，单击当前主题的各个设置项目（背景、颜色、声音、鼠标光标）进行设置，如果想下次快捷地切换到这个主题，可以点击下方的"保存主题"进行保存，当前设置的自定义主题将会出现在下方的主题列表中。

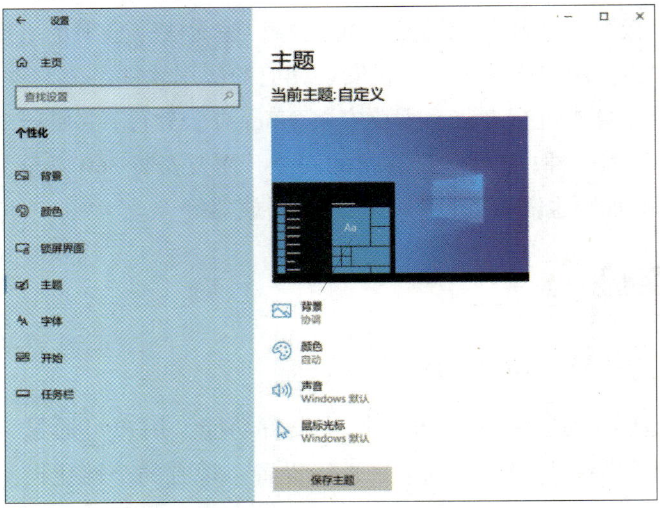

图2-21 "主题"设置界面

步骤3 如果希望直接快速切换到现在已有的一个主题方案，可以在下方"更改主题"的列表中单击对应的主题进行切换。

步骤4 在主题设置中的下方位置还有一个选项叫"桌面图标设置"，单击后将弹出一个开启/关闭系统默认桌面图标的设置对话框，在此处可以设置是否开启系统自带的桌面图标快捷方式，如"此电脑"（计算机）、回收站、控制面板、网络等。

（2）更换桌面背景。

将桌面背景更换成自己喜爱的图片，具体操作步骤如下：

步骤 1　在图 2-21 的"设置"中的"个性化"界面中，单击第一项"背景"选项。

步骤 2　当前显示的"背景"设置界面。在图片列表中单击选择需要设置为桌面背景的图片，在"选择契合度"选项中可以设置图片的展示形式，在图片大小和屏幕分辨率不匹配时，可切换此选项以达到满意的展示效果。若要将多张图片设置为桌面背景，可在"背景"选项中选择"幻灯片放映"，然后在相册中设置想要显示的多张图片。幻灯片放映模式下，可以选择自定义图片切换时间间隔、随机切换图片以及在使用电池时仍运行幻灯片放映等选项。

（3）设置锁屏界面和屏幕保护程序。

在 Windows 系统中，计算机长时间无人操作时，会进入一个叫作"屏幕保护程序"的界面，俗称"屏保"，以达到保护显示器以及保护个人隐私的作用。在 Windows 10 中，系统默认设置了"锁屏界面"来达到这一效果。在锁屏界面中，可以显示精美图片、日期时间信息等，还能显示自定义的快捷程序启动入口，此时屏幕保护程序功能默认是关闭的。想要设置锁屏界面或者打开屏幕保护程序设置功能，具体操作步骤如下：

步骤 1　在图 2-21 中的"设置"的"个性化"界面中，单击"锁屏界面"选项。

步骤 2　在打开的"锁屏界面"设置页面中，可以对锁屏界面的各个选项进行配置，包括背景样式、锁屏应用快捷方式等。下拉到最底部，点击"屏幕保护程序设置"可以打开"屏幕保护程序"设置界面，如图 2-22 所示。

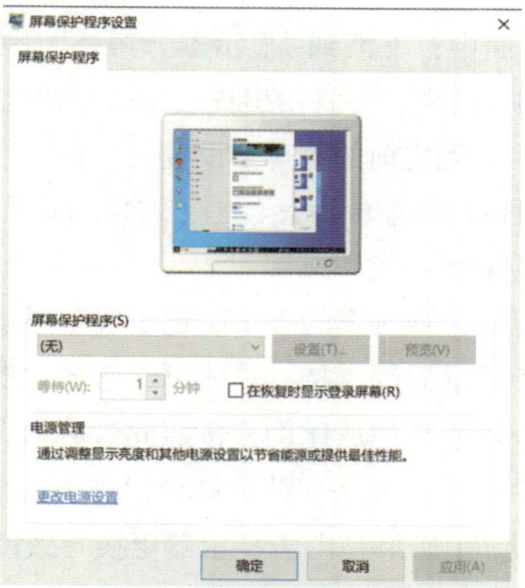

图 2-22　"屏幕保护程序"设置

步骤 3　在打开的"屏幕保护程序"对话框中，在"屏幕保护程序"下拉列表中选择一种屏幕保护程序。如果选择"无"则表示关闭屏幕保护程序。

步骤 4　在"等待"数值框中输入计算机空闲多长时间后启动屏幕保护程序。

步骤 5　单击"确定"按钮。

当在设定时间内不对计算机进行操作（移动鼠标或按键盘上的按键）时，系统将进入屏幕保护程序。要回到操作界面，只需移动一下鼠标或按键盘上的任意键即可。

（4）调整屏幕分辨率。

在刚安装操作系统或更换显示器时，为了使显示器的显示效果更好，一般需要在 Windows 10 中调整屏幕分辨率。具体操作步骤如下：

步骤 1 单击"设置"中"系统"界面的"屏幕"选项，或者在桌面空白位置点击鼠标右键→显示设置，即可显示屏幕设置选项，如图 2-23 所示。

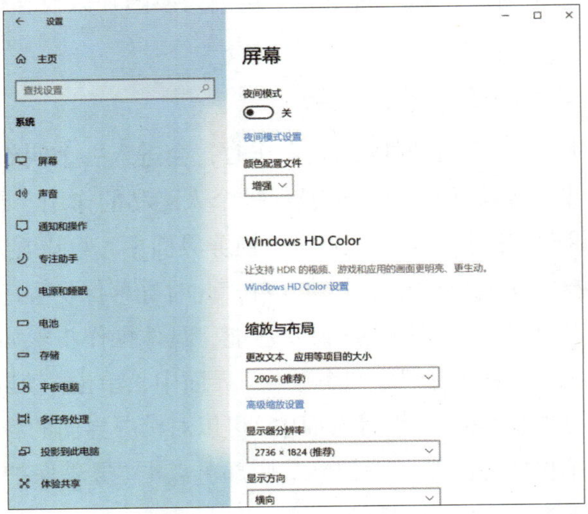

图 2-23 "屏幕"设置

步骤 2 在"屏幕"界面中，下滑到"显示器分辨率"下拉列表中选择一种分辨率，系统将会直接切换到对应的分辨率，并且给出提示是否保留此设置，如果在 15 秒内没有点击"保留更改"，系统将恢复到之前的分辨率设置。

步骤 3 在此界面还可以进行缩放设置（更改文本、应用等项目的大小）和显示方向等选项，可以根据自己需要进行设置。

在屏幕大小不变的情况下，分辨率的大小决定了屏幕显示内容的多少。但分辨率并不是越大越好，而是取决于显示器的支持，具体可参考显示器使用手册。一般来说每个显示器都有它合适的显示分辨率和缩放比例，按照此参数来设置才能达到最好的显示效果。如果设置的显示分辨率显示器无法支持，就会出现"黑屏"，此时等待 15 秒，系统将会自动恢复原先的显示设置；如果是由于显示器更换导致的分辨率无法支持而造成的黑屏，则需要将系统重新启动到安全模式，恢复最低分辨率，然后再重新进入系统中。

在"屏幕"的设置选项中，如果是笔记本电脑这种带内置显示器的情况，一般会有亮度设置选项；如果显示器支持 HDR，会有 HDR 相关选项；如果同时连接了多个显示器，会有多显示器选项。这些项目可以自行设置，确认达到满意效果即可，这里不在详述。

显示器的缩放设置（更改文本、应用等项目的大小）一般针对高分辨率的小屏幕，如现在许多新的笔记本已经支持 2K 以上，甚至 4K 以上的分辨率，但是实际尺寸还是 14 ~ 16 寸，如果不使用缩放功能，显示的内容看起来十分费力，此时就需要使用缩放功能，将显示器内容放大。如果使用显示器推荐比例，在显示效果上比不缩放的效果要好很多。但是设置了缩放功能之后，实际分辨率其实只达到了原始分辨率÷缩放比例的大小，比如图 2-23 中，电脑使用的显示器实际分辨率（推荐分辨率）为 2736×1824，但是设置了缩放比例为 200%，所以实际显示分辨率为 1368×912，但是显示效果会清晰很多。

当电脑连接多个显示器时，可以在此界面对每一个显示器的分辨率、缩放和显示方向等参数进行设置外，还可以设置多个显示器的排列方式和显示模式。通常显示模式有以下几种。

▦ **扩展模式**：此时可以多个显示器拼接使用，在界面上可以通过拖动的方式设置显示器所处的方位，每个显示器显示内容不同，但是在逻辑上是拼接在一起的模式。此模式通常适用于日常多显示器同时使用扩大显示区域的情况下，或者在进行 PPT 演讲时需要在别人看不到的另外一块屏幕上进行一些内容准备的情况下。一般软件开发人员使用多显示器时喜欢使用此模式。

▦ **复制模式**：此时每个显示器显示内容完全相同，分辨率、刷新率、缩放等参数也必须完全相同，一般用于 PPT 展示、多区域大屏同时展示等情况下。

▦ **主显示器模式**：只在主显示器上显示内容。在这种模式下，可以认为其他显示器并不存在。虽然接入了多个显示器，但是当前只需要在主显示器上使用。

▦ **第 X 显示器模式**：只在外接第 X 显示器上显示内容。在这种模式下，主显示器不再使用，只使用另外的外接显示器来展示内容。

🖥 **提示**

> 在旧版本系统中，设置分辨率和颜色主题都在个性化设置分类中，Windows 10 中将屏幕分辨率划分到了"系统"分类中，与亮度、颜色配置、HDR、屏幕缩放、分辨率和多显示器等合在一起，组成了屏幕设置选项。

2.4.2.2　用户账户

Windows 10 提供了多用户操作环境。当多人使用一台计算机时，可以分别为每个人创建一个用户账户。这样，每个人都可以用自己的账号和密码登录系统，拥有独立的桌面、收藏夹、"我的文档"文件夹等，用户之间互不受影响。

用户账户

在 Windows 10 中，添加了 Microsoft 账户登录选项，使用此选项登录系统时，可以保持多电脑的个性化设置同步，也方便于管理在 Microsoft 官方购买的各种服务，如 Office 365 授权等。Microsoft 账户的管理在微软官方网站进行，这里不再详述。

所以在使用 Windows 10 时，首先要确认是使用 Microsoft 账户登录还是使用传统的本地账户登录，如果使用 Microsoft 账户登录，需要在微软的用户中心进行账户管理。此处主要介绍和旧版系统相同的传统的本地账户登录功能。

（1）"设置"中的账户。

打开"设置"窗口，单击"账户"，或在开始菜单中单击左下角的用户头像→更改账户设置，打开"设置"中账户相关的配置页面，如图 2-24 所示。

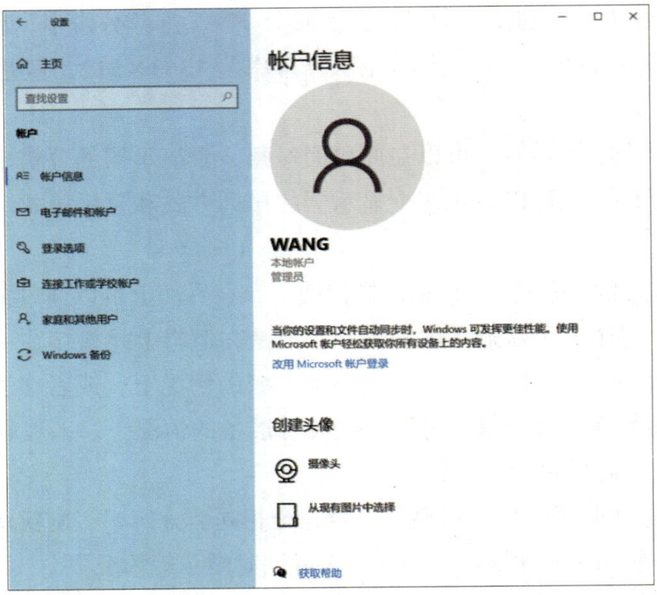

图 2-24 "账户"设置

在此界面中，可以看到有如下设置内容。

▶ 账户信息：显示当前登录账户信息，在这里可以修改头像和改用 Microsoft 账户登录。

▶ 电子邮件和账户：管理电子邮件、日历和联系人使用的账户和其他应用登录使用的账户，如 Office 等，这里还可以管理已登录过的 Microsoft 账户和其他工作或学校账户。

▶ 登录选项：Windows 10 添加了多种认证方式的支持，如人脸识别、指纹、PIN 登录码、图片密码等，这些登录选项都可以在此界面进行设置。在此页面中，还可以设置重新登录激活时间、动态锁等。

▶ 连接工作或学校账户：工作或学校账户相关管理选项。

▶ 家庭和其他用户：可以添加其他人的 Microsoft 账户，让其可以使用此账户登录当前电脑。

▶ Windows 备份：文件备份及账户设置备份同步相关选项。

（2）创建和更改账户。

在设置中，进行账户管理的功能相对较少，我们需要创建和更改账户，可以通过原有的控制面板中的用户账户功能或者"计算机管理"→"系统工具"→"本地用户和组"来进行管理。其中，前者管理方式较为简便，后者功能较为全面，可以对用户组进行权限管理。

在较新版本的 Windows 10 系统中，已经不能通过控制面板来添加本地账户，所以当前示例将使用"计算机管理"来进行添加和更改账户操作。

①创建本地账户。

步骤 1　在开始按钮上点击鼠标右键，选择"计算机管理"，或者打开运行窗口，输入 compmgmt.msc，然后按回车键，弹出的"计算机管理"界面，如图 2-25 所示。

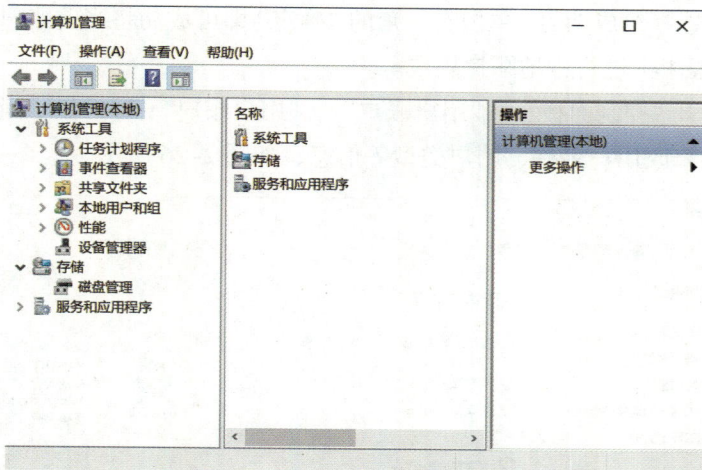

图 2-25　"计算机管理"界面

步骤 2　单击展开"本地用户和组"，单击"用户"，即可显示当前用户列表，在此项目上或者列表主显示区点击鼠标右键，可选择单击"新用户"，打开新建用户界面。在新用户编辑界面输入用户名、密码等选项信息，即可新建一个用户。在新用户的选项中，"用户下次登录时须更改密码"选项选中时，此用户在下次登录时，必须修改密码，如不选中"密码永不过期"选项，系统将会每隔 90 天提示用户更改密码。

步骤 3　点击"创建"按钮后，当前用户信息录入界面的所有内容将会被清空，此时账户已经创建成功，这种录入方式方便了快速进行多个用户创建，如果不想再创建其他账户，单击"关闭"按钮即可。

②更改本地账户。

在计算机管理中的"本地用户和组"功能中，也可以对当前已创建的用户进行管理。由于之前创建的用户，默认隶属于 Users 用户组，此用户组权限相当于普通用户，在登录系统后权限较低，只能修改本用户个人文件夹下面的文档，如果想要将此用户变为和安装系统时创建的账户一样，需要将用户改为管理员用户，即将此用户加入 Administrators 用户组。此处将通过"计算机管理"和"控制面板"两种方式展示本地账户的更改功能。

使用"计算机管理"进行本地账户更改。

步骤 1　使用创建本地账户示例中的方法打开"计算机管理"以及"本地用户和组"选项。单击"用户"选项即可显示当前系统中的所有账户，然后双击需要更改的账户即可打开账户信息页面。

步骤 2　在此详情页面下可以修改用户说明以及密码相关信息，如果想要修改用户名，需要在用户列表页面对要修改的账户点击鼠标右键，然后选择"重命名"，修改方式和文件夹名称或文件名称类似。

步骤 3　如需修改账户所属用户组（权限修改），需要单击"隶属于"选项卡，单击左下角的"添加…"按钮，然后在弹出的选择组界面输入名称 Administrators，单击右方的"检查名称"，如果显示为［计算机名］\Administrators，表示输入正确。不知道怎么输入时，可以单击左下角的"高级…"然后单击右方的"立即查找"，即可显示所有组列表，然后从中选择即可。选择组成功后，单击右下角的"确定"即可成功将当前账户加入管理员组。

使用"控制面板"进行本地账户更改。

步骤1 打开"控制面板"→"用户账户"→"用户账户"，即可显示当前用户的界面，在此界面下可以修改用户名称、用户类型等信息，如图2-26所示。

图 2-26　当前登录用户信息

步骤2 在当前用户信息界面单击"管理其他账户"，可以打开当前可用账户列表，单击想要管理的用户，即可进入对应用户的管理界面，在此界面下对所选账户进行管理，此功能需要当前登录账户为管理员才能进行此操作。

步骤3 单击"更改账户类型"，可对当前所选账户进行类型设置，这里可以选择"普通"或者"管理员"。

提示

　　不同类型的账户对Windows 10的使用权限不同。其中，管理员对Windows 10拥有最大使用权利，如可以安装所有程序，修改系统所有设置，访问计算机中的所有文件，创建、更改和删除其他账户等；标准用户在使用Windows 10时将受到某些限制，如不能更改大多数系统设置，只能修改自己的账户名称和密码等。

　　当某个用户完成自己的工作，需要将计算机交给另一个人使用时，可以通过注销或切换用户账户实现：在"开始"菜单的左下角单击当前登录用户头像按钮，从弹出的列表中单击"注销"选项，注销当前用户并返回登录界面，然后在登录界面中单击要登录的账户，输入密码并按【Enter】键登录Windows 10。

2.4.2.3　安装应用程序

大部分应用程序必须安装（而不是复制）到Windows 10中才能使用，因为大部分的应用程序除了将软件的文件复制到系统中外，还需要进行注册表以及其他配置的设置才能正常使用。一般来说，我们需要从各自商家的官方网站上下载安装包来进行应用软件的安装，这些安装包大多扩展名为exe或者msi。有些做系统安全集成的商家推出了快捷管理安装应用程序的软件或者插件，如360安全卫士或腾讯电脑管家的软件管家等，可以通过此软件对系统内部安装的所有软件进行管理，包括升级、删除、安装，以及插件清理等功能。

安装应用程序

有些软件本身就自带有很强的商业运营因素，所以要不要使用此类软件还要看个人意愿，对 Windows 系统不是很熟悉的用户可以尝试使用。

一般使用光盘（或光盘镜像）软件都配置了自动安装程序，将安装光盘放入光驱或者由系统载入光盘镜像，默认 Windows 10 已支持 ISO 光盘镜像的虚拟光驱装载，系统会自动运行它的安装程序，根据提示进行操作即可。如果软件安装程序没有自动运行，则需要在存放软件的文件夹中找到 Setup.exe 或 Install.exe（也可能是软件名称）等安装程序图标，双击它进行安装操作。

下面以安装办公软件 MS Office 2016 为例，说明应用程序的安装步骤。

步骤 1　将 Office 2016 安装光盘放入光驱，Office 安装程序会自动运行。若 Office 2016 的安装文件储存在硬盘中，可找到并双击 Setup.exe 文件，运行 Office 2016 的安装程序，弹出安装提示：安装程序正在准备必要的文件，请稍候。

步骤 2　稍微等待一会儿，弹出安装选项框，提示"立即安装"或者"自定义"，如图 2-27 所示。单击"立即安装"将会安装常用选项，可以基本满足一般用户的使用需求，但是如果对 Office 的各项组件比较熟悉而且有个性化的需求时，可单击"自定义"按钮，进行安装模块的设置，安装位置设置等，比如本例安装，选择"自定义"，且选择了不安装 OneDrive、OneNote、Outlook、Publisher 和 Skype，这些功能在日常工作中用不到或者有其他比较顺手的软件可以替代，如图 2-28 所示。如果不知道怎么选择，可以直接单击"立即安装"按钮。

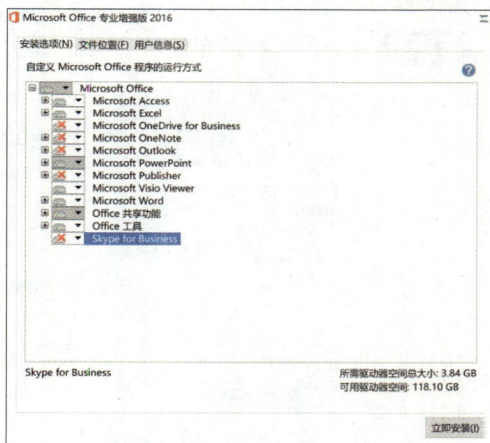

图 2-27　Office 安装选项　　　　　　图 2-28　自定义安装选项

步骤 3　不管是直接单击"立即安装"还是在进行自定义选项后单击"立即安装"，都会进入 Office 安装进度指示界面，在此界面等待进度条到 100% 后安装才能完成。大部分比较大型的软件在这个流程需要较长时间，请耐心等待。有的软件在开始安装前要进行很多配置界面，根据提示和自己的意愿进行选择即可。安装完成后会显示一个安装完成界面。

步骤 4　安装完成后，单击"关闭"按钮即可结束本次安装，在开始菜单中可以找到对应的启动方式，如 Word、Excel、PowerPoint 等。

> WPS Office 与 Microsoft Office 的区别。WPS Office 是由我国金山软件股份有限公司自主研发的一款办公软件套装，可以实现办公软件最常用的文字、表格、演示文稿处理等多种功能，在这些年逐步发展的情况下，功能上已经逐渐赶上了 Microsoft Office，并且在使用上更符合中国人的习惯。在收费方面，Microsoft Office 2016 基本上是一次付费购买即可，但是新版本的 Office 365 是按年付费，和 WPS Office 中的付费会员功能类似，都是持续收费。由于 WPS Office 使用免费功能已可满足绝大部分需求，所以还是有不小的市场需求。功能方面，WPS 和 Microsoft Office 都基本上能实现日常办公所需，但是两者创建的文件在互相打开时可能会有一些格式上的不匹配（Microsoft Office 的不同版本之间也可能会出现此种情况），所以在使用的选择上，需要参考团队中其他人使用哪个版本较多，大家统一最好。

2.4.2.4 卸载应用程序

在计算机中安装过多的应用程序不仅会占用大量硬盘空间，还会影响系统的运行速度，所以对于不使用的应用程序，应该将其卸载。同样可以通过"设置"或"控制面板"来对已安装的程序进行管理，需要时可以卸载应用程序。下面介绍通过"设置"来进行应用程序的卸载，具体操作步骤如下：

卸载应用程序

步骤 1 打开"设置"窗口，单击"应用"类别，如图 2-29 所示。

图 2-29 "设置"中的"应用和功能"界面

步骤 2 在应用和功能页面可以看到当前系统安装的所有可管理的应用程序的列表，如果需要卸载应用程序，则选中对应应用程序选项，然后单击"卸载"，根据提示进行操作即可。

如果想要卸载应用程序，还可以通过其他一些途径来进行：

▓▓▓ 控制面板→程序→卸载程序，打开程序列表页面，单击想要卸载的程序，在上方动作按钮上单击"卸载"，如图 2-30 所示。

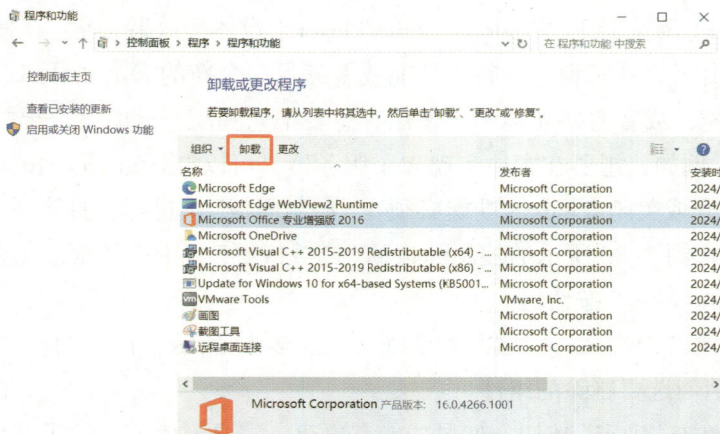

图 2-30　在"控制面板"中卸载应用程序

▓▓▓ 在"开始"菜单的所有程序列表以及磁铁上点击鼠标右键→单击"卸载"选项，如图 2-31 所示。

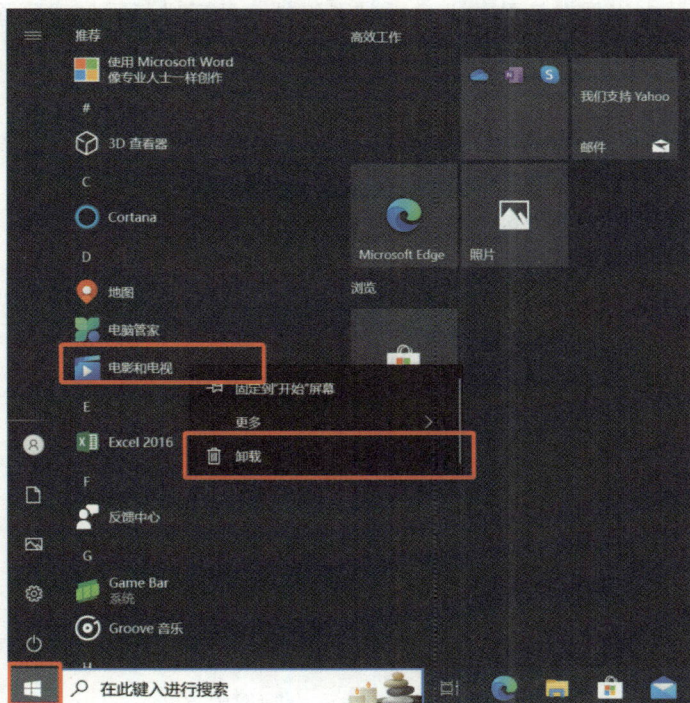

图 2-31　在"开始"菜单中卸载应用程序

注意：某些系统自带应用程序无法卸载，所以单击之后看不到卸载选项。

2.4.2.5 打开或关闭 Windows 功能

Windows 默认自带了很多实现各种常用功能的应用程序，它们是系统组成的一部分，与操作系统紧密地结合在一起，而这些功能有些默认系统安装时已经开启，如 Internet Explorer（浏览器）、Windows Media Player（媒体播放器）等。在使用系统的过程中，我们往往由于想要实现一些新的功能或者满足一个新的需求而开启一些默认未开启的 Windows 功能，或者有些功能不再使用，想要把它关闭，此时就需要打开或关闭某些 Windows 功能。例如，想要在本地实现 Web 服务器，可以打开 Internet Information Services（IIS）功能。打开或关闭 Windows 功能必须在"控制面板"中进行，具体操作步骤如下：

步骤 1 在图 2-30 所示的控制面板的"卸载或更改程序"界面左上部分中单击"启用或关闭 Windows 功能"按钮。

步骤 2 弹出"Windows 功能"对话框，如图 2-32 所示。在"组件"列表中勾选要添加的组件，取消勾选要删除的组件。

步骤 3 单击"确定"按钮，如果功能有更改，需要等待一段时间进行功能的安装或删除，某些情况下需要电脑连接网络才能完成这个操作。

在"功能"列表框中列出了 Windows 10 自带的所有可用的功能组件，如果某组件复选框已被勾选，表示该组件已被添加，否则表示未被添加。某些组件还带有子组件，对于这类组件，可单击组件左侧的"+"显示其子组件，然后进行添加或删除。

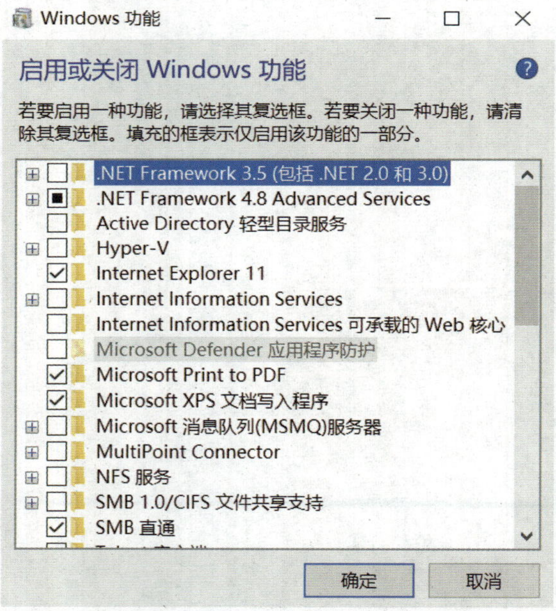

图 2-32　启用或关闭 Windows 功能

Windows 10 的其他功能

在 Windows 10 中，还有一些其他实用功能，这些功能使得 Windows 10 在功能性和用户体验上有了显著提升，其中包括虚拟桌面、Edge 浏览器、贴靠辅助、任务管理器、服务管理等。

2.5.1　相关知识

2.5.1.1　虚拟桌面

Windows 10 的虚拟桌面功能允许用户创建多个虚拟桌面，每个桌面可以独立运行不同的应用程序和任务，就像是在同一台电脑上使用多个显示器，每个显示器独立显示和管理各自桌面上运行的程序一样。通过这个功能，用户可以更好地管理和组织自己的工作和任务，提高工作效率。例如，可以在一个虚拟桌面上处理工作任务，而在另一个虚拟桌面上处理个人事务，从而保持工作和个人生活的分离，提高专注度和效率。Windows 10 虚拟桌面管理界面如图 2-33 所示。

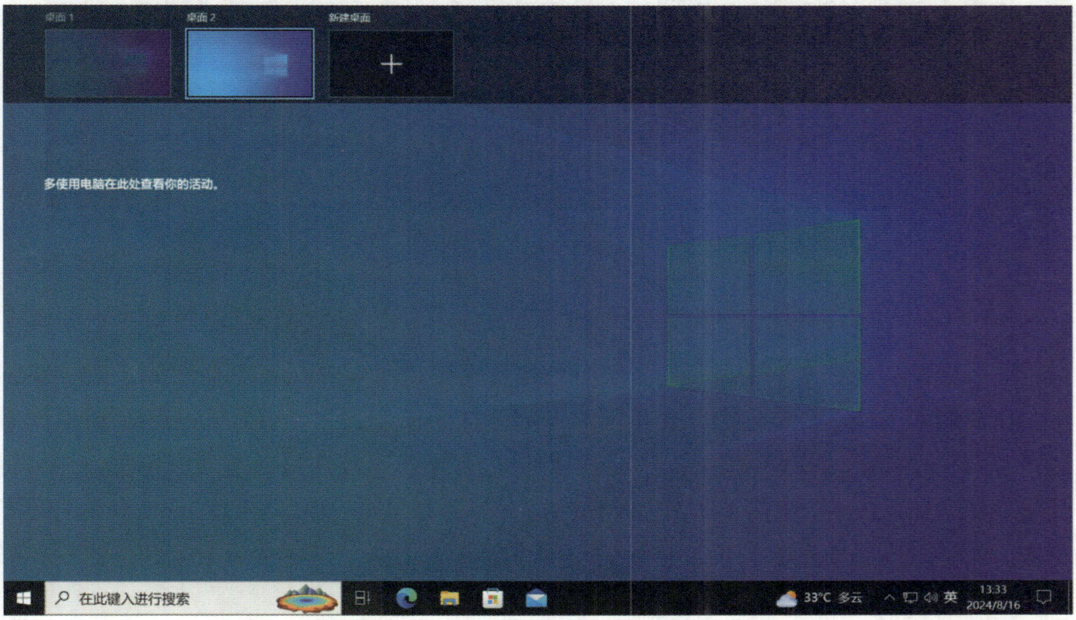

图 2-33　Windows 10 虚拟桌面管理界面

2.5.1.2　Edge 浏览器

说到 Edge 浏览器，不得不先说一下浏览器的内核（渲染引擎，Rendering Engine），它负责对网页代码进行解析和渲染，从而最终形成我们看到的网页。市面上主流的浏览器内核有 IE，Chrome、Firefox、Safari 等（为了理解方便，此处使用浏览器来进行内核名字的区分，其实不少浏览器中间也用过多种内核），除了同名的几款浏览器外，其他很多浏览器都是基于这几个内核建立的，如360浏览器的兼容模式使用的是IE内核，极速模式使用的是Chrome内核的开源版Chromium。不同浏览器如果内核相同，那么它对网页的解析方式也是大体相同的，显示效果在内核版本相近的情况下也基本相同。

Edge浏览器是微软公司以Chrome内核的开源版Chromium为基础开发的新一代浏览器（最初是EdgeHTMl内核，2020年转为Chromium），与谷歌的Chome内核基本兼容，Edge浏览器已成为微软目前主推的浏览器，在性能、兼容性以及功能性上都有很大提升。Edge浏览器显示界面如图2-34所示，使用方式与其他浏览器基本相同。

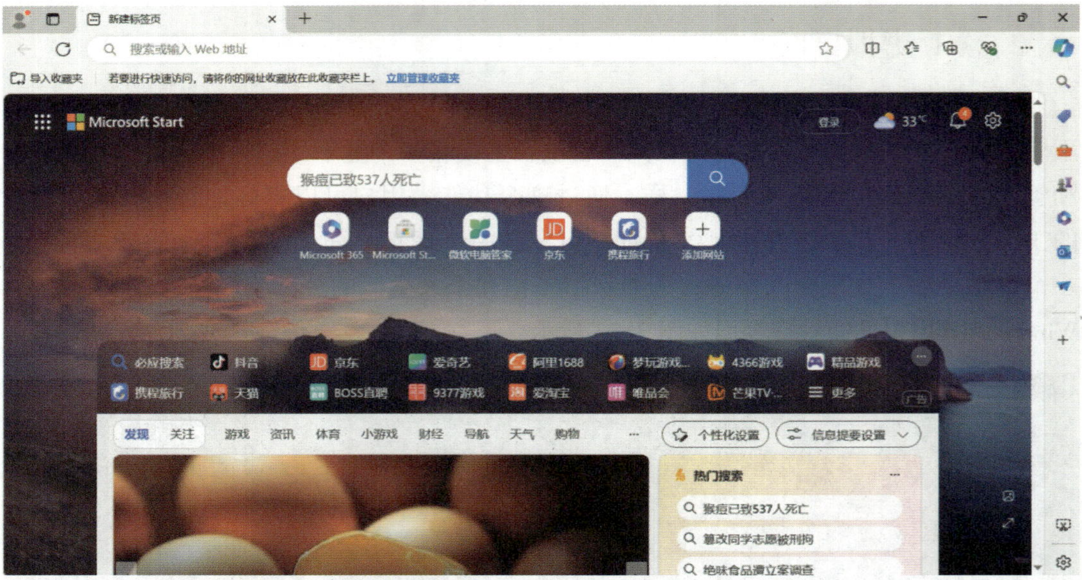

图2-34　Edge浏览器

2.5.1.3　贴靠辅助

贴靠辅助功能在Windows 8时已经引入到系统中，在Windows 10中得到了进一步强化，在使用Windows的过程中，如果同时开启了多个工作窗口，并且想让几个窗口同时整齐排列在桌面上，我们可以通过贴靠辅助来进行操作。按住鼠标拖动窗口时，如果将鼠标移动到屏幕边沿（包括4角，但不包括任务栏所在边沿）时，会触发一个水波的动态效果，此时可以触发贴靠辅助，移动到不同位置效果不同。以通常习惯上的任务栏在屏幕下方为例。

▦▦　鼠标拖动窗口时，将鼠标移动到屏幕上方边沿，触发当前窗口全屏最大化效果。

▦▦　鼠标拖动窗口时，将鼠标移动到屏幕左边沿或右边沿，当前窗口将变为高度最大化，宽度占屏幕一半的尺寸并贴靠在鼠标所指边沿，另外一半空间变为其他打开工作窗口缩略图列表界面，点选其中某个窗口时，此选中窗口将会占满另外一半，达到两个窗口分屏效果，单击空白处，其他窗口恢复至原位置，如图2-35所示。

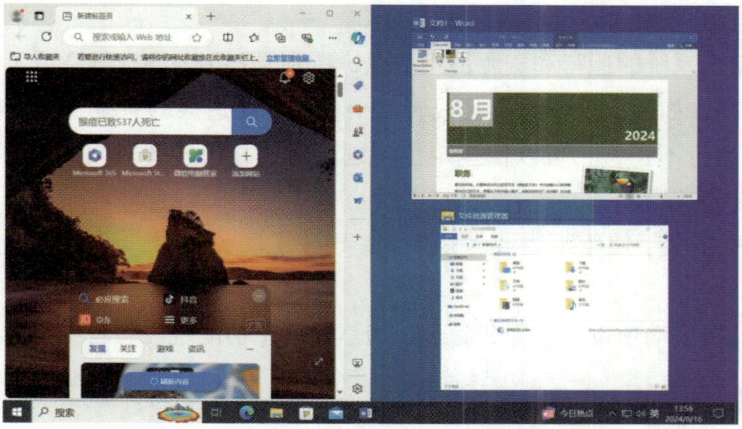

图 2-35　左边沿贴靠辅助

　　❖ 鼠标拖动窗口时，将鼠标移动到屏幕 4 个角，将会把当前窗口变为桌面 1/4 大小的尺寸。可以通过类似操作将其他几个窗口贴靠在另外 3 个角，形成 4 窗口分屏效果。

　　❖ 所有贴靠窗口再次进行鼠标拖动移动时，将会恢复原窗口大小。

2.5.1.4　任务管理器

　　早在 Windows 3.1（Windows 95 之前的版本）中，系统就引入了任务管理器功能，用于显示当前系统运行的程序乃至进程的情况。在 Windows 10 中，任务管理器除了基本的当前运行程序列表和进程信息功能外，还可以监控计算机的性能信息、应用历史记录、启动项、当前用户登录和进程使用情况、服务信息等，除了监控功能外，任务管理器还能对当前运行的程序或进程进行管理，如强制停止某个正在运行的应用程序，配置系统的启动项或者服务的管理等。任务管理器还能追踪当前正在运行的某个应用程序所在位置以及关联的进程和系统占用情况，用于判断此应用程序是否出现异常或者是否是恶意程序。

　　Windows 10 的任务管理器有简略信息模式和详细信息模式，简略信息模式只显示当前运行的应用程序，详细信息模式则包含上面所介绍的全部功能，在运行任务管理器之后，可以通过左下角的按钮进行切换，两种模式界面上的区别如图 2-36 所示。

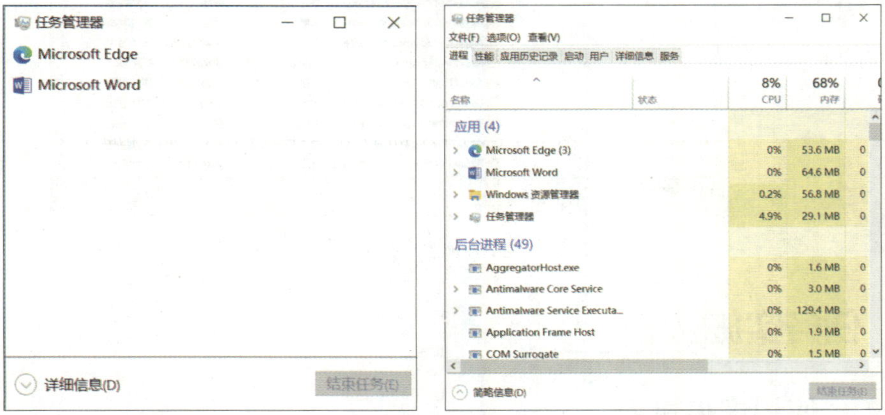

图 2-36　任务管理器的简略模式和详细模式

任务管理器的作用。

▰▰➤ 监控整个系统的运行和资源占用情况，特别是CPU、内存等，以及每个程序或者进程的占用情况，如果出现资源不足或者某个程序卡死造成的系统卡顿情况，或者其他因素导致系统运行不正常，可以快速定位问题所在，并快速解决问题（强制结束异常资源占用的程序或进程）。

▰▰➤ 某些程序由于使用不当或者触发Bug导致无法关闭时，可通过任务管理器强制结束。

▰▰➤ 进行开机启动项设置和服务管理，当然这两个功能也有各自专门管理的工具。

2.5.1.5 服务管理

服务是一类特殊的应用程序，它是一类可以在后台长时间运行、随系统自动启动、任何界面的应用程序。这类应用程序不需要跟用户进行交互，在后台长时间运行，大部分用户可能不知道它的存在。一般来说，在需要周期性运行，或者跟硬件结合较为紧密，或者持续提供某种功能支持的情况下，需要使用服务，如软件更新检测、打印服务、数据库服务等。

服务也是应用程序，它的运行也会占用系统资源，不合理的进行管理有可能会导致系统看似没打开什么程序，但是系统非常卡顿的情况，这时就需要通过服务管理来决定哪些服务可以开机时随系统启动，哪些可以在使用的时候手动启动，哪些服务不允许启动。服务管理除了可以使用前面小节所讲的任务管理器外，系统还自带一个专门的服务管理功能，服务管理页面如图2-37所示。

图2-37　服务管理页面

2.5.2 任务实施

2.5.2.1 使用虚拟桌面

使用虚拟桌面具体操作步骤如下：

步骤 1　建立一个新的虚拟桌面，有多种操作方法：①单击任务栏的任务视图图标 ▣ 或者使用快捷键【Win+Tab】可以打开当前所有桌面列表以及每个桌面的任务运行窗口列表，在桌面列表中单击"新建桌面"来创建一个新的虚拟桌面；②使用快捷键【Win+Ctrl+D】创建一个新的虚拟桌面，创建完成后，会自动切换到新的虚拟桌面。

步骤 2　在某个虚拟桌面中做正常的系统操作，此时不会对其他桌面造成任何影响。

步骤 3　虚拟桌面之间进行切换。和新建桌面一样，可以通过单击任务视图图标或使用快捷键【Win+Tab】打开桌面及任务运行窗口列表，单击想要切换的桌面，系统将会切换到对应的桌面，或者使用【Win+Ctrl+←/→】来进行前一个或者后一个虚拟桌面的切换。

步骤 4　将程序窗口移动到其他虚拟桌面。在任务视图打开的窗口中，选中想要移动的应用程序所在的虚拟桌面窗口，鼠标左键点住它拖动到新的虚拟桌面图标即可。多个虚拟桌面有多个任务窗口的界面如图 2-38 所示。

步骤 5　关闭虚拟桌面。如果关闭当前虚拟桌面，只需要按下【Win+Ctrl+F4】即可；如果关闭其他虚拟桌面，需要进入任务视图窗口，然后单击对应虚拟桌面图标上的 ×。被关闭的虚拟桌面如果有已打开的程序，这些程序将会自动移动到当前桌面。

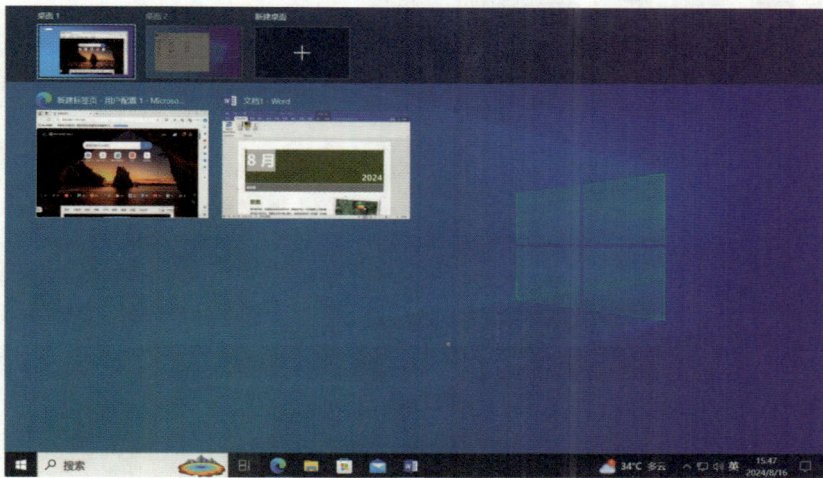

图 2-38　多虚拟桌面多任务管理

2.5.2.2　使用贴靠辅助功能

贴靠辅助功能在多窗口操作时非常方便，以下为贴靠辅助功能使用方法：

步骤 1　打开一个程序窗口，如资源管理器，并使用贴靠辅助功能使其最大化。使用鼠标左键按住程序窗口上方的标题栏，拖动鼠标，可以实现窗口移动效果。此时将鼠标拖动至桌面上边沿，等触发一个水波效果后，松开鼠标，当前窗口即变成最大化状态。

步骤 2　使用贴靠辅助使两个窗口左右并排展示。在两个程序窗口同时打开的情况下，拖动其中一个窗口到想要贴靠的方向的边沿，如窗口 1 为资源管理器，想要贴靠在屏幕左方，使用鼠标左键按住窗口 1 的标题栏，移动鼠标到桌面左边沿任意位置（非角落），待激活动画效果后，松开鼠标，窗口 1 将会自动变为桌面宽度一半×桌面高度的尺寸，并停靠在桌面左半部分，同时右半部分展示当前打开的其他窗口列表。直接鼠标左键点选想要停靠的窗口 2，如 Edge 浏览器，窗口 2 将变成和窗口 1 同样大小，然后贴靠到桌面右半部分。如果不想贴靠窗口 2，则只需要鼠标单击右半部分空白处，其他窗口自动恢复到原来的位置。

步骤 3 实现四宫格方式排列 4 个程序窗口。按步骤 2 所述方式移动程序窗口，将鼠标移动到想要贴靠的角落，如窗口 1 想贴靠在左上角，则移动窗口时将鼠标移动到桌面左上角的角落上，触发动画效果后松开鼠标，窗口将会变为当前桌面 1/4 大小，并贴靠在鼠标所在方向的四宫格位置，其他窗口如有需要依次操作即可。当贴靠半边或者 3/4 桌面大小后，系统还是会弹出如步骤 2 所属的其他程序窗口列表，通过点选方式可以直接将选中窗口占满空余位置。实现四宫格贴靠后的桌面如图 2-39 所示。

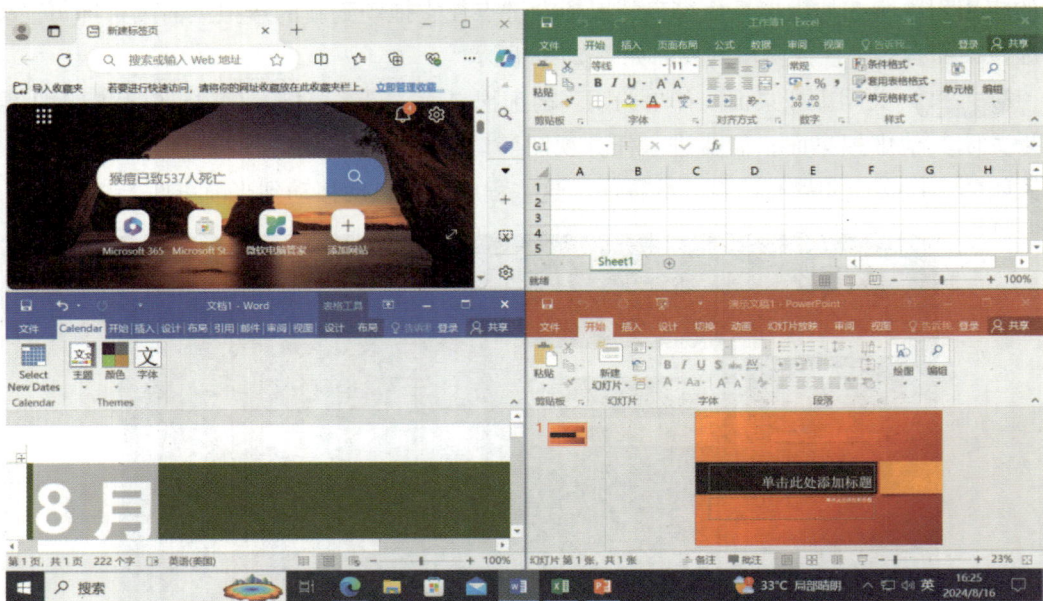

图 2-39　贴靠四宫格桌面

2.5.2.3　使用任务管理器强制停止程序

任务管理器通常用来监控当前系统资源的使用情况，以及每个程序/进程的资源占用情况，如某个程序长期 CPU 占用率很高，证明此程序目前可能处于异常状态，或者某个应用程序长时间点击无反应，无法正常操作，此时就需要强制停止该程序。使用任务管理器停止程序的操作如下：

步骤 1 打开任务管理器。打开任务管理器有多种方式，可以针对不同使用场景或个人习惯来打开。①右键单击"开始"按钮→单击"任务管理器"；②按下快捷键【Ctrl+Shift+Esc】；③按下快捷键【Ctrl+Alt+Delete】之后，在弹出的界面中选中"任务管理器"；④右键单击"开始"按钮→运行（或【Win+R】）或在任意命令行窗口输入指令"taskmgr"，然后按回车键。

步骤 2 在简略信息模式或详细信息模式下的"进程"标签内找到想要关闭的程序，

如 PowerPoint，有些关联启动或者未展示界面的程序在简略信息模式下不一定能找到。如果同时运行了多个相同的程序，列表中会有多个相同名称的程序信息或进程信息，此时是不太好分辨哪个是想要关闭的程序的，需要谨慎使用。

步骤3　在想要关闭的程序条目上点击鼠标右键→单击"结束任务"，或鼠标左键点击程序条目后，直接单击右下角的"结束任务"按钮，系统将会强制停止当前程序。需要注意的是，如果当前程序还有内容未保存，数据将会丢失，所以此功能须谨慎使用。结束任务操作界面如图 2-40 所示。

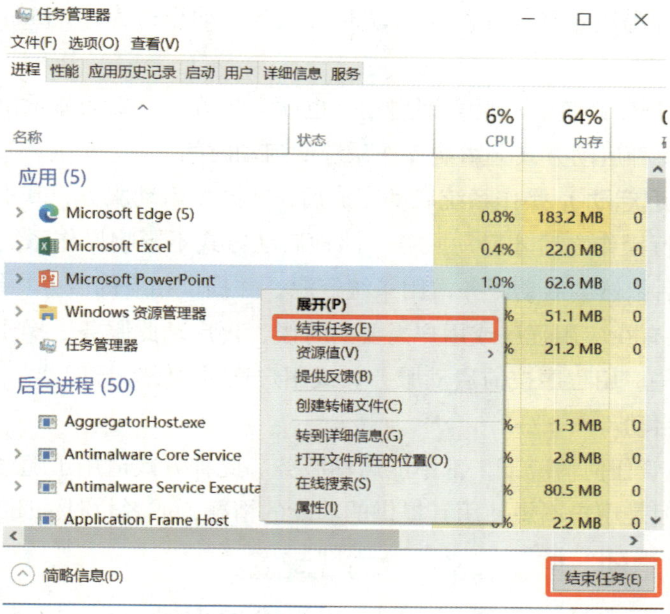

图 2-40　在任务管理器中结束任务

2.5.2.4　查看服务并将某服务设置为开机手动启动

可以通过任务管理器和服务管理来进行服务的配置以及开启、停止操作，但是使用服务管理功能可以得到各项服务更详细的信息，以及更全面的功能。在系统安装之后，系统默认自带了很多服务，随着不断安装新的应用程序，某些应用程序也会新增服务到系统中，这些服务有些需要开启，有些则只有在使用的时候才需要开启，还有一些只有在使用相应的硬件设备的时候才需要开启，所以可以关闭这些服务的自动启动，来加快开机速度，或者直接禁用某些服务，以减少系统资源占用。

（1）服务运行状态。

正在运行：服务正常运行状态。

启动中：服务在"已停止"状态时接收到了启动信号，但是启动需要一定的时间，这时候的状态就是"启动中"，启动如果成功则转为"正在运行"状态，如果失败则转为"已停止"状态，并报错。

已停止：服务未运行状态。

停止中：服务在"正在运行"状态时，收到停止信号，但是停止服务需要一定的时间，这时候状态就是"停止中"，如果停止成功，则转为"已停止"，如果停止失败，则转为"正在运行"状态。系统自带的很多自动运行的服务是不支持进行停止操作的。

暂停：此状态下的服务还在运行，但是处于暂停状态，相当于资源还在正常占用，但是什么事情都不做，停止在接收到"暂停"控制信号的时刻。系统自带的服务大部分不支持进入此状态。在此状态下的服务，可以恢复到"正在运行"状态，也可以直接停止。

（2）服务启动类型。

服务启动类型是决定在操作系统启动时，服务的动作行为，Windows 10 的服务有 4个启动类型。

自动：在操作系统启动后立即启动，也就意味着，在桌面显示出来之前，该服务已经正常启动。此种启动方式会影响操作系统的启动时间。

自动（延迟启动）：操作系统启动完成后，才开始启动服务，基本上是桌面加载完成，用户可以进行操作之后才启动服务。此种启动方式不影响操作系统的启动时间，但是启动操作系统后依然会启动服务占用系统资源，并提供相应的服务功能。

手动：只有在应用程序或用户需要的时候，再启动此服务，操作系统启动时不会启动。可以由某些应用程序按需启动服务，或用户通过"任务管理器"、"服务管理"、命令行等方式手动启动。

禁用：不管任何情况下，都不能启动服务。此种方式适用于随系统或某些应用程序安装的服务，但是用户不想使用其提供的功能的情况，或者暂时关闭某功能。

（3）服务的启动、停止以及启动方式配置。

接下来，我们尝试一下对 Windows 10 自带的 Workstation 服务进行各项操作。Workstation 服务是 Windows 用来支持远程服务连接相关功能的服务，我们可以用它来演示服务的各项操作，但是在进行其他服务的管理时，需要认真阅读服务相关的描述，以及弄清楚服务真正的功能，一旦进行了错误的配置或操作，可能会导致系统崩溃或者下次启动时无法使用，请谨慎使用。操作步骤如下：

步骤1 打开"服务"功能。可以通过多种方式打开"服务"管理功能：①打开"开始"菜单→所有程序列表→Windows 管理工具→服务；②打开"运行"窗口（【Win+R】或右击开始按钮→运行），输入"services.msc"后按回车键；③在任务管理器中的"服务"标签下，随便一个服务条目上点击鼠标右键→"打开服务"。

步骤2 在服务列表中找到想要进行操作的服务名称，如 Workstation。

步骤3 如果只需要改变当前服务的状态，即"启动""恢复""停止""暂停"或"重新启动"服务，可以直接在上方工具栏的操作按钮 ▶ ▶ ■ ❚❚ ▶ 上进行点击，这些操作按钮会根据当前所选服务的性质和状态不同激活不同选项，鼠标放在某个按钮上时，会提示当前按钮的功能。

步骤4 在服务列表双击某个服务，或者点选之后单击上方工具栏的"属性"按钮 ▤，弹出当前服务的属性界面，如图 2-41 所示。在中间位置可以进行启动方式的更改，下方可以进行状态的转换，操作类似"步骤 3"。启动方式的修改需要点击下方的"确定"或"应用"按钮后才会生效。

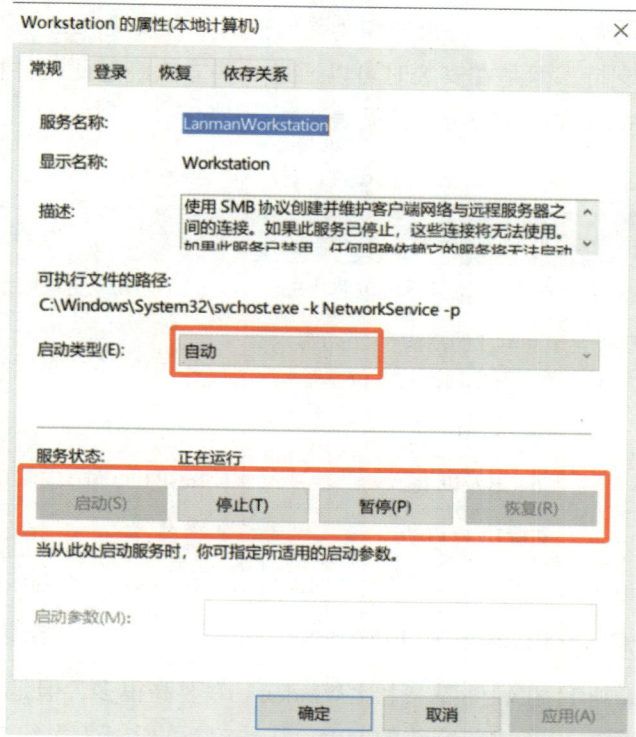

图 2-41　服务"属性"

任务 2.6　Windows 11 的操作系统

2021 年 6 月，微软公司发布了 Windows 11，并于 2021 年 10 月开始发行，为了提高市场占有率，在之后很长一段时间内，微软公司对满足硬件安装条件的 Windows 10 操作系统电脑进行了免费的推送升级。Windows 11 版本与 Windows 10 相比几个比较大的变化是：删除了 IE 浏览器，重新设计了右键菜单、任务栏、开始菜单和搜索界面，并优化了游戏体验，支持动态刷新率屏幕并对很多原有功能进行了升级和优化。在使用 Windows 11 时，最直观的感受是任务栏图标可以居中显示，对右键菜单进行了一些整合，如果用惯了之前版本的操作系统的话，还是需要一定的适应时间。由于 Windows 11 的安装和操作方式基本与 Windows 10 相同，本节不再布置实操任务，重点介绍 Windows 11 的不同之处。

2.6.1.1 Windows 11 操作系统的安装

Windows 11 的安装和 Windows 10 基本相同，这里就不再详述。需要注意的是 Windows 11 对硬件的要求增加了一个 TPM（受信任的平台模块）2.0 的要求，目前市面上只有较新的主板才支持，但是在安装时可以通过一些方法绕过此硬件检测。Windows 11 的硬件配置需求与 Windows 10 的对比，见表 2-2。

表 2-2　Windows 11 的硬件配置需求与 Windows 10 对比

	Windows 11	Windows 10
处理器	1G Hz 或更快支持 64 位或系统单芯片 SoC	1G Hz 或更快或系统单芯片 SoC
显示器	对角线长大于 9 英寸的高清（720p）显示屏，每个颜色通道为 8 位	800×600 以上分辨率
内存	4GB	1GB（32 位）或 2GB（64 位）
硬盘空间	64GB 及以上	16GB（32 位）或 32GB（64 位）及以上
系统固件	支持 UEFI 启动	无要求
显卡	支持 DirectX12 或更高版本，支持 WDDM2.0	支持 DirectX9 或更高版本，支持 WDDM1.0
TPM	受信任的平台模块（TPM）2.0 版本	无要求

可以看出 Windows 11 在硬件要求上比 Windows 10 要高很多，但是目前绝大部分电脑的配置基本都能满足，只有比较特殊的 TPM 2.0 是较新的主板（大约 2015 年以后）才具有的功能，所以较老的硬件系统可能无法安装 Windows 11。

2.6.1.2 Windows 11 与 Windows 10 部分功能界面对比

（1）Windows 桌面。

Windows 11 桌面如图 2-42 所示。

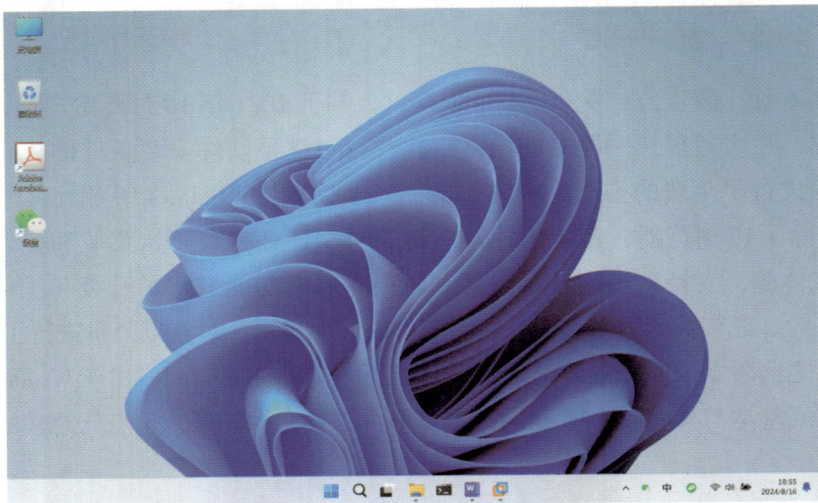

图 2-42　Windows 11 桌面

（2）"开始"菜单。

Windows 11 和 Windows 10 的"开始"菜单如图 2-43 所示。

图 2-43　Windows 11 和 Windows 10 的"开始"菜单

需要注意的是，Windows 11 开始菜单中的程序快捷方式和 Windows 10 中的磁贴表现形式稍有区别，且默认不显示所有应用列表，需要单击右上角的"所有应用"按钮才会显示所有程序列表。功能按钮摆放位置也不太一样，Windows 11 在右下角横向排列，Windows 10 在左下角纵向排列。Windows 11 任务栏图标通过设置也可以设置为左对齐。

（3）鼠标右键菜单（Word 文档）。

Windows 11 和 Windows 10 的右键菜单如图 2-44 所示。

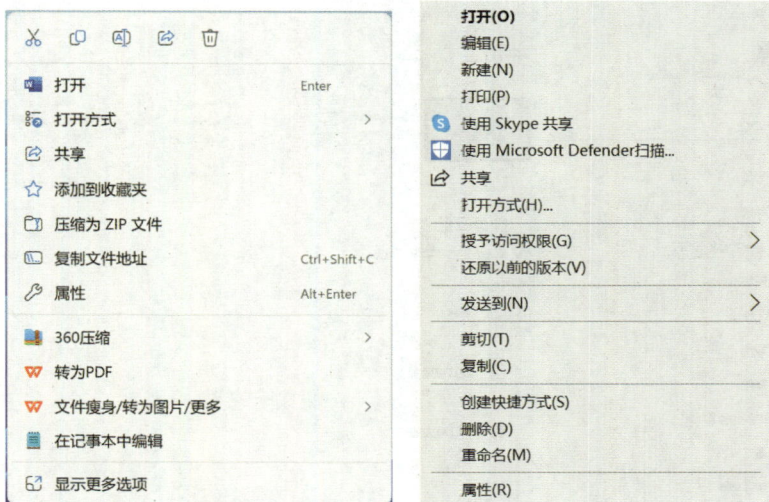

图 2-44　Windows 11 和 Windows 10 的右键菜单（目标为 Word 文档）

可以看出 Windows 11 在鼠标右键菜单上作的更改较大，也是用起来需要很多时间适应的功能点，它将常用的"剪切""复制""重命名""粘贴""删除"等条状按钮变为图标型小按钮，并且把一些不常用选项归入"显示更多选项"中，默认不显示，需要单击此按钮后才会显示这些选项。

（4）资源管理器。

Windows 11 的资源管理器如图 2–45 所示。

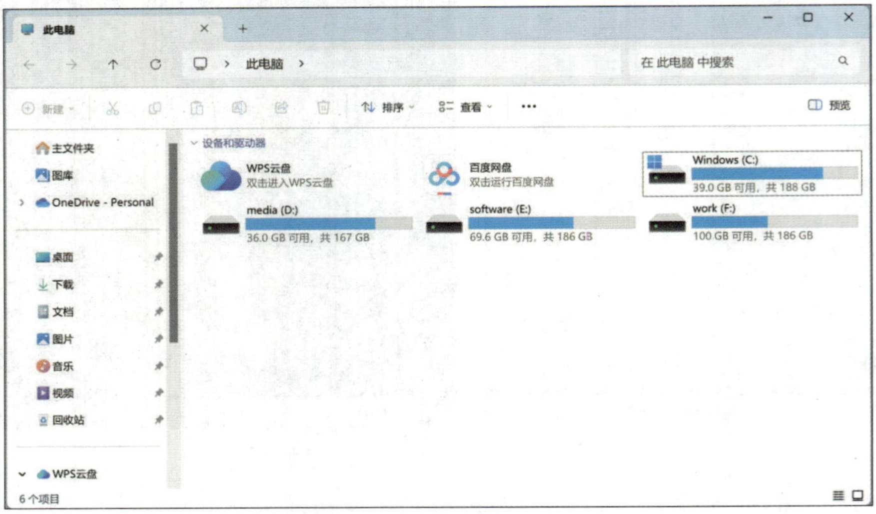

图 2-45　Windows 11 的资源管理器

与前文的图 2–13 作对比可以发现，在细节上作了一些改变，整体变化不大，稍微研究一下即可无障碍使用。

（5）设置界面。

Windows 11 的设置首页如图 2–46 所示。

图 2-46　Windows 11 的设置首页

经过与前文图 2-38Windows 10 设置首页，以及图 2-40 以后的多张 Windows 10 设置分项页做对比发现，Windows 11 的设置页面直接将系统信息作为设置首页，将大项目放在了导航条，所有分组和子项都放在主功能区，整体操作的感受上并不会有很大区别。

项目总结

本项目主要学习了 Windows 10 操作系统的使用方法，包括系统启动、关闭，鼠标的基本操作，管理文件和文件夹，使用控制面板设置计算机，安装和卸载应用程序等内容。通过本项目的学习，学生除了应掌握 Windows 10 系统的相关应用外，还应体会到，使用 Windows 系统其实就是操作各种窗口、菜单和对话框的过程。

Windows 10 中的菜单分为"开始"菜单、窗口菜单和快捷菜单几种类型。其中，利用"开始"菜单可以打开各种应用程序以及其他项目；利用应用程序或文件夹窗口菜单可执行相关命令；点击鼠标右键弹出的菜单被称为快捷菜单，右击的对象或区域不同，快捷菜单中包含的命令也会随之变化，从而方便用户对相关对象进行快捷操作。

要执行窗口菜单中的命令，一般是在菜单栏中单击主菜单名，打开其下拉菜单，然后将鼠标指针移至需要的命令（菜单项）上方并单击。需要注意的是，若下拉菜单中的菜单项右侧有一个黑色三角符号"▶"，表示该菜单项下还有子菜单，此时将鼠标指针移至该菜单项上方，可显示其包含的子菜单。对于快捷菜单也是如此。

本项目也初步介绍了 Windows 11 操作系统，在对 Windows 10 有一定了解的情况下，在 Windows 11 的使用时基本上上手很快。

项目实训

（1）启动"写字板"程序，任意输入几行汉字，然后将文档以默认名称和路径保存。

（2）在 D 盘中新建一个"我的学习"文件夹，将前面保存的文档移动到该文件夹中，并重命名为"学习文档"，然后查看该文档的大小。

（3）以自己的名字为账户名，新建一个"标准用户"账户，并为该账户设置登录密码，然后利用该账户登录系统。

（4）安装一个应用程序，如 WinRAR 解压缩软件，然后利用"开始"菜单启动该程序。

项目考核

一、选择题

1.要显示窗口中隐藏的内容，需要用到窗口组成中的（　　　）。

A.标题栏　　　　　　B.任务窗格　　　　C.状态栏　　　　　　D.滚动条

2.在Windows 10中，"任务栏"的作用之一是（　　　）。

A.显示系统的所有功能　　　　　　　B.只显示当前活动窗口名

C.只显示正在后台工作的窗口名　　　D.实现窗口之间的切换

3.选择单个文件或文件夹时，通常使用鼠标的（　　　）操作。

A.单击　　　　　　　B.双击　　　　　　C.右击　　　　　　　D.拖动

4.通过Windows 10的"开始"菜单不可以打开（　　　）。

A."控制面板"窗口　　　　　　　　　B.应用程序

C."此电脑"窗口　　　　　　　　　　D.BIOS设置程序

5.（　　　）账户对计算机的操作权限最大。

A.管理员　　　　　　　　　　　　　B.标准用户

C.来宾　　　　　　　　　　　　　　D.所有类型账户的权限相同

二、简答题

1.单击"开始"按钮，将弹出一个什么菜单？利用它可以做什么？

2.当在桌面上打开多个窗口时，若要在不同的窗口之间进行切换，该如何操作？

3.要选择某个文件夹中连续的多个文件，该如何操作？若要选择全部文件，又该如何操作？

4.假设在桌面上有两个名称分别为"DSC1"和"DSC2"的相片文件，若要将它们移到D盘根目录下的"相片"文件夹中，并重命名为"旅游1"和"旅游2"，该如何操作？

5.如果要在D盘根目录下新建一个名称为"相片"的文件夹，该如何操作？

6.假设在公司计算机的E盘中有一个"合同"文档，需要使用U盘将它拷贝到另一台电脑D盘根目录下的"公司文档"文件夹（拷贝前还没有该文件夹）中，该如何操作？

7.如果要将D盘根目录下"相片"文件夹中的"旅游1"相片设置为桌面背景，该如何操作？

8.在Windows 10中，想要安装电脑版的微信，需要怎么操作？

9.将Windows 11任务栏改为靠左停靠，应该怎么操作？

W

项目 3

使用 Word 2016 制作文档

项目导读

　　Office 2016 是微软公司推出的一款广受欢迎的计算机办公组合套件。它主要包括文字处理软件 Word 2016、电子表格制作软件 Excel 2016 以及演示文稿制作软件 PowerPoint 2016 等。在本项目中，我们将学习 Word 2016 的使用方法，利用它可以轻松地制作各种形式的文档，如自荐信、论文、简历、证明材料、社会公益活动策划书和图书等，满足日常办公的需要。

学习目标

◆ 掌握 Word 2016 文档的基本操作。
◇ 掌握设置文档字符格式、段落格式，以及设置边框和底纹等操作。
◆ 掌握设置文档页面和打印文档的操作。
◇ 掌握在文档中创建和编辑表格的操作。
◆ 掌握图文混排的操作，如在文档中插入和编辑图形、图像、文本框和艺术字等。
◇ 掌握 Word 2016 高级排版技巧，如设置页眉和页脚，使用样式、分栏、邮件合并功能等。

任务 3.1　创建 Word 文档

3.1.1　相关知识

3.1.1.1　启动和退出 Word 2016

（1）启动 Word 2016。

启动 Word 2016 的方法很多，下面介绍其中几种最常用的方法。

◈ 单击"开始"按钮，再依次单击"所有应用"→"Microsoft Office Word 2016"。
◈ 如果桌面上有 Word 2016 的快捷图标 可双击它启动程序。
◈ 在资源管理器中双击某个 Word 文档，可启动 Word 2016 程序并打开该文档。

（2）退出 Word 2016。

退出 Word 2016 的常用方法如下。

◈ 单击界面左上角的"文件"选项卡标签，在展开的界面中单击左下方的"关闭"。

单击程序窗口右上角的"关闭"按钮 ×。

若同时打开了多个文档，使用第 1 种方法退出 Word 2016 时，将关闭所有打开的文档并退出 Word 2016；使用第 2 种方法退出时，将只关闭当前文档窗口，其他文档窗口依然处于正常工作状态。

3.1.1.2 熟悉 Word 2016 工作界面

启动 Word 2016 后，显示在我们面前的是它的工作界面，如图 3-1 所示，其中包括快速访问工具栏、标题栏、功能区、编辑区和状态栏等组成元素。

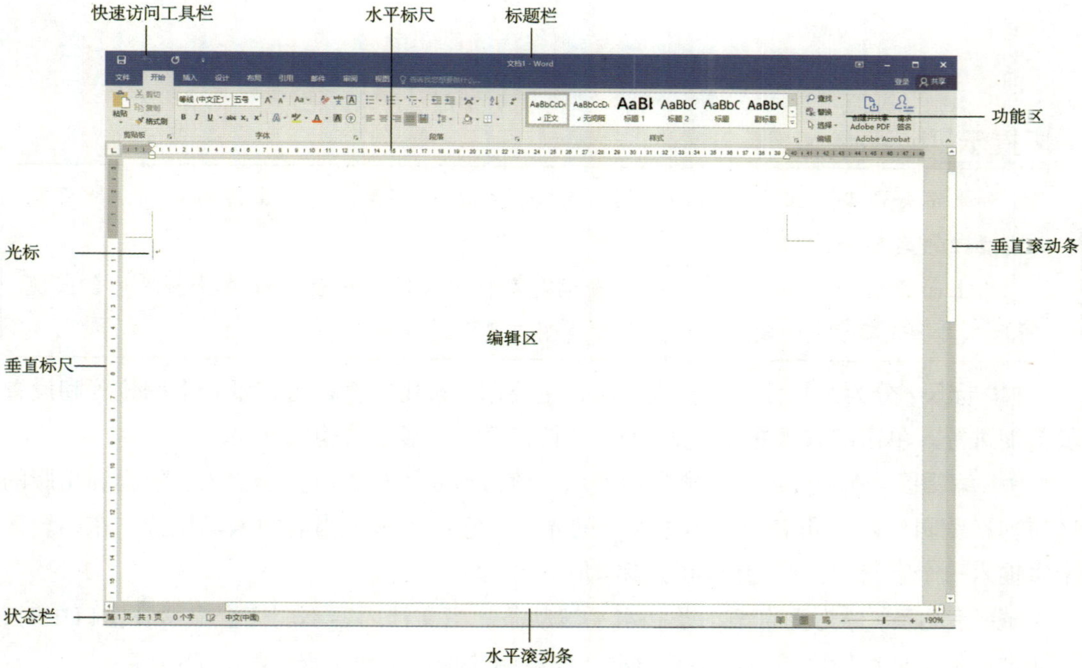

图 3-1　Word 2016 的工作界面

快速访问工具栏：用于放置一些使用频率较高的工具。默认情况下，该工具栏包含了"保存" 、"撤销" 和"重复" 等按钮。

提示

如果需要，用户也可以自定义快速访问工具栏，其方法是：单击该工具栏右侧的"自定义快速访问工具栏"三角按钮 ，在展开的列表中选择要向其中添加或删除的命令（要删除已添加的命令，只需重复选择该命令）。

标题栏：标题栏位于窗口的最上方，其中显示了当前编辑的文档名、程序名和一些窗口控制按钮。其中单击标题栏右侧的 3 个窗口控制按钮 ，可将程序窗口最小化、还原或最大化、关闭。

功能区：功能区用选项卡的方式分类存放着编排文档时所需要的工具。单击功能区中的选项卡标签可切换到不同的选项卡，从而显示不同的工具；在每一个选项卡中，工具又被分类放置在不同的组中,如图 3-2 所示。某些组的右下角有一个"对话框启动器"按钮，单击可打开相关对话框。例如,单击"字体"组右下角的"对话框启动器"按钮，可打开"字体"对话框。

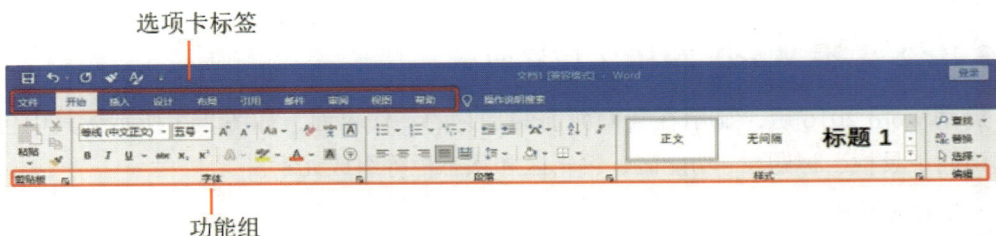

选项卡标签

功能组

图 3-2　功能区

提示

　　如果不知道某个工具按钮的作用,可将鼠标指针移至该按钮上停留片刻,即可显示该按钮的名称和作用。

　　除上面默认的选项卡外,有的选项卡会在特定情况下出现,如选择图片时会出现"图片工具"选项卡;绘制图形会出现"绘图工具"选项卡。

标尺:分为水平标尺和垂直标尺,主要用于确定文档内容在纸张上的位置和设置段落缩进等。单击编辑区右上角的"标尺"按钮，可显示或隐藏标尺。

编辑区:水平标尺下方的空白区域,该区域是用户进行文本输入、编辑和排版的区域。在编辑区左上角有一个不停闪烁的光标,它用于定位当前的编辑位置。在编辑区中每输入一个字符,光标会自动向右移动一个位置。

滚动条:分为垂直滚动条和水平滚动条。当文档内容不能完全显示在窗口中时,可通过拖动文档编辑区下方的水平滚动条或右侧的垂直滚动条查看隐藏的内容。

状态栏:位于 Word 文档窗口底部,其左侧显示了当前文档的状态和相关信息,右侧显示的是视图模式切换按钮和视图显示比例调整工具。

3.1.2 任务实施

3.1.2.1 新建文档

　　每次启动 Word 2016 时,它都会自动创建一个空白文档,并以"文档 1"命名,此时即可在该文档中输入文本。如果还需要新建其他文档,可执行以下操作步骤:

步骤 1 单击"文件"选项卡标签,在打开的选项卡中选择左侧窗格的"新建"项。

步骤 2 在右侧单击选择要创建的文档类型,如"空白文档",单击"空白文档",如图 3-3 所示,就可以创建一个空白文档。

图 3-3　新建文档

按【Ctrl+N】组合键，也可快速新建一个空白文档。

此外，Word 2016 提供了各种类型的文档模板，利用它们可以快速创建带有相应格式和内容的文档。要应用模板创建文档，可在图 3-3 所示的界面中选择一种模板类型，然后在打开的模板列表中选择想要使用的模板，最后单击"创建"按钮。

3.1.2.2　保存文档

在新建文档或修改文档时，都需要对文档进行保存操作，否则文档只是存放在计算机内存中，一旦断电或关闭计算机，文档或修改的信息就会丢失。保存文档的操作步骤如下：

步骤 1　单击快速访问工具栏中的"保存"按钮 ，弹出"另存为"对话框。

步骤 2　在对话框左侧的窗格中选择用来保存文档的磁盘驱动器和文件夹。若希望新建一个文件夹来保存文档，可选择新文件夹的位置，如 D 盘，然后单击"新建文件夹"按钮，接着输入新文件夹名称并双击将其打开。

步骤 3　在"文件名"编辑框中输入文档名。

步骤 4　单击"保存"按钮。也可在"文件"选项卡中单击"保存"选项，或按【Ctrl+S】组合键保存文档。在编辑文档时，要养成经常保存文档的习惯。第二次保存文档时，不会再弹出"另存为"对话框。

当打开某个文档进行修改时，若希望保留原文档，可选择"文件"→"另存为"菜单，打开"另存为"对话框，将文档以不同的名称或位置保存，这样修改结果将只反映在另存后的文档中，原文档没有任何改动。

3.1.2.3　关闭文档

Word 2016 可以同时打开多个文档进行查看或编辑，当不再需要某个文档时，可以将其关闭。为此，可在"文件"选项卡中单击"关闭"选项，或者单击程序窗口右上角的

"关闭"按钮⊠。

关闭文档或退出Word程序时，若文档经修改后尚未保存，系统将弹出提示对话框，提醒用户保存文档，如图3-4所示。单击"保存"按钮，表示保存文档；单击"不保存"按钮，表示不保存文档；单击"取消"按钮，表示取消关闭文档的操作，返回正常的文档编辑状态。

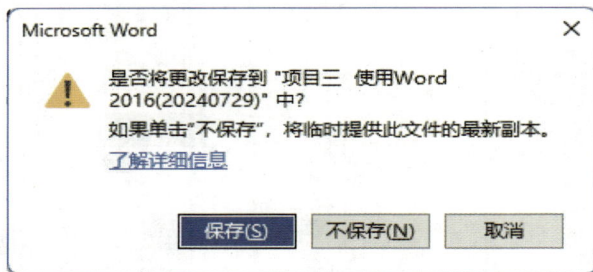

图3-4 关闭文档

3.1.2.4 打开文档

如果要打开现有文档进行查看或编辑，可执行以下操作步骤：

步骤1 单击"文件"选项卡标签，在打开的"文件"选项卡中单击"打开"选项，弹出"打开"对话框，如图3-5所示。

步骤2 在对话框左侧的窗格中选择保存文档的磁盘驱动器或文件夹。

步骤3 在对话框中间的列表中选择要打开的文档，然后单击"打开"按钮。

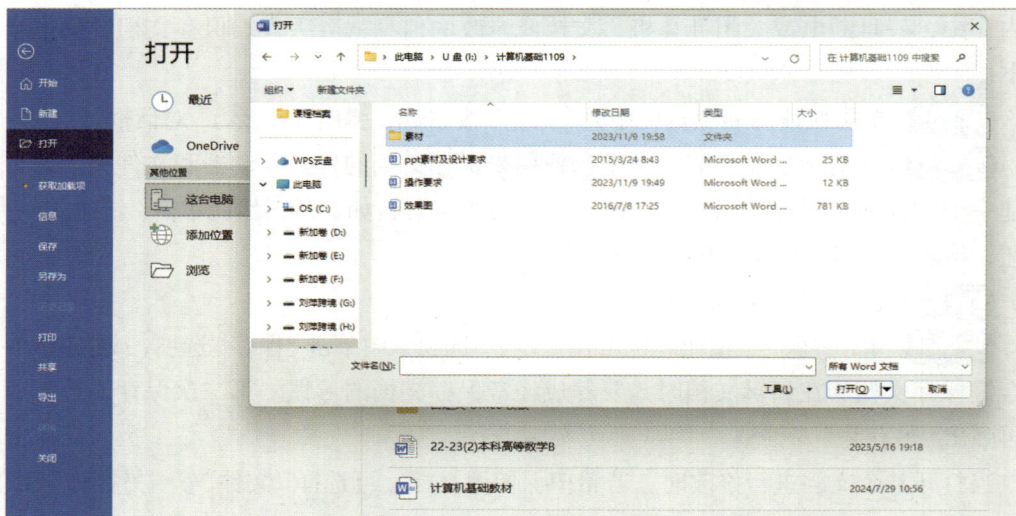

图3-5 打开文档

也可按【Ctrl+O】组合键打开"打开"对话框。如果要打开最近打开过的文档，可在"文件"选项卡中单击"最近所用文件"选项，在打开的界面中单击所需的文档名称，如图3-6所示。

图 3-6　打开最近打开过的文档

任务 3.2　输入 Word 文档内容

3.2.1　相关知识

▦ 输入文本：选择一种输入法后，便可以在 Word 文档中输入文本；对于键盘中没有的一些特殊符号，可以利用 Word 2016 的插入符号功能进行输入。在输入文本过程中或输入完毕后，还可以修改、增添或删除文本。

▦ 编辑文本：编辑文本的操作包括选择、复制、移动、删除、查找和替换文本等。

▦ 视图模式：Word 2016 提供了几种不同的视图模式，方便用户编排和查看文当。

3.2.2　任务实施

3.2.2.1　输入文本和特殊符号

以本书配套电子素材文件"房屋租赁协议书"为样本，在文档中输入文本的具体操作步骤如下。

步骤 1　选择一种中文输入法。

步骤 2　使用键盘输入文本，该文本将自动出现在光标所在位置。本任务输入的文本效果如图 3-7 所示。

输入文本和特殊符号

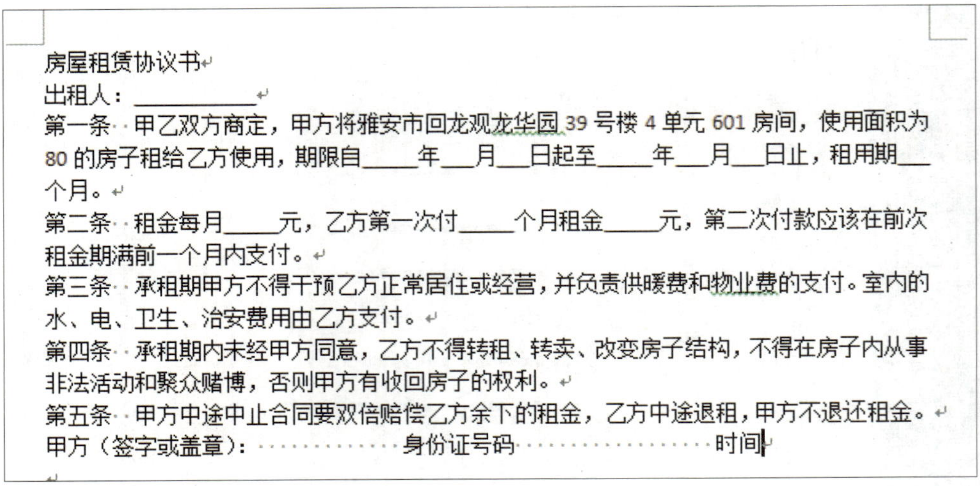

房屋租赁协议书
出租人：＿＿＿＿＿＿＿
第一条 甲乙双方商定，甲方将雅安市回龙观龙华园 39 号楼 4 单元 601 房间，使用面积为
80 的房子租给乙方使用，期限自＿＿＿年＿＿月＿＿日起至＿＿＿年＿＿月＿＿日止，租用期＿＿
个月。
第二条 租金每月＿＿＿元，乙方第一次付＿＿＿个月租金＿＿＿元，第二次付款应该在前次
租金期满前一个月内支付。
第三条 承租期甲方不得干预乙方正常居住或经营，并负责供暖费和物业费的支付。室内的
水、电、卫生、治安费用由乙方支付。
第四条 承租期内未经甲方同意，乙方不得转租、转卖、改变房子结构，不得在房子内从事
非法活动和聚众赌博，否则甲方有收回房子的权利。
第五条 甲方中途中止合同要双倍赔偿乙方余下的租金，乙方中途退租，甲方不退还租金。
甲方（签字或盖章）：‥‥‥‥‥‥‥‥‥身份证号码‥‥‥‥‥‥‥‥‥时间

图 3-7 输入文本

提示

输入文本的一些常用技巧如下：

（1）如果想开始一个新的段落，需要按【Enter】键，此时将在段落末尾产生一个段落标记。如果想将文本在某位置处强制换行而不开始新段落，可在该位置单击将光标置于该处并按【Shift +Enter】键（俗称"软回车"）。

（2）如果想输入空格，可按空格键。

（3）如果想输入下划线，可在英文输入状态下，按住【Shift】键的同时按【－】键或者按【Ctrl+U】键处于为文本添加下划线的状态＋空格键即可。

步骤3 如果要在文档中输入一些键盘上没有的特殊符号，可单击鼠标将光标置于要插入符号的位置，如"面积为 80"后面。

步骤4 单击功能区"插入"选项卡标签，切换到该选项卡，然后单击"符号"组中的"符号"按钮，在展开的列表中单击需要的符号；若列表中没有需要的符号，则单击"其他符号"选项。

步骤5 弹出"符号"对话框，在"字体"下拉列表框中选择字体，在"子集"下拉列表中选择符号类型，然后单击需要插入的符号，单击"插入"按钮。

步骤6 单击"取消"按钮，关闭对话框。

提示

$80m^2$ 的输入也可以先输入 80m2，再选中 2 后同时按下【Ctrl +Shift+ "+"】键使得 2 变为上标效果，再次按下【Ctrl +Shift+ "+"】取消上标效果。

3.2.2.2 移动光标

输入和编辑文档时，在文档编辑区始终有一条闪烁的竖线，称为光标。光标用来定位要在文档中输入或插入的文字、符号和图像等内容的位置。因此，在文档中输入或插入各种内容前，首先要将光标移动到需要的位置。

要移动光标，只需移动鼠标"I"形指针到文档中的所需位置，然后单击即可。如果内容较长，需要通过拖动垂直滚动条，或滚动鼠标滚轮，将要编辑的内容显示在文当窗口中，然后再在所需位置单击鼠标，将光标移至此处。

提示

快捷键及功能见表 3-1。

表 3-1　快捷键及功能

快捷键	功　能	快捷键	功　能
←	左移一个字符或汉字	Ctrl+→	右移一个词
→	右移一个字符或汉字	Ctrl+←	左移一个词
↑	上移一行	Ctrl+↑	移至当前段首
↓	下移一行	Ctrl+↓	移至下段段首
Home	移至插入点所在行行首	Ctrl+Home	移至文档首
End	移至插入点所在行行尾	Ctrl+End	移至文档尾
PgUp	翻到上一屏	Ctrl+PgUp	移至窗口上一页顶部
PgDn	翻到下一屏	Ctrl+PgDn	移至窗口下一页顶部

3.2.2.3　增补、删除与改写文本

完成文档内容的输入后，还可根据需要对文档内容进行增补、删除或改写。下面继续在《房屋租赁协议书》文档中进行操作。

步骤 1　要在文档中增补内容，可将光标移至需要增补内容处，然后输入内容即可。

步骤 2　若要删除文档中不再需要的内容，可首先将光标放置在该位置，然后按【Delete】键删除光标右侧的字符（按【BackSpace】键可删除光标左侧的字符）。如果要删除的内容较多，可在选定要删除的内容后，再执行删除操作。

步骤 3　要改写文本，可将光标定位在要改写的位置，然后单击状态栏中的"插入"按钮或者按【Insert】键，此时该按钮变为"改写"，表示进入"改写"模式，如图 3-8 所示。在这种情况下，新键入的字符将替代现有的字符。

第 97 页，共 356 页　　182384 个字　　英语(美国)　改写　　　　　　　100%

图 3-8　改写模式

步骤 4　要重新回到插入模式，可单击状态栏中的"改写"按钮或者再次按【Insert】键。

3.2.2.4　选取文本

对文本进行复制、移动或设置格式等操作时，一般都需要先选中要操作的文本。下面是选择文本的几种方法。

选取文本

⫸ 使用拖动方式选取任意文本。这是选择少量文本的一种常用方法。将光标置于要选定文本的开始处，按住鼠标左键不放，拖动鼠标至要选定文本的末端，释放鼠标，被选择的文本呈蓝色底纹显示。要取消选取，可单击文档内任意位置。

⫸ 选取区域跨度较大的文本。当要选择的文本区域跨度较大时，使用拖拽法选择文本将十分不方便，此时可以在要选择的文本区域的开始位置点击鼠标左键，然后按住【Shift】键的同时在文本结束处点击鼠标左键。

⫸ 同时选取不连续的多处文本。选取一处文本后，按住【Ctrl】键选取下一处文本。

⫸ 选取一个句子。按住【Ctrl】键，同时在要选取的句子中的任意位置单击鼠标。

⫸ 利用选定栏选取文本。选定栏是指页面左边界到文档内容左边界之间的空白区域，将鼠标指针放在此处时，鼠标指针将变为"⫯"形状，此时单击鼠标左键可选定鼠标指针右侧的行，如图 3-9 所示；若按住鼠标左键并拖动，可选择连续的多行；若双击鼠标左键，可选定鼠标指针右侧的一个段落。

⫸ 选取整篇文档。按【Ctrl+A】组合键，或按住【Ctrl】键在选定栏单击鼠标。

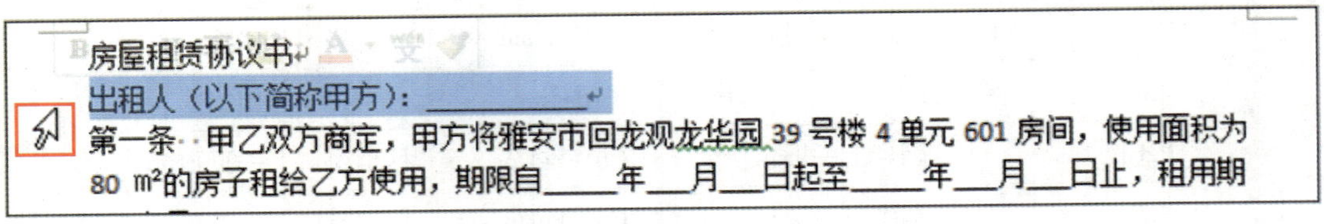

图 3-9　利用选定栏选取文本

💡 提示

（1）选择分散文本。先选中第一个文本区域，然后按住【Ctrl】键，选择其他文本区域。

（2）选中一行。将鼠标指针指向选定栏，点击鼠标左键。

（3）选择垂直文本。按住【Alt】键不放，然后按住鼠标左键拖动。

（4）选择一个段落。双击选定栏可以选中该段落。也可以在段落内三击鼠标左键。

（5）选择整篇文档。将鼠标指针指向选定栏，三击鼠标左键，或按【Ctrl+A】组合键或按住【Ctrl】键在选定栏单击鼠标。

（6）选择一句话。按【Ctrl】键不放，再用鼠标在所要选的这句话任意处单击。

（7）选择一个词。在所要选择的词内双击鼠标。

3.2.2.5　移动与复制文本

移动与复制是编辑文档最常用的操作之一。例如，对重复出现的文本，不必一次次地重复输入；对放置不当的文本，可以快速将其移到满意的位置。移动和复制文本的方法有两种：一种是使用鼠标拖动；另一种是使用"剪切""复制"和"粘贴"命令。

移动与复制文本

⫸ 使用鼠标拖动移动文本。若是短距离移动文本，使用该方法效率要高一些。首先选中要移动的文本，将鼠标指针移至选定文本上方，此时鼠标指针变为"▷"形状。按住鼠标左键并拖动，此时鼠标指针变为"▷"形状，且在其附近出现一条虚线，它表明了文本的新位置；继续按住鼠标左键并拖动，将竖线移至目标位置，然后松开鼠标左键，即可将文本移到该处。

◆◆◆◆ 使用鼠标拖动复制文本。若在拖动时按住【Ctrl】键，鼠标指针变为"▷"形状，此时可将所选文本复制到新位置。例如，将光标移至"出租人（以下简称甲方）：＿＿＿＿＿"右侧，按【Enter】键插入一个空段落，然后选中该文本，按住【Ctrl】键的同时将其拖到空段落中，最后依次释放鼠标左键和【Ctrl】键。

◆◆◆◆ 使用命令复制文本。该方法适用于将文本复制到该篇文档的其他页面或另一篇文档中。首先选中要复制的文本，单击功能区"开始"选项卡上"剪贴板"组中的"复制"按钮，或者按【Ctrl+C】组合键。将光标移到目标位置，单击"剪贴板"组中的"粘贴"按钮，或者按【Ctrl+V】组合键，即可将文本复制到新位置。最后将前面复制过来的文本修改成所要的样式，并保存文档。

要使用命令移动文本，只需单击"剪贴板"组中的"剪切"按钮✂（或按【Ctrl+X】组合键），粘贴操作不变。

🔖 提示

> 移动或复制文本后，在目标文本处将出现一个粘贴标记📋，单击该标记，在弹出的列表中可选择移动或复制过来文本是保留原格式，还是使用目标位置处的格式等。

3.2.2.6　文本的查找与替换

利用 Word 2016 提供的查找与替换功能，不仅可以在文档中迅速查找到相关内容，还可以将查找到的内容替换成其他内容，从而使得文档修改工作变得十分迅速和高效。

（1）查找文本。

查找文本的具体操作步骤如下：

步骤 1　将光标放置在要开始查找的位置，如移动至文档的开始位置。

步骤 2　单击"开始"选项卡上"编辑"组中的"查找"按钮，打开"导航"任务窗格，在窗格上方的编辑框中输入要查找的内容，如"租金"，如图 3-10 所示。

步骤 3　此时文档中将以橙色底纹突出显示查找到的内容，"导航"任务窗格中则显示要查找的文本所在的标题。

步骤 4　在"导航"任务窗格中单击"下一处搜索结果"按钮▼，可从上到下定位搜索结果；单击"上一处搜索结果"按钮▲，则可从下到上定位搜索结果。

图 3-10　查找文本

步骤 5　单击"导航"任务窗格右上角的"关闭"按钮 ❎，关闭窗格。

（2）替换文本。

在编辑文档时，有时需要将文档中的某一内容统一替换成其他内容，此时可以使用
Word 的"替换"功能进行操作，以加快修改文档的速度。下面将"房屋租赁协议书"中的
文本"房子"替换为"房屋"，具体操作步骤如下：

步骤 1　单击"开始"选项卡上"编辑"组中的"替换"按钮，打开"查找和替换"对
话框的"替换"选项卡，如图 3-11 所示。

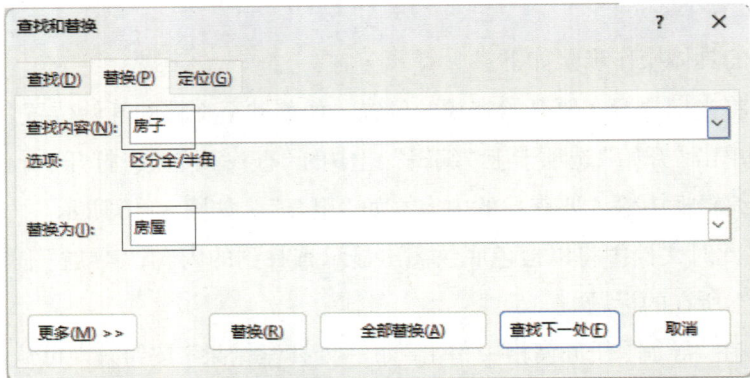

图 3-11　替换文本

步骤 2　在"查找内容"编辑框中输入需要替换的内容，如"房子"，在"替换为"编
辑框中输入替换的内容，如"房屋"。

步骤 3 单击"替换"按钮，逐个替换查找到的内容。

步骤 4 替换完毕，在弹出的提示对话框中单击"确定"按钮，再在"查找和替换"对话框中单击"取消"按钮，关闭对话框。

若不需要替换查找到的文本，可单击"查找下一处"按钮跳过该文本并继续查找。此外，单击"全部替换"按钮，可一次性替换文档中所有符合查找条件的内容。

若要进行高级查找和替换操作（如在查找或替换文本时区分英文大小写，区分全角和半角符号，使用通配符，以及查找或替换特殊格式等），可在"查找和替换"对话框中单击"更多"按钮，展开对话框进行操作。

3.2.2.7　操作的撤销和恢复

在编辑文档时难免会出现错误的操作，如不小心删除、替换或移动了某些文本内容，利用 Word 2016 提供的"撤销"和"恢复"操作功能，可以帮助用户迅速纠正错误操作。

（1）撤销操作。

要撤销错误的操作，可使用以下几种方法。

▦▦ 按【Ctrl+Z】组合键，或单击快速访问工具栏中的"撤销"按钮 ↺；连续执行该命令可撤销多步操作。

▦▦ 单击"撤销"按钮 ↺ 右侧的三角按钮，打开历史操作列表，从中选择要撤销的操作，则该操作以及其后的所有操作都将被撤销。

（2）恢复操作。

如果进行了错误的撤销操作，可以利用恢复功能将其恢复，方法如下。

▦▦ 按【Ctrl+Y】组合键，或单击快速访问工具栏中的"恢复"按钮 ↻ 可恢复上一次撤销的操作；重复执行该命令可恢复多步被撤销的操作。

▦▦ 在快速访问工具栏中单击"恢复"按钮 ↻ 右侧的三角按钮，打开恢复列表，从中选择要恢复的操作，则该操作以及其后的所有操作都将被恢复。

提示

　　只有在执行了撤销操作后恢复选项才生效。另外，若在执行了撤销操作后又执行了其他操作，则被撤销的操作将无法恢复。

3.2.2.8　使用不同视图浏览和编辑文档

Word 2016 提供了 5 种视图模式，分别为页面视图、阅读版式视图、Web 版式视图、大纲视图和草稿视图。打开某一文档后，切换到"视图"选项卡，在"视图"组中单击某一视图按钮即可切换到该视图模式，如图 3-12 所示。

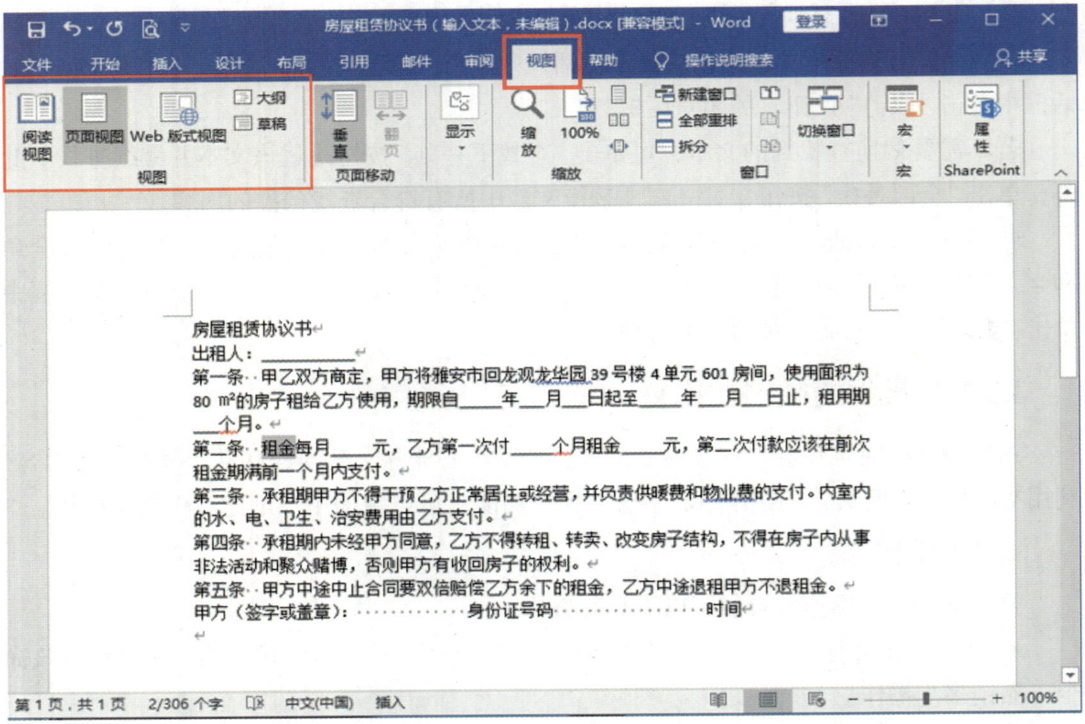

图 3-12　切换文档视图

▓▓ **页面视图**：Word 2016 默认的视图模式，也是编排文档时最常用的视图模式。在该视图模式下，文档内容显示效果与打印效果几乎完全一样。

▓▓ **阅读版式视图**：该视图模式下将隐藏 Word 程序窗口的功能区和状态栏等组成元素，只显示文档正文区域中的所有信息，从而便于用户阅读文档内容。

▓▓ **Web版式视图**：可以像查看网页一样查看文档。

▓▓ **大纲视图**：在编排长文档时，标题的级别往往较多，此时可利用大纲视图模式层次分明地显示各级标题，还可快速改变各标题的级别。

▓▓ **草稿视图**：在该视图模式中不会显示文档中的某些元素，如图形、页眉和页脚等，从而加快长文档的显示速度，方便用户快速查看和编辑文档中的文本。

任务 3.3　编排 Word 文档

3.3.1　相关知识

▓▓ **字符格式**：字符格式是指文本的字体、字号、字形、下划线和字体颜色等。为了使文档版面美观，增加文档的可读性，突出标题和重点等，经常需要为文档的指定文本设置字符格式。在 Word 2016 中，可使用“开始”选项卡“字体”组中的相应按钮或“字体”对话框设置字符格式。

段落格式：段落是以回车符“↵”为结束标记的内容。段落的格式设置主要包括段落的对齐方式、段落缩进、段落间距及行间距等。在 Word 2016 中，可使用“开始”选项卡“段落”组中的相应按钮或“段落”对话框设置段落格式。

3.3.2 任务实施

通过编排上一任务中已输入内容的“房屋租赁协议书”文档，学习设置文档字符和段落格式的方法。编排好的文档效果如图 3-13 所示。

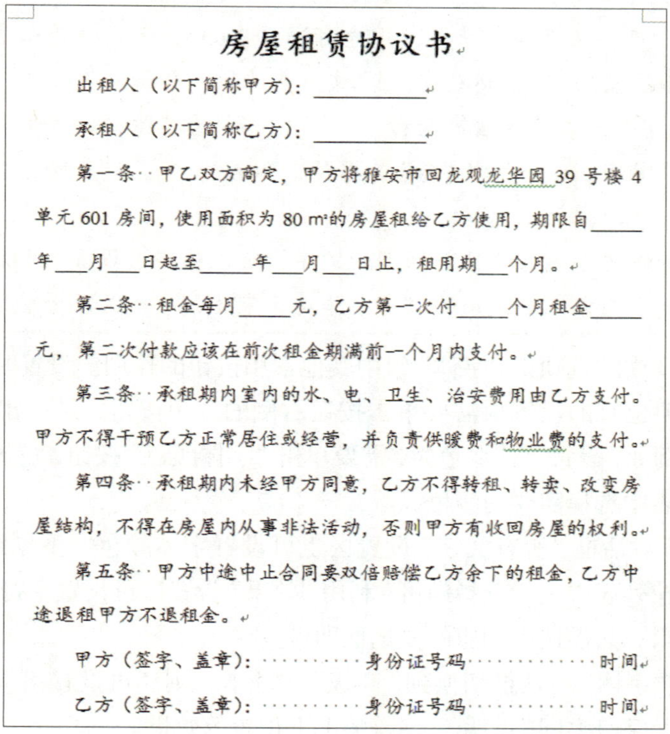

房屋租赁协议书↵

出租人（以下简称甲方）：__________↵

承租人（以下简称乙方）：__________↵

第一条　甲乙双方商定，甲方将雅安市回龙观龙华园 39 号楼 4 单元 601 房间，使用面积为 80 m²的房屋租给乙方使用，期限自_____年___月___日起至_____年___月___日止，租用期___个月。↵

第二条　租金每月_____元，乙方第一次付_____个月租金_____元，第二次付款应该在前次租金期满前一个月内支付。↵

第三条　承租期内室内的水、电、卫生、治安费用由乙方支付。甲方不得干预乙方正常居住或经营，并负责供暖费和物业费的支付。↵

第四条　承租期内未经甲方同意，乙方不得转租、转卖、改变房屋结构，不得在房屋内从事非法活动，否则甲方有收回房屋的权利。↵

第五条　甲方中途中止合同要双倍赔偿乙方余下的租金，乙方中途退租甲方不退租金。↵

甲方（签字、盖章）：…………身份证号码……………时间↵

乙方（签字、盖章）：…………身份证号码……………时间↵

图 3-13　任务完成效果

3.3.2.1 设置字符格式

设置字体、字号和字形是编排文档过程中最常见的操作。其中字体决定了文字的外观，字号决定了文字的大小，而字形是指是否将文字设置为加粗或倾斜。下面利用两种方法设置“房屋租赁协议书”文档中标题和正文的字体、字号和字形。具体操作步骤如下：

设置字符格式

步骤 1　选择要设置字符格式的标题文本“房屋租赁协议书”。

步骤 2　在“开始”选项卡“字体”组的“字体”下拉列表框 宋体 中选择所需字体，如“楷体”；在“字号”下拉列表框 五号 中选择字号，如“二号”；单击“加粗”按钮 **B**，将所选文本设置为加粗效果。

步骤3 选择全部正文文本，单击"开始"选项卡上"字体"组右下角的对话框启动器按钮▣。

步骤4 弹出"字体"对话框，在"中文字体"下拉列表框中选择"楷体"；在"西文字体"下拉列表框中选择"Times New Roman"；在"字号"列表框中单击选择"四号"。

步骤5 在对话框下方的"预览"框中预览设置效果，然后单击"确定"按钮。

🖥 提示

用户可以选择的字体取决于Windows中安装的字体。Windows10中本身附带了一些字体，其中汉字字体有宋体、黑体、楷体等，西文字体有Times New Roman（常用于正文）、Arial（常用于标题）等。要使用其他字体，需单独安装。目前使用较多的汉字字体库有方正、汉仪和文鼎等，用户可通过Internet下载来获取这些字体，然后将它们复制到系统盘的"Windows\Fonts"文件夹中。

在Word中字号的表示方法有两种：一种以"号"为单位，如初号、一号、二号等，数值越大，文字越小；另一种以"磅"为单位，如6.5，10，10.5等，数值越大，文字越大。

对于一些标题文字或需要特别强调的文字，可以将字形设置为加粗或倾斜。

大多数书刊、公文正文使用的汉字字体均为宋体，字号为五号、小四或四号等。

Word 2016"开始"选项卡"字体"组中其他常用按钮的作用。设置时，一般直接单击相应按钮即可；但也有的设置项需要单击按钮右侧的三角按钮，从弹出的下拉列表中选择需要的选项。例如，设置字体颜色时，需要单击"字体颜色"按钮▲·右侧的小三角按钮，从弹出的颜色列表中选择需要的颜色。

利用"字体"对话框"所有文字"设置区也可设置字体颜色、下划线和着重号效果，只需在相应的下拉列表中进行选择即可；利用"效果"设置区可设置字符的删除线、阴影、上标和下标等效果，只需选中相应的复选框即可。

此外，若将"字体"对话框切换到"高级"选项卡，则还可设置字符在宽度方向上的缩放百分比，以及字符之间的距离，字符的上下位置等效果。

3.3.2.2 设置段落格式

段落的格式设置主要包括段落的对齐方式、段落缩进、段落间距以及行间距等。若要设置某个段落的格式，需将光标置于该段落中；若要同时设置多个段落的格式，可同时选中这些段落。设置"房屋租赁协议书"文档段落格式的步骤如下：

步骤1 将光标置于需要改变段落对齐方式的段落中，如标题文本段落，单击"开始"选项卡上"段落"组中的对齐方式按钮，如"居中"▤。▤▤▤▤▤这几个对齐按钮的作用分别是将段落沿页面右端、居中、左端、两端和分散对齐，默认为两端对齐。

步骤2 同时选中除标题外的多个段落，单击"开始"选项卡"段落"组右下角的对话框启动器按钮▣，打开"段落"对话框。

步骤3 在"缩进"设置区设置缩进方式。例如，在"特殊"下拉列表框中选择"首行"，然后在右侧输入缩进值为"2 字符"，即首行缩进两个字符。

步骤 4　在"间距"设置区设置段落间距和行距。这里将段前间距设为 0 行，行距设为"多倍行距"，"设置值"为 1.25，如图 3-14 所示。

步骤 5　设置完毕，单击"确定"按钮，完成效果如图 3-13 所示。

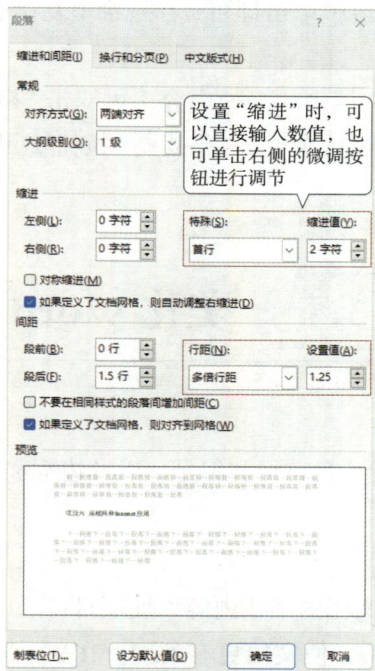

图 3-14　设置段落格式

步骤 6　到此，"房屋租赁协议书"便制作好了，按【Ctrl+S】组合键保存文档。

段落的缩进主要包括首行缩进、左缩进、右缩进和悬挂缩进。按中文的书写习惯，一般需要在每个段落的首行缩进 2 个字符；左缩进和右缩进是指在某些段落的左侧或右侧留出一定的空位；悬挂缩进是指将段落除首行外的其他行向内缩进，用户可在"段落"对话框的"特殊格式"下拉列表框中选择"悬挂缩进"选项，然后设置缩进值。

除了利用"段落"对话框设置段落缩进外，通过拖动标尺上的相关滑块也可设置段落缩进，如图 3-15 所示。如果文档窗口中没有显示标尺，可在功能区的"视图"选项卡的"显示"组中选择"标尺"复选框，即可在文档窗口中显示标尺。

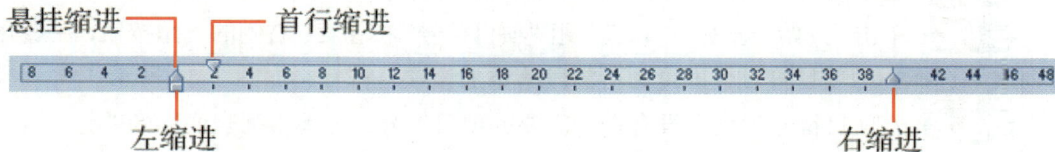

图 3-15　利用标尺设置段落缩进

3.3.2.3　复制格式

在 Word 2016 中，用户可利用格式刷复制段落或字符格式，具体操作步骤如下

步骤 1 选中要复制格式的源段落文本，单击"开始"选项卡"剪贴板"组中的"格式刷"按钮，此时鼠标指针变为"▲I"形状。

步骤 2 使用拖动方式选中希望应用源段落格式的目标段落，即可完成格式复制。

若只希望复制段落格式（而不复制字符格式），只须将光标插入源段落中，然后选择"格式刷"按钮，在目标段落中单击即可；若只希望复制字符格式，则在选择文本时，不要选中段落标记。

若要将所选格式应用于文档中的多处内容，可双击"格式刷"按钮，然后依次选择要应用该格式的文本或段落；再次单击"格式刷"按钮可取消其选择。

任务 3.4　美化 Word 文档

通过美化文档，学习设置项目符号和编号，以及边框和底纹的方法。

3.4.1　相关知识

▥ 项目符号和编号：为文档的某些内容添加项目符号或编号，可以准确地表达各部分内容之间的并列或顺序关系，使文档更有条理。在 Word 2016 中，既可以使用系统预设的项目符号和编号，也可自定义项目符号和编号。

▥ 边框和底纹：边框和底纹是美化文档的重要方式之一，在 Word 2016 中不但可以为选择的文本添加边框和底纹，还可以为段落和页面添加边框和底纹。

3.4.2　任务实施

3.4.2.1　设置项目符号和编号

（1）设置项目符号。

为文档中的段落设置项目符号的具体操作步骤如下：

步骤 1 选中要添加项目符号的段落，如"开班方式"下的段落。

步骤 2 单击"开始"选项卡"段落"组"项目符号"按钮 ☰▾ 右侧的三角按钮，在展开的列表中选择一种项目符号，即可为所需段落添加该项目符号，如图 3-16 所示。

步骤 3 若项目符号列表中没有符合需要的项目符号，可单击列表底部的"定义新项目符号"选项，弹出"定义新项目符号"对话框，如图 3-17 所示。

设置项目符号
和编号

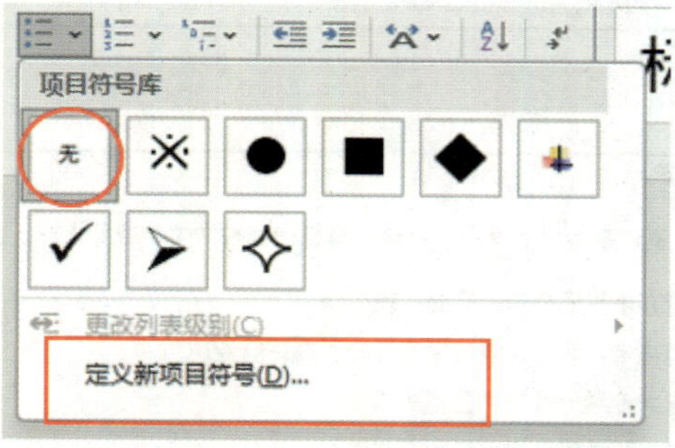

图 3-16　选择项目符号 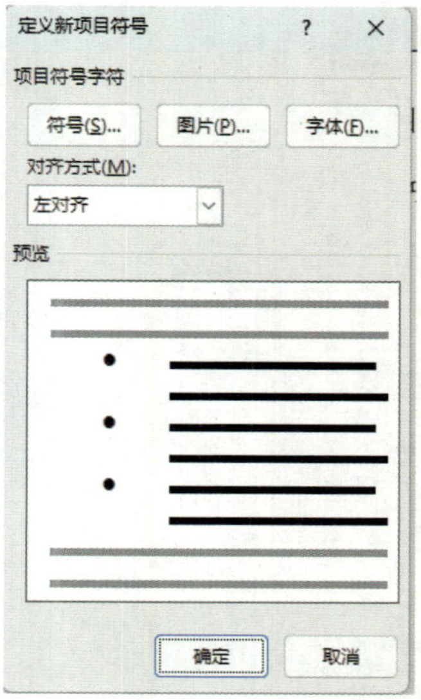　　　　图 3-17　定义新项目符号

步骤 4　单击"符号"按钮，在弹出的"符号"对话框中，选择要作为项目符号的符号，单击"确定"按钮，如图 3-18 所示。

步骤 5　返回"定义新项目符号"对话框，单击"确定"按钮。

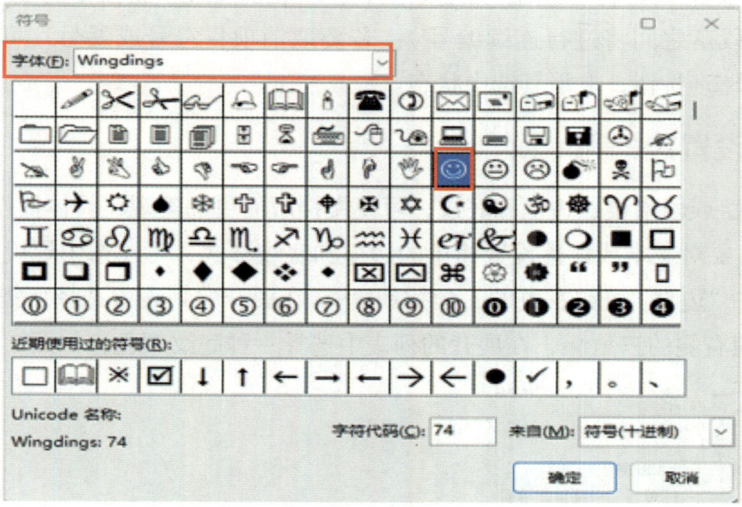

图 3-18　选择符号

若在"定义新项目符号"对话框中单击"图片"按钮，可选择图片作为项目符号；单击"字体"按钮，可在打开的对话框中设置符号的字体、字号和颜色等。

（2）设置项目编号。

为文档中的段落设置编号的具体操作步骤如下：

步骤 1　选中要添加编号的段落，如"招生对象"下的段落。

步骤 2　单击"开始"选项卡"段落"组"编号"按钮右侧的三角按钮，在展开的列表中选择一种编号样式，即可为所选段落添加编号，如图 3-19 所示。

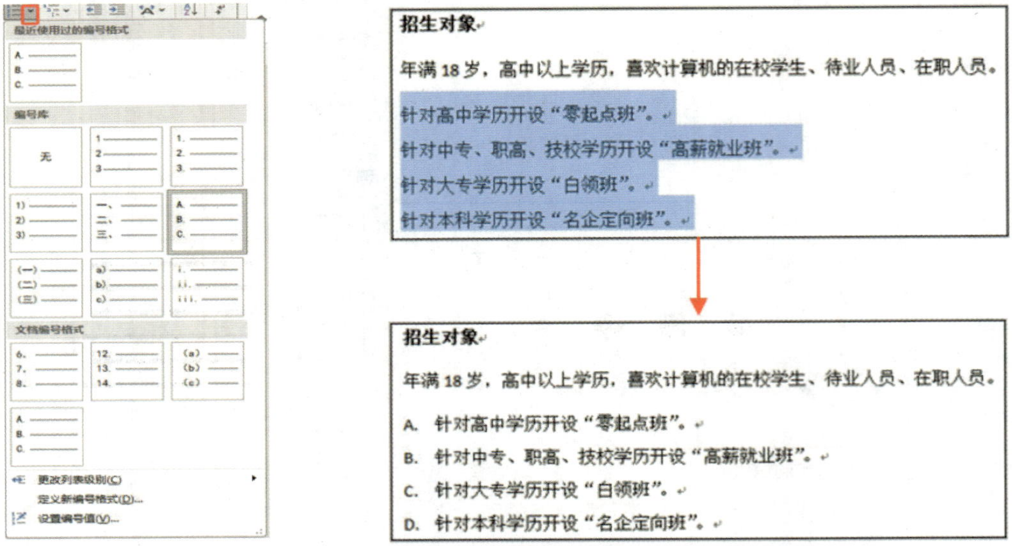

图 3-19　为所需段落添加编号

若编号列表中没有符合需要的编号，也可单击"定义新编号格式"选项，在打开的对话框中自定义编号样式。

如果从设置了项目符号或编号的段落开始一个新段落，新段落将自动添加项目符号或编号（各段落之间将进行连续编号）。若要取消项目符号或编号，可单击"项目符号" 或编号 按钮，取消其选中状态。

3.4.2.2　设置边框和底纹

为选定文字或段落设置边框和底纹，可使文档版面更加美观，具体操作步骤如下：

步骤 1　要对文本或段落设置简单的边框和底纹样式，可在选中要设置的对象后单击"段落"组中"边框"按钮右侧的三角按钮，在展开的列表中选择所需边框类型；单击"底纹"按钮右侧的三角，在展开的列表中选择一种底纹颜色，如图 3-20 所示。

图 3-20　使用快捷方式设置边框和底纹

提示

使用该方式设置边框时，若选中的是字符（不选中段落标记），则设置的是字符边框；若选中的是段落（连段落标记一起选中），则设置的是段落边框。设置底纹时，则无论选中的是字符还是段落，设置的都是字符底纹。

步骤 2 保持文本的选中状态，分别在"边框"和"底纹"下拉列表中选择"无边框"和"无颜色"选项，取消设置的边框和底纹。

步骤 3 若要对边框和底纹进行更为复杂的设置，可通过"边框和底纹"对话框来实现。为此，可选取要设置边框和底纹的文字，然后单击"开始"选项卡上"段落"组中的"边框"按钮右侧的三角按钮，在展开的列表中选择"边框和底纹"项，打开"边框和底纹"对话框。

步骤 4 在"边框和底纹"对话框"边框"选项卡的"设置"区选择边框类型，在"样式""颜色"和"宽度"设置区分别选择边框样式、颜色和线性，然后在"预览"设置区单击相应的按钮来添加或取消上、下、左、右边框，在"应用于"下拉列表中选择边框是应用于段落还是文本，这里选择"段落"，单击"确定"按钮。

步骤 5 要设置复杂底纹，可将"边框和底纹"对话框切换到"底纹"选项卡，在"填充"下拉列表中选择底纹颜色，还可在"图案"下拉列表中选择一种底纹图案样式，在"颜色"下拉列表中选择图案颜色，接着在"应用于"下拉列表中选择底纹的应用对象，这里选择"段落"，单击"确定"按钮，如图 3-21 所示。

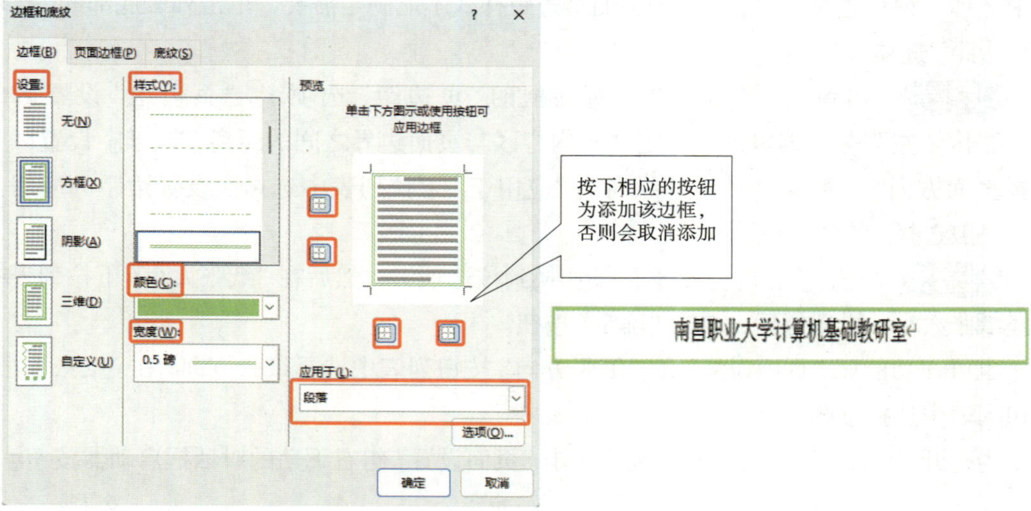

图 3-21　设置复杂边框

任务 3.5 打印 Word 文档

通过设置"房屋租赁协议书"文档的页面并打印，掌握设置文档页边距和纸张规格以及打印文档的方法。

3.5.1 相关知识

▦ **设置文档页面**：包括设置文档的纸张大小、纸张方向和页边距等。可利用功能区"页面布局"选项卡中的"页面设置"组或"页面设置"对话框进行设置。

▦ **打印文档**：制作好文档后，在功能区的"文件"选项卡中选择"打印"选项，然后进行一些简单的设置即可将文档打印出来。

3.5.2 任务实施

3.5.2.1 设置文档页面

设置文档页面

在默认情况下，Word 文档使用的是 A4 幅面纸张，纸张方向为"纵向"，可根据需要改变纸张的大小、方向和页边距等。具体操作步骤如下：

步骤 1 单击功能区"布局"选项卡"页面设置"组中的"页边距"按钮，在展开的列表中选择一种页边距样式；若列表中的页边距样式不能满足需要，单击列表底部的"自定义页边距"选项。

步骤 2 在弹出"页面设置"对话框的"页边距"选项卡，"页边距"设置区的"上""下""左""右"编辑框中指定文档内容区与页面边界之间的距离；"方向"设置区中选择页面方向（一般保持默认的纵向）；"应用于"下拉列表中选择所设页边距的应用范围，一般选择"整篇文档"。

步骤 3 单击"纸张"选项卡标签切换到该选项卡，然后在"纸张大小"下拉列表中选择纸张大小。设置好后，单击"确定"按钮。

也可在功能区"页面设置"的"纸张方向"按钮列表中选择纸张方向；在"纸张大小"按钮列表中选择纸张大小。

为打开"页面设置"对话框，也可单击"页面设置"组右下角的对话框启动器按钮 ▣。

3.5.2.2 预览和打印文档

文档编辑完成后便可以将其打印出来。为防止出错，一般在打印文档之前，都会先预览一下打印效果，以便及时改正错误。

步骤 1 单击功能区中的"文件"选项卡标签，在打开的界面中单击"打印"选项，弹出文档的打印和打印预览界面，如图 3-22 所示。

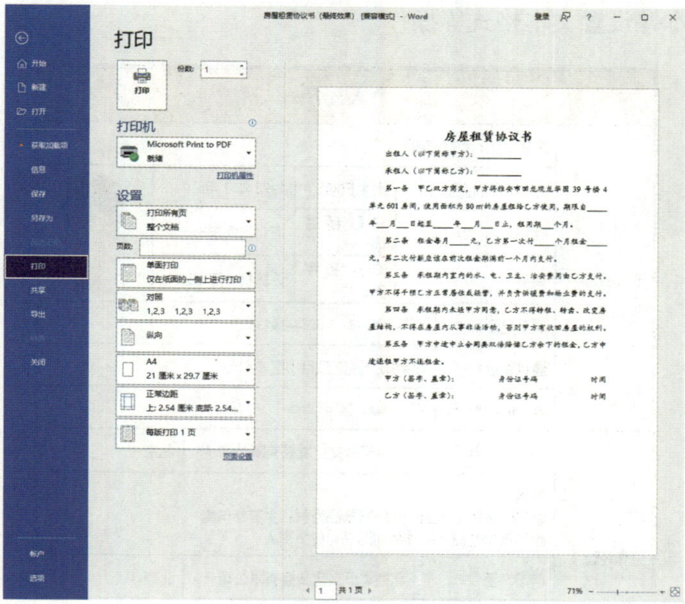

图 3-22　预览和打印文档

步骤 2　在界面的右侧预览打印效果。如果文档有多页，单击界面下方的"上一页"按钮◀和"下一页"按钮▶，可查看前一页或下一页的预览效果。在这两个按钮之间的编辑框中输入页码数字，然后按【Enter】键，可快速查看该页的预览效果。

步骤 3　在界面的中间设置打印选项。首先在"份数"编辑框中输入打印份数。

步骤 4　在"打印机"下拉列表框中选择要使用的打印机名称。如果当前只有一台可用打印机，则不必进行此操作。

步骤 5　在"打印所有页"下拉列表框中选择要打印的文档页面内容。

▦ 若只需打印光标所在页，可选择"打印当前页面"选项。

▦ 若要打印全部页面，则可保持默认的"打印所有页"选项。

▦ 若要打印指定页，可选择"打印自定义范围"选项，然后在其下方的"页数"编辑框中输入页码范围。例如，输入 3-6 表示打印第 3 页至第 6 页的内容；输入"3，6，10"表示只打印第 3 页、第 6 页和第 10 页。

▦ 如果选中文档中的部分内容，在"打印所有页"下拉列表中选择"打印所选内容"项，将只打印选中的内容。

步骤 6　设置完毕，单击"打印"按钮🖨即可按设置打印文档。

任务 3.6　制作个人简历表

本任务通过制作如图 3-23 所示的个人简历表，学习在文档中创建、编辑和美化表格，在表格中输入文本并设置文本格式等操作。

个人简历				
个人概况	求职意向：图书编辑			
	姓名：	伊乔	出生日期：	1998 年 1 月
	性别：	女	户口所在地：	河北省保定市
	民族：	汉	专业和学历：	计算机应用
	联系电话：	12345667787，0234-3343827		
	通讯地址：	北京市太兴区日月小区 2-456		
	电子邮件地址：	Wangdaxin@163.com		
工作经验	2020.8-2023.8	北京新新文化发展有限公司		北京
	编辑 参与编辑加工全国职业教育精品教材，主要参与者 参与策划电脑新干线系列图书，任负责人			
	2023.9-至今	北京零点文化传播有限公司		北京
	策划编辑 全国高职高专计算机专业教材，策划人 全国高职高专机械专业教材，策划人			
教育背景	2016.9-2020.7	北京曲阜大学		计算机应用
	学士 连续四年获校三好学生 参与开发人事管理信息系统、财务管理信息系统			
外语水平	六级			
计算机水平	二级			
性格特点	喜欢阅读和写作，喜欢思考和钻研			
业余爱好	爬山、旅游			

图 3-23　个人简历表

3.6.1　相关知识

　　表格是由水平的行和垂直的列组成的，行与列交叉形成的方框称为单元格。可以在单元格中添加文字和图像等对象。表格在文档处理中占有十分重要的地位。在日常办公中常常需要制作各式各样的表格，如日程表、课程表、报名表和个人简历表等。

3.6.2　任务实施

3.6.2.1　创建表格

　　可以根据所创建表格需要的行、列数来创建表格，然后通过合并、拆分单元格，设置表格行高或列宽等操作来对表格进行调整。

创建表格

步骤 1　新建一个 Word 文档，并以"个人简历"命名进行保存。

步骤 2　单击"插入"选项卡上"表格"组中的"表格"按钮，在展开的列表中选择

"插入表格"选项所示。

步骤 3　弹出"插入表格"对话框，在"列数"和"行数"编辑框中输入行、列数，单击"确定"按钮，即可按照设置创建一个表格。

- **固定列宽**：选择该选项后，可在后面的编辑框中指定表格的列宽。
- **根据内容调整表格**：表格各列列宽随输入的内容自动调整。
- **根据窗口调整表格**：表格宽度与文档正文宽度一致。

若要创建简单表格，可在打开"表格"按钮列表后，直接在网格中移动鼠标指针来确定表格的行、列数，然后单击鼠标即可。

若在"表格"按钮列表中选择"绘制表格"选项，鼠标指针将变为笔形"✐"，此时可自由绘制表格：在文档编辑区按住鼠标左键拖动，到合适位置后释放鼠标，绘制出一个矩形作为表格外边框，然后按住鼠标左键在矩形框内水平或竖直拖动，绘制表格的行线或列线。若要结束表格绘制，可按【Esc】键。

3.6.2.2　选择表格和单元格

若要对表格进行编辑操作，首先需要选中要修改的单元格、行、列或整个表格。为此，Word 2016 提供了多种选择方法，见表 3-2。

选择表格和单元格

表 3-2　选择表格、行、列与单元格的方法

选择对象	操作方法
选择整个表格	将鼠标指针移至表格上方，此时表格左上角将显示"✛"控制柄，单击该控制柄即可选中整个表格
选择行	将鼠标指针移至所选行左边界的外侧，待指针变成"↗"形状后单击鼠标左键，如图 3-54 所示；如果此时按住鼠标左键上下拖动，可选中多行
选择列	将鼠标指针移至所选列的顶端，待指针变成"↓"形状后单击鼠标左键，如图 3-55 所示；如果此时按住鼠标左键并左右拖动，可选中多列
选择单个单元格	将鼠标指针移至单元格左边框，待指针变成"➤"形状后单击鼠标左键可选中该单元格，如图 3-56 所示；若此时双击可选中该单元格所在的一整行
选择连续的单元格区域	方法 1：在所选单元格区域的第 1 个单元格中单击，然后按住【Shift】键的同时单击所选单元格区域的最后一个单元格 方法 2：将鼠标指针移至所选单元格区域的第 1 个单元格中，按住鼠标左键不放向其他单元格拖动，则鼠标指针经过的单元格均被选中
选择不连续的单元格或单元格区域	按住【Ctrl】键，然后使用上述方法依次选择单元格或单元格区域

3.6.2.3　编辑表格

为满足用户在实际工作中的需要，Word 提供了多种方法来修改已创建的表格。例如，插入行、列或单元格，删除多余的行、列或单元格，合并或拆分单元格，以及调整单元格的行高和列宽等。

编辑表格

创建好表格后，将光标放置在表格的任意一个单元格中，在 Word 2016 的功能区中将出现"表格工具表设计"和"表格工具布局"选项卡，对表格的大多数编辑和美化操作都是利用这两个选项卡来实现的。

通过编辑表格来制作简历表框架的步骤如下。

步骤1 选中表格第 1 行。

步骤2 在功能区中切换到"表格工具""布局"选项卡，单击"合并"组中的"合并单元格"按钮，将所选单元格合并，如图 3-24 所示。

单击"拆分单元格"按钮，可将所选单元格拆分成指定的多个单元格；单击"拆分表格"按钮，可从所选单元格处将表格拆分成上下两个

图 3-24　合并单元格

步骤3 分别选择其他单元格进行合并，从而获得表格的基本框架。也可利用删除表格线的方式来合并单元格，方法是单击选择"表格工具 设计"选项卡"绘图边框"组中的"擦除"按钮，然后在要删除的行线或列线上单击；要取消"擦除"按钮的选取，可按【Esc】键或再次单击该按钮。此外，选择"绘制表格"按钮，则可在表格中拖动鼠标来绘制行线或列线，从而拆分单元格。

步骤4 接下来设置表格行高。设置行高最简单的方法是将光标移至表格的行分界线处，待光标变为"⬍"形状后按住鼠标左键上下拖动。

步骤5 要精确调整行高，可首先光标置于该行任意单元格中，或同时选中要调整行高的多行，然后在"表格工具 布局"选项卡"单元格大小"组中的"高度"编辑框中输入行高值，按【Enter】键确认。例如，将第 1 行的行高设为 1.3 厘米。

步骤6 选中除第 1 行之外的所有行，然后在"单元格大小"组中的"高度"编辑框中输入 1，将这些行的高度全部设置为 1.0 厘米。

步骤7 调整列宽。同时选中第 3 行、第 4 行和第 5 行的第 2 列单元格，将光标移至所选列右分界线处，待光标变为"⬌"形状后按住鼠标左键并向左拖动，调整所选单元格列宽。

步骤8 通过选择其他一些单元格调整相关列的宽度。也可在输入表格内容后，再根据表格内容调整单元格宽度和高度。

插入或删除行、列也是编辑表格时经常使用的操作。这些操作主要是通过"表格工具 布局"选项卡"行和列"组中的按钮实现的。

插入行：在要插入行的位置选择与要插入的行数相同的行，然后单击"在上方插入"或"在下方插入"按钮，即可在所选行的上方或下方插入与所选行数目相同的行。

插入列：在要插入列的位置选择与要插入的列数相同的列，然后单击"在左侧插

入"或"在右侧插入"按钮。

⊞ **删除行、列或单元格或表格**：选中要删除的行、列或单元格，单击"删除"按钮，从弹出的下拉列表中选择相应选项。

💻 提示

如果希望精确调整列宽，可在选中希望调整列宽的列后，在"单元格大小"组中的"宽度"编辑框中输入具体数值并按【Enter】键确认。

如果不选择单元格，无论使用哪种方法，都表示调整光标所在列全部单元格宽度。

如果希望将多行或多列调整为等高或等宽，可首先选中这些行、列或相应的单元格，然后单击"单元格大小"组中的"分布行"或"分布列"按钮。

3.6.2.4 在表格中输入内容并设置格式

创建好表格框架后，就可以根据需要在表格中输入文字了。输入内容后，还可以根据需要调整表格内容在单元格中的对齐方式，以及设置单元格内容的字体、字号等。

在表格中输入内容并设置格式

步骤 1 分别将光标置于各单元格中，输入相关文字。

步骤 2 适当调整某些列的宽度和某些行的高度，使表格内容不显得拥挤。

步骤 3 将光标置于表格第 3 行最左侧的单元格中，单击"插入"选项卡中的"图片"按钮。

步骤 4 在弹出的"插入图片"对话框左侧导航窗格中找到存放图片的文件夹，选择"相片"图片文件，单击"插入"按钮，将相片插入到光标所在的单元格中，如图 3-25 所示。

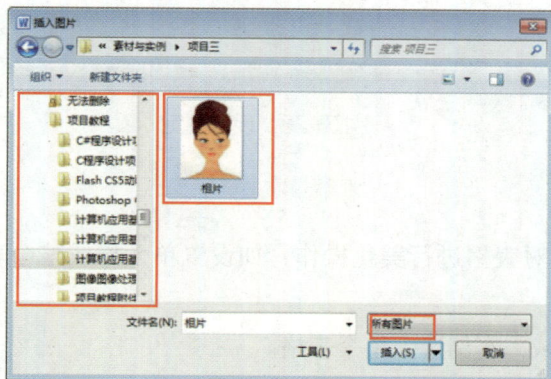

图 3-25 在单元格中插入图片

步骤 5 单击表格左上角的"⊞"控制柄选中整个表格，然后单击"表格工具布局"选项卡"对齐方式"组中的"中部两端对齐"按钮▤，将各单元格中文字相对于单元格垂直居中对齐、水平居左对齐，如图 3-26 所示。

图 3-26　设置单元格对齐方式

步骤 6　选中第 1 行单元格，然后利用"开始"选项卡"字体"组将其字体设为黑体，字号设为三号，利用"段落"组将文字对齐方式设为"居中对齐"。

要调整整个表格相对于页面的对齐方式和与周围文字的环绕方式，可选中整个表格，然后单击"表格工具 布局"选项卡"表"组中的"属性"按钮，打开"表格属性"对话框进行设置，如图 3-27 所示。如果将该对话框切换到"行""列"或"单元格"选项卡，则还可设置所选单元格的行高、列宽或单元格中文字的对齐方式等，如图 3-28 所示。

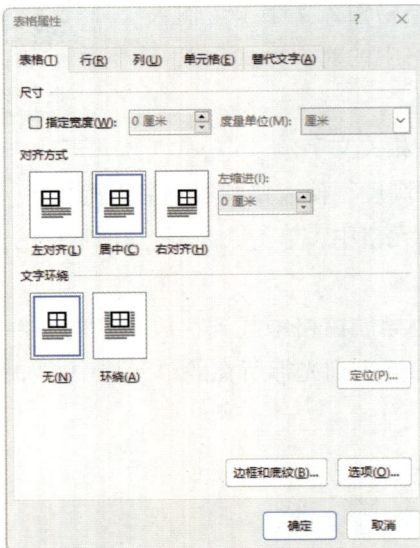

图 3-27　设置表格对齐和文字环绕方式

图 3-28　设置列宽

3.6.2.5　美化表格

表格创建和编辑完成后，还可进一步对表格进行美化操作，如设置单元格或整个表格的边框和底纹等。

步骤 1　选中要设置边框的单元格区域，本例选中整个表格。

步骤 2　在"表格工具 表设计"选项卡"边框"组中分别单击"笔样式""笔画粗细"和"笔颜色"右侧的三角按钮，从弹出的列表中选择边框的样式、粗细和颜色。

步骤 3　单击"边框"组"边框"按钮右侧的三角按钮，在展开的列表中选择要设置的边框，本例选择"外侧框线"，为所选表格设置外边框，如图 3-29 所示。注意：如果所选的是单元格区域，则是为该单元格区域设置外边框。

步骤 4　选中表格第 1 行（标题行），单击"表格样式"组中的"底纹"按钮右侧的三角按钮，在展开的列表中选择一种底纹颜色，如橙色。

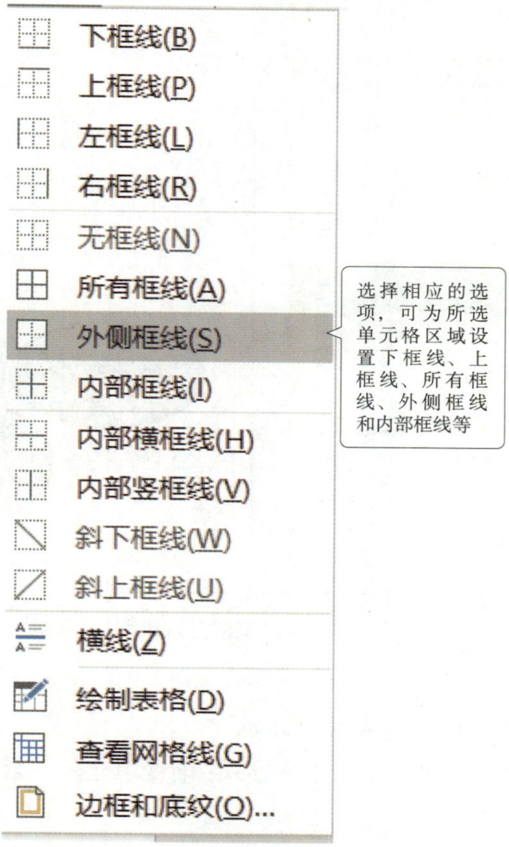

	下框线(B)
	上框线(P)
	左框线(L)
	右框线(R)
	无框线(N)
	所有框线(A)
	外侧框线(S)
	内部框线(I)
	内部横框线(H)
	内部竖框线(V)
	斜下框线(W)
	斜上框线(U)
	横线(Z)
	绘制表格(D)
	查看网格线(G)
	边框和底纹(O)…

> 选择相应的选项，可为所选单元格区域设置下框线、上框线、所有框线、外侧框线和内部框线等

图 3-29　选择边框

步骤 5　到此，简历表便制作好了，最终效果如图 3-23 所示。最后别忘了保存文档。

要为表格设置复杂边框和底纹，也可单击"边框"下拉列表底部的"边框和底纹"选项，打开"边框和底纹"对话框进行设置。

要使用系统内置的漂亮样式快速改变表格的外观，可在选中表格后，在"表格工具设计"选项卡中的"表格样式"组中单击需要应用的样式。

任务 3.7　Word 排版的基本运用

通过制作如图 3-30 所示的图文混排效果图，学习在文档中插入和编辑自选图形、图片、剪贴画、文本框和艺术字等方法。

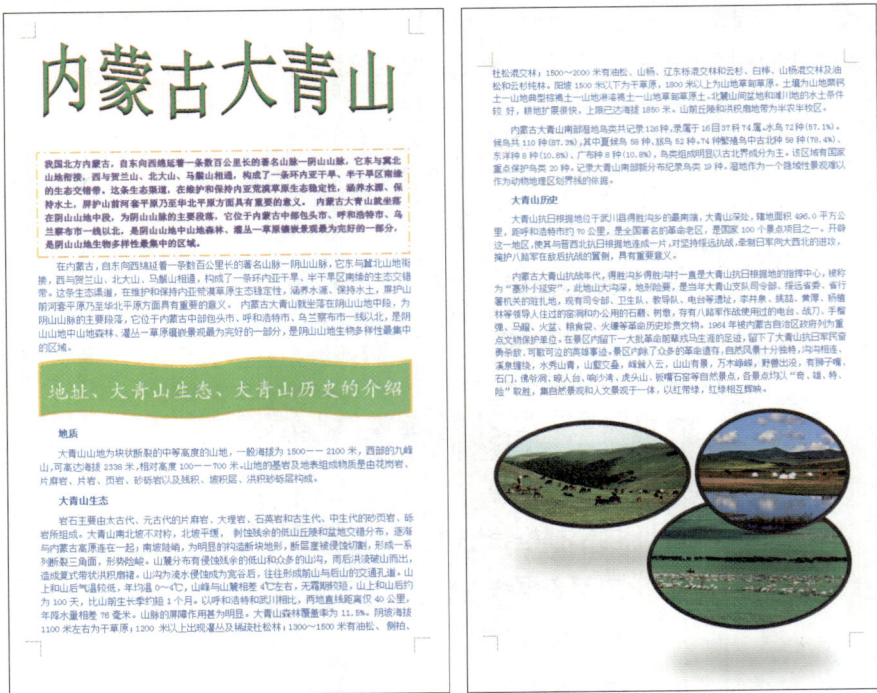

图 3-30　图文混排效果图

操作要求

①打开配套素材文件"内蒙古大青山 .docx"。

②插入艺术字：内蒙古大青山；艺术字样式：渐变填充——紫色，主题色 4；边框：紫色，主题色 4。

③设置艺术字文本填充：标准色中的绿色；文本轮廓：标准色中的红色；文本效果：转换——双波形 1。

④设置艺术字高度：3.6cm；宽度：14.6cm。

⑤设置艺术字位置：顶端居中；自动换行：上下型环绕。

⑥插入横排文本框，文字内容为第一段文字。

⑦设置文本框形状轮廓：粗细为 1.5 磅、颜色为标准色中的橙色、虚线为长划线——点。

⑧设置文本框文本轮廓：颜色为标准色中的紫色。

⑨插入形状"星与旗帜"中的"双波形"；添加文字：地址、大青山生态、大青山历史的介绍；设置文字：华文楷体、小一号、白色，背景 1。

⑩设置形状的形状轮廓颜色为标准色中的橙色、形状填充颜色为标准色中的浅绿色。

⑪设置形状的自动换行：上下型环绕。调整形状位置。

⑫在文档中插入图片"图片 1.jpg""图片 2.jpg""图片 3.jpg"。

⑬所有图片自动换行设置为"四周型环绕"。

⑭调整各图片的位置和层次，图片 1 左对齐，图片 2 及图片 3 右对齐；组合所有图片。

⑮设置图片样式：棱台形椭圆，黑色。

⑯保存文件。

3.7.1　相关知识

　　▓ 插入图形、图片等对象：用户可利用 Word 2016 功能区"插入"选项卡中的相应按钮，在文档中插入各种图形、文本框、图片、剪贴画、图表、艺术字和 SmartArt 图形等对象，以丰富文档内容和方便排版，使文档更加精彩。

　　▓ 编辑和美化插入的对象：插入图形和图片等对象后，在 Word 的功能区将自动出现"×××工具 格式"或"×××工具 设计"等选项卡，利用它们可以对插入的对象进行各种编辑和美化操作。在 Word 2016 中，对图形、图片和文本框等对象进行编辑和美化的操作方法基本相同。

3.7.2　任务实施

3.7.2.1　使用文本框和设置艺术字

　　文本框也是 Word 的一种图形对象，用户可在文本框中输入文字、放置图片和表格等，并可将文本框放在页面上的任意位置，从而设计出较为特殊的文档版式。此外，还可在文档中插入艺术字或为文本框中的文本设置艺术字效果。

使用文本框和
设置艺术字

　　步骤 1　单击功能区"插入"选项卡"文本"组中的"艺术字"按钮，在打开的列表中选择一种艺术字样式。

　　步骤 2　此时将出现一个没有边框和填充的艺术字占位符。在占位符中单击，然后输入需要的艺术字，接着单击占位符的边缘将其选中，再从"开始"选项卡的"字体"组中设置艺术字字体为"华文琥珀"。

　　步骤 3　切换到"形状格式"选项卡，单击"艺术字样式"组中的"文本填充"按钮，在弹出的下拉列表中选择一种艺术字颜色。

　　步骤 4　单击"艺术字样式"组中的"文本效果"按钮，在弹出的列表中选择艺术字效果，如选择"转换"类别中的"双波形：下上"效果。

　　步骤 5　将鼠标指针移至艺术字边框的边缘，当其呈"↖"形状时按住鼠标左键并向上适当拖动，然后释放鼠标左键，可移动艺术字。

　　步骤 6　插入形状"星与旗帜"中的双波形，在弹出的快捷菜单中选择"添加文字"菜单项，此时该自选图形中出现一个闪烁的光标，表示自选图形已变成文本框，可以在其中输入文本。输入文本"地址、大青山生态、大青山历史的介绍"，然后利用拖动方式选中输入的文本，利用功能区"开始"选项卡"字体"组设置其字体为"华文楷体、小一号、白色，背景 1"，字号为"40"，再切换到"形状格式"选项卡，单击"形状样式"组中的形状填充和形状轮廓设置形状的填充色和轮廓。

　　步骤 7　单击"插入"选项卡"文本"组中的"文本框"按钮，在弹出的下拉列表中选择"绘制横排文本框"选项，并输入文本，如图 3-31 所示。

　　步骤 8　设置文本框形状轮廓：粗细为 1.5 磅、颜色为标准色中的橙色、虚线为长划线——点。文本框文本轮廓：颜色为标准色中的紫色。效果如图 3-32 所示。

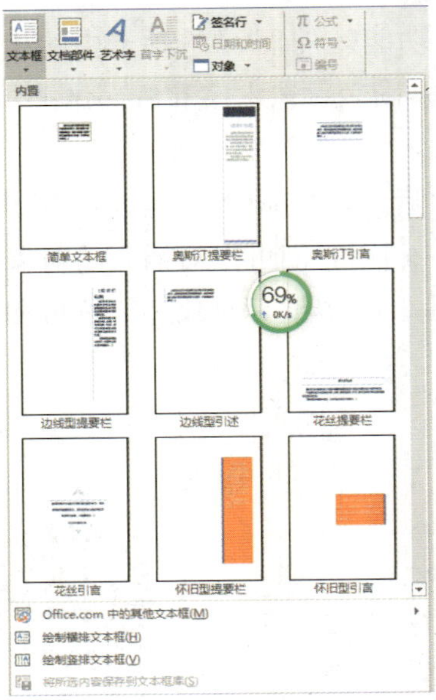

图 3-31　绘制文本框并输入文本

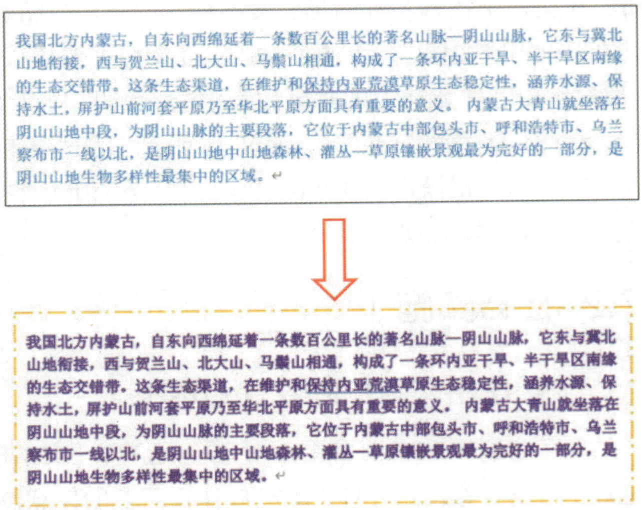

图 3-32　文本框样式的设置

提示

　　选择文本框的操作与选择普通自选图形和图片不同，选择普通自选图形或图片时，在对象任意位置单击都可将其选中，而选择文本框时，需要单击其边缘。

　　选择要绘制的形状后，按住【Shift】键在文档编辑区拖动鼠标，可绘制具有一定规则的图形。例如，绘制正方形或圆形，还可绘制与水平线成 0°、15°、30°……夹角的直线或箭头。此外，也可在"形状"按钮列表的"基本图形"分类中选择"文本框" 或"垂直文本框" 工具，来绘制普通文本框或竖排文本框。若在该列表中选择"标注"类工具来绘制标注图形，可直接在其中输入文本。

　　"插入形状"组：在该组的形状列表中选择某个形状，然后可在编辑区拖动鼠标绘制该图形。若单击"编辑形状"按钮，在弹出的列表中选择相应选项，可改变当前所选图形的形状。

　　"形状样式"组：在其中的形状样式列表中选择某个系统内置的样式，可快速美化所选图形。也可自行设置所选图形的填充、轮廓和三维等效果。

　　"艺术字样式"组：若所选图形是文本框，则可通过该组中的选项设置文本框内文本的艺术效果，制作出漂亮的文字。

　　"文本"组：设置所选文本框中文字的对齐方式和方向等。

　　"排列"组：设置所选图形的叠放次序、文字环绕方式（图形与其他对象的位置关系）、旋转方式及对齐方式等。

　　"大小"组：设置所选图形的大小。

3.7.2.2 插入、编辑和美化图片

在 Word 2016 中可以插入 2 种类型的图片：一种是插入保存在计算机中的图片；另一种是插入 Office 软件自带或来自 Internet 的剪贴画。无论插入什么图片，插入后都可对图片进行各种编辑和美化操作，其方法与编辑和美化图形相似。

插入、编辑和美化图片

（1）插入保存在计算机中的图片。

要将保存在计算机中的图片插入 Word 文档中并进行编辑和美化，具体操作步骤如下：

步骤 1　单击"插入"选项卡上"插图"组中的"图片"中的"此设备"按钮，如图 3-33 所示。

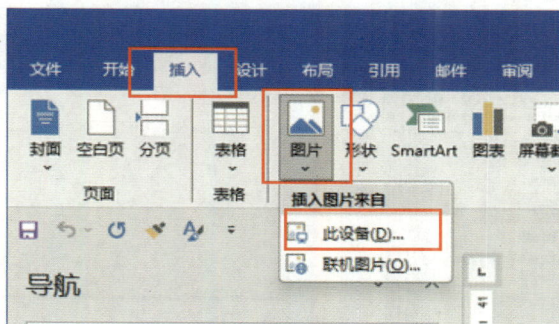

图 3-33　单击"图片"按钮

步骤 2　弹出"插入图片"对话框，在该对话框中同时选中所需的图片，单击'插入"按钮将它们插入到文档中，插入图片时，应首先通过对话框左侧的导航窗格打开保存图片的文件夹，然后再选择要插入的图片。在对话框中选择文件的方法与在资源管理器中选择的方法相同。

步骤 3　单击选中图片，此时将显示"图片工具 格式"选项卡，切换到该选项卡，单击"排列"组中的"自动换行"按钮，在打开的列表中单击设置图片的文字环绕方式。使用同样的方法，设置其他图片的文字环绕方式。

步骤 4　此时将鼠标指针移至图片上，鼠标指针呈"✥"形状，按住鼠标左键并拖动，可任意移动图片位置。

步骤 5　按下【Shift】可同时选中 3 张图片，单击"图片工具 格式"选项卡"图片样式"按钮，在展开的样式列表中为所选图片选择一种样式。

步骤 6　通过"置于顶层"和"置于底层"调整图片的叠放层次。

提示

　　在上面的学习中，读者要重点理解的一个概念是图片与正文的环绕方式。例如，若选择"嵌入型"，则图片将像普通文本一样嵌入页面中；若选择"四周型"，则正文中的文本将环绕在图片的四周，从而达到图文混排的效果；若选择"浮于文字上方"，

则图片将"漂浮"文档中正文的上方。

在"自动换行"下拉列表中选择"其他布局选项",将打开"布局"对话框,若选择"四周型"环绕方式,则还可在该对话框中设置图片上、下、左、右四边与正文的距离。

自选图形和文本框的默认环绕方式是"浮于文字上方",图片是"嵌入型"。

(2)插入剪贴画。

Word 2016 提供了多种类型的剪贴画(剪贴画也属于图片),这些剪贴画构思巧妙,能够表达不同的主题,用户可根据需要将其插入到文档中。具体操作步骤如下所示。

步骤 1 单击"插入"选项卡上"插图"组中的"图片"中的"联机图片"按钮,在 Word 2016 程序窗口右侧打开"插入图片"任务窗格,如图 3-34 所示。

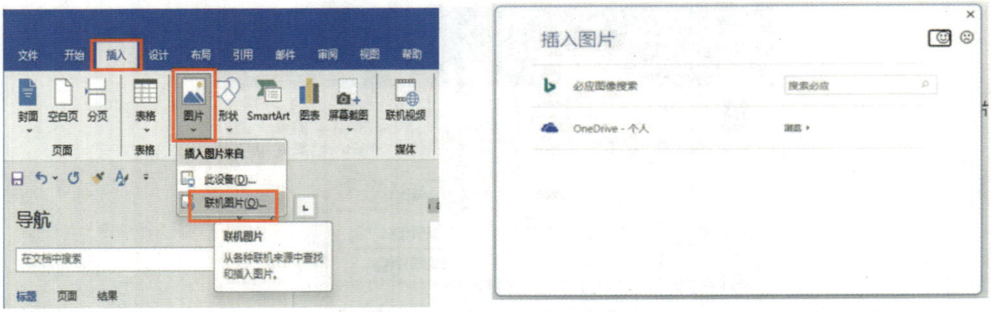

图 3-34　插入联机图片

步骤 2 在"必应图像搜索"编辑框中输入要插入的剪贴画相关的文本,在线查找剪贴画。

步骤 3 单击"搜索"按钮。搜索完成后,在搜索结果预览框中将显示所有符合条件的剪贴画,单击所需的剪贴画即可将其插入文档中。

步骤 4 将插入的剪贴画的文字环绕方式设为"四周型",调整其位置,并移动到相应位置。

任务 3.8　编排杂志——高级排版技巧

通过编排杂志,学习插入分页符和分节符,设置文档页眉、页脚和页码,对文档进行分栏,使用样式等操作。编排好的杂志效果部分页面如图 3-35 所示。

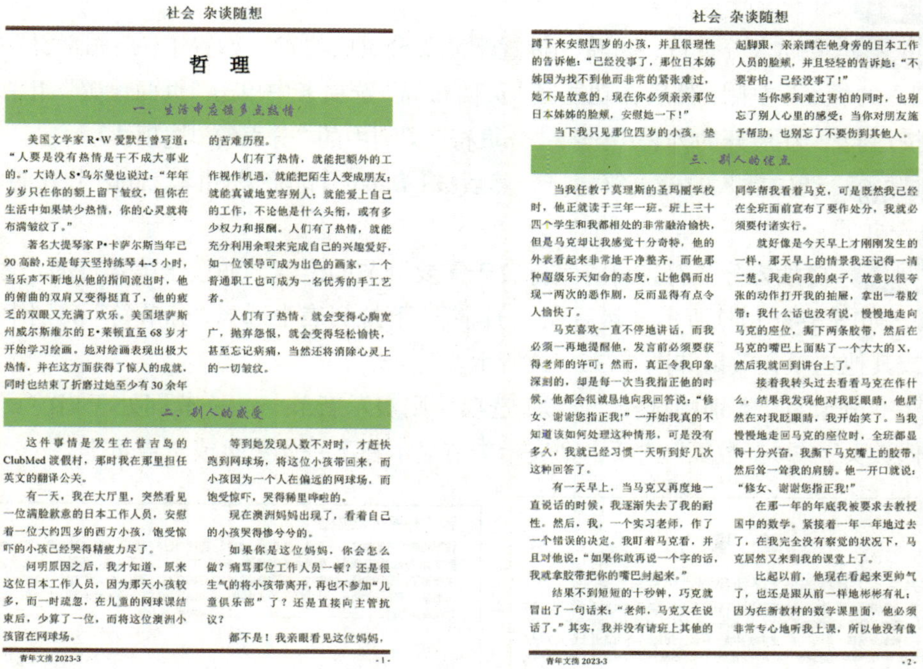

社会 杂谈随想

哲　理

一、生活中应该多点热情

美国文学家R·W爱默生曾写道："人要是没有热情是干不成大事业的。"大诗人S·乌尔曼也说过："年年岁岁只在你的额上留下皱纹，但你在生活中如果缺少热情，你的心灵就将布满皱纹了。"

著名大提琴家P·卡萨尔斯当年已90高龄，还是每天坚持练琴4--5小时，当乐声不断地从他的指间流出时，他的俯曲的双肩又变得挺直了，他的疲乏的双眼又充满了欢乐。美国堪萨斯州威尔斯维尔的E·莱顿直至68岁才开始学习绘画。她对绘画表现出极大热情，并在这方面获得了惊人的成就，同时也结束了折磨过她至少有30余年的苦难历程。

人们有了热情，就能把额外的工作视作机遇，就能把陌生人变成朋友；就能真诚地宽容别人；就能爱上自己的工作，不论他是什么头衔，或有多少权力和报酬。人们有了热情，就能充分利用余暇来完成自己的兴趣爱好，如一位领导可成为出色的画家，一个普通职工也可成为一名优秀的手工艺者。

人们有了热情，就会变得心胸宽广，抛弃怨恨，就会变得轻松愉快，甚至忘记病痛，当然还将消除心灵上的一切皱纹。

二、别人的感受

这件事情是发生在普吉岛的ClubMed渡假村，那时我在那里担任英文的翻译公关。

有一天，我在大厅里，突然看见一位满脸歉意的日本工作人员，安慰着一位大约四岁的西方小孩，饱受惊吓的小孩已经哭得精疲力尽了。

问明原因之后，我才知道，原来这位日本工作人员，因为那天小孩较多，而一时疏忽，在儿童的网球课结束后，少算了一位，而将这位澳洲小孩留在网球场。

等到她发现人数不对时，才赶快跑到网球场，将这位小孩带回来，而小孩因为一个人在偏远的网球场，而饱受惊吓，哭得稀里哗啦的。

现在澳洲妈妈出现了，看着自己的小孩哭得惨兮兮的。

如果你是这位妈妈，你会怎么做？痛骂那位工作人员一顿？还是很生气的将小孩带离开，再也不参加"儿童俱乐部"了？还是直接向主管抗议？

都不是！我亲眼看见这位妈妈，

青年文摘 2023-3　　-1-

社会 杂谈随想

蹲下来安慰四岁的小孩，并且很理性的告诉他："已经没事了，那位日本姊姊因为找不到他而非常的紧张难过，她不是故意的，现在你必须亲亲那位日本姊姊的脸颊，安慰她一下！"

当下我只见那位四岁的小孩，垫起脚跟，亲亲蹲在他身旁的日本工作人员的脸颊，并且轻轻的告诉她："不要害怕，已经没事了！"

当你感到难过害怕的同时，也别忘了别人心里的感受；当你对朋友施予帮助，也别忘了不要伤到其他人。

三、别人的优点

当我任教于莫理斯的圣玛丽学校时，他正就读于三年一班。班上三十四个学生和我都相处的非常融洽愉快，但是马克却让我感觉十分奇特，他的外表看起来非常地干净整齐，而他那种超级乐天知命的态度，让他偶而出现一两次的恶作剧，反而显得有点令人愉快了。

马克喜欢一直不停地讲话，而我必须一再地提醒他，发言前必须要获得老师的许可；然而，真正令我印象深刻的，却是每一次当我指正他的时候，他都会很诚恳地向我回答说："修女、谢谢您指正我!"一开始我真的不知道该如何处理这种情形，可是没有多久，我就已经习惯一天听到好几次这种回答了。

有一天早上，当马克又再度地一直说话的时候，我逐渐失去了我的耐性。然后，我，一个实习老师，作了一个错误的决定。我盯着马克看，并且对他说："如果你敢再说一个字的话，我就拿胶带把你的嘴巴封起来。"

结果不到短短的十秒钟，巧克就冒出了一句话来："老师，马克又在说话了。"其实，我并没有请班上其他的同学帮我看着马克，可是既然我已经在全班面前宣布了要作处分，我就必须要付诸实行。

就好像是今天早上才刚刚发生的一样，那天早上的情景我还记得一清二楚。我走向我的桌子，故意以很夸张的动作打开我的抽屉，拿出一卷胶带；我什么话也没有说，慢慢地走向马克的座位，撕下两条胶带，然后在马克的嘴巴上面贴了一个大大的X，然后我就回到讲台上了。

接着我转头过去看看马克在作什么，结果我发现他对我眨眼睛，他居然在对我眨眼睛，我开始笑了。当我慢慢地走回马克的座位时，全班都显得十分兴奋，我撕下马克嘴上的胶带，然后耸一耸我的肩膀。他一开口就说："修女、谢谢您指正我!"

在那一年的年底我被要求去教授国中的数学。紧接着一年一年地过去了，在我完全没有察觉的状况下，马克居然又来到我的课堂上了。

比起以前，他现在看起来更帅气了，也还是跟从前一样地彬彬有礼；因为在新教材的数学课里面，他必须非常专心地听我上课，所以他没有像

青年文摘 2023-3　　-2-

图 3-35　杂志文档部分页面效果

3.8.1 相关知识

分页符： 通常情况下，用户在编辑文档时，系统会自动分页。如果要对文档进行强制分页，可通过插入分页符实现。

分节符： 通过为文档插入分节符，可将文档分为多节。节是文档格式化的最大单位，只有在不同的节中，才可以对同一文档中的不同部分进行不同的页面设置，如设置不同的页眉、页脚、页边距、文字方向或分栏版式等格式。

页眉和页脚： 页眉和页脚分别位于页面的顶部和底部，通常用来插入页码、文章名、作者姓名或公司徽标等内容。在Word 2016中，用户可以统一为文档设置相同的页眉和页脚，也可分别为偶数页、奇数页或不同的节等设置不同的页眉和页脚。

样式： 样式是一系列格式的集合，使用它可以快速统一或更新文档的格式。例如，一旦修改了某个样式，所有应用该样式的内容的格式将会自动更新。

目录： 目录的作用是列出文档中的各级标题及其所在的页码。一般情况下，所有正式出版物都有一个目录，其中包含书刊中的章、节及各章节的页码位置等信息，方便读者查阅。

3.8.2 任务实施

3.8.2.1 插入分页符和分节符

插入分页符和分节符的具体操作步骤如下：

步骤 1 打开配套素材文档。

步骤 2 要插入分页符，可将光标置于需要分页的位置，如置于"杂志素材"中标题"三、别人的优点"左侧，然后在功能区"页面布局"选项卡中单击"页面设置"组中的"分隔符"按钮，在展开的列表中选择"分页符"类别中的"分页符"选项。

步骤 3 选中插入的分页符标记，然后按【Delete】键将其删除。此时分开的两页又合并为一页了。

步骤 4 要插入分节符，可将光标置于需要分节的位置，如置于第 4 页的"健康"栏目左侧，如图 3-36（a）所示，然后在"分隔符"下拉列表中选择"分节符"类别中的"下一页"或其他选项，效果如图 3-36（b）所示。

若在"分节符"类别中选择"连续"选项，则表示新节与前一节同处于当前页中；若选择"偶数页"或"奇数页"选项，则表示新节显示在下一偶数页或奇数页上。

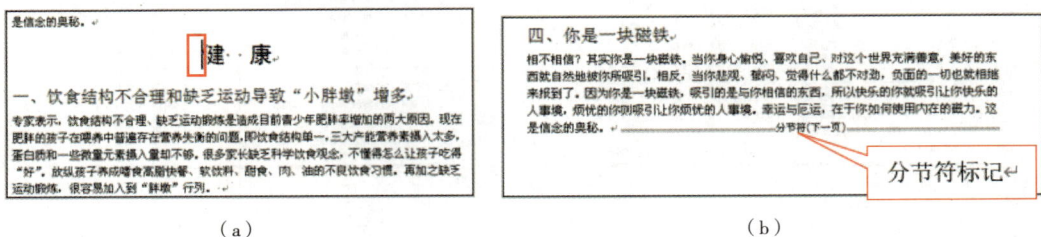

（a）　　　　　　　　　　（b）

图 3-36　插入分节符

3.8.2.2 设置页眉、页脚和页码

在页眉和页脚编辑区中设置的内容一般将自动显示在文档的每一页上。设置页眉、页脚和页码的具体操作步骤如下所示。

设置页眉、页脚和页码

步骤 1 返回"杂志素材"文档首页，单击功能区"插入"选项卡"页眉和页脚"组中的"页眉"按钮，在展开的列表中选择页眉样式，如"字母表型"。

步骤 2 进入"页眉和页脚"编辑状态，同时显示"页眉和页脚工具 设计"选项卡，在"键入文档标题"编辑框中单击并输入页眉文本，如图 3-37 所示。

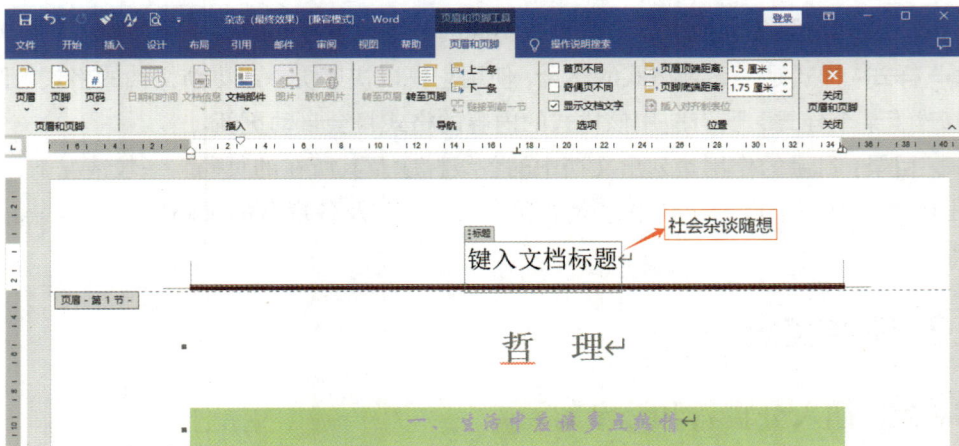

图 3-37　进入页眉编辑状态并输入页眉文本

提示

> 进入页眉页脚编辑状态后，可像编辑正文一样对页眉和页脚进行任意编辑，如输入文本、插入图片并设置格式等。需要注意的是，页眉和页脚与文档的正文处于不同的层次上，因此，在编辑页眉和页脚时不能编辑文档正文。同样，在编辑文档正文时也不能编辑页眉和页脚。
>
> 若在"页眉"下拉列表中选择"编辑页眉"选项，可直接进入页眉页脚编辑状态；若选择"删除页眉"选项，可删除添加的页眉。

步骤 3 单击"页眉和页脚工具"选项卡"导航"组中的"转至页脚"按钮，或直接在页脚区单击，切换到页脚编辑区，然后在页脚编辑区输入所需的页脚，或单击"页眉和页脚"组中的"页脚"按钮，在展开的列表中选择一种页脚样式，如"奥斯汀"，然后输入页脚内容。

步骤 4 插入系统内置的页脚后一般将自动插入页码，该页码从第 1 页开始自动进行编号。这里单击"页眉和页脚工具"选项卡"页眉和页脚"组中的"页码"按钮，在弹出的列表中选择"设置页码格式"选项，打开"页码格式"对话框对页码格式进行设置。如图 3-38 所示。

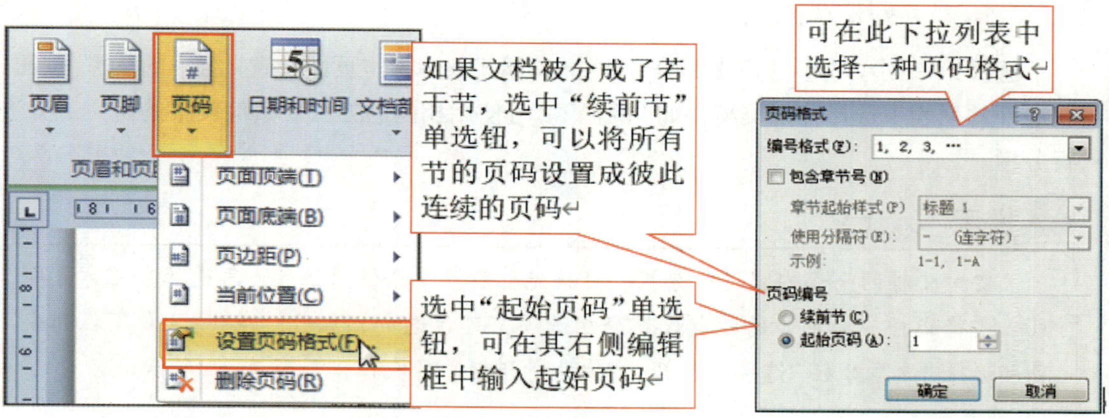

图 3-38 设置页码格式

提示

> 如果设置页脚时没有自动添加页码，则可在"页码"下拉列表中选择需要插入的页码位置及页码类型，为文档添加页码。若在该下拉列表中选择"删除页码"选项，则可删除为文档添加的页码。

步骤 5 单击"页眉和页脚工具 设计"选项卡中的"关闭页眉和页脚"按钮 ，退出页眉和页脚编辑状态，返回正文编辑状态。当为文档设置过页眉和页脚后，以后只需在页眉和页脚区双击鼠标，便可进入页眉和页脚编辑状态。

当为文档划分了不同的节时，可为不同的节设置不同的页眉或页脚。单击"页眉和页脚工具 设计"选项卡"导航"组中的"下一条"或"上一条"按钮，可转到下一条或上一条，如图3-39所示。当需要为下一节设置与上一节不同的页眉或页脚时，需要单击该组中的"链接到前一节"按钮，取消其选中状态，然后再设置该节的页眉或页脚。

用户还可以根据需要为首页设置不同于其他页面的页眉和页脚，或者分别为奇数页和偶数页设置不同的页眉和页脚，只需在"页眉和页脚工具 设计"选项卡"选项"组中选中"首页不同""奇偶页不同"复选框（图3-39），然后再分别设置首页、奇数页和偶数页的页眉或页脚即可。

图 3-39 "导航"和"选项"组

3.8.2.3 应用分栏

选择第一则小故事的正文部分，单击"布局"选项卡"页面设置"组中的"栏"按钮，在展开的列表中选择分栏类型，如"两栏"。可使用相同的方法对其他文章的正文部分进行分栏。

要对文档的全部内容进行分栏，可将光标放置文档任意位置，再选择分栏方式即可。要将文档分为更多的栏或设置分栏选项，可在选中文本后，在"分栏"下拉列表底部选择"更多分栏"选项，打开"分栏"对话框进行操作，如图3-40所示。

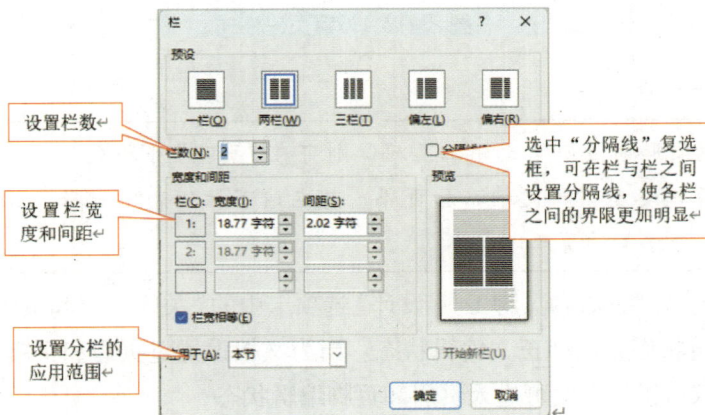

设置栏数

设置栏宽度和间距

设置分栏的应用范围

选中"分隔线"复选框，可在栏与栏之间设置分隔线，使各栏之间的界限更加明显

图 3-40 设置分栏选项

3.8.2.4　使用样式

样式是一系列格式的集合，使用它可以快速统一或更新文档的格式。例如，一旦修改了某个样式，所有应用该样式的内容格式会自动更新。在 Word 2016 中的样式有 3 类：一类是段落样式，一类是字符样式，还有一类是链接段落和字符样式。

字符样式：只包含字符格式，如字体、字号、字形等，用来控制字符的外观。要应用字符样式，需要先选中要应用样式的文本。

段落样式：既可包含字符格式，也可包含段落格式，用来控制段落的外观。段落样式可以应用于一个或多个段落。当需要对一个段落应用段落样式时，只需将光标置于该段落中即可。

链接段落和字符样式：这类样式包含了字符格式和段落格式设置，它既可用于段落，也可用于选定字符。

首先为杂志文档应用系统内置的"标题 1"样式，然后新建一个样式并将其应用到杂志文档中，最后修改系统自带的"标题 2"和"正文"样式并应用。

步骤 1　应用系统内置样式可首先将光标定位到要应用样式的段落中，如栏目分类标题段落（或同时选中要应用样式的多个段落），然后在"开始"选项卡"样式"组中单击需要应用的样式即可，这里单击"标题 1"样式，如图 3-41 所示，此时该段落将应用所选样式规定的字符和段落格式。

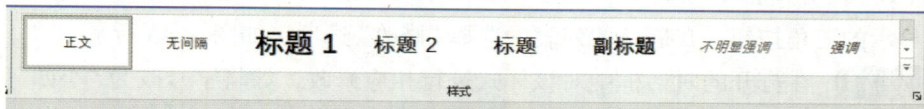

图 3-41　应用系统内置样式

步骤 2　使用相同的方法，为"健康"和"美食"段落应用系统内置的"标题 1"样式。

步骤 3　创建样式。可将光标置于要应用所创建样式的任一段落中，如文章标题"生活中应该多点热情"，然后单击"样式"组右下角的对话框启动器按钮，打开"样式"任务窗格，单击窗格左下角的"新建样式"按钮，如图 3-42 所示。

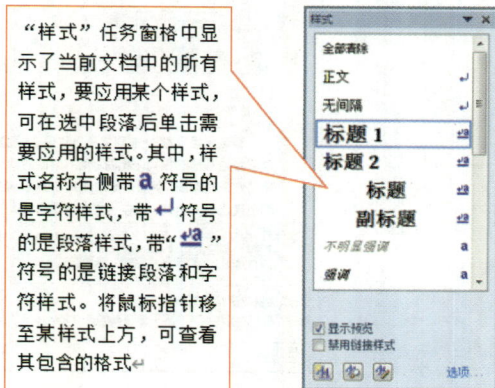

"样式"任务窗格中显示了当前文档中的所有样式，要应用某个样式，可在选中段落后单击需要应用的样式。其中，样式名称右侧带 a 符号的是字符样式，带 ↵ 符号的是段落样式，带 " 符号的是链接段落和字符样式。将鼠标指针移至某样式上方，可查看其包含的格式。

图 3-42　"样式"任务窗格

步骤 4 弹出"根据格式设置创建新样式"对话框。在"名称"编辑框中输入新样式名称，如"文章标题"。在"样式类型"下拉列表中选择样式类型，如"段落"。在"样式基准"下拉列表中选择基准样式（对基准样式进行修改时，基于该样式创建的样式也将被修改），如"标题2"。在"后续段落样式"下拉列表中选择"正文"。

步骤 5 单击"格式"按钮，从弹出的列表中选择要为样式设置的格式，这里先选择"字体"选项。

步骤 6 弹出"字体"对话框，设置中文字体为"华文行楷"，字号为"小二"，字形为"加粗"，字体颜色为"紫色"，单击"确定"按钮。

步骤 7 在"根据格式设置创建新样式"对话框的"格式"按钮列表中选择"段落"选项，打开"段落"对话框，设置段前段后间距为0.5行（或6磅），对齐方式为居中对齐，行距为单倍行距，无缩进，单击"确定"按钮。

步骤 8 在"根据格式设置创建新样式"对话框的"格式"按钮列表中选择"边框"选项，打开"边框和底纹"对话框，在"底纹"选项卡中选择底纹颜色为"浅绿"，应用对象为"段落"，单击"确定"按钮。设置好格式的"根据格式设置创建新样式"对话框，最后单击"确定"按钮。

步骤 9 此时在"样式"任务窗格和"样式"组中都将显示新创建的样式"文章标题"。可参照应用系统内置样式的方法，将其应用于其他文章标题段落中。

步骤 10 修改样式。如果预设或创建的样式不能满足要求，可以修改此样式。方法是在"样式"任务窗格中将鼠标移动至要修改的样式上方，如"正文"样式，然后单击样式右侧显示的三角按钮，在展开的列表中选择"修改"选项，如图3-43所示。

步骤 11 在打开的对话框中对该样式进行相应修改，如将字号改为"小四"，将段落格式改为首行缩进2字符，1.25倍行距（修改方法和创建样式时设置样式格式相同），如图3-44所示，单击"确定"按钮，则应用该样式的所有段落的格式均会自动更新。

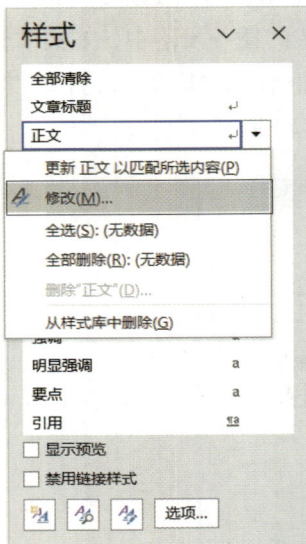

图 3-43　选择要修改的样式并执行修改命令　　图 3-44　修改样式

步骤 12　用同样的方法，将“标题 1”样式的段落格式修改为居中对齐。到此，杂志文档便编排好了，最后将文档保存即可。

要删除样式，可在样式列表中选择“删除 ×××”选项（基于正文创建的样式）或“还原为 ×××”（基于标题创建的样式）。需要注意的是，用户只能删除自己创建的样式，而不能删除 Word 2016 的内置样式。

3.8.2.5 插入目录

插入目录

对于一些长文档，需要为其创建目录。Word 具有自动创建目录的功能，但在创建目录之前，需要先为要提取为目录的标题设置标题级别（不能设置为正文级别），并且为文档添加页码。在 Word 中主要有 3 种设置标题级别的方法：① 利用大纲视图设置；② 应用系统内置的标题样式（或基于标题样式创建的样式）；③ 在“段落”对话框的“大纲级别”下拉列表中选择标题级别。

（1）插入目录。

步骤 1　在杂志文档的最后一段文本后插入一个“下一页”分节符，然后取消新节的分栏版式。

步骤 2　将光标置于要插入目录的位置。

步骤 3　单击“引用”选项卡上“目录”组中的“目录”按钮，在展开的列表中选择一种目录样式，如“自动目录 1”，如图 3-45 所示。

步骤 4　Word 将搜索整个文档中 3 级标题及以上的标题，以及标题所在的页码，并把它们编制为目录，如图 3-46 所示。

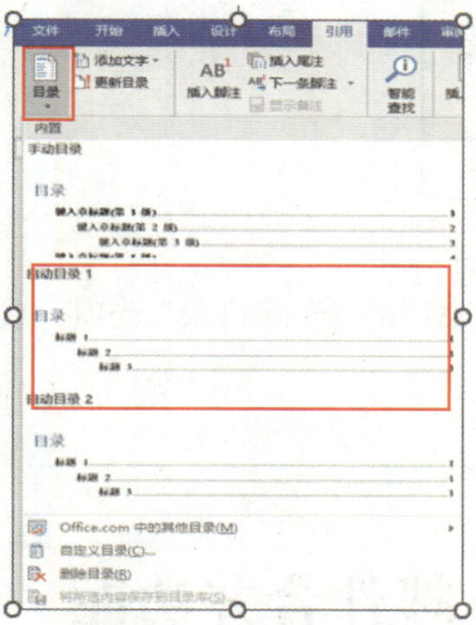

图 3-45　选择目录样式

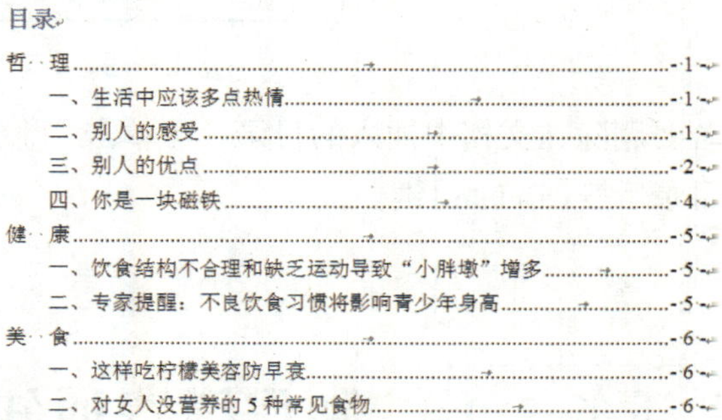

目录

哲　理 1
　一、生活中应该多点热情 1
　二、别人的感受 1
　三、别人的优点 2
　四、你是一块磁铁 4
健　康 5
　一、饮食结构不合理和缺乏运动导致“小胖墩”增多 5
　二、专家提醒：不良饮食习惯将影响青少年身高 5
美　食 6
　一、这样吃柠檬美容防早衰 6
　二、对女人没营养的 5 种常见食物 6

图 3-46　插入的目录效果

若单击目录样式列表底部的“自定义目录”选项，可打开如图 3-47 所示的“目录”对话框，在其中可自定义目录的样式。

选中此复选框，表示在目录中每一个标题后面将显示页码

在此选择标题与页码之间的连接符

在此选择目录格式

在此选择需要显示的标题级别

图 3-47 "目录"对话框

（2）更新和删除目录。

Word 所创建的目录是以文档的内容为依据，如果文档的内容发生了变化，如页码或者标题发生了变化，就要更新目录，使它与文档的内容保持一致。具体操作步骤如下：

步骤 1 单击需更新目录的任意位置，此时在目录左上角将显示"更新目录"选项，单击该选项或按【F9】键，或者单击"引用"选项卡"目录"组中的"更新目录"按钮。

步骤 2 弹出"更新目录"对话框，选择要执行的操作，如"更新整个目录"，如图 3-48 所示，然后单击"确定"按钮，目录即可被更新。

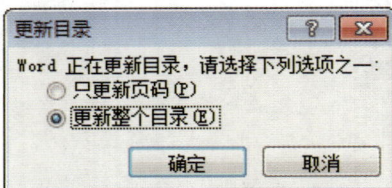

图 3-48 更新目录

若要删除在文档中插入的目录，可单击"目录"列表底部的"删除目录"选项，或者选中目录后按【Delete】键。

任务 3.9 制作缴费通知——邮件合并功能

通过制作如图 3-49 所示的缴费通知，学习 Word 2016 的邮件合并功能。

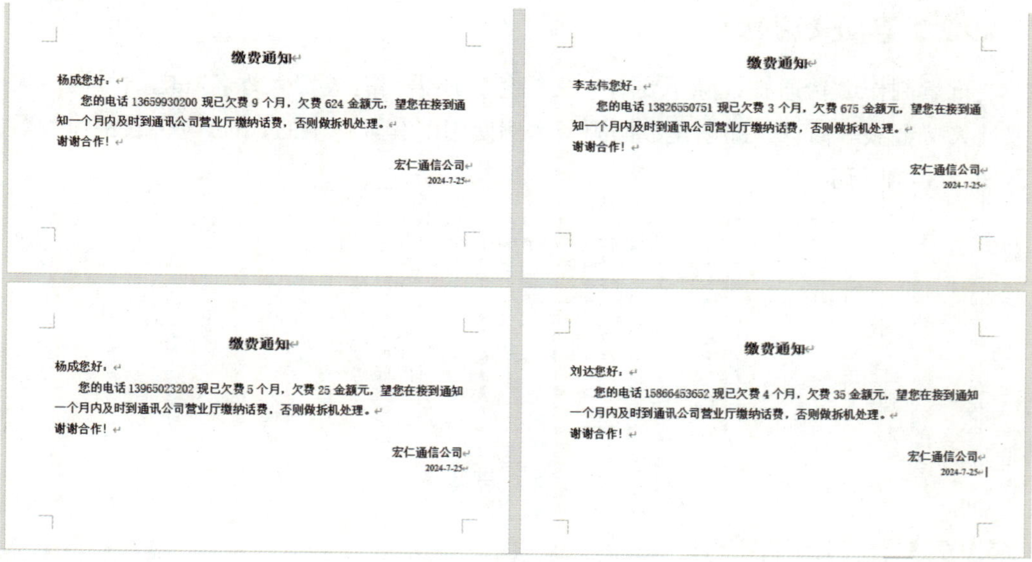

缴费通知

杨成您好：

您的电话 13659930200 现已欠费 9 个月，欠费 624 金额元，望您在接到通知一个月内及时到通讯公司营业厅缴纳话费，否则做拆机处理。

谢谢合作！

宏仁通信公司

2024-7-25

缴费通知

李志伟您好：

您的电话 13826550751 现已欠费 3 个月，欠费 675 金额元，望您在接到通知一个月内及时到通讯公司营业厅缴纳话费，否则做拆机处理。

谢谢合作！

宏仁通信公司

2024-7-25

缴费通知

杨成您好：

您的电话 13965023202 现已欠费 5 个月，欠费 25 金额元，望您在接到通知一个月内及时到通讯公司营业厅缴纳话费，否则做拆机处理。

谢谢合作！

宏仁通信公司

2024-7-25

缴费通知

刘达您好：

您的电话 15866453652 现已欠费 4 个月，欠费 35 金额元，望您在接到通知一个月内及时到通讯公司营业厅缴纳话费，否则做拆机处理。

谢谢合作！

宏仁通信公司

2024-7-25

图 3-49 制作的缴费通知

3.9.1 相关知识

在日常办公事务处理中，经常会遇到把一些内容相同的公文、信件或通知发送给不同的地址、单位或个人，此时可以利用 Word 中的“邮件合并”功能方便地解决此问题。

执行邮件合并操作时涉及两个文档——主文档文件和数据源文件。主文档是邮件合并内容中固定不变的部分，即信函中通用的部分。数据源文件主要用于保存联系人的相关信息。用户可以在邮件合并中使用多种格式的数据源，如 Microsoft Outlook 联系人列表、Excel 电子表格、Access 数据库、Word 文档等。

3.9.2 任务实施

3.9.2.1 制作主文档

新建一个 Word 文档，设置上、下、左、右页边距均为 2.0cm，纸张大小为 21cm×12cm，然后输入缴费通知的正文部分（姓名、电话号码、月数和金额位置暂时空着即可），并设置其格式，如图 3-50 所示，最后将文档保存为“缴费通知（主文档）”。

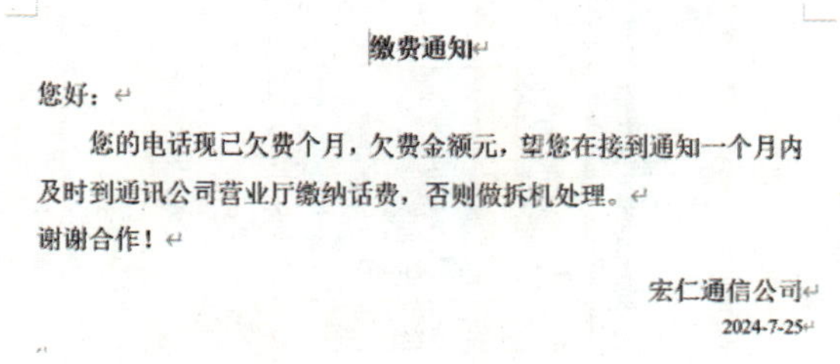

缴费通知

您好：

您的电话现已欠费个月，欠费金额元，望您在接到通知一个月内及时到通讯公司营业厅缴纳话费，否则做拆机处理。

谢谢合作！

宏仁通信公司

2024-7-25

图 3-50 主文档

3.9.2.2 创建数据源

要批量制作缴费通知，除了要有主文档外，还需要有欠费人姓名、电话号码、欠费月数及欠费金额等信息，即创建数据源。本例使用配套素材中的Excel电子表格作为数据源，如图3-51所示。

图3-51 数据源

3.9.2.3 进行邮件合并

步骤1 打开已创建的主文档，单击Word 2016"邮件"选项卡上"开始邮件合并"组中的"开始邮件合并"按钮 ，在展开的列表中可看到"普通Word文档"选项高亮显示，表示当前编辑的主文档类型为普通Word文档，这里保持默认选择，如图3-52所示。

图3-52 选择创建文档的类型

步骤2 单击"开始邮件合并"组中的"选择收件人"按钮，在展开的列表中选择"使用现有列表"选项，如图3-53所示。

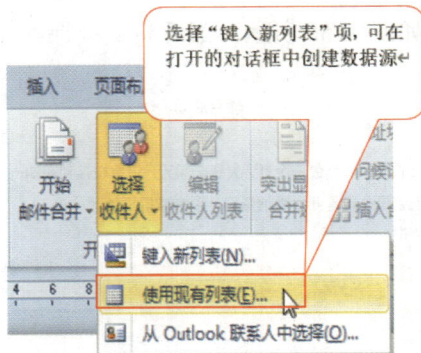

图3-53 选择数据源

步骤3 弹出"选取数据源"对话框,选中创建好的数据源文件——"缴费通知(数据源)"文件,然后单击"打开"按钮。弹出"选择表格"对话框,选择要使用的 Excel 工作表,然后单击"确定"按钮。

步骤4 将光标放置在文档中第一处要插入合并域的位置,即"您好"二字的左侧,然后单击"插入合并域"按钮,在展开的列表中选择要插入的域——"姓名"。

步骤5 用同样的方法插入"电话号码""欠费月数"及"欠费金额"域,效果如图3-54 所示。

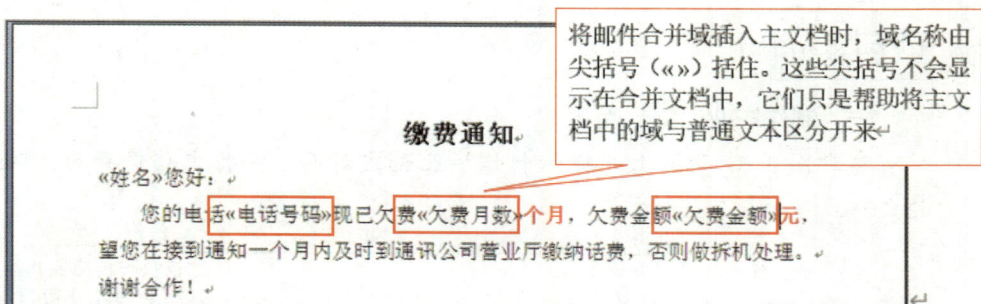

缴费通知

«姓名»您好:

您的电话«电话号码»现已欠费«欠费月数»个月,欠费金额«欠费金额»元,望您在接到通知一个月内及时到通讯公司营业厅缴纳话费,否则做拆机处理。

谢谢合作!

> 将邮件合并域插入主文档时,域名称由尖括号(«»)括住。这些尖括号不会显示在合并文档中,它们只是帮助将主文档中的域与普通文本区分开来

图 3-54 插入"电话号码""欠费月数"及"欠费金额"域

步骤6 单击"完成"组中的"完成并合并"按钮,在展开的列表中选择"编辑单个文档"选项,如图 3-55 所示,让系统将产生的邮件放置到一个新文档。

步骤7 在打开的"合并到新文档"对话框中选择"全部"单选按钮,如图 3-56 所示,然后单击"确定"按钮。

完成并合并
编辑单个文档(E)...
打印文档(P)...
发送电子邮件(S)...

合并到新文档
合并记录
● 全部(A)
○ 当前记录(E)
○ 从(F): _____ 到(T): _____
确定 取消

图 3-55 选择"编辑单个文档"   图 3-56 选择"全部"单选钮

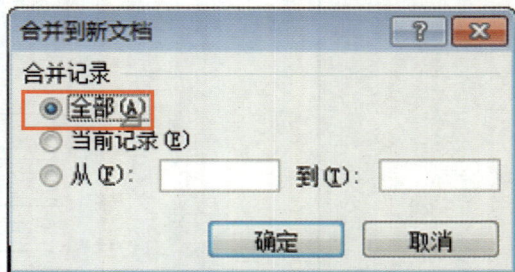

步骤8 Word 将根据设置自动合并文档并将全部记录存放到一个新文档中。最后另存文档为"缴费通知(邮件合并)"。

项目总结

通过本项目的学习,学生应该着重掌握以下知识:

▦ 掌握在 Word 文档中输入文本和特殊符号,以及选取、移动、复制、查找和替换文本的方法。此外,应了解如何撤销出现错误的操作和恢复上一步操作。

▣ 掌握设置字符格式、段落格式、边框和底纹，以及使用项目符号和编号的方法。

▣ 掌握为Word文档设置纸张规格、页边距，以及打印文档的方法。

▣ 掌握在Word文档中插入和编辑表格、图形、图片、艺术字和文本框等的方法。

▣ 掌握文档的高级排版技巧，如设置页眉、页脚和页码，使用样式，插入目录，等等。

📖 项目实训

一、制作毕业论文封面

参考图3-57及图上的提示制作毕业论文封面，并将文档保存为"毕业论文"。

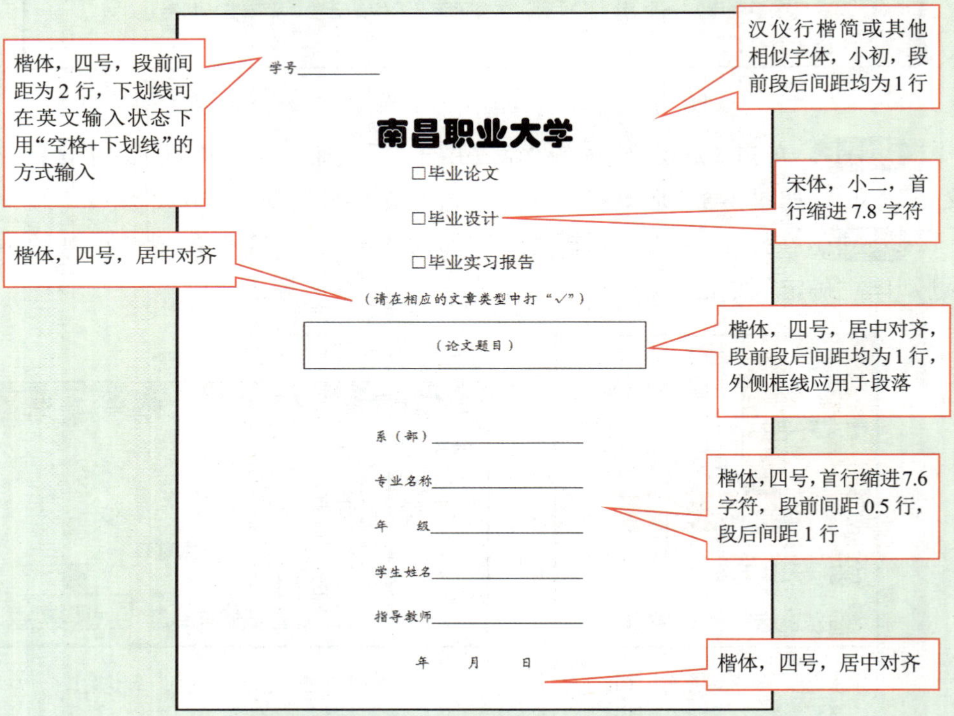

图 3-57 毕业论文封面效果

二、编排请示文档格式

打开本书配套素材相关文件夹中的"请示文档素材"，按以下要求编排文档，最后将文档另存为"增加名额请示"。

（1）设置纸张大小为B5(JIS)，左右页边距为2.50 cm，上下页边距为2.54 cm。

（2）设置第1段文本（标题）的字符格式：华文楷体，二号，加粗；段落格式为：居中对齐，段前和段后均为1.5行。

（3）设置其他段落的字符格式：中文字体为楷体，西文字体为 Times New Roman，字号为四号；统一将行距设为 2.5 倍。

（4）分别设置其他段落的段落格式：设置第 2 段无缩进；设置第 3 段和第 4 段首行缩进 2 字符；设置第 5 段无缩进，右对齐；设置最后一段右对齐，右缩进 2 字符。

三、制作课程表

制作如图 3-58 所示的课程表，并将文档保存为"课程表"。

课程表

	星期一	星期二	星期三	星期四	星期五
1	数学	语文	数学	外语	外语
2	外语	数学	语文	语文	数学
3	自习	历史	生物	地理	自习
4	语文	外语	外语	数学	语文
5	美术	政治	体育	自习	语文

图 3-58　课程表

四、图文混排

按以下要求完成文档排版，效果如图 3-59 所示。

（1）打开配套素材相关文件"中国桥梁历史简介.docx"。

（2）参照样张，插入艺术字：中国桥梁历史简介。

（3）参照样张，设置艺术字对齐文本：中部对齐；自动换行：上下型环绕，将其移至适当位置。

（4）参照样张，设置艺术字高度：2.3 厘米，宽度：12.5 厘米。

（5）参照样张，设置艺术字文本轮廓："标准色"下的黄色；文本效果：阴影-右上对角透视。

（6）参照样张，插入三个高度：1.5 厘米，宽度：3.6 厘米的形状"流程图：文档"。

（7）设置所有形状自动换行：四周型环绕。参照样张，调整形状位置。

（8）参照样张，设置所有形状填充：无色；形状轮廓："标准色"下的浅蓝；形状效果：阴影—右下斜偏移。

（9）参照样张，分别添加文字：赵州桥、宝带桥、万州长江大桥。设置文字为：微软雅黑、四号、"标准色"下的蓝色。文本效果为：阴影-内部右下角。

（10）设置所有形状左对齐。

（11）在文档中插入图片"赵州桥.jpg""宝带桥.jpg""万州长江大桥.jpg"。

（12）设置所有图片自动换行设置为四周型环绕。

（13）设置所有图片高度：4.2 厘米，保持纵横比锁定。

（14）设置所有图片的图片效果为：预设 2。

（15）参照样张，调整各张图片的位置，所有图片右对齐。

（16）保存文件。

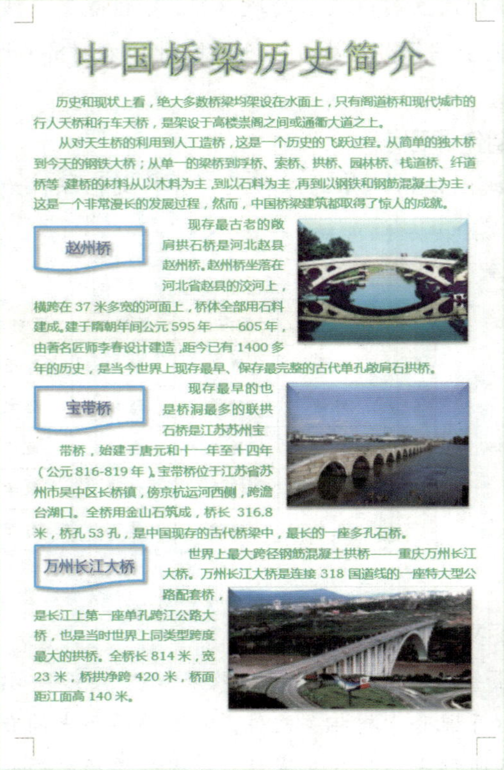
中国桥梁历史简介

历史和现状上看，绝大多数桥梁均架设在水面上，只有阁道桥和现代城市的行人天桥和行车天桥，是架设于高楼崇阁之间或通衢大道之上。

从对天生桥的利用到人工造桥，这是一个历史的飞跃过程。从简单的独木桥到今天的钢铁大桥；从单一的梁桥到浮桥、索桥、拱桥、园林桥、栈道桥、纤道桥等 建桥的材料从以木料为主，到以石料为主，再到以钢铁和钢筋混凝土为主，这是一个非常漫长的发展过程，然而，中国桥梁建筑都取得了惊人的成就。

赵州桥

现存最古老的敞肩拱石桥是河北赵县赵州桥。赵州桥坐落在河北省赵县的洨河上，横跨在37米多宽的河面上，桥体全部用石料建成。建于隋朝年间公元595年——605年，由著名匠师李春设计建造，距今已有1400多年的历史，是当今世界上现存最早、保存最完整的古代单孔敞肩石拱桥。

宝带桥

现存最早的也是桥洞最多的联拱石桥是江苏苏州宝带桥，始建于唐元和十一年至十四年（公元816-819年）。宝带桥位于江苏省苏州市吴中区长桥镇，傍京杭运河西侧，跨澹台湖口。全桥用金山石筑成，桥长316.8米，桥孔53孔，是中国现存的古代桥梁中，最长的一座多孔石桥。

万州长江大桥

世界上最大跨径钢筋混凝土拱桥——重庆万州长江大桥。万州长江大桥是连接318国道线的一座特大型公路配套桥，是长江上第一座单孔跨江公路大桥，也是当时世界上同类型跨度最大的拱桥。全桥长814米，宽23米，桥拱净跨420米，桥面距江面高140米。

图 3-59 图文混排效果图

五、高级排版

打开配套素材“Word论文素材”，按以下要求完成文档排版，效果如图 3-60 所示。

（1）调整纸张大小为A4，左、右页边距为2cm，上、下页边距为2.3cm。

（2）将表格外的所有中文字体及段落格式设为仿宋、四号，首行缩进2字符、单倍行距，将表格外的所有英文字体设为Times New Roman、四号，表格中内容的字体、字号、段落格式不变。

（3）为第一段“企业质量管理浅析”应用样式“标题1”，为“一、”“二、”“三、”“四、”“五、”“六、”对应的段落应用样式“标题2”。

（4）为文档中蓝色文字添加某一类项目符号。

（5）将表格及其上方的表格标题“表1质量信息表”排版在1页内，并将该页纸张方向设为横向，将标题段“表1质量信息表”置于表上方居中，删除表格最下面的空行，调整表格宽度及高度。

（6）将表格按“反馈单号”从小到大的顺序排序，并为表格应用一种内置表格样式，所有单元格内容为水平和垂直居中对齐。

（7）在文档标题“企业质量管理浅析”之后，正文“有人说：产量是……”

之前插入仅包含第 2 级标题的目录，目录及其上方的文档标题单独作为 1 页，将目录项设为三号字、3 倍行距。

（8）为目录页添加首页页眉“质量管理”并居中对齐。在文档的底部靠右位置插入页码。页码形式为“第几页共几页”（注意：页码和总页数应当能够自动更新），目录页不显示页码且不计入总页数，正文页码从第 1 页开始。最后更新目录页码。

（9）为表格所在的页面添加编辑限制保护，不允许随意对该页内容进行编辑修改，并设置保护密码为空。

（10）为文档添加文字水印“质量是企业的生命”，字体格式为宋体、字号 80、斜式、黄色、半透明。

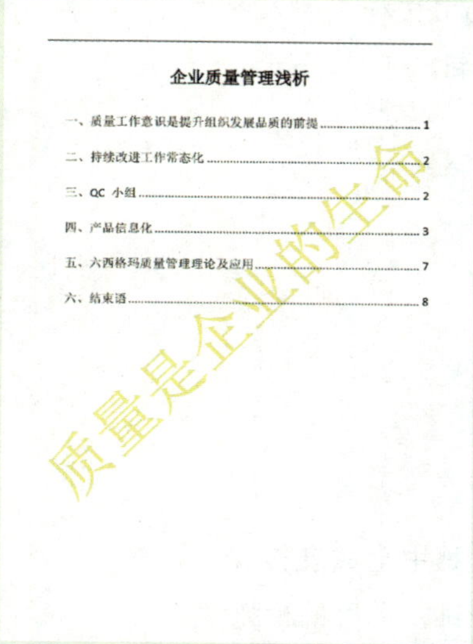

企业质量管理浅析

质量是企业的生命

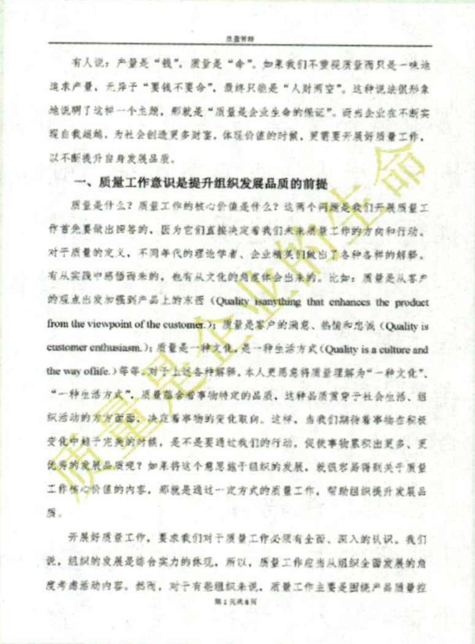

质量管理

有人说：产量是“钱”，质量是“命”。如果我们不重视质量而只是一味地追求产量，无异于“要钱不要命”，最终只能是“人财两空”。这种说法很形象地说明了这样一个主题，那就是“质量是企业生命的保证”。而当企业在不断实现自我超越，为社会创造更多财富，体现价值的时候，更需要开展好质量工作，以不断提升自身发展品质。

一、质量工作意识是提升组织发展品质的前提

质量是什么？质量工作的核心价值是什么？这两个问题是我们开展质量工作首先要做出回答的，因为它们直接决定着我们未来质量工作的方向和行动。对于质量的定义，不同年代的理论学者、企业精英们做出了各种各样的解释。有从实践中感悟而来的，也有从文化的角度体会出来的。比如：质量是从客户的观点出发加强到产品上的东西（Quality isanything that enhances the product from the viewpoint of the customer.）；质量是客户的满意、热情和忠诚（Quality is customer enthusiasm.）；质量是一种文化，是一种生活方式（Quality is a culture and the way oflife.）等等。对于上述各种解释，本人更愿意将质量理解为“一种文化”、“一种生活方式”。质量蕴含着事物特定的品质，这种品质贯穿于社会生活、组织活动的方方面面，决定着事物的变化取向。这样，当我们期待着事物在积极变化中趋于完美的时候，是不是要通过我们的行动，促使事物累积出更多、更优秀的发展品质呢？如果将这个意思放于组织的发展，就很容易得到关于质量工作核心价值的内容，那就是通过一定方式的质量工作，帮助组织提升发展品质。

开展好质量工作，要求我们对于质量工作必须有全面、深入的认识。我们说，组织的发展是综合实力的体现，所以，质量工作应当从组织全面发展的角度考虑活动内容。然而，对于有些组织来说，质量工作主要是围绕产品质量控

第1页共8页

质量是企业的生命

图 3-60　高级排版效果图

项目考核

一、选择题

1.假设当前正在编辑一个新建文档“文档 1”，当执行“保存”命令后，（　　）。

A. 该文档采用系统给定的文件名存盘

B. 该文档以“文档 1”为名存盘

C. 弹出“另存为”对话框，供进一步操作

D. 不能将该文档存盘

2.假设已经打开了一个文档，编辑后进行“保存”操作，该文档（　　）。

A. 被保存在原文件夹下

B. 被保存在其他文件夹下

C. 被保存在新建文件夹下

D. 保存后文档被关闭

3.执行"粘贴"命令后,(　　　)。

A.被选定的内容移到光标

B.剪贴板中的某一项内容移动到光标

C.被选定的内容移到剪贴板

D.剪贴板中的某一项内容复制到光标

4.删除一个段落标记符后,前、后两段将合并成一段,原段落格式的编排(　　　)。

A.没有变化

B.后一段将采用前一段的格式

C.后一段格式未定

D.前一段将采用后一段的格式

5.下列操作中,执行(　　　)不能在Word文档中插入图片。

A.单击"插入"选项卡中的"图片"按钮

B.使用剪贴板粘贴其他文件中的图片

C.执行"插入"选项卡中的"剪贴画"按钮

D.执行"插入"选项卡中的"形状"按钮

6.对插入的图片,不能进行的操作是(　　　)。

A.放大或缩小

B.在图片中添加文本

C.移动位置

D.从矩形边缘裁剪

7.下列操作中,(　　　)不能在Word文档中生成表格。

A.单击"插入"选项卡中的"表格"按钮,再用鼠标拖动

B.使用绘图工具画出所需的表格

C.选定某部分按规则生成的文本,在"表格"按钮下拉列表中选择"文本转换成表格"选项

D.在"表格"按钮下拉列表中选择"插入表格"选项

8.在Word表格中选定一列,按【Delete】键,则(　　　);如选择"表格工具 布局"选项卡"删除"按钮列表中的"删除列"选项,则(　　　)。

A.将该列删除,表格减少一列

B.将该列单元格中的内容删除,变为空白

C.将该列单元格中的内容改为0

D.分成两个表格

二、简答题

1.常用的选择文本的方法有哪几种?

2.如何利用拖动方式复制文档中的文本、图片等对象?

3.假设有两个文档A和B,现需要将A文档中第2段、第3段内容复制到B文档的第3

段后，并清除复制过来的内容的格式，该如何操作？

4.要将某文档中的"英语"文本统一替换为"英文"，该如何操作？

5.要将某文档中的中文字体统一设为楷体，西文字体统一设为 Times New Roman，该如何操作？

6.要将某文档所有正文段落的首行缩进设为 2 字符，有哪几种方法？

7.某文档共 30 页，现需要将其第 3 页～第 10 页打印 5 份，该如何操作？

8.要绘制一个心形图形，并设置图形的边框为 1.5 磅的红色虚线，填充为蓝色，该如何操作？

9.要选择和移动文本框，该如何操作？可以为文本框设置边框和填充吗？

10.要在文档中插入一张外部图片，并调整图片大小，以及让文档中的文本环绕在图片周围，该如何操作？

W

使用 Excel 2016 制作电子表格

项目导读

　　Excel 2016 是 Office 2016 办公套装软件的另一个重要成员，它是一款优秀的电子表格制作软件，利用它可以快速制作出各种美观、实用的电子表格，以及对数据进行计算、统计、分析和预测等，并可按需要将表格打印出来。

学习目标

◆ 了解工作簿、工作表和单元格的概念，能够用正确的地址标识单元格，掌握工作簿和工作表的基本操作。

◇ 掌握在工作表中输入和编辑数据的方法和技巧，如选择单元格，自动填充数据，输入序列数据等；掌握编辑工作表的方法，如调整行高和列宽，合并单元格等。

◆ 掌握美化工作表的方法，如设置字符、数字格式，设置表格边框和底纹等。

◇ 掌握公式和函数的使用方法，了解常用函数的作用，了解单元格引用的类型。

◆ 掌握对数据进行处理与分析的方法，如对数据进行排序、筛选和分类汇总，使用图表和透视图分析数据等。

任务 4.1　Excel 2016 使用基础

　　学习启动 Excel 2016 的方法，并熟悉 Excel 2016 的工作界面，以及了解使用 Excel 2016 的一些概念。

4.1.1　相关知识

4.1.1.1　认识 Excel 2016 的工作界面

　　点击"开始"按钮→"所有程序列表"→点击"Excel 2016"，启动 Excel 2016。点击"空白工作簿"进入"工作簿 1"工作界面，如图 4-1 所示。可以看出，Excel 2016 的工作窗口布局与 Word 2016 基本相似。不同之处在于，在 Excel 2016 中，用户进行的所有工作都是在工作簿中当前工作表内单元格中完成的。

4.1.1.2　认识工作簿、工作表和单元格

　　下面介绍 Excel 2016 工作簿、工作表和单元格。

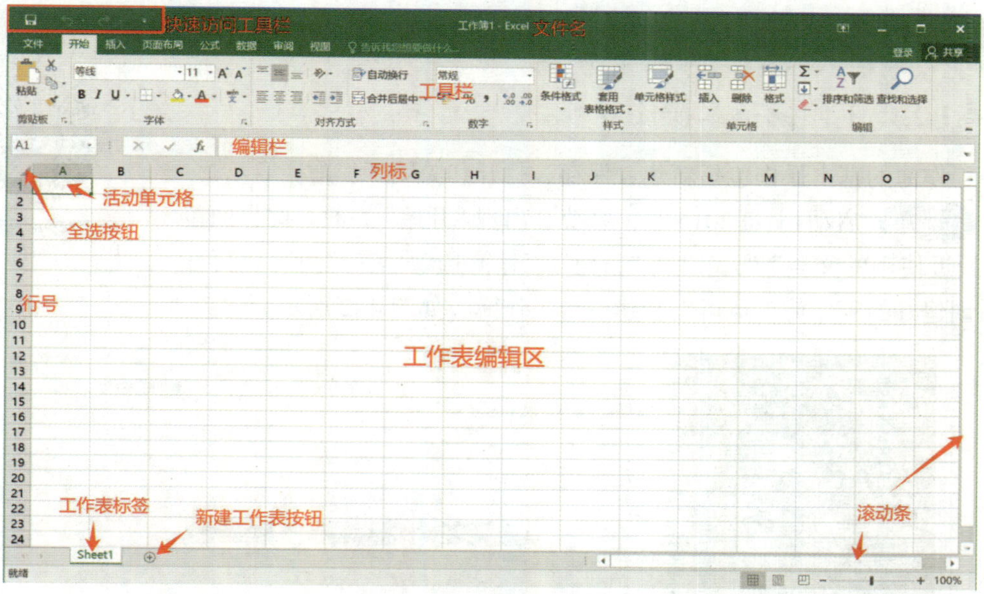

图 4-1　Excel 2016 工作界面

（1）工作簿。

工作簿是 Excel 2016 用来保存电子表格的文件，我们可以理解为每一个 Excel 电子表格文件就是一个工作簿，其扩展名为".xlsx"。如果使用的 Excel 为 2003 及以前的版本创建的电子表格，其扩展名为".xls"。

（2）工作表。

工作表包含在工作簿中，由单元格、行号、列标以及工作表标签组成。行号显示在工作表的左侧，依次用数字 1，2，…，1048576 表示；列标显示在工作表上方，依次用字母 A，B，…，XFD 表示。一个工作簿可以包含多个工作表，默认情况下，创建工作簿时默认会创建 1 个工作表，以 Sheet1 命名。用户可根据实际需要添加、重命名或删除工作表。

在工作表底部有一个工作表标签 Sheet1　Sheet2　Sheet3 ，单击某个标签便可切换到该工作表。如果将工作簿比作一本书的话，那么书中的每一页就是一个工作表。

（3）单元格。

工作表中行与列相交形成的区域称为单元格，它是用来存储数据和公式的基本单位。Excel 2016 用列标和行号表示某个单元格。例如，B3 代表第 B 列第 3 行单元格。

在工作表中正在使用的单元格周围有一个高亮颜色着重显示的方框，该单元格被称为当前单元格或活动单元格，用户当前进行的操作都是针对活动单元格。

Excel 2016 工作界面中的编辑栏主要用于显示、输入和修改活动单元格中的数据。在工作表中选中某个单元格（激活活动单元格）时，编辑栏会同步显示单元格内容，如果在活动单元格中改变了内容，编辑栏会同步改变的内容，反之亦然。

4.1.2 任务实施

4.1.2.1 工作簿基本操作

工作簿的基本操作包括新建、保存、打开和关闭工作簿。

步骤1 启动 Excel 2016 时，系统会出现"开始"界面，此界面包括"最近使用的文档"列表以及"新建"工作簿选项。在这里可以打开以前创建好的工作簿，也可以新建一个工作簿，如图 4-2 所示。

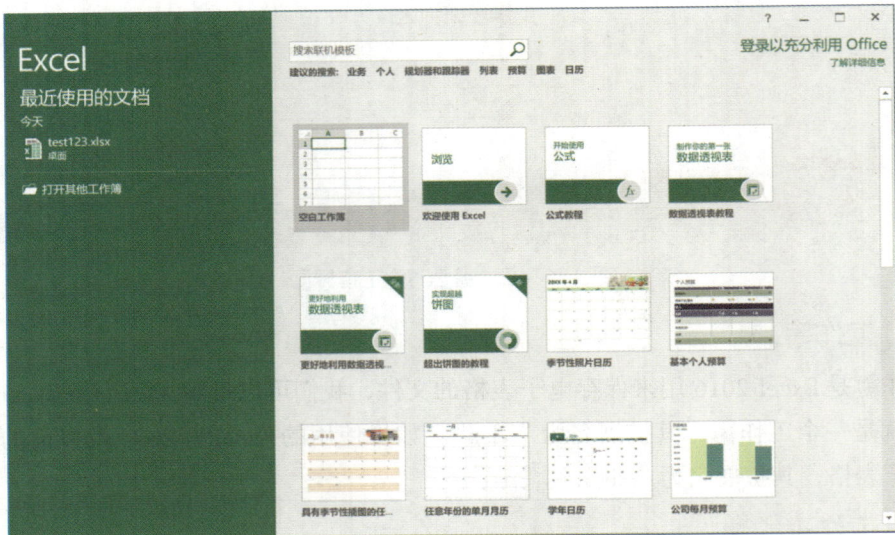

图 4-2　Excel 2016 起始页面

步骤2 打开已有工作簿（Excel 文件）。在 Excel 2016 起始页面如果需要打开之前已经编辑过的工作簿，只需要在"最近使用的文档"下方的列表选择历史记录条目即可，如果历史记录中没有想要打开的已有工作簿文件，可以点击"最近使用的文档"最下方的"打开其他工作簿"按钮，在接下来的"打开"界面中从常用文件夹内选择或者点击"浏览"按钮，定位文件所在的位置，点击"打开"按钮即可。其实，打开工作簿文件最简单的方式是在资源管理器中定位到该文件，直接双击即可打开。

步骤3 新建工作簿。如果想要在 Excel 2016 起始页面创建一个新的工作簿，可以直接在页面右方的新建工作簿区域上进行选择。如果当前计算机已联网，则会显示 Excel 推荐的常用模板，点击模板可以预览当前选中模板的效果，如果觉得满意，点击"创建"按钮即可以当前模板创建新工作簿。如果未联网，则只显示包括"空白工作簿"在内的几个默认模板。在不想使用任何模版的情况下，可直接点击"空白工作簿"，和前文相关知识介绍一样，创建一个空白的工作簿。如果在当前已经打开 Excel 其他工作簿的情况下，可单击"文件"选项卡标签，在打开的界面中选择"新建"项，展开"新建"列表，在"可用模板"列表中选择相应选项，如单击"空白工作簿"，即可创建空白工作簿，也可在自定义快速访问工作栏中点击"新建"按钮，也可直接按【Ctrl+N】组合键创建一个空白工作簿。如果想不打开Excel的情况下直接创建一个空白工作簿，可以直接在资源管理器指定文件夹内或桌面（取决于你想存储文件的位置）空白位置点击鼠标右键→"新建"→"Microsoft Excel 工作表"，系统将会在此位置创建一个名为"新建 Microsoft Excel 工作表.xlsx"的文件，如果已有此文件名，将会后面加上一些序号后缀做区分。此时双击文件即可打开新建的工作簿。

步骤 4 保存工作簿。将工作簿内容编辑之后，需要保存到文件系统中，也就是我们之前所说的Excel文件（扩展名为xlsx）。保存工作簿分为两种情况，一种是已创建工作簿文件，新内容还是更新到原文件中，此时直接点击快速访问工具栏中的"保存按钮" 🖫 即可（或者点击"文件"选项卡中的"保存"按钮，或者使用快捷键【Ctrl+S】组合键）。另一种情况是当前工作簿内容想要保存到一个新的文件中，可单击"文件"选项卡标签，在打开的界面中选择"另存为"项，打开"另存为"界面，在常用文件夹中选择或者点击浏览打开保存文件对话框，定位文件位置，选择保存文件类型（默认为xlsx，可保存或转换为其他格式的文件），输入文件名，点击"保存"按钮即可完成操作。如果是新建的工作簿还未保存到文件，点击第一种情况中的保存，也会走另存为的处理流程，将当前新建的工作簿保存到文件，此时主界面的文件名也会随之发生改变。

步骤 5 要关闭当前打开的工作簿，可在"文件"列表中选择"关闭"选项。与关闭Word 2016 文档一样，关闭工作簿时，如果工作簿被修改过且未执行保存操作，将弹出一个对话框，提示是否保存所做的更改，用户根据需要单击相应的按钮即可。

4.1.2.2 工作表常用操作

工作表是工作簿中用来分类存储和处理数据的场所，使用Excel 2016 制作电子表格时，经常需要进行选择、插入、重命名、移动和复制工作表等操作。

步骤 1 选择单个工作表，直接单击程序窗口左下角的工作表标签即可；选择多个连续工作表，可在按住【Shift】键的同时单击要选择的工作表标签；选择不相邻的多个工作表，可在按住【Ctrl】键的同时单击要选择的工作表标签。

步骤 2 在默认情况下，工作簿包含 1 个工作表，若工作表不能满足需要，可单击工作表标签右侧的"插入工作表"按钮⊕，在现有工作表末尾插入一个新工作表。

步骤 3 若要在工作表前插入新工作表，可在选中该工作表后单击功能区"开始"选项卡"单元格"组中的"插入"按钮，在展开的列表中选择"插入工作表"选项，如图 4–3 所示。

步骤 4 我们可以为工作表取一个与其保存的内容相关的名字，从而方便管理工作表。重命名工作表时，双击工作表标签以进入其编辑状态，此时该工作表标签呈高亮显示，然后输入工作表名称，再单击除该标签以外工作表的任意处或按【Enter】键即可，如图 4–4 所示。也可右击工作表标签，在弹出的快捷菜单中选择"重命名"菜单项。

图 4-3 选择"插入工作表"项 　　　　图 4-4 重命名工作表

步骤 5 要在同一工作簿中移动工作表，可单击要移动的工作表标签，然后按住鼠标左键不放，将其拖到所需位置释放鼠标左键即可移动工作表，如图 4-5（a）所示。若在拖动的过程中按住【Ctrl】键，则表示复制工作表操作，源工作表依然保留，效果如图 4-5（b）所示。

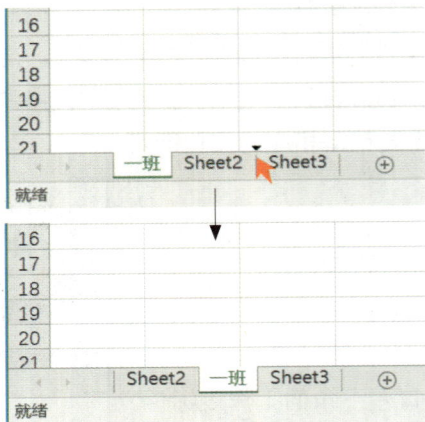
（a）

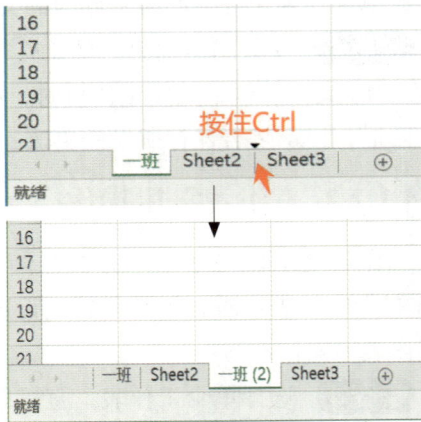
（b）

图 4-5 在同一工作簿中移动和复制工作表

步骤 6 若要在不同的工作簿之间移动或复制工作表，可选中要移动或复制的工作表，单击功能区"开始"选项卡上"单元格"组中的"格式"按钮，在展开的列表中选择"移动或复制工作表"选项或者直接在工作表标签上点击鼠标右键→"移动或复制"，打开"移动或复制工作表"对话框。

步骤 7 在"将选定工作表移至工作簿"的下拉列表中选择目标工作簿（复制前需要将该工作簿打开），在"下列选定工作表之前"列表中设置工作表移动的目标位置，单击"确定"按钮，即可将所选工作表移动到目标工作簿的指定位置；若选中对话框中的"建立副本"复选框，则可将工作表复制到目标工作簿指定位置。

步骤 8 对于没用的工作表可以将其删除。方法是单击要删除的工作表标签，单击功能区"开始"选项卡上"单元格"组中的"删除"按钮，在展开的列表中选择"删除工作表"选项或者直接在工作表标签上点击鼠标右键→"删除"。如果工作表中有数据，将弹出一个提示对话框，单击“删除”按钮即可。

提示

> 对工作表进行的大部分操作，包括插入、重命名、移动、复制、删除等，都可通过右击要操作的工作表标签，从弹出的快捷菜单中选择相应的菜单项来实现。

任务 4.2　制作学生成绩表

本任务通过制作学生成绩表，学习在工作表中输入和编辑数据等操作。成绩表完成效果如图 4-6 所示。

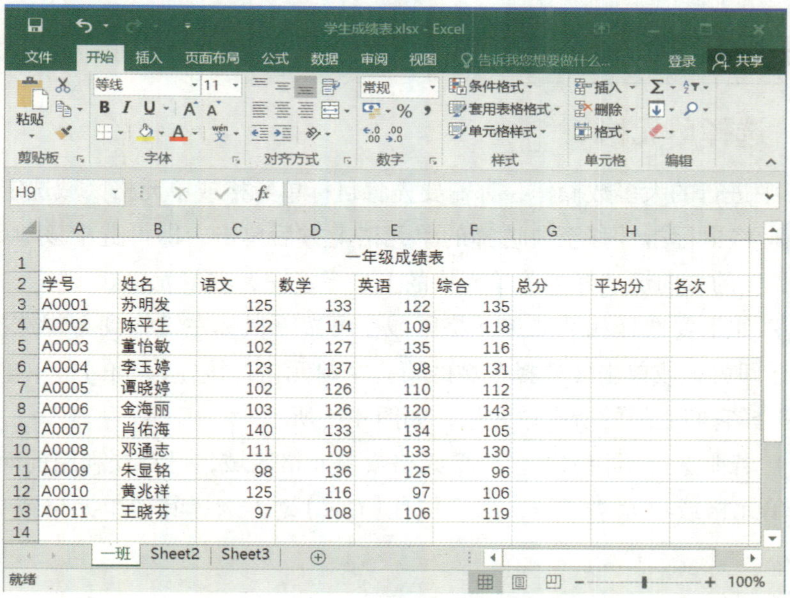

	A	B	C	D	E	F	G	H	I
1	一年级成绩表								
2	学号	姓名	语文	数学	英语	综合	总分	平均分	名次
3	A0001	苏明发	125	133	122	135			
4	A0002	陈平生	122	114	109	118			
5	A0003	董怡敏	102	127	135	116			
6	A0004	李玉婷	123	137	98	131			
7	A0005	谭晓婷	102	126	110	112			
8	A0006	金海丽	103	126	120	143			
9	A0007	肖佑海	140	133	134	105			
10	A0008	邓通志	111	109	133	130			
11	A0009	朱显铭	98	136	125	96			
12	A0010	黄兆祥	125	116	97	106			
13	A0011	王晓芬	97	108	106	119			
14									

图 4-6　输入数据后的学生成绩表

4.2.1 相关知识

4.2.1.1 数据类型

Excel 2016 中经常使用的数据类型有文本型数据和数值型数据。

- **文本型数据**：指由任何字母、汉字、数字和其他符号组成的字符串，如“季度1”“AK47”等。文本型数据不能进行数学运算。
- **数值型数据**：数值型数据用来表示某个数值或币值等，一般由数字“0 ~ 9”、正号“+”、负号“-”、小数点“.”、分数号“/”、百分号“%”、指数符号“E”或“e”、货币

符号 "$" 或 "￥" 和千位分隔符 "，" 等组成。日期和时间数据属于数值型数据，用来表示一个日期或时间。日期格式为 "mm/dd/yy" 或 "yyyy-mm-dd"，时间格式为 "hh：mm（am/pm）"。

4.2.1.2 输入数据常用方法

输入数据的一般方法为单击要输入数据的单元格，然后输入数据。此外，还可使用技巧来快速输入数据，如自动填充序列数据或相同数据。

输入数据后，用户可以像编辑 Word 文档中的文本一样，对输入的数据进行各种编辑操作，如选择单元格区域、查找和替换数据、移动和复制数据等。

4.2.1.3 编辑工作表常用方法

用户可对工作表中的单元格、行和列进行各种编辑操作。例如，插入单元格、行或列，调整行高或列宽以适应单元格中的数据。这些操作都可通过选中单元格、行、列后，在 "开始" 选项卡 "单元格" 组中的相应的选项实现。

4.2.2 任务实施

4.2.2.1 选择单元格

在 Excel 中进行的大多数操作，都需要先将目标单元格或单元格区域选定。

步骤 1 将鼠标指针移至要选择的单元格上方后单击，即可选中该单元格。此外，还可使用键盘上的方向键选择当前单元格的上、下、左、右单元格。

步骤 2 如果要选择相邻的单元格区域，可按下鼠标左键拖到希望选择的单元格，然后释放鼠标即可，或单击要选择区域的第一个单元格，按住【Shift】键单击最后一个单元格，即可选择它们之间的所有单元格，如图 4-7 所示。

步骤 3 若要选择不相邻的多个单元格或单元格区域，可首先利用前面介绍的方法选定第一个单元格或单元格区域，然后按住【Ctrl】键再选择其他单元格或单元格区域，如图 4-8 所示。

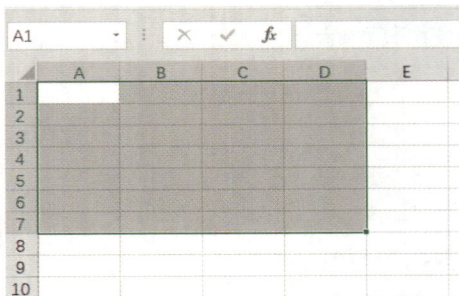

图 4-7 选择相邻的单元格区域

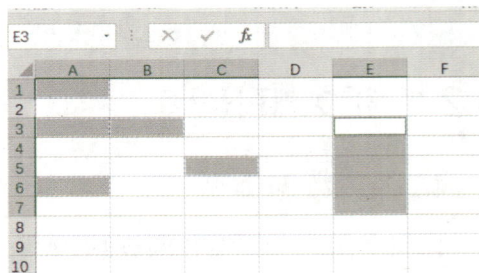

图 4-8 选择不相邻的多个单元格

步骤 4 要选择工作表中的一整行或一整列，可将鼠标指针移到该行左侧的行号或该列顶端的列标上方，当鼠标指针变成 "➡" 或 "⬇" 黑色箭头形状时单击即可，如图 4-9

所示。若要选择连续的多行或多列，可在行号或列标上按住鼠标左键并拖动；若要选择不相邻的多行或多列，可配合【Ctrl】键进行选择。

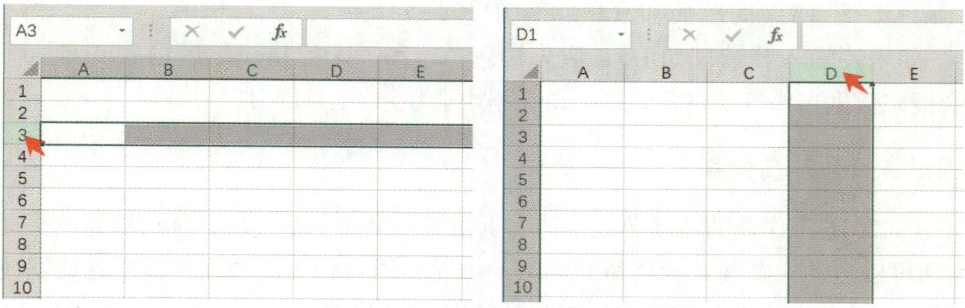

图 4-9　选择整行或整列

步骤 5　选择工作表中的所有单元格，可以单击工作表左上角行号与列标交叉处的"全选"按钮▃。

提示

若在当前活动单元格有数据的区域按【Ctrl + A】，选中的是整个连续的数据区域，若在当前活动单元格非连续数据的空白区域按【Ctrl + A】，则选中的是整个工作表。

4.2.2.2　输入基本数据

在新建的"学生成绩表"工作簿的"一班"工作表中输入基本数据。

步骤 1　打开前面创建的"学生成绩表"工作簿，单击"一班"工作表标签，单击 A1 单元格，输入"一年级成绩表"，输入的内容会同时显示在编辑栏中（也可直接在编辑栏中输入数据），若发现输入错误，可按【Backspace】键删除，如图 4-10（a）所示。

步骤 2　按【Enter】键、【Tab】键，或单击编辑栏上的"√"按钮确认输入内容。其中，按【Enter】键时，当前单元格下方的单元格被选中；按【Tab】键时，当前单元格右边的单元格被选中；单击"√"按钮时，当前单元格选中位置不变。

步骤 3　在 A2 至 H2 单元格中输入各列列标题，再在其他单元格中输入相关数据，如图 4-10（b）所示。可以看到，输入的数值型数据沿单元格的右侧对齐，文本型数据沿单元格的左侧对齐。当输入的数据超过了单元格的宽度，数据不能在单元格中正常显示时，可选中该单元格，通过编辑栏查看和编辑数据。

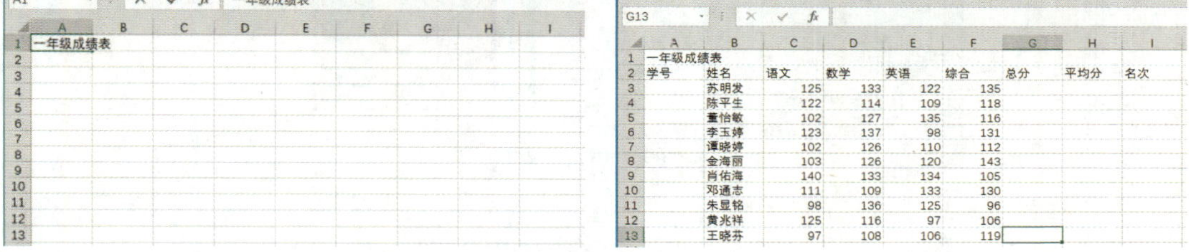

（a）

（b）

图 4-10　在单元格中输入数据

输入数值型数据时要注意以下几点：

▧▧▧ 如果要输入负数，必须在数字前加一个负号"–"，或给数字加上圆括号"（）"。例如，输入"–5"或"（5）"都可在单元格中得到–5。

▧▧▧ 如果要输入分数，如 1/5，应先输入"0"和一个空格，然后输入"1/5"。否则，Excel 会把该数据当作日期格式处理，单元格中会显示"1月5日"。

4.2.2.3 自动填充数据

在 Excel2016 工作表的活动单元格的右下角有一个黑色小方块，称为填充柄，通过拖动填充柄可以自动在其他单元格填充与活动单元格内容相关的数据，如序列数据或相同数据。其中，序列数据是指有规律地变化的数据，如日期、时间、月份、等差或等比数列。

步骤 1 单击"学号"列中的 A3 单元格，输入数据"A0001"，如图 4–11（a）所示。

步骤 2 将鼠标指针移动到 A3 单元格右下角的填充柄上，此时鼠标指针变成实心的十字形，如图 4–11（a）所示。按住鼠标左键并向下拖动，至单元格 A13 后释放鼠标左键，然后单击右下角的"自动填充选项"按钮，在展开的列表中选中"填充序列"单选按钮，系统就会自动以升序填充选中的单元格，效果如图 4–11（b）所示。如果默认就能够达到所需效果，则不需要打开此选项。

（a）　　　　　　　　　　　　　　　（b）

图 4-11　使用填充柄输入数据

提示

当在"自动填充选项"按钮列表中选择"复制单元格"时，可填充相同数据和格式；选择"仅填充格式"或"不带格式填充"时，则只填充相同格式或数据。要填充

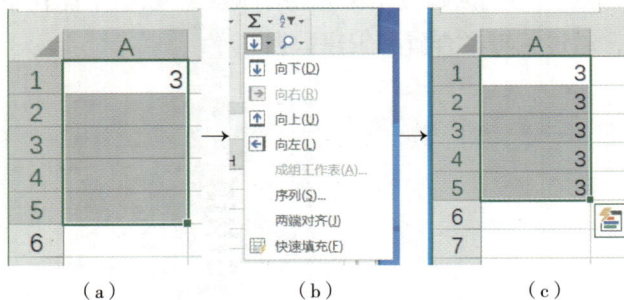

（a）　　　　　　　　（b）　　　　　　　　（c）

图 4-12　利用"填充"列表填充数据

指定步长的等差或等比数列，可在前两个单元格中输入序列的前两个数据，如在 A1，

A2 单元格中分别输入 1 和 3，然后选定这两个单元格，并拖动所选单元格区域的填充柄至要填充的区域，释放鼠标左键即可。单击"开始"选项卡上"编辑"组中的"填充"按钮，在展开的填充列表中选择相应的选项也可填充数据。但该方式需要提前选择要填充的区域，如图 4-12 所示。

　　若要一次性在所选单元格区域填充相同数据，也可先选中要填充数据的单元格区域，如图 4-13（a）所示，然后输入要填充的数据，如图 4-13（b）所示，输入完毕按【Ctrl+Enter】组合键，效果如图 4-13（c）所示。

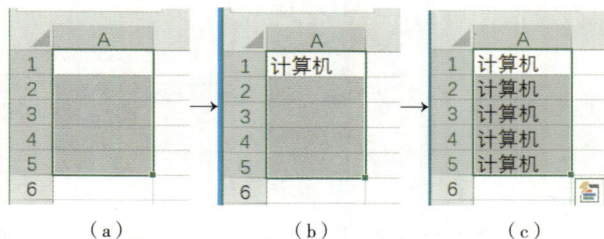

（a）　　　　　　（b）　　　　　　（c）

图 4-13　使用快捷键填充相同数据

4.2.2.4　编辑数据

　　编辑工作表时，可以修改单元格数据。将单元格或单元格区域中的数据移动或复制到其他单元格或单元格区域内，还可以清除单元格或单元格区域中的数据，以及在工作表中查找和替换数据等。

步骤 1　双击工作表中要编辑数据的单元格，将鼠标指针定位到单元格中，修改其中的数据。也可单击要修改数据的单元格，在编辑栏中进行修改。

步骤 2　如果要移动单元格内容，可选中要移动内容的单元格或单元格区域，将鼠标指针移至所选单元格区域的边缘，当鼠标指针变为一个四向箭头时，按下鼠标左键，拖动到目标位置后释放。若在拖动过程中按住【Ctrl】键，则拖动操作变为复制操作。

提示

　　若将数据移动到有数据的单元格区域内，会弹出对话框提示用户"此处已有数据。是否替换它？"。若是按住【Ctrl】键复制数据，则不会弹出任何提示。选中单元格后，也可使用"开始"选项卡"剪贴板"组中的按钮，或利用快捷键【Ctrl+C】、【Ctrl+X】和【Ctrl+V】来复制、剪切和粘贴所选单元格的内容，操作方法与在 Word 2016 中的操作相似。与 Word 2016 中的粘贴操作不同的是，在 Excel 中可以有选择地粘贴全部内容、只粘贴公式或只粘贴值等，如图 4-14 所示。

步骤 3　对于一些大型的表格，如果需要查找或替换表格中的指定内容，则可使用 Excel 2016 的查找和替换功能来实现。操作方法与在 Word 2016 中查找和替换文档中的指定内容相同。

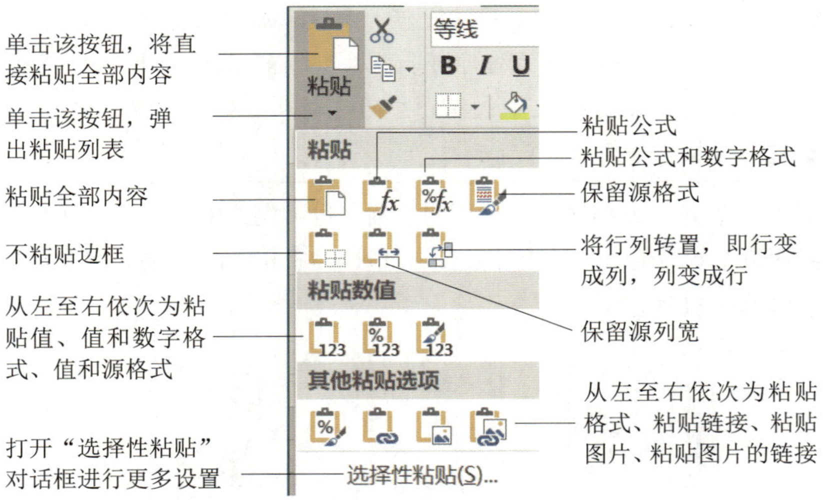
单击该按钮，将直接粘贴全部内容
单击该按钮，弹出粘贴列表
粘贴全部内容
不粘贴边框
从左至右依次为粘贴值、值和数字格式、值和源格式
打开“选择性粘贴”对话框进行更多设置
粘贴公式
粘贴公式和数字格式
保留源格式
将行列转置，即行变成列，列变成行
保留源列宽
从左至右依次为粘贴格式、粘贴链接、粘贴图片、粘贴图片的链接
等线
粘贴
粘贴数值
其他粘贴选项
选择性粘贴(S)...

图 4-14　选择性粘贴

步骤 4 若要删除单元格内容或格式，可选中要清除内容/格式的单元格/单元格区域，如复制过来的单元格数据所在区域，单击“开始”选项卡上“编辑”组中的“清除”按钮，在展开的列表中选择相应选项，可清除单元格中的内容、格式或批注等，如图 4-15 所示，这里选择“全部清除”选项。

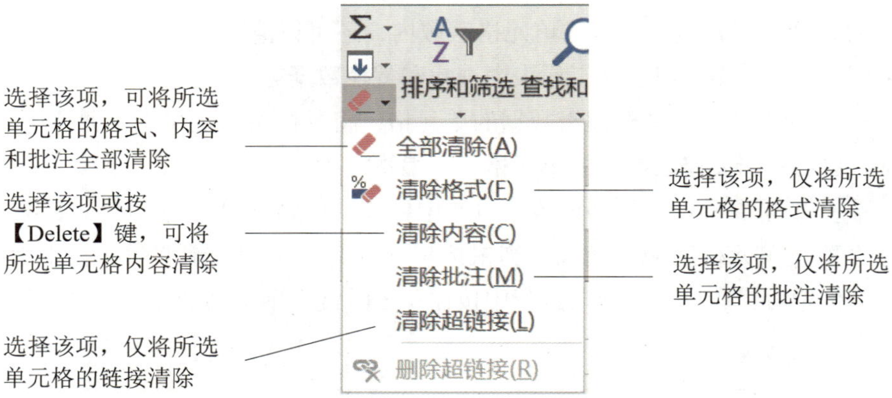
选择该项，可将所选单元格的格式、内容和批注全部清除
选择该项或按【Delete】键，可将所选单元格内容清除
选择该项，仅将所选单元格的链接清除
选择该项，仅将所选单元格的格式清除
选择该项，仅将所选单元格的批注清除
排序和筛选
查找和
全部清除(A)
清除格式(F)
清除内容(C)
清除批注(M)
清除超链接(L)
删除超链接(R)

图 4-15　“清除”列表

4.2.2.5 合并单元格

合并单元格是指将相邻的单元格合并为一个单元格。合并后，将只保留所选单元格区域左上角单元格中的内容。

步骤 1 选择要合并的单元格，如 A1：I1 单元格区域。

步骤 2 单击“开始”选项卡“对齐方式”组中的“合并后居中”按钮，或单击该按钮右侧的三角按钮，在展开的列表中选择“合并后居中”选项，如图 4-16（a）所示，即可将该单元格区域合并为一个单元格且单元格数据居中对齐，如图 4-16（b）所示。

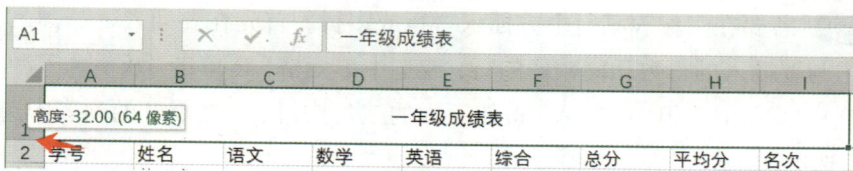

（a）

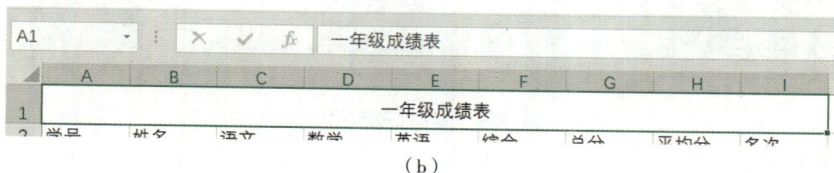

（b）

图 4-16　合并单元格

在进行合并单元格操作时，若在列表中选择"合并单元格"选项，合并后单元格中的文字不居中对齐；若选择"跨越合并"选项，会将所选单元格按行合并。要想将合并后的单元格拆分开，只需选中该单元格，再次单击"合并后居中"按钮即可。

4.2.2.6　调整行高和列宽

在默认情况下，Excel 2016 中所有行的高度和所有列的宽度都是相等的。用户可以利用鼠标拖动方式和"格式"列表中的命令来调整行高和列宽。

步骤 1　将鼠标指针移至要调整行高的行号的下框线处，待指针变成 ✛ 形状后，按下鼠标左键上下拖动（此时在工作表中将显示出一个提示行高的信息框），到合适位置后释放鼠标左键，即可调整所选行的行高，如图 4-17 所示。

图 4-17　调整行高

💬 提示

若要调整多行行高，可同时选中多行，再使用以上方法调整。此外，若要调整某列或多列单元格的宽度，只需将鼠标指针移至要调整列的列标右边线处，待指针变成 ✛ 形状后按下鼠标左键左右拖动到合适位置后，释放鼠标左键即可。

步骤 2　要精确调整行高，可先选中要调整行高的单元格或单元格区域，同时选中本例第 2 行至第 13 行，再单击"开始"选项卡"单元格"组中的"格式"按钮，在展开的列表中选择"行高"选项，在打开的"行高"对话框中设置行高值，单击"确定"按钮，如图 4-18 所示。

图4-18　精确调整多行行高（图中 14 → 18）

提示

　　要精确调整列宽，可在选中要调整的单元格或单元格区域后，在"格式"按钮列表中选择"列宽"选项，然后在打开的对话框中进行精确设置。此外，将鼠标指针移至行号下方或列标右侧的边线上，待指针变成双向箭头 ↕ 或 ╫ 形状后，双击边线，系统会根据单元格中数据的高度和宽度自动调整行高和列宽；也可在选中要调整的单元格或单元格区域后，在"格式"按钮列表中选择"自动调整行高"或"自动调整列宽"项，自动调整行高和列宽。

4.2.2.7　插入和删除行、列或单元格

插入和删除行、列或单元格

　　在制作表格时，可能会遇到需要在有数据的区域插入或删除单元格、行、列的情况。

步骤1　若要在工作表某行上方插入一行或多行，首先在要插入的位置选中与要插入的行数相同数量的行，或选中单元格，再单击"开始"选项卡上"单元格"组中"插入"按钮下方的三角按钮 ，在展开的列表中选择"插入工作表行"选项。

步骤2　若要删除行，可首先选中要删除的行，或要删除的行所包含的单元格，然后单击"单元格"组"删除"按钮下方的三角按钮，在展开的列表中选择"删除工作表行"选项。若选中的是整行，则直接单击"删除"按钮即可。

步骤3　要在工作表某列左侧插入一列或多列，可在要插入的位置选中与要插入的列数相同数量的列，或选中单元格，在"插入"按钮列表中选择"插入工作表列"选项。

步骤4　若要删除列，可首先选中要删除的列，或要删除的列所包含的单元格，然后在"删除"按钮列表中选择"删除工作表列"选项。

步骤5　若要插入单元格，可在要插入单元格的位置选中与要插入的单元格数量相同的单元格，在"插入"列表中选择"插入单元格"选项，打开"插入"对话框，在其中设置插入方式，单击"确定"按钮。

　　 活动单元格右移：在当前所选单元格处插入"活动单元格右移"，当前所选单元

格右移。

  ▦ 活动单元格下移：在当前所选单元格处插入"活动单元格下移"，当前所选单元格下移。

  ▦ 整行：插入与当前所选单元格行数相同的整行，当前所选单元格所在的行下移。

  ▦ 整列：插入与当前所选单元格列数相同的整列，当前所选单元格所在的列右移。

步骤 6 若要删除单元格，可选中要删除的单元格或单元格区域，在"单元格"组的"删除"按钮列表中选择"删除单元格"选项，打开"删除"对话框，设置并选择一种删除方式，单击"确定"按钮。

  ▦ 右侧单元格左移：删除所选单元格，所选单元格右侧的单元格左移。

  ▦ 下方单元格上移：删除所选单元格，所选单元格下侧的单元格上移。

  ▦ 整行：删除所选单元格所在的整行。

  ▦ 整列：删除所选单元格所在的整列。

任务 4.3　美化学生成绩表

  通过美化学生成绩表，学习为表格设置字符格式、对齐方式、边框和底纹、条件格式、套用表格样式等操作，任务完成效果如图 4-19 所示。

	A	B	C	D	E	F	G	H	I
1	一年级成绩表								
2	学号	姓名	语文	数学	英语	综合	总分	平均分	名次
3	A0001	苏明发	125	133	122	135			
4	A0002	陈平生	122	114	109	118			
5	A0003	董怡敏	102	127	135	116			
6	A0004	李玉婷	123	137	98	131			
7	A0005	谭晓婷	102	126	110	112			
8	A0006	金海丽	103	126	120	143			
9	A0007	肖佑海	140	133	134	105			
10	A0008	邓通志	111	109	133	130			
11	A0009	朱显铭	98	136	125	96			
12	A0010	黄兆祥	125	116	97	106			
13	A0011	王晓芬	97	108	106	119			

图 4-19　美化后的工作表

4.3.1　相关知识

  要美化工作表，可先选中要进行美化操作的单元格或单元格区域进行相关操作，主要包括以下几方面：

  ▦ 设置单元格格式：其包括设置单元格内容的字符格式、数字格式和对齐方式，以及设置单元格的边框和底纹等。可利用"开始"选项卡的"字体""对齐方式"和"数字"组中的按钮，或利用"单元格格式"对话框来进行设置。

▶ 设置条件格式：在 Excel 2016 中应用条件格式，可以让符合特定条件的单元格数据以醒目的方式突出显示，便于人们对工作表数据进行更好的分析。

▶ 套用表格样式：Excel 2016 为用户提供了许多预定义的表格样式。套用这些样式，可以迅速建立适合不同专业需求且外观精美的工作表。用户可利用"开始"选项卡的"样式"组来设置条件格式或直接套用表格样式。

4.3.2 任务实施

美化学生成绩表

4.3.2.1 设置字符格式和对齐方式

在 Excel2016 中设置表格内容字符格式和对齐方式的操作与在 Word 2016 中设置相似。

步骤 1 打开上一节录入好的工作表。选中 A1 单元格，在"开始"选项卡"字体"组中选择字体为"华文中宋"，字号为"24"。

步骤 2 选中 A2：I13 单元格区域，在"开始"选项卡"字体"组中设置字号为"11"，字体为"宋体"，字体颜色为"紫色"。在"对齐方式"组中分别单击"垂直居中"按钮和"水平居中"按钮，使所选单元格中的数据在单元格中居中对齐，如图 4-20 所示。

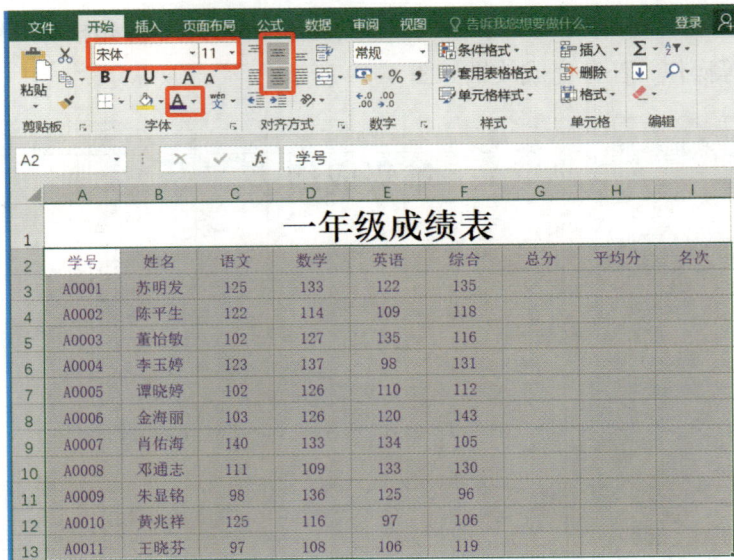

图 4-20　设置 A2：I13 单元格区域字符格式和对齐方式

💻 **提示**

也可单击"字体"组或"对齐方式"组右下角的对话框启动器按钮，在打开的"设置单元格格式"对话框中设置字符格式和对齐方式等。

步骤 3 选择 A2：I2 单元格区域（各列标题），设置字体为"黑体"。

4.3.2.2 设置数字格式

Excel 2016 提供了多种数字格式，如数值格式、货币格式、日期格式、百分比格式、会计专用格式等，灵活地利用这些数字格式，可以使制作的表格更加专业和规范。具体操作如下：

步骤 1 选择要设置格式的单元格区域，如选择成绩表的 H3：H13 单元格区域，单击"开始"选项卡"数字"组右下角的对话框启动器按钮 。

步骤 2 弹出"设置单元格格式"对话框的"数字"选项卡，在"分类"列表中选择数字类型，如"数值"，在右侧设置相关格式，如小数位数等，单击"确定"按钮，如图 4-21 所示。由于本例还没有在"平均分"列中输入数据，因此暂时还看不到设置效果。

用户也可直接在功能区"开始"选项卡"数字"组的"数字格式"下拉列表中选择数字类型，以及单击相关按钮 来设置数字格式，如图 4-22 所示。

图 4-21 使用对话框设置数字格式　　　　图 4-22 使用"数字"组设置数字格式

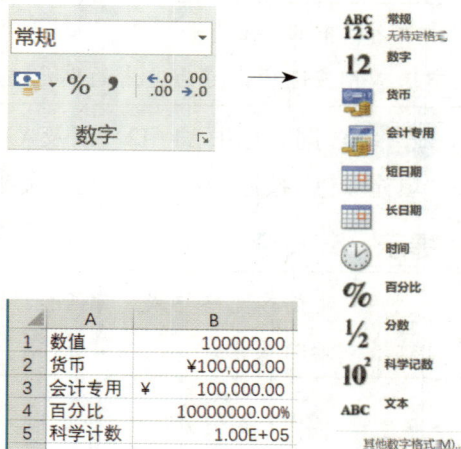

4.3.2.3 设置边框和底纹

在 Excel 2016 工作表中，虽然从屏幕上看每个单元格都带有浅灰色的边框线，但是实际打印时不会出现任何线条。为了使表格中的内容更为清晰明了，可以主动为表格添加边框。此外，通过为某些单元格添加底纹，可以衬托或强调这些单元格中的数据，同时使表格显得更美观。

步骤 1 选定要添加边框的单元格区域 A1：I13，然后单击"开始"选项卡"字体"组右下角的对话框启动器按钮 ，打开"设置单元格格式"对话框。

步骤 2 在"边框"选项卡"样式"列表框中选择一种线条样式，在"颜色"下拉列表框中选择"红色"，单击"外边框"按钮，为表格添加外边框，如图 4-23 所示。

步骤 3 选择一种细线条样式，单击"内部"按钮，为表格添加内边框，如图 4-24 所示，最后单击"确定"按钮。

图 4-23　为表格设置外边框

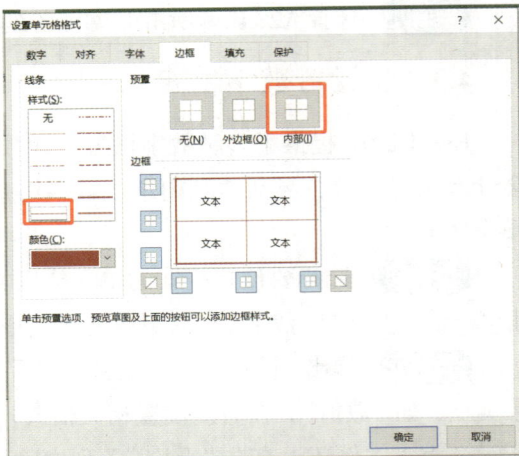

图 4-24　为表格设置内边框

提示

> 单击"开始"选项卡"字体"组中"边框"按钮 ⊞▾ 右侧的三角按钮，在展开的列表中选择相应选项，可为选中的单元格区域指定系统预设的边框线。

步骤 4　同时选中 A1：I2，以及 A3：B13 单元格区域，单击"开始"选项卡"字体"组中"填充颜色"按钮 🖍▾ 右侧的三角按钮，在展开的列表中选择"浅绿"。

提示

> 利用"设置单元格格式"对话框"填充"选项卡可为所选单元格区域设置更多的底纹效果，如渐变背景、图案背景等。

4.3.2.4 设置条件格式

在 Excel 2016 中应用条件格式，可以让满足特定条件的单元格以醒目的方式突出显示，便于对工作表的数据进行更好的比较和分析。

步骤 1　选择要添加条件格式的单元格区域，本例选择 C3：F13 单元格区域。

步骤 2　单击"开始"选项卡"样式"组中的"条件格式"按钮 🔳，在展开的列表中选择"突出显示单元格规则"，在展开的子列表中选择一种具体的条件，如"大于"选项，如图 4-25（a）所示。

步骤 3　弹出"大于"对话框，参照图 4-25（b）所示设置"大于"对话框中的参数。

步骤 4　单击"确定"按钮。此时，各成绩大于 120 的单元格，背景为浅红色，字体颜色为深红色。最后将工作簿另存为"学生成绩表（美化）"。

从图 4-25（a）可看出，Excel 2016 提供了 5 种条件规则，各规则的意义如下：

- 突出显示单元格规则：突出显示所选单元格区域中符合特定条件的单元格。
- 项目选取规则：其作用与突出显示单元格规则相同，只是设置条件的方式不同。
- 数据条、色阶和图标集：使用数据条、色阶（颜色的种类或深浅）和图标集来标识各单元格中数据值的大小，从而方便查看和比较数据，效果如图 4-26 所示。设置时，只需在相应的子列表中选择需要的图标即可。

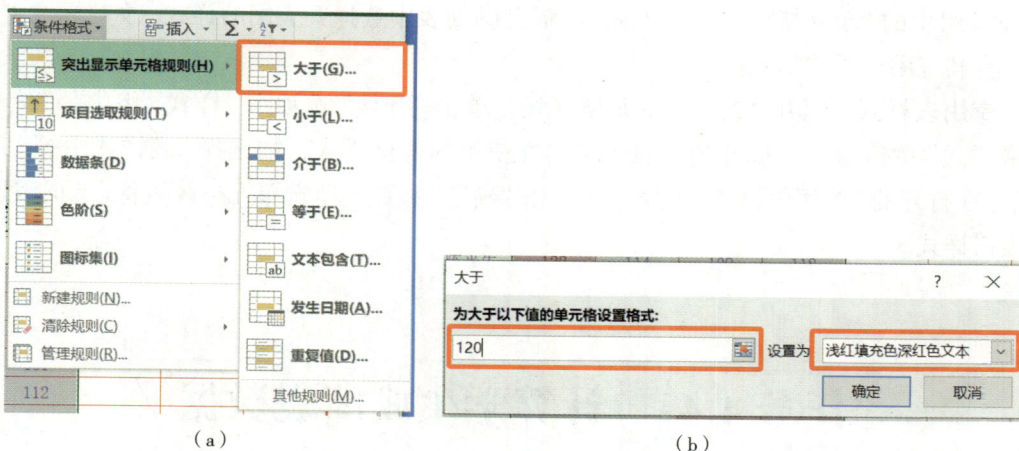

（a）　　　　　　　　　　　（b）

图 4-25　设置条件格式

提示

　　如果系统自带的条件格式规则不能满足需求，还可以单击"条件格式"按钮列表底部的"新建规则"选项，或在各规则列表中选择"其他规则"选项，在打开的对话框中自定义条件格式。此外，对于已应用了条件格式的单元格，还可对条件格式进行修改。方法是在"条件格式"按钮列表中选择"管理规则"选项，打开"条件格式规则管理器"对话框，在"显示其格式规则"下拉列表中选择"当前工作表"选项，此时对话框下方将显示当前工作表中设置的所有条件格式规则，如图 4-27 所示，在其中修改条件格式并确定即可。

图 4-26　利用数据条、色阶和图标集标识数据　　图 4-27　"条件格式规则管理器"对话框

　　当设置的条件格式不理想时，可以将其删除，方法是打开工作表，然后在"条件格式"按钮列表中选择"清除规则"选项中相应的子项。

4.3.2.5　自动套用样式

　　除了利用前面介绍的方法美化表格外，Excel 2016 还提供了许多内置的单元格样式和表样式，利用它们可以快速对表格进行美化。

应用单元格样式。打开本书配套素材"项目四"文件夹中的"学生成绩表(输入数据)"工作簿，选中要套用单元格样式的单元格区域，如A1单元格，单击"开始"选项卡"样式"组中的"单元格样式"按钮，在展开的列表中选择要应用的样式，如"标题1"，即可将其应用于所选单元格。

应用表样式。选中A2:I13单元格区域，单击"开始"选项卡"样式"组中的"套用表格样式"按钮，在展开的列表中单击要使用的表格样式，如选择"表样式中等深浅10"，在打开的"套用表格式"对话框中单击"确定"按钮，所选单元格区域将自动套用所选表格样式。

任务 4.4 计算学生成绩表数据

Excel 2016强大的计算功能主要依赖于其内置的公式和函数，利用它们可以对表格中的数据进行各种计算和处理。下面通过计算学生成绩表中各学生的总分、平均分和名次，来学习公式和函数的使用方法，任务完成效果如图4-28所示。

	A	B	C	D	E	F	G	H	I
1	一年级成绩表								
2	学号	姓名	语文	数学	英语	综合	总分	平均分	名次
3	A0001	苏明发	125	133	122	135	515	128.75	1
4	A0002	陈平生	122	114	109	118	463	115.75	7
5	A0003	董怡敏	102	127	135	116	480	120	6
6	A0004	李玉婷	123	137	98	131	489	122.25	4
7	A0005	谭晓婷	102	126	110	112	450	112.5	9
8	A0006	金海丽	103	126	120	143	492	123	3
9	A0007	肖佑海	140	133	134	105	512	128	2
10	A0008	邓通志	111	109	133	130	483	120.75	5
11	A0009	朱显铭	98	136	125	96	455	113.75	8
12	A0010	黄兆祥	125	116	97	106	444	111	10
13	A0011	王晓芬	97	108	106	119	430	107.5	11

图4-28 计算学生成绩表数据后的效果

4.4.1 相关知识

4.4.1.1 认识公式和函数

公式由运算符和参与运算的操作数组成。运算符可以是算术运算符、比较运算符、文本运算符和引用运算符；操作数可以是常量、单元格引用和函数等。要输入公式必须先输入"="，再在其后输入运算符和操作数，否则Excel会将输入的内容作为文本型数据处理。如图4-29所示，分别是在某个单元格中输入的未使用函数和使用函数的公式。

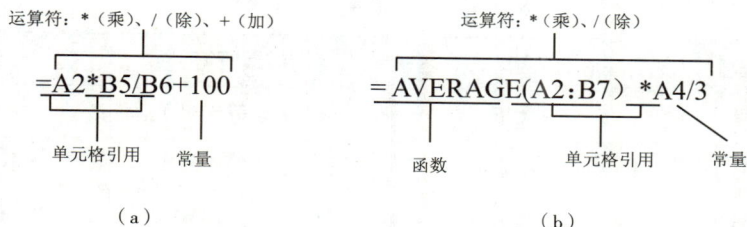

图 4-29 公式组成元素

图 4-29（a）所示公式的意义是求 A2 单元格与 B5 单元格之积再除以 B6 单元格后加 100 的值；图 4-29（b）所示公式的意义是使用函数 AVERAGE 求 A2：B7 单元格区域的平均值，并将求出的平均值乘以 A4 单元格后再除以 3。计算机结果将显示在输入公式的单元格中。

函数是预先定义好的表达式，它必须包含在公式中。每个函数都由函数名和参数组成，其中函数名表示将执行的操作（如求平均值函数 AVERAGE），参数表示函数将使用的值的单元格地址，通常是一个单元格区域，也可以是更为复杂的内容。在公式中合理地使用函数，可以完成诸如求和、求平均值、逻辑判断等操作。

4.4.1.2 公式中的运算符

运算符是用来对公式中的元素进行运算而规定的特殊符号。Excel 包含 4 种类型的运算符：算术运算符、比较运算符、文本运算符和引用运算符。

（1）算术运算符。

算术运算符有 6 个，其作用是完成基本的数学运算，并产生数字结果，见表 4-1。

表 4-1 算术运算符及其含义

算术运算符	含义	实例
+（加号）	加法	A1+A2
−（减号）	减法或负数	A1−A2
*（星号）	乘法	A1*2
/（正斜杠）	除法	A1/3
%（百分号）	百分比	50%
^（脱字号）	乘方	2^3

（2）比较运算符。

比较运算符有 6 个，其作用是比较两个值，并得出一个逻辑值，即"TRUE"（真）或"FALSE"（假），见表 4-2。

表 4-2　比较运算符及其含义

比较运算符	含义	比较运算符	含义
>（大于号）	大于	>=（大于等于号）	大于等于
<（小于号）	小于	<=（小于等于号）	小于等于
=（等于号）	等于	<>（不等于号）	不等于

（3）文本运算符。

使用文本运算符"&"（与号）可将两个或多个文本值串起来产生一个连续的文本值。例如：输入"祝你"&"快乐、开心！"会生成"祝你快乐、开心！"。

（4）引用运算符。

引用运算符有 3 个，其作用是对单元格区域中的数据进行合并计算，见表 4-3。

表 4-3　引用运算符及其含义

引用运算符	含义	实例
:（冒号）	区域运算符，用于引用单元格区域	B5：D15
,（逗号）	联合运算符，用于引用多个单元格区域	B5：D15，F5：I15
（空格）	交叉运算符，用于引用两个单元格区域的交叉部分	B7：D7 C6：C8

4.4.1.3 单元格引用

单元格引用可以用来指明公式中所使用的数据的位置，它可以是一个单元格地址，也可以是单元格区域。通过单元格引用，可以在一个公式中使用工作表不同部分的数据，或者在多个公式中使用一个单元格中的数据，还可以引用同一个工作簿中不同工作表中的数据。当公式中引用的单元格数值发生变化时，公式的计算结果也会自动更新。

（1）相同或不同工作簿、工作表中的引用。

对于同一工作表中的单元格引用，直接输入单元格或单元格区域地址即可。

在当前工作表中引用同一工作簿、不同工作表中的单元格的表示方法为：

工作表名称！单元格或单元格区域地址

例如，sheet2！F8：F16，表示引用sheet2 工作表，F8：F16 单元格区域中的数据。

在当前工作表中引用不同工作簿中的单元格的表示方法为：

[工作簿名称.xlsx]工作表名称！单元格（或单元格区域）地址

注意：引用某个单元格区域时，应先输入单元格区域起始位置的单元格地址，然后输入引用运算符，再输入单元格区域结束位置的单元格地址。

（2）相对引用、绝对引用和混合引用。

公式中的引用分为相对引用、绝对引用和混合引用，下面分别说明。

▦ 相对引用：相对引用是 Excel 2016 默认的单元格引用方式，它直接用单元格的列标和行号表示单元格，例如 B5；或用引用运算符表示单元格区域，如 B5：D15。在移动或复制公式时，系统会根据移动的位置自动调整公式中引用的单元格地址。

▦ 绝对引用：绝对引用是指在单元格的列标和行号前面都加上 "$" 符号，如 $B$5。不论将公式复制或移动到什么位置，绝对引用的单元格地址都不会改变。

▦ 混合引用：指引用中既包含绝对引用又包含相对引用，如 A$1 或 $A1 等，用于表示列变行不变或列不变行变的引用。

4.4.2 任务实施

计算学生成绩表数据

4.4.2.1 使用公式计算每个学生的总分

步骤 1　在设置条件格式后的工作表中进行操作。单击要输入公式的单元格 G3，然后输入 "="，如图 4-30（a）所示。

步骤 2　输入要参与运算的单元格和运算符 C3+D3+E3+F3，如图 4-30（b）所示。也可以直接单击要参与运算的单元格，将其添加到公式中。

（a）　　　　　　　　　　（b）

图 4-30　输入公式

步骤 3　按【Enter】键或单击编辑栏中的 "输入" 按钮 ✔ 结束公式编辑，得到计算结果，即第一名学生的总分。

步骤 4　选中含有公式的单元格，然后将鼠标指针移动到该单元格右下角的填充柄处，此时鼠标指针由空心 "✛" 变成实心的十字形，按住鼠标左键向下拖动至目标位置后释放鼠标左键，将求和公式复制到同列的其他单元格中，计算出其他学生的总分。或者直接使用复制/粘贴也可以实现相同效果。需要注意的是，由于我们设置的最底部单元格（G13）的下边框设置和其他中间单元格不同，通过上述操作会复制原始单元格样式从而破坏原来的设置，需要手动改动单元格 G13 边框设置恢复原样。

🛈 **提示**

　　创建公式后，若需要修改公式，可双击包含公式的单元格，修改公式中引用的单元格地址或运算符等。此外，也可以单击包含公式的单元格，通过编辑栏修改公式。除了利用拖动填充柄的方式复制公式外，也可利用复制、剪切和粘贴命令，或拖动方式来复制和移动公式，具体操作与前面介绍的复制和移动数据相同，在此不再赘述。

4.4.2.2 使用函数计算每个学生的平均分

使用 "自动求和" 按钮列表中的选项来快速输入求平均值函数。

步骤 1 单击 H3 单元格，单击"开始"选项卡"编辑"组"自动求和"按钮右侧的三角按钮，从弹出的列表中选择"平均值"选项，如图 4-31（a）所示。

步骤 2 在所选单元格中显示输入的函数，并自动选择了求平均值的单元格区域，拖动鼠标重新选择需要引用的单元格区域 C3：F3，如图 4-31（b）所示。

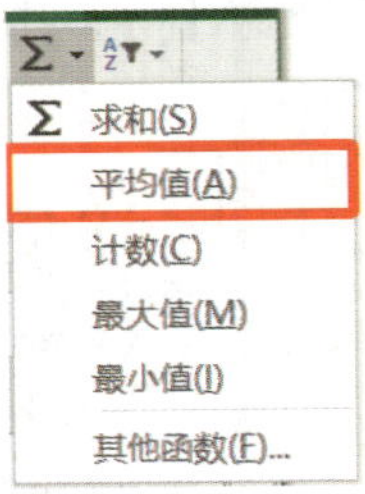

图 4-31 选择"自动求和"列表中的"平均值"项计算平均分

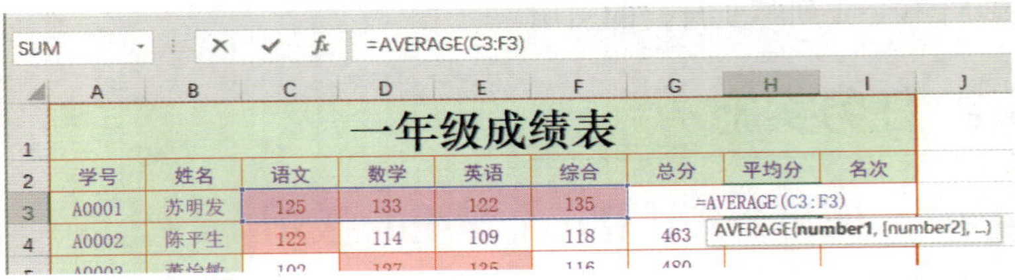

提示

> 利用"自动求和"按钮列表中的"求和"函数（函数名为 SUM），可以求所引用的单元格区域中的数据之和。求和、计数、最大值和最小值函数的用法与求平均值函数（AVERAGE）相同。如果对函数比较熟悉，可以不用从下拉框中选择，直接在编辑栏输入"="后，直接输入函数内容即可。

步骤 3 按【Enter】键求出 C3：F3 单元格区域数据的平均值，即求出第一个学生各科成绩的平均分。选中 H3 单元格，拖动填充柄到单元格 H13，计算出其他学生的平均分。此功能同样也可以通过复制/粘贴完成。

Excel 2016 提供了大量的函数，表 4-4 列出了常用的函数类型和使用范例。

表 4-4 常用的函数类型和使用范例

函数类型	函数	使用范例
常用	SUN（求和）、AVERAGE（求平均值）、MAX（求最大值）、MIN（求最小值）、COUNT（计数）等	=AVERAGE（F2：F7）表示求 F2：F7 单元格区域中数字的平均值
财务	DB（资产的折旧值）、IRR（现金流的内部收益率）、PMT（分期付款额）等	=PMT（B4，B5，B6）表示在输入利率、周期和规则作为变量时，计算周期付款值
日期与时间	DATA（返回日期）、HOUR（返回小时）、SECOND［返回（秒）］、TIME（返回时间）等	=DATA（C2，D2，E2）表示返回 C2，D2，E2 所代表的日期的序列号
数学与三角	ABS（求绝对值）、EXP（求指数）、SIN（求正弦值）、ACOSH（反双曲余弦值）、INT（向下取整数）、LOG（求对数）、RAND（产生随机数）等	=ABS（E4）表示得到 E4 单元格中数值的绝对值，即非负数
统计	AVERAGE（求平均值）、AVEDEV（绝对误差的平均值）、COVAR（求协方差）、BINOM.DIST（一元二项式分布概率）、RANK（求数据排位）	=COVAR（A2：A6，B2：B6）表示求 A2：A6 和 B2：B6 单元格区域数据的协方差

函数类型	函数	使用范例
查找与引用	ADDRESS（单元格地址）、AREAS（区域个数）、COLUMN（返回列数）、LOOKUP（从向量或数组中查找值）、ROW（返回行号）等	= ROW（C10）表示返回引用单元格所在行的行号
逻辑	AND（与）、OR（或）、FALSE（假）、TRUE（真）、IF（如果）、NOT（非）	=IF（A3>=B5，A3*2，A3/B5）表示使用条件测试 A3 是否大于等于 B5。条件结果要么为真，要么为假

4.4.2.3 使用函数计算每个学生名次

除了前面介绍的输入函数的方法外，也可以使用函数向导来输入函数。下面使用 RANK.EQ 函数计算每个学生的名次。该函数的作用是返回一个数字在数字列表中的排位。

步骤 1 单击"名次"列中的单元格 I3，单击编辑栏左侧的"插入函数"按钮 *fx*，如图 4-32（a）所示，打开"插入函数"对话框，选择"统计"类别，再选择"RANK.EQ"函数，单击"确定"按钮，如图 4-32（b）所示。

步骤 2 弹出"函数参数"对话框，单击第一个参数右侧的按钮，如图 4-32（c）所示。

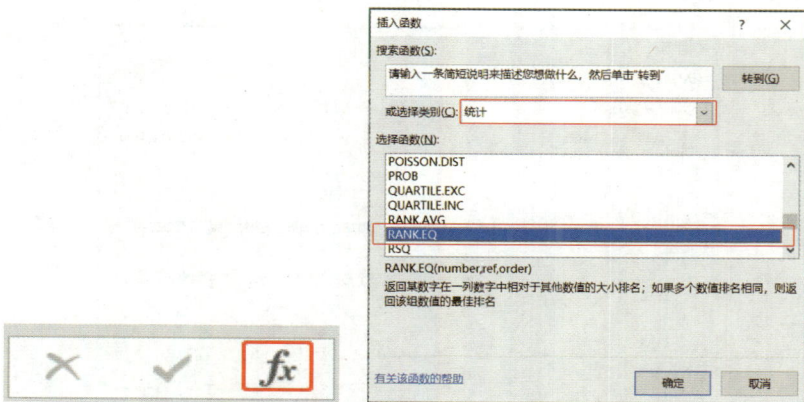

（a） （b）

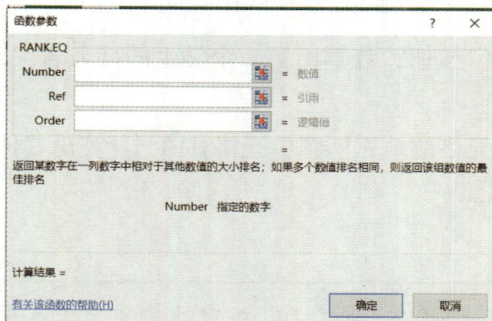

（c）

图 4-32 选择 RANK.EQ 函数

RANK.EQ 函数的语法为 RANK.EQ（Number，Ref，Order）。其中，Number：要进行排位的数字。Ref：参与排位的数字列表或单元格区域。Ref 中的非数值型数据将被忽略。Order：设置数字列表中数字的排位方式。若 Order 为 0（零）或省略，系统将基于 Ref 按降序对数字进行排位；若 Order 不为零，系统将基于 Ref 按升序对数字进行排位。函数 RANK.EQ 对重复数的排位相同，但重复数的存在将影响后续数值的排位。例如，在一列按升序排序的整数中，如果数字 10 出现两次，其排位为 5，则 11 的排位为 7（没有排位为 6 的数值）。

步骤 3 切换到"函数参数"对话框，在工作表中选择要进行排位的单元格 G3，然后单击 按钮，重新切换到"函数参数"对话框。

步骤 4 单击"函数参数"对话框中第 2 个参数右侧的 按钮，在工作表中拖动鼠标选择参与排位的单元格区域，本例为 G3：G13 单元格区域。单击 按钮，重新展开"函数参数"对话框。

步骤 5 在"函数参数"对话框引用的单元格区域的行号和列标前均加上"$"符号（在行号和列标前加"$"符号，表示使用绝对单元格地址，可以保证后面复制排序公式时，公式内容不变，返回的排名准确），如图 4-33 所示。

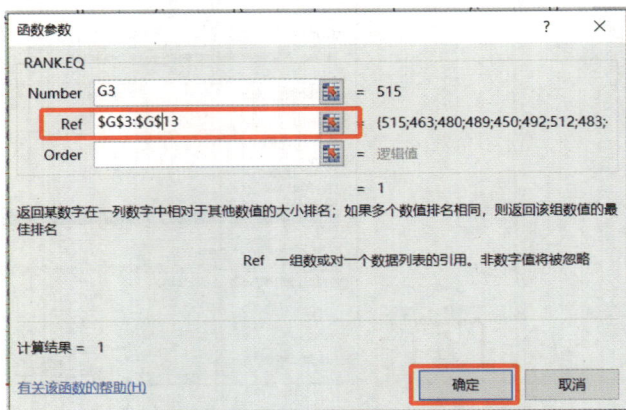

图 4-33 在所选单元格区域的行号和列标前加"$"符号

步骤 6 单击"确定"按钮，计算出第一个学生的排名名次，即 G3 单元格在单元格区域 G3：G13 中的排名。

步骤 7 拖动 H3 单元格的填充柄到单元格 H13，计算出其他学生的名次。这样，就完成了学生成绩表的计算。

也可以使用"公式"选项卡"函数库"组中的按钮来输入函数。方法是单击相应函数类型下方的三角按钮，从弹出的列表中选择需要插入的函数，如图 4-34 所示。此外，也可手工输入函数，方法是首先在单元格中输入"="号，进入公式编辑状态，输入函数名称，再输入一对括号，括号内为一个或多个参数（如单元格引用），参数之间用逗号来分隔。

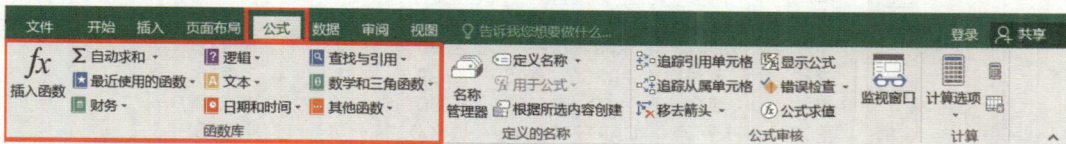

图 4-34　"公式"选项卡

任务 4.5　管理销售表数据

通过处理和分析空调销售表中的数据，学习数据的排序、筛选与分类汇总操作。

4.5.1　相关知识

除了用公式和函数对工作表数据进行计算和处理外，还可以用 Excel 2016 提供的数据排序、数据筛选、分类汇总等功能来管理和分析工作表中的数据。

▨ 数据排序：Excel 2016 可以对整个数据表或选定的单元格区域中的数据按文本、数字或日期和时间等进行升序或降序排序。

▨ 数据筛选：使用筛选可使数据表中仅显示那些满足条件的行，不符合条件的行将被隐藏。Excel 2016 提供了两种筛选命令——自动筛选和高级筛选。无论使用哪种方式，要进行筛选操作，数据表中必须含有列标签。

▨ 分类汇总：分类汇总是把数据表中的数据分门别类地进行统计处理，不需建立公式，Excel 2016 会自动对各类别的数据进行求和、求平均值等多种计算。

4.5.2　任务实施

4.5.2.1　制作空调销售表

制作空调销售表的具体步骤如下：

步骤 1　新建一个空白工作簿，在"Sheet1"工作表中输入某商场第一季度空调销售数据，其中"销售额"列中的数据通过公式计算得出，如图 4-35 所示。

	A	B	C	D	E	F
1	销售员	品牌	型号	销售价格	销售数量	销售额
2	张萍	海尔	KFR-26GW	1699	18	30582
3	王江	美的	KFR-46GW	4980	26	129480
4	李胜	格力	KFR-72LW	6500	11	71500
5	胡玉	奥克斯	KFR-50GW	3299	21	69279
6	李玲	创维	SPR35C-1AAS	1599	12	19188
7	李胜	海尔	KFR-50LW	5280	8	42240
8	王江	卡萨帝	CAP7216BAB	11500	4	46000
9	李胜	美的	KFR-35GW	2399	16	38384
10	胡玉	海尔	KFR-22GW	1970	18	35460
11	张萍	海尔	KFR-35GW	3299	15	49485
12	李玲	美的	KFR-35GW	2199	17	37383
13	王江	美的	KFR-72LW	6500	6	39000
14						

图 4-35　制作的空调销售表

步骤 2　对工作表进行简单的格式设置，然后将工作簿保存为"空调销售表"。也可直接打开本书配套素材相关文件夹中的"空调销售表"进行后面的操作。

4.5.2.2 数据排序

在 Excel 2016 中，如果只对一列数据进行排序，可选中该列中的任意单元格，单击"数据"选项卡"排序和筛选"组中的"升序"按钮 或"降序"按钮 ，如图 4-36 所示。此时，同一行其他单元格的位置也将随之变化。

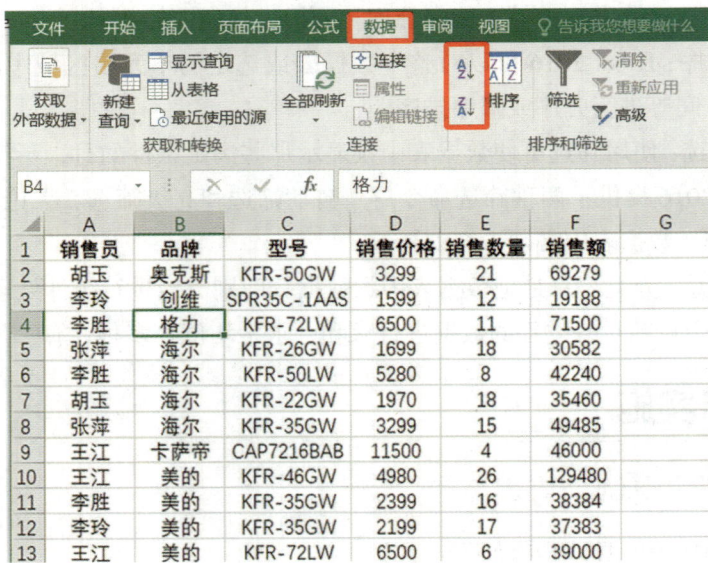

图 4-36　对"销售数量"列进行升序排序

对多列数据进行排序的具体操作步骤如下：

步骤 1　单击"数据"选项卡"排序和筛选"组中的"排序"按钮 ，打开"排序"对话框，在该对话框中选择主要关键字，如"品牌"，并选择排序依据和排序次序，如图 4-37（a）所示。

步骤 2　单击对话框中的"添加条件"按钮 ，添加一个次要条件，并参照图

4-37（b）所示设置次要关键字的条件。

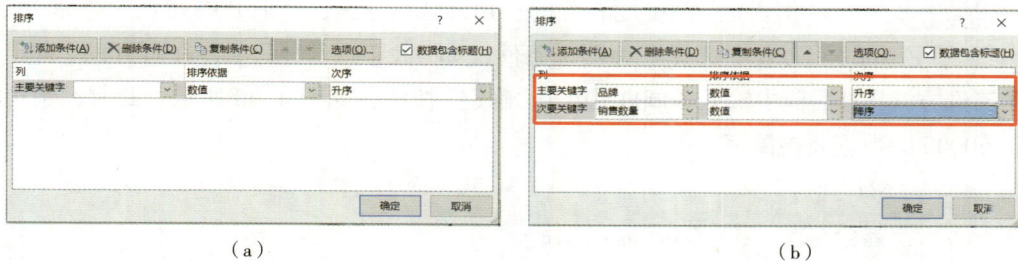

（a）　　　　　　　　　　　　　（b）

图 4-37　设置主要关键字和次要关键字条件

步骤 3　如果需要的话，可参照步骤 2 所述操作，为排序添加多个次要关键字，单击"确定"按钮进行排序。此时，系统先按照主要关键字条件对工作表中各行进行排序；若数据相同，则将数据相同的行按照次要关键字进行排序，排序结果如图 4-38 所示。最后将工作簿另存为"空调销售表（数据排序）"。

提示

若选中某一列的单元格区域后单击"升序"或"降序"按钮，将会弹出如图 4-39 所示的"排序提醒"对话框。当选中"以当前选定区域排序"单选按钮时，系统只对当前单元格区域的数据进行排序，同一行其他单元格的位置不发生变化。

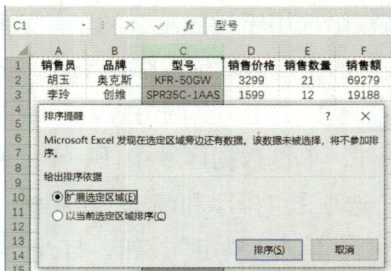

图 4-38　多关键字排序结果

图 4-39　"排序提醒"对话框

4.5.2.3　数据筛选

使用筛选可使数据表中仅显示那些满足条件的行，不符合条件的行将被隐藏。Excel 2016 中可以使用两种方式筛选数据——自动筛选和高级筛选。

（1）自动筛选。

自动筛选可以轻松地显示出工作表中满足条件的记录行，它适用于简单条件的筛选。自动筛选有 3 种筛选类型：按列表值、按格式和按条件。这 3 种筛选类型是互斥的，用户只能选择其中的一种进行数据筛选。

步骤 1　打开"空调销售表"工作簿，单击有数据的任意单元格，或选中要参与数据筛选的单元格区域 A1：F13，单击"数据"选项卡"排序和筛选"组中的"筛选"按钮，此时标题行单元格的右侧将出现三角筛选按钮▼。

步骤2 单击"销售额"列标题右侧的三角筛选按钮▼，在展开的列表中选择"数字筛选"，在展开的子列表中选择一种筛选条件，如"大于或等于"项，在打开的"自定义自动筛选方式"对话框中输入50000，单击"确定"按钮，如图4-40所示。此时，销售额小于50000的数据将被隐藏。

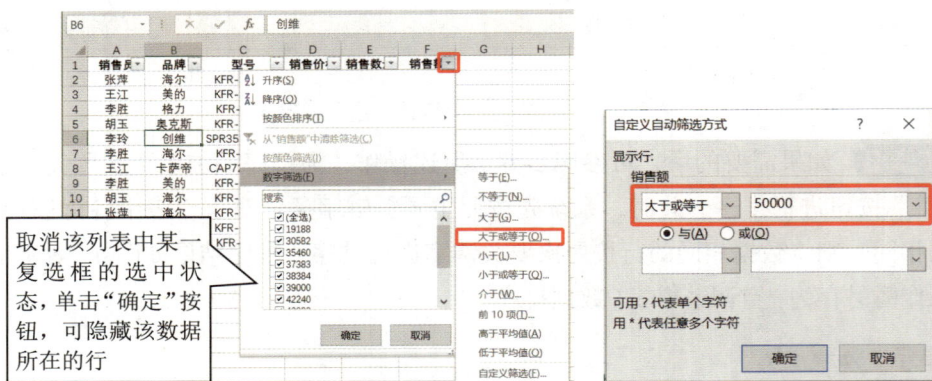

图4-40 按条件进行筛选

步骤3 将工作簿另存为"电器销售表（自动筛选）"。

（2）高级筛选。

高级筛选用于通过复杂的条件来筛选单元格区域。使用高级筛选时，应首先在选定工作表中的指定区域创建筛选条件，选择参与筛选的数据区域和筛选条件以进行筛选。

步骤1 打开"空调销售表"工作簿，在工作表的空白单元格中输入列标题和对应的筛选条件，单击数据区域中任一单元格，也可先选中要进行高级筛选的数据区域。单击"数据"选项卡"排序和筛选"组中的"高级"按钮▼，如图4-41所示。此时如果出现提示对话框，单击"确定"按钮，打开"高级筛选"对话框。

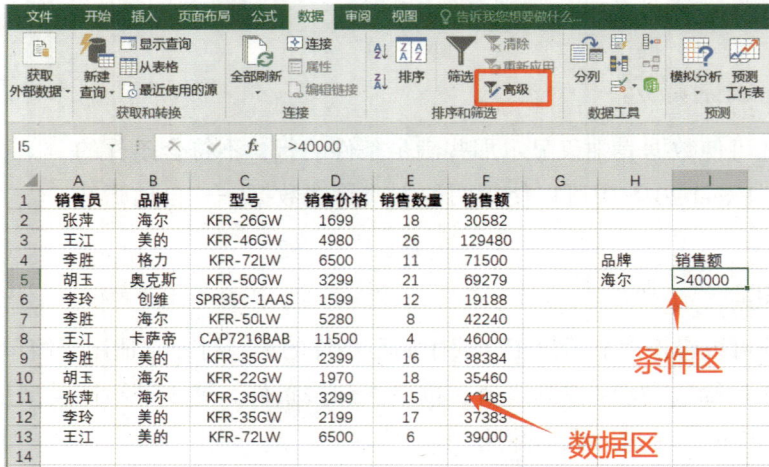

图4-41 输入列标题和筛选条件

提示

条件区域与数据区域之间至少要有一个空列或空行，且条件可以是两列或两列以上，或是单列中的多个条件。另外，筛选条件中的字符一定要与数据表中的字符相匹配，否则筛选时会出错。

步骤 2　在"高级筛选"对话框中确认"列表区域"（即数据区域）中显示的单元格区域是否正确（若不正确，可单击其右侧的 ▦ 按钮，在工作表中重新选择要进行筛选操作的单元格区域），设置筛选结果的显示方式，如图 4-42 所示。

步骤 3　单击"高级筛选"对话框"条件区域"右侧的 ▦ 按钮，打开"高级筛选-条件区域"对话框，在工作表中单击鼠标左键并拖动鼠标选择步骤 1 设置的条件区域，单击对话框中的 ▦ 按钮，返回"高级筛选"对话框，如图 4-43 所示。

图 4-42　"高级筛选"对话框　　　　图 4-43　指定高级筛选的条件区域

步骤 4　单击"复制到"右侧的 ▦ 按钮，打开"高级筛选-复制到"对话框，在工作表中单击想要设置为放置筛选结果的区域的第一个单元格（区域左上角单元格），单击"高级筛选-复制到"对话框中的 ▦ 按钮，返回"高级筛选"对话框，如图 4-44 所示。

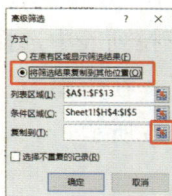

图 4-44　指定筛选结果放置区域的左上角的单元格

步骤 5　单击"确定"按钮，系统将根据指定的条件对工作表进行筛选，并将筛选结果放置到指定区域。最后将工作簿另存为"空调销售表（高级筛选）"。

（3）取消筛选。

如果要取消对某一列进行的筛选，可单击该列的列标签单元格右侧的三角按钮 ▾，在展开的列表中选中"全选"复选框，单击"确定"按钮。要取消对所有列进行的筛选，可单击"数据"选项卡"排序和筛选"组中的"清除"按钮 ▿。如果要删除数据表中的三角

筛选按钮 ⊡ ，可单击"数据"选项卡"排序和筛选"组中的"筛选"按钮 ▼ 。

4.5.2.4 分类汇总

分类汇总有简单分类汇总和嵌套分类汇总之分，无论哪种汇总方式，进行分类汇总的数据表的第一行都必须有列标签，并且在分类汇总前必须对作为分类字段的列进行排序。

（1）简单分类汇总。

简单分类汇总是指以数据表中的某列作为分类字段进行汇总。下面在"空调销售表"中以"销售员"作为分类字段，对"销售额"进行求和分类汇总。

步骤 1 打开"空调销售表"工作簿，对"销售员"列数据进行升序排列，效果如图4-45 所示。

	A	B	C	D	E	F
1	销售员	品牌	型号	销售价格	销售数量	销售额
2	胡玉	奥克斯	KFR-50GW	3299	21	69279
3	胡玉	海尔	KFR-22GW	1970	18	35460
4	李玲	创维	SPR35C-1AAS	1599	12	19188
5	李玲	美的	KFR-35GW	2199	17	37383
6	李胜	格力	KFR-72LW	6500	11	71500
7	李胜	海尔	KFR-50LW	5280	8	42240
8	李胜	美的	KFR-35GW	2399	16	38384
9	王江	美的	KFR-46GW	4980	26	129480
10	王江	卡萨帝	CAP7216BAB	11500	4	46000
11	王江	美的	KFR-72LW	6500	6	39000
12	张萍	海尔	KFR-26GW	1699	18	30582
13	张萍	海尔	KFR-35GW	3299	15	49485

图 4-45　按销售员对数据进行升序排序

步骤 2 单击工作表中有数据的任一单元格，单击"数据"选项卡"分级显示"组中的"分类汇总"按钮 ▦ ，打开"分类汇总"对话框，在"分类字段"下拉列表中选择要分类的字段"销售员"，在"汇总方式"下拉列表中选择汇总方式"求和"，在"选定汇总项"列表中选择要汇总的项目"销售额"（可以选择多个汇总项），如图4-46 所示。

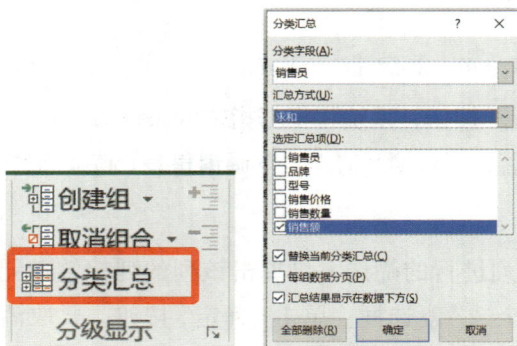

图 4-46　设置简单分类汇总的参数

步骤3　单击"确定"按钮，即可将工作表中的数据按销售员对销售额进行汇总，如图 4-47 所示。最后另存工作簿为"空调销售表（按销售员分类汇总）"。

	销售员	品牌	型号	销售价格	销售数量	销售额
1	销售员	品牌	型号	销售价格	销售数量	销售额
2	胡玉	奥克斯	KFR-50GW	3299	21	69279
3	胡玉	海尔	KFR-22GW	1970	18	35460
4	胡玉 汇总					104739
5	李玲	创维	SPR35C-1AAS	1599	12	19188
6	李玲	美的	KFR-35GW	2199	17	37383
7	李玲 汇总					56571
8	李胜	格力	KFR-72LW	6500	11	71500
9	李胜	海尔	KFR-50LW	5280	8	42240
10	李胜	美的	KFR-35GW	2399	16	38384
11	李胜 汇总					152124
12	王江	美的	KFR-46GW	4980	26	129480
13	王江	卡萨帝	CAP7216BAB	11500	4	46000
14	王江	美的	KFR-72LW	6500	6	39000
15	王江 汇总					214480
16	张萍	海尔	KFR-26GW	1699	18	30582
17	张萍	海尔	KFR-35GW	3299	15	49485
18	张萍 汇总					80067
19	总计					607981

图 4-47　简单分类汇总的结果

提示

　　如果想要对该表继续以"销售员"作为分类字段，可以选择其他"汇总方式""汇总项"进行分类汇总。具体操作为：打开"分类汇总"对话框，在"汇总方式"下拉列表中选择其他汇总方式，如"计数"，在"选定汇总项"下拉列表中选择"型号"，取消选择"替换当前分类汇总"复选框，单击"确定"按钮。该方式也被称为多重分类汇总。

（2）嵌套分类汇总。

　　嵌套分类汇总用于对多个分类字段进行汇总。例如，如果想要在"空调销售表"中分别以"销售员"和"品牌"作为分类字段，对"销售额"进行求和汇总，其操作步骤如下：

步骤1　打开"空调销售表"，进行多关键字排序。其中，主要关键字为"销售员"，按升序排列，次要关键字为"品牌"，按降序排列。

步骤2　参考简单分类汇总的操作，以"销售员"作为分类字段，对"空调销售表"进行第一次分类汇总（操作见"简单分类汇总"中的步骤 1 ~ 3）。

步骤3　再次打开"分类汇总"对话框，设置"分类字段"为"品牌""汇总方式"为"求和""选定汇总项"为"销售额"，并取消"替换当前分类汇总"复选框，单击"确定"按钮，如图 4-48 所示，效果如图 4-49 所示。

		A	B	C	D	E	F
	1	销售员	品牌	型号	销售价格	销售数量	销售额
	2	胡玉	海尔	KFR-22GW	1970	18	35460
	3		海尔 汇总				35460
	4	胡玉	奥克斯	KFR-50GW	3299	21	69279
	5		奥克斯 汇总				69279
	6	胡玉 汇总					104739
	7	李玲	美的	KFR-35GW	2199	17	37383
	8		美的 汇总				37383
	9	李玲	创维	SPR35C-1AAS	1599	12	19188
	10		创维 汇总				19188
	11	李玲 汇总					56571
	12	李胜	美的	KFR-35GW	2399	16	38384
	13		美的 汇总				38384
	14	李胜	海尔	KFR-50LW	5280	8	42240
	15		海尔 汇总				42240
	16	李胜	格力	KFR-72LW	6500	11	71500
	17		格力 汇总				71500
	18	李胜 汇总					152124
	19	王江	美的	KFR-46GW	4980	26	129480
	20	王江	美的	KFR-72LW	6500	6	39000
	21		美的 汇总				168480
	22	王江	卡萨帝	CAP7216BAB	11500	4	46000
	23		卡萨帝 汇总				46000
	24	王江 汇总					214480
	25	张萍	海尔	KFR-26GW	1699	18	30582
	26	张萍	海尔	KFR-35GW	3299	15	49485
	27		海尔 汇总				80067
	28	张萍 汇总					80067
	29	总计					607981

图 4-48　第二次分类汇总的参数　　　　图 4-49　嵌套分类汇总的结果

（3）分级显示数据。

从图 4-49 可以看出，对工作表中的数据执行分类汇总后，在工作表的左侧将显示一些符号，如 1 2 3 4 、 - 等，通过单击这些符号可对分类汇总的结果进行分级显示，从而显示或隐藏工作表中的明细数据。

■■■ **分级显示明细数据**：单击分级显示符号 1 2 3 4 可显示相应级别的数字，较低级别的明细数据会隐藏起来。

■■■ **隐藏与显示明细数据**：单击工作表左侧的折叠按钮 - 可以隐藏对应汇总项的原始数据，此时该按钮变为 + ，单击该按钮将显示被隐藏的原始数据。

■■■ **清除分级显示**：不需要分级显示时，可以根据需要将其部分或全部清除。想要取消部分分级显示，可先选择要取消分级显示的行，单击"数据"选项卡上"分级显示"组中的"取消组合"→"清除分级显示"项。想要取消全部分级显示，可单击分类汇总工作表中的任意单元格，选择"清除分级显示"项。

（4）取消分类汇总。

想要取消分类汇总，可打开"分类汇总"对话框，单击"全部删除"按钮。删除分类汇总的同时，Excel 2016 会删除与分类汇总一起插入到列表中的分级显示。

任务 4.6　制作销售图表和数据透视表

通过制作空调销售图表以比较各销售员的销售数据，学习在 Excel 2016 中创建、编辑和美化图表方法。通过创建空调销售数据透视图，查看、汇总、筛选和分析各销售员或各品牌的销售数据，学习创建数据透视图的方法。

4.6.1　相关知识

4.6.1.1　认识图表

利用 Excel 2016 图表可以直观地反映工作表中的数据，方便用户进行数据的比较和预测。

创建和编辑图表，首先需要认识图表的组成元素（称为图表项），以柱形图为例：它主要由图表区、标题、绘图区、坐标轴、图例、数据系列等组成，如图 4-50 所示。

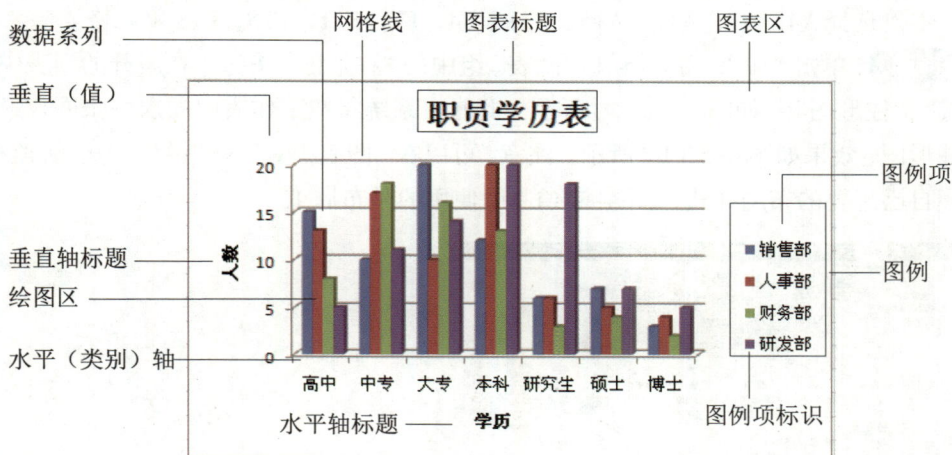

图 4-50　图表组成元素

Excel 2016 支持创建各种类型的图表，如柱形图、折线图或面积图、层次结构图、统计图、散点图或气泡图、瀑布图或股票图、组合图、曲面图或雷达图等，可以用多种方式表示工作表中的数据，如图 4-51 所示。例如，可以用柱形图比较数据间的多少关系；用折线图反映数据的变化趋势；用饼图表现数据间的比例分配关系。

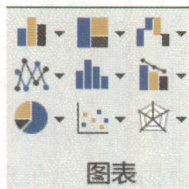

图 4-51　图表类型

4.6.1.2 认识数据透视表

数据透视表能够将数据筛选、排序和分类汇总等操作依次完成（不需要使用公式和函数），并生成汇总表格，这是 Excel 2016 强大的数据处理能力的具体体现。

为确保数据可用于数据透视表，在创建数据源时需要做到以下几个方面：

▓ 删除所有空行或空列。

▓ 删除所有自动小计。

▓ 确保第一行包含列标签。确保各列只包含一种类型的数据，而不能是文本与数字的混合。

4.6.2 任务实施

制作销售图表和
数据透视表

4.6.2.1 创建图表

"空调销售表（按销售员分类汇总）"中的数据图表创建的具体步骤如下：

步骤 1 打开"空调销售表（按销售员分类汇总）"工作簿，选中要创建图表的数据区域，本例选择 A4，A7，A11，A15，A18，F4，F7，F11，F15，F18 单元格。

步骤 2 单击"插入"选项卡上"图表"组中的"柱形图"按钮，在展开的列表中选择"三维簇状柱形图"，如图 4-52（a）所示。此时，系统将在工作表中插入一张嵌入式三维簇状柱形图，效果如图 4-52（b）所示。注意，可以在"图表工具"→"设计"→"快速布局"中选择自己想要的布局样式，图 4-52（b）中使用的是布局 1。

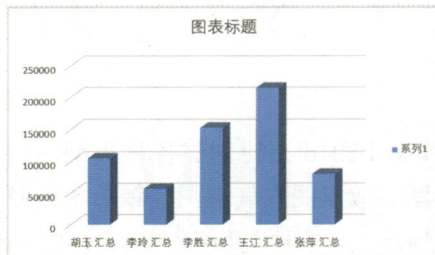

（a） （b）

图 4-52　创建图表

4.6.2.2 编辑图表

图表创建后将自动被选中，在 Excel 2016 的功能区将出现"图表工具"选项卡，包括 2 个子选项卡：设计和格式。用户可以利用这 2 个子选项卡对创建的图表进行编辑和美化。"图表工具"→"设计"选项卡主要用来添加或取消图表的组成元素。

步骤 1　单击图表将其激活，在"图表工具"→"设计"选项卡的"图表布局"组中单击"添加图表元素"按钮，在展开的列表中选择"图表标题"→"图表上方"，将图表标题修改为"一季度空调销售图表"。因为已经选择了快速布局，其中布局 1 已经包含了图表标题，所以直接修改即可。其他元素都可以在"添加图表元素"的按钮中进行选择和配置。

步骤 2　点击"设计"选项卡的"添加图表元素"，点击"轴标题"→"主要横坐标轴"，如图 4-53（a）所示，图表将会显示横坐标轴标题，输入坐标轴标题名称"销售员"，如图 4-53（b）所示。

（a）　　　　　　　　　　　　　　　　（b）

图 4-53　为图表添加横坐标轴标题

步骤 3　点击"设计"选项卡的"添加图表元素"，点击"轴标题"→"主要纵坐标轴"，输入坐标轴标题名称"销售额"，再参考图 4-54（a）、4-54（b）添加"数据标签"。将"图例"项关闭再采用拖动方式适当调整标题"销售员"位置，此时的图表效果如图 4-54（c）所示。

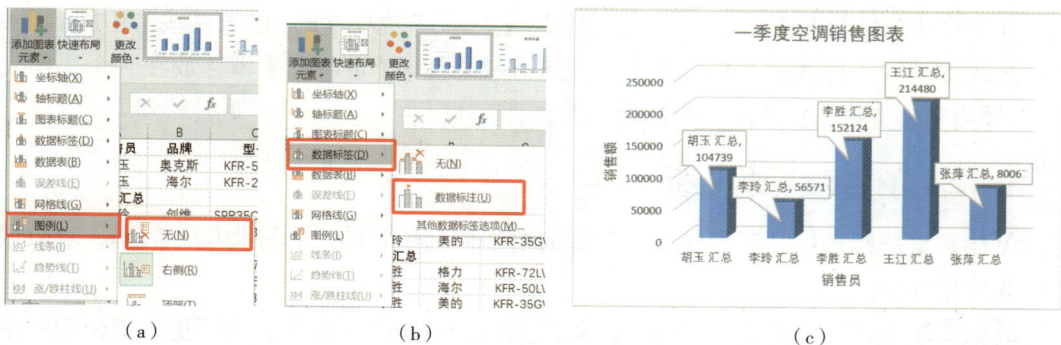

（a）　　　　　　　　　（b）　　　　　　　　　　（c）

图 4-54　添加主要纵坐标轴标题和数据标签并关闭图例项

如果想要快速设置图表布局，可在"图表工具"→"设计"选项卡的"图表布局"组中选择一种系统内置的布局样式。

4.6.2.3　美化图表

利用"图表工具"→"格式"选项卡可分别对图表的图表区、绘图区、标题、坐标轴、图例项、数据系列等组成元素进行格式设置，如使用系统提供的形状样式快速设置　或单独设置填充颜色、边框颜色和字体等，从而美化图表。

步骤 1 切换到"图表工具"→"格式"选项卡，将鼠标指针移到图表空白处，待显示"图表区"时单击鼠标左键，选中图表区，或在"当前所选内容"组中的"图表元素"下拉列表中进行选择。在对图表的各组成元素进行设置时，需要选中要设置的元素，用户可参考选择图表区的方法来选择图表的其他组成元素。

步骤 2 单击"形状样式"组中的"形状填充"按钮，在弹出的颜色列表中为图表区设置颜色，如橙色，如图 4-55（a）所示。

步骤 3 在"当前所选内容"组中的"图表元素"下拉列表中选择"绘图区"，选中图表的绘图区，在"形状样式"组的列表中选择一种样式，如图 4-55（b）所示。

步骤 4 参考前面的方法，选择"系列 1"并为其应用系统内置的样式，适当调整坐标轴标题的位置，效果如图 4-55（c）所示。最后将工作簿另存为"空调销售表（美化图表）"。

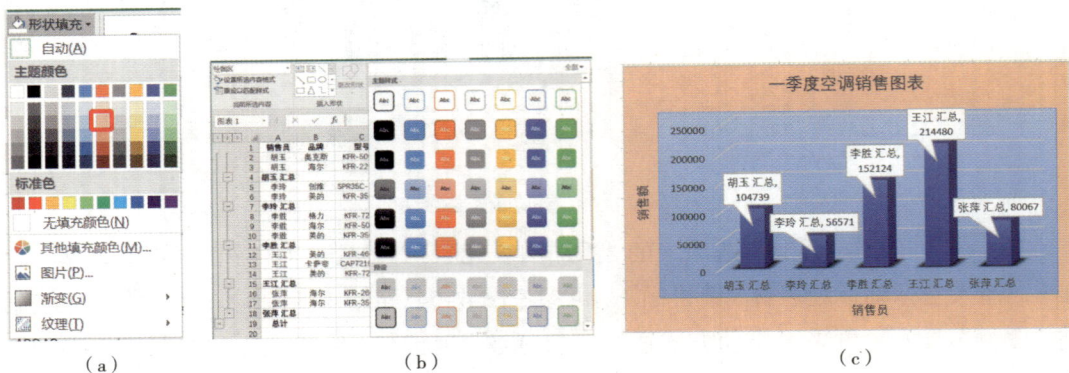

（a）　　　　　　　　　（b）　　　　　　　　　（c）

图 4-55　美化图表

如果要快速美化图表，可在"图表工具"→"设计"选项卡的"图表样式"组中选择一种系统内置的图表样式。利用该选项卡还可以移动图表（可将图表单独放在一个工作表中），转换图表类型，更改图表的数据源等。

4.6.2.4 创建数据透视表

创建数据透视表后，读者要重点掌握的是如何利用它筛选和分类汇总数据，对数据进行立体化的分析。

步骤 1 打开本书配套"空调销售表（透视表素材）"工作簿，为了更好地说明数据透视表的应用，在原"空调销售表"中添加了"销售部"列。

步骤 2 单击任意非空单元格，单击"插入"选项卡"表格"组中的"数据透视表"按钮，在展开的列表中选择"数据透视表"选项。

步骤 3 在打开对话框的"表/区域"编辑框中自动显示了工作表名称和单元格区域的引用。如果显示的单元格区域引用不正确，可以单击其右侧的压缩对话框按钮，在工作表中重新选择。确认选中"新工作表"单选按钮（表示将数据透视表放在新工作表中），然后单击"确定"按钮。

步骤 4 创建一个新工作表并在其中添加一个空的数据透视表。此时，Excel 2016 的功能区自动显示"数据透视表工具"选项卡，包括"分析"和"设计"两个子选项卡，工作表编辑区的右侧将显示出"数据透视表字段列表"窗格，以便用户添加字段、创建布局和自定义数据透视表。

> **提示**
>
> 默认情况下，"数据透视表字段列表"窗格显示两部分：上方的字段列表区是源数据表中包含的字段（列标签），将其拖入下方字段布局区域中的"报表筛选""列标签""行标签"和"数值"等列表框中，即可在报表区域（工作表编辑区）显示相应的字段和汇总结果。"数据透视表字段列表"窗格下方各选项的含义如下：
>
> 值：用于显示需要汇总数值数据。
>
> 行：用于将字段显示为报表侧面的行。
>
> 列：用于将字段显示为报表顶部的列。
>
> 筛选器：用于筛选整个报表。

步骤 5 在"数据透视表字段列表"窗格中将所需字段拖到字段布局区域的相应位置。本例将"销售部"字段拖到"报表筛选"区域，将"销售员"字段拖到"列标签"区域，将"品牌"字段拖到"行标签"区域，将"销售额"字段拖到"数值"区域，如图 4-56 所示。然后在数据透视表外单击，就完成了数据透视表的创建。

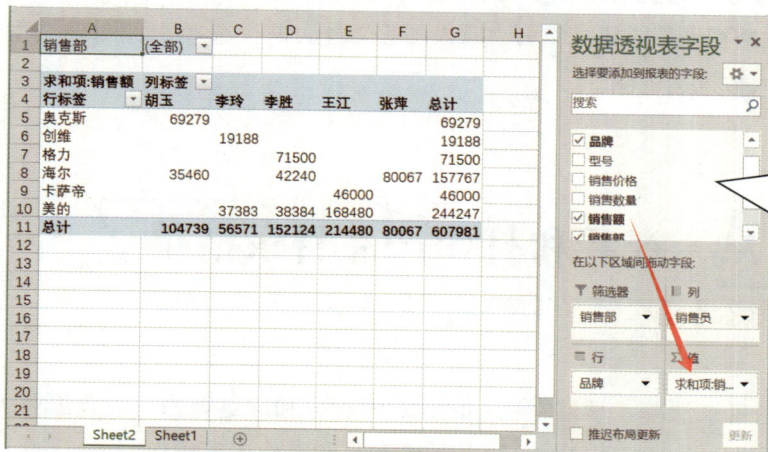

图 4-56 对数据透视表进行布局

步骤 6 要分别查看各销售部门的汇总数据，可单击"销售部"右侧的筛选按钮，从弹出的下拉列表中选择要查看的部门，单击"确定"按钮。

步骤 7 还可以分别单击"行标签"或"列标签"右侧的筛选按钮，在弹出的列表中选择或取消选择需要单独汇总的记录。

> **提示**
>
> 创建数据透视表后，单击透视表区域任一单元格，将显示"数据透视表字段列表"

窗格。其中，在字段布局区单击添加的字段，从弹出的列表中选择"删除字段"项可删除字段；对于添加到"数值"列表中的字段，还可以选择"值字段设置"选项，在打开的对话框中重新设置字段的汇总方式，如将"求和"改为"平均值"，如图4-57所示。

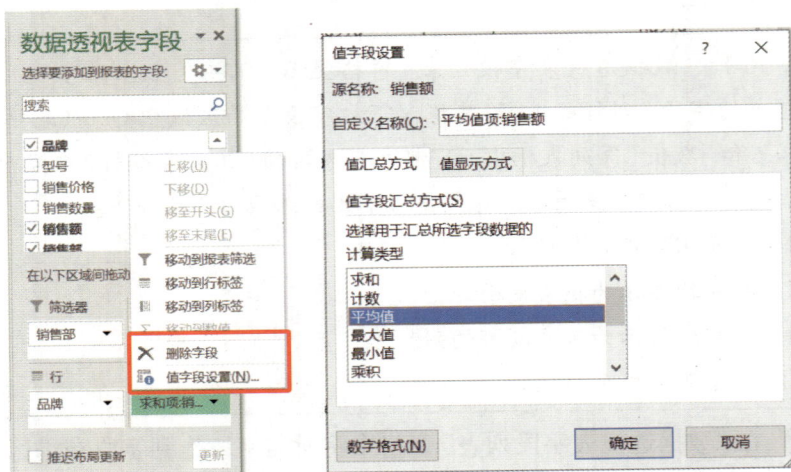

图4-57　更改数据透视表

创建数据透视表后，还可以利用"数据透视表工具"→"分析"选项卡中的"数据"→"更改数据源"更改数据透视表的数据源，"工具"→"数据透视图"添加数据透视图等。例如，单击"数据透视图"按钮，打开"插入图表"对话框，选择一种图表类型，单击"确定"按钮即可插入数据透视图。

任务 4.7　查看和打印产品目录清单

通过查看和打印产品目录清单，学习在Excel 2016中拆分和冻结窗格、设置纸张大小和方向、设置页眉和页脚，设置打印区域，以及预览和打印工作表等操作。

4.7.1　相关知识

拆分窗格：在对大型表格进行编辑时，由于屏幕所能查看的范围有限而无法做到数据的上下、左右对照，此时可以利用Excel 2016提供的拆分功能，对表格进行"横向"或"纵向"分割，以便同时观察或编辑表格的不同部分。

冻结窗格：在查看大型报表时，往往因为行、列数太多，数据内容与行列标题无法对照。此时，虽可通过拆分窗格来查看，但还是会常常出错。使用"冻结窗格"命令则可解决此问题，从而大大地提高工作效率。

　　⬛ **页面设置**：在打印工作表前，首先需要对要打印的工作表进行页面设置，如打印纸张的大小、页边距、打印方向、页眉、页脚和打印区域等。

　　⬛ **分页预览**：如果需要打印的工作表内容不止一页，Excel 2016 会自动在工作表中插入分页符将工作表分成多页打印。用户可在打印前查看分页情况，并对分页符进行调整，或重新插入分页符，从而使分页打印符合要求。

　　⬛ **预览和打印文件**：设置好页面和分页符后，可以对工作表进行打印，但在打印前最好对打印效果进行预览。

4.7.2　任务实施

4.7.2.1　拆分和冻结窗格

（1）拆分窗格。

　　通过拆分窗格可以同时查看分隔较远的工作表数据。拆分窗格可以通过"视图"选项卡中的"窗口"分组的"拆分"按钮 进行。可以进行水平拆分、垂直拆分以及十字形拆分。

　　步骤 1　打开本书配套素材相关文件夹中的"产品目录清单"文件。

　　步骤 2　水平拆分。选中想要拆分到的行位置，点击"拆分"按钮，将会从选中行上沿来进行水平拆分，将窗格水平地分为上下两个窗口，如图 4-58 所示。

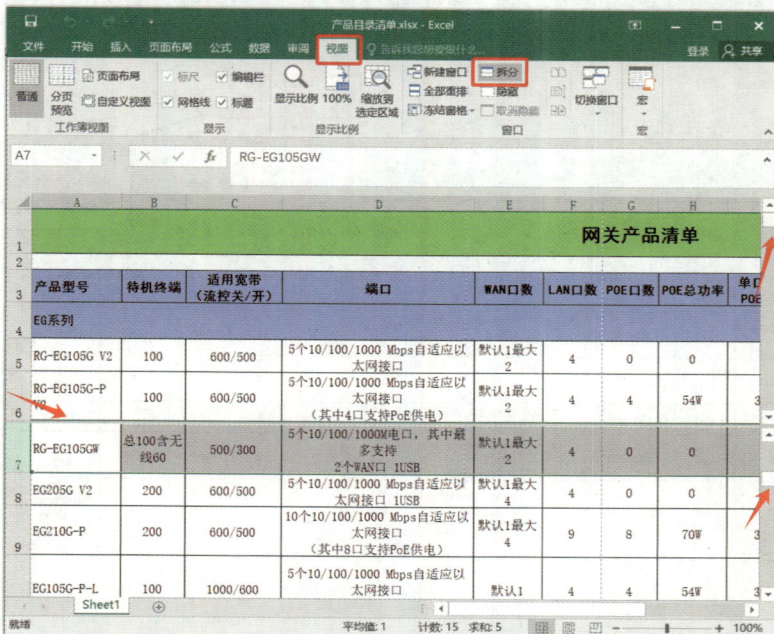

图 4-58　水平拆分窗格效果

　　步骤 3　垂直拆分。选中想要拆分到的列位置，点击"拆分"按钮，将会从选中行左沿来进行垂直拆分，将窗格垂直地分为左右两个窗口。

　　步骤 4　十字拆分。十字拆分是同时进行了"水平拆分"和"垂直拆分"。选中想要拆分的单元格位置，点击"拆分"按钮，将会以当前单元格左上角为中心，将窗口拆分为十字形的 4 个窗口。

可以看到进行拆分窗格后，被拆分出的几个窗格相互独立。每个窗格都有独立的滚动条，可以单独进行鼠标滚轮滚动和左右移动，调整当前窗格的显示区域，其他窗格不受影响。需要注意的是，如果只是水平拆分，那么上下两个窗格左右滚动时滚动条位置保持一致。垂直拆分时，左右两个窗格上下滚动时位置保持一致。

步骤 5 取消拆分。在进行任意拆分后，再次点击"拆分"按钮，将会取消当前拆分设置。

（2）冻结窗格。

利用冻结窗格功能，可以保持工作表的某一部分数据在其他部分滚动时始终可见。例如，在查看过长的表格时保持首行可见，在查看过宽的表格时保持首列可见。

冻结窗格：单击"产品目录清单"表的第 5 行的任意单元格，单击"视图"选项卡上"窗口"组中的"冻结窗格"按钮，在展开的列表中选择"冻结拆分窗格"项，如图 4-59 所示。此时，所选单元格以上的行和以左的列被冻结。当滚动鼠标滚轮或拖动垂直滚动条向下查看工作表内容时，单元格以上的行始终显示，当左右滚动窗口滚动条向右查看工作表内容时，单元格以左的列始终显示。如果只想冻结单元格以上的行，可以选择此行下一行的第一个单元格。列冻结同理。

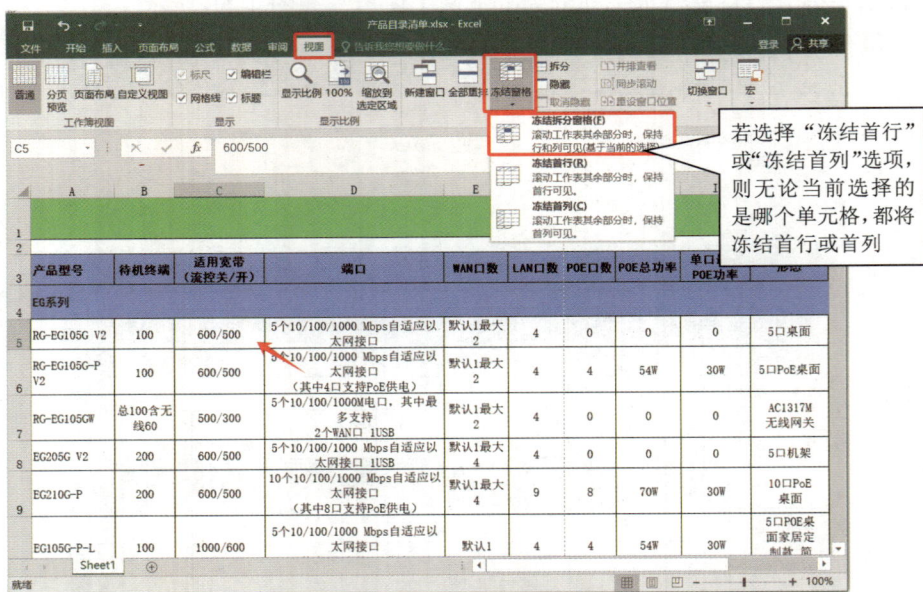

图 4-59　冻结窗格

取消冻结窗格：单击工作表中的任意单元格，在"冻结窗格"下拉列表中选择"取消冻结窗格"项即可。

4.7.2.2　设置页面、页眉和页脚

"产品目录与价格"工作簿的页面设置如下：

▓▓ **设置纸张大小、方向和页边距**：用户可利用功能区"页面布局"选项卡"页面设置"组中的相应按钮设置这些参数，也可利用"页面设置"对话框进行设置。单击"页面设置"组右下角的对话框启动器按钮 ▫，打开"页面设置"对话框。

在"页面"选项卡中参考图 4-60（a）所示设置纸张方向和大小；在"页边距"选项卡中参考图 4-60（b）所示设置页边距以及表格在纸张上的位置。

（a）　　　　　　　　　　　　　　　　（b）

图 4-60　设置纸张大小、方向和页边距

▓▓ **设置页眉和页脚**：将"页面设置"对话框切换到"页眉/页脚"选项卡，在"页脚"下拉列表框中选择 Excel 2016 内置的页脚，如"第 1 页"，再单击"自定义页眉"按钮，如图 4-61（a）所示，打开"页眉"对话框，在各编辑框中输入页眉文本，如在"中"编辑框中输入页眉文本"南昌职业大学"，在"右"编辑框中输入"2024 年 8 月"，如图 4-61（b）所示，依次单击"确定"按钮，完成设置。

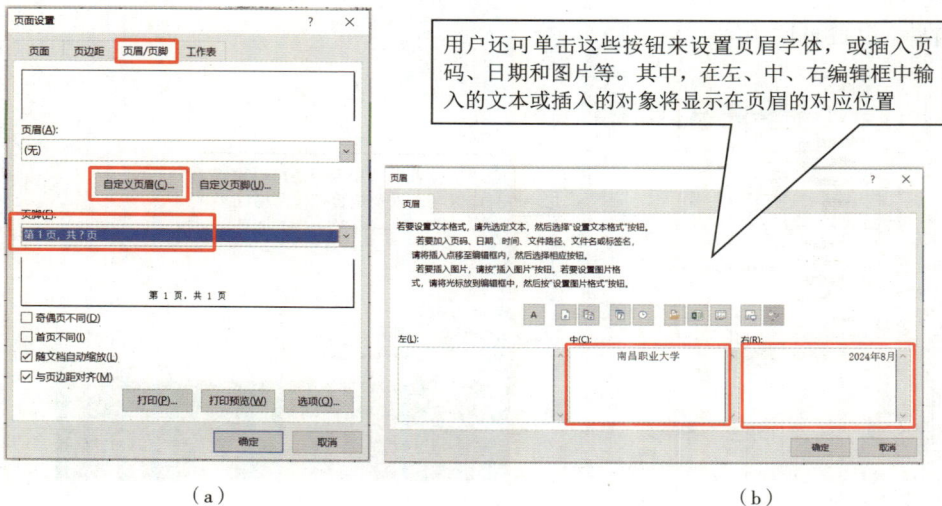

（a）　　　　　　　　　　　　　　　　（b）

图 4-61　设置页眉和页脚

4.7.2.3 设置打印区域和打印标题

默认情况下，Excel 2016 会自动选择有文字的最大行和列作为打印区域，通过设置打印区域可以只打印工作表中的部分数据。此外，如果工作表有多页，正常情况下，只有第 1 页能打印出标题行或标题列，为方便查看表格，通常需要为工作表的每页都加上标题行或标题列。以"产品目录清单"工作簿为例，具体操作如下：

⬛ **设置打印区域**：选择 A1：O10 单元格区域，在"页面布局"选项卡的"页面设置"组中单击"打印区域"按钮，从弹出的列表中选择"设置打印区域"选项，如图 4-62 所示，将所选单元格区域设置为打印区域。设置完成后，打印该文档时，只会打印所设置的单元格区域内容。

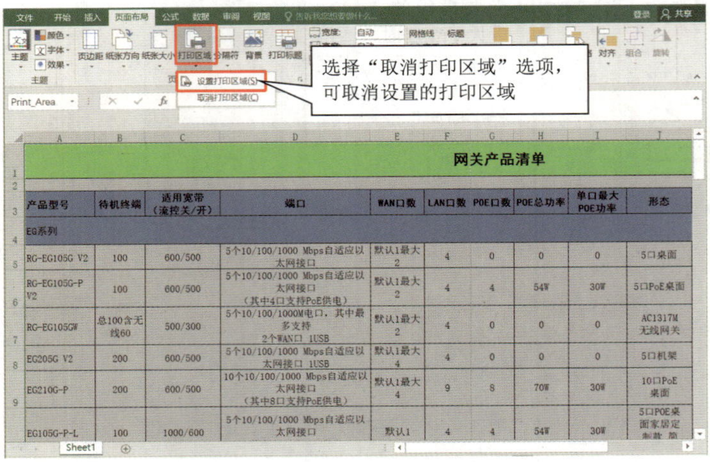

图 4-62　设置打印区域

⬛ **设置打印标题行**：参考前面的操作打开"页面设置"对话框，切换到"工作表"选项卡，单击"顶端标题行"选项右侧的压缩对话框按钮，如图 4-63（a）所示，在工作表中选择要在每页打印的标题行，此处选择第 1～3 行，如图 4-63（b）所示，再单击按钮，回到"页面设置"对话框，单击"确定"按钮，完成设置。将工作簿另存为"产品目录清单（设置页面）"。

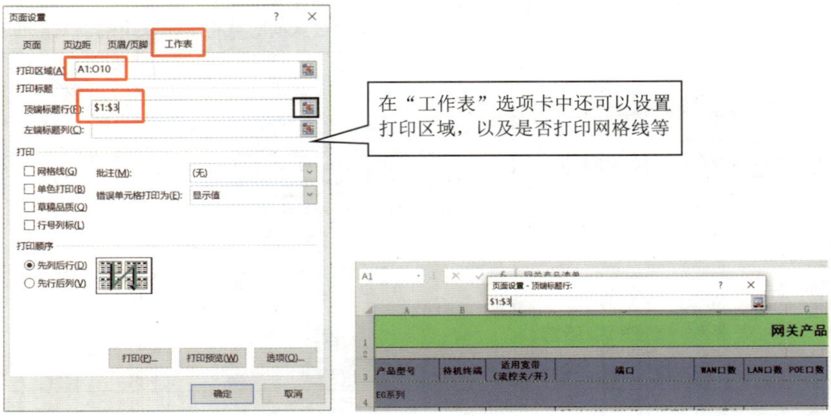

（a）　　　　　　　　　　　　　　（b）

图 4-63　设置打印标题行

4.7.2.4　分页预览与设置分页符

以"产品目录清单（设置页面）"工作簿为例，具体操作步骤如下：

步骤 1　单击功能区"视图"选项卡上"工作簿视图"组中的"分页预览"按钮，如图 4-64（a）所示，或单击"状态栏"上的"分页预览"按钮，可以将工作表从普通视图切换到分页预览视图，如图 4-64（b）所示。

（a）

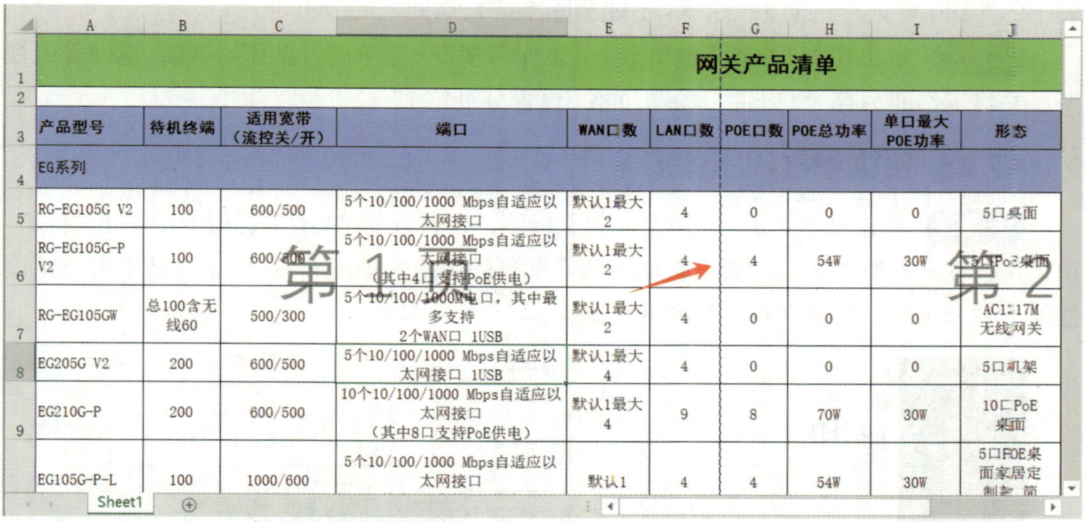

（b）

图 4-64　进入分页预览视图

步骤 2　如果工作表中需要打印的内容不止一页，Excel 2016 会自动插入分页符，将工作表分成多页，在分页预览视图中可看到分页情况。也可以在分页预览视图中改变默认分页符的位置，或插入、删除分页符，从而使表格的分页情况符合打印要求。要调整分页符的位置，只需将鼠标指针放置在分页符上，拖动鼠标即可，由于截图无法截到鼠标位置以及鼠标图标，如图 4-65 只展示实线的手动分页符。

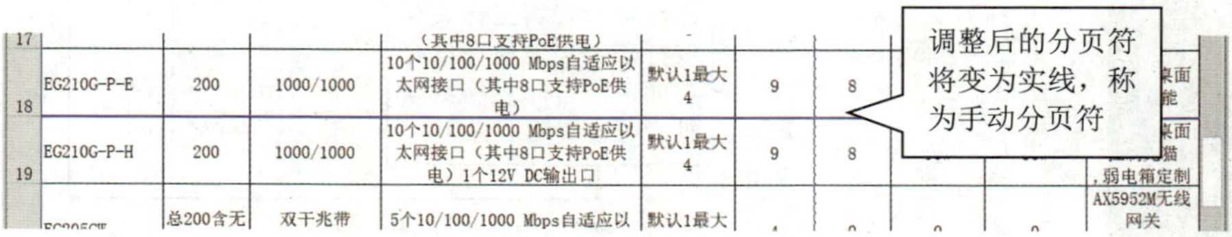

> 调整后的分页符将变为实线，称为手动分页符

图 4-65　调整后的手动分页符（实线）

步骤 3　要插入分页符，可选中要插入水平或垂直分页符位置的下方行或右侧列，单击功能区"页面布局"选项卡上"页面设置"组中的"分隔符"按钮，在展开的列表中选择"插入分页符"项即可，如图 4-66 所示。

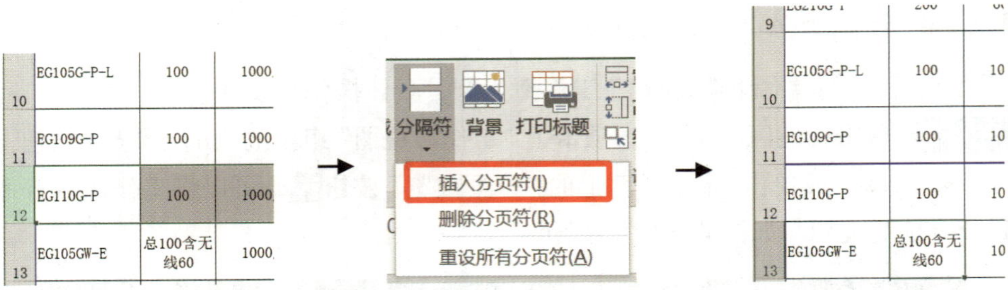

图 4-66　插入分页符

步骤 4　还可以将手动插入的分页符删除。单击垂直分页符右侧或水平分页符下方的单元格，或单击垂直分页符和水平分页符交叉处右下角的单元格，再单击"分隔符"列表中的"删除分页符"选项。注意：不能删除系统自动插入的分页符。

步骤 5　单击功能"视图"选项卡上"工作簿视图"组中的"普通"按钮，返回普通视图，并将工作簿另存为"产品目录与价格（设置分页符）"。

4.7.2.5　预览和打印工作表

步骤 1　单击功能区的"文件"选项卡标签，在打开的"文件"选项卡中单击"打印"项，可以在其右侧的窗格中查看打印前的实际打印效果。如图 4-67 所示，从中可看到设置的页眉和页脚，以及在每页打印的标题等。

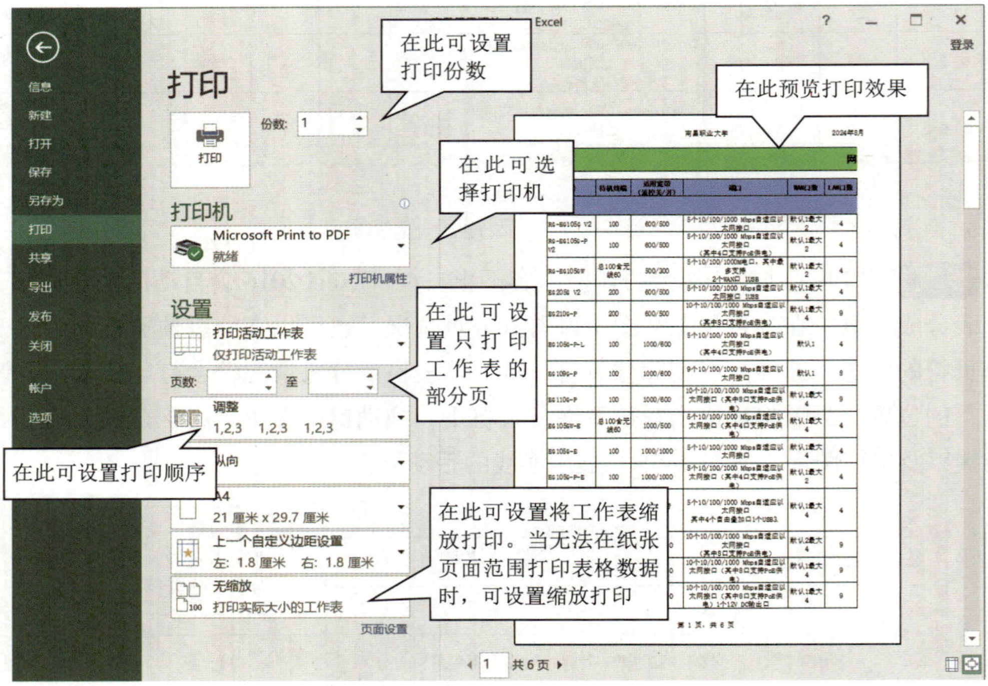

图 4-67　打开工作表的打印预览模式

步骤 2　单击右侧窗格左下角的"上一页"按钮 ◄ 和"下一页"按钮 ► ，可查看前一页或下一页的预览效果。在这两个按钮之间的编辑框中输入页码数字，然后按【Enter】键，可快速查看输入页的预览效果。

步骤 3 若对预览效果满意，在“份数”编辑框中输入打印份数，在“页数……至……”编辑框中输入打印的页面范围，单击“打印”按钮，即可按设置打印工作表。

项目总结

本项目学习了使用Excel 2016 制作电子表格的操作，包括工作簿和工作表基本操作、输入数据和编辑工作表、美化工作表、使用公式和函数、管理数据、制作图表和数据透视表，打印工作表等内容。其中，需要重点掌握使用公式和函数，对数据进行排序、筛选和分类汇总，以及制作图表和数据透视表的操作。

项目实训

一、制作水电费统计表

按要求制作如图 4-68 所示的 8 月和 9 月水电费，以及这两个月合计的水电费统计表，并将工作簿保存为“水电费统计表”。

8月水电费

门牌号	户主	电费				水费			
		上月表底	本月表底	用电量	电费	上月表底	本月表底	用水量	水费
0101	何华生	239	334	95	¥ 42.75	454	477	23	¥ 40.25
0102	王婷	123	189	66	¥ 29.70	453	487	34	¥ 59.50
0103	李平	122	175	53	¥ 23.85	322	443	121	¥ 211.75
0104	钟承绪	333	398	65	¥ 29.25	33	78	45	¥ 78.75
0105	罗丽婷	432	544	112	¥ 50.40	234	288	54	¥ 94.50
0106	江敏	23	65	42	¥ 18.90	221	288	67	¥ 117.25
0107	胡蓝星	124	343	219	¥ 98.55	321	354	33	¥ 57.75
0108	张美莲	324	456	132	¥ 59.40	33	78	45	¥ 78.75
0109	廖咏南	246	301	55	¥ 24.75	105	176	71	¥ 124.25
0110	曾虎龙	225	334	109	¥ 49.05	256	302	46	¥ 80.50
		电费合计			¥ 426.60	水费合计			¥ 943.25
电费单价	0.45	水费单价	1.75						

（a）

9月水电费

门牌号	户主	电费				水费			
		上月表底	本月表底	用电量	电费	上月表底	本月表底	用水量	水费
0101	何华生	334	365	31	¥ 13.95	477	501	24	¥ 42.00
0102	王婷	189	379	190	¥ 85.50	487	521	34	¥ 59.50
0103	李平	175	488	313	¥ 140.85	443	478	35	¥ 61.25
0104	钟承绪	398	425	27	¥ 12.15	78	99	21	¥ 36.75
0105	罗丽婷	544	569	25	¥ 11.25	288	311	23	¥ 40.25
0106	江敏	65	76	11	¥ 4.95	288	324	36	¥ 63.00
0107	胡蓝星	343	364	21	¥ 9.45	354	386	32	¥ 56.00
0108	张美莲	456	471	15	¥ 6.75	78	101	23	¥ 40.25
0109	廖咏南	301	326	25	¥ 11.25	176	204	28	¥ 49.00
0110	曾虎龙	334	375	41	¥ 18.45	302	328	26	¥ 45.50
		电费合计			¥ 314.55	水费合计			¥ 493.50
电费单价	0.45	水费单价	1.75						

（b）

8-9月电费合计	
电费合计	¥ 741.15
水费合计	¥1,436.75

（c）

图 4-68　水电费统计表效果

（1）在新建的空白“工作簿1”中插入Sheet2和Sheet3工作表，将它们分别重命名为“8月”“9月”“合计”。然后同时选中“8月”和“9月”工作表，使其成为工作表组，参考图4-69在“8月”工作表中输入表格基本数据、设置表格结构及美化表格。此时，在“9月”工作表中也将创建相同的表格。具体设置如下：

- 居中合并A1：J1单元格区域，设置字号为20；分别居中合并A2：A3、B2：B3、C2：F2、G2：J2、A14：B14、C14：E14、G14：I14单元格区域；设置A2：B3、C2：J2单元格区域的字号为14号，加粗显示；设置C3：J3、A4：J15区域的字体为12号，居中显示。
- 设置F4：F14，以及J4：J14单元格区域的数字格式为“会计专用”。
- 按照图4-69样式设置表格框线，分为A2：J14、A15：D15两个区域分别设置为粗外框线和细内框线。
- 为C3：J3单元格区域设置浅绿底纹，为F4：F13，J4：J13单元格区域设置浅灰色底纹。
- 将第1行的行高调整为25，第2至第15行的行高调整为15；将F列和J列的列宽调整为12。

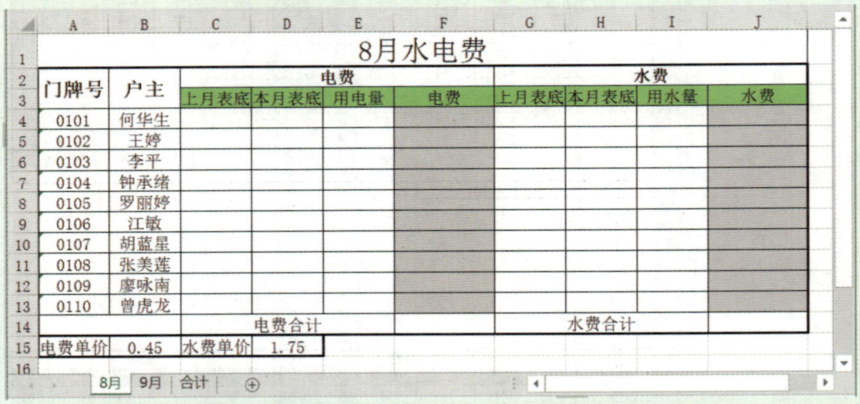

	A	B	C	D	E	F	G	H	I	J
1	8月水电费									
2	门牌号	户主	电费				水费			
3			上月表底	本月表底	用电量	电费	上月表底	本月表底	用水量	水费
4	0101	何华生								
5	0102	王婷								
6	0103	李平								
7	0104	钟承绪								
8	0105	罗丽婷								
9	0106	江敏								
10	0107	胡蓝星								
11	0108	张美莲								
12	0109	廖咏南								
13	0110	曾虎龙								
14			电费合计				水费合计			
15	电费单价	0.45	水费单价	1.75						

图4-69　在工作表组中设置表格结构、输入基本数据及美化表格

（2）单击“合计”工作标签取消工作表组，然后切换到“8月”工作表，参考图4-68（a），分别在电费和水费的“上月表底”“本月表底”列输入具体数据，并用公式计算出各户主的用电量和用水量（=本月表底—上月表底）。

（3）在“8月”工作表的F4单元格中输入公式“=E4*$B$15”（$B$15表示对B15单元格采用绝对引用），计算出第1个户主的电费。拖动F4单元格的填充柄至F13单元格，计算出其他户主的电费。使用相同的方法计算出各用户的水费（水费单价位于D15单元格中，同样使用绝对引用）。最后用“自动求和”按钮计算电费和水费合计。

（4）切换到“9月”工作表，将表格名称修改为“9月水电费”，参考图4-68（b），分别在水费和电费的“本月表底”列输入数据。

（5）在电费"上月表底"的第 1 个单元格（C4 单元格）中输入"="号，切换到"8 月"工作表，单击 D4 单元格，按【Enter】键，引用该单元格中的数据。此时将自动返回"9 月"工作表，向下拖动 C4 单元格的填充柄至 C13 单元格，完成各户主电费"上月表底"的输入。参考此方法完成水费"上月表底"各户主数据的输入。

（6）计算 9 月各户主的电费和水费，以及电费和水费合计。

（7）参考图 4-68（c），在"合计"工作表中输入基本数据，并利用求和公式，通过引用"8 月"和"9 月"工作表中的水费和电费合计，计算这 2 个月的水电费合计。

二、制作成绩评定表

按要求制作如图 4-70 所示的成绩评定表，并将工作簿保存为"成绩评定表"。

	学号	姓名	国际贸易	网络营销	ERP	网站建设与管理	英语2	就业指导	平均分	名次	级别
1											
2	04424001	韦巧碧	94	78	98	76	54	56	76	3	中
3	04424002	莫宽秀	42	73	91	52	47	52	59.5	20	不及格
4	04424003	翟福树	93	73	69	47	58	43	63.83	18	中
5	04424004	黄艳艳	78	68	59	60	95	59	69.83	11	中
6	04424005	陈慧萍	94	51	91	84	76	63	76.5	2	中
7	04424006	梁慧红	53	79	49	42	59	65	57.83	21	不及格
8	04424007	马晓梅	56	59	78	70	91	54	68	12	中
9	04424008	赖长妹	58	95	77	67	87	47	71.83	7	中
10	04424009	李华明	97	86	88	60	66	50	74.5	5	中
11	04424010	何启倩	71	42	41	56	51	86	57.83	21	不及格
12	04424011	陈仁	92	79	53	41	43	54	60.33	19	中
13	04424012	黄云	87	85	85	67	98	50	78.67	1	中
14	04424013	刘金兰	79	90	53	65	90	46	70.5	10	中
15	04424014	刘乐平	73	57	72	76	60	46	64	17	中
16	04424015	钟世恩	53	83	81	92	55	92	76	3	中
17	04424016	周福强	87	51	48	60	97	52	65.83	15	中
18	04424017	陈春红	63	42	79	61	97	55	66.17	14	中
19	04424018	陈旺	51	83	67	93	62	91	74.5	5	中
20	04424019	梁梅	89	69	94	54	45	76	71.17	8	中
21	04424020	覃小凤	84	41	59	97	46	58	64.17	16	中
22	04424021	李丽琴	84	52	74	40	88	63	66.83	13	中
23	04424022	王旭	76	74	53	82	46	53	70.67	9	中
24	04424023	申兆	66	67	57	49	40	68	57.83	21	不及格
25	注：成绩评定条件（以平均分为依据）：90-100分为优，80-90（不含）为良，60-80（不含）为中，60以下为不合格										

图 4-70 成绩评定表效果

（1）参考图 4-70，在工作表中输入成绩评定表基本数据（"学号"列的具体数据可用拖动填充柄方式输入，"平均分""名次"和"级别"列的具体数值暂不输入，为了快速输入成绩数据，可以使用随机数函数 RANDBETWEEN（bottom，top）来生成成绩。使用拖动填充柄或者复制的方式将数据填入其他单元格。如果想要一个固定的成绩，可以复制全部成绩之后，再右键→粘贴选项：值）。

（2）设置所有单元格的字号为 12，除最后一行外的单元格居中对齐。设置 A1：K1 单元格区域的字形为加粗，合并 A25：K25 单元格区域，调整所有行的行高为 18，以及按需求调整合适的列宽。

（3）为 A1：K25 单元格区域设置细边框；分别为 A1：K1、A2：A24、B2：B24 和 A25：K25 单元格区域设置不同颜色的底纹。

（4）使用函数计算“平均分”和“名次”列的数据。

（5）在 K2 单元格中输入公式“=IF（I2>=90，"优"，IF（I2>=80，"良"，IF（I2>=60，"中"，"不及格"）））”（注意：所有符号都需要在英文状态下输入），然后通过拖动填充柄复制公式的方式，判断出其他学生的考试成绩级别。

提示

IF 函数的功能是判断真假值，根据逻辑计算的真假值返回不同结果。其语法格式为 IF（logical_test，value_if_true，value_if_false），其中“logical_test”表示要选取的条件；“value_if_true”表示条件为真时返回的值；“value_if_false”表示条件为假时返回的值；logical_test 可以为任意值或表达式。

三、制作进货表并筛选和汇总数据

制作如图 4-71 所示的进货表，按要求筛选和分类汇总数据，并分别将筛选和分类汇总后的工作簿保存为“进货表（筛选）”和“进货表（分类汇总）”。

	A	B	C	D	E	F	G	H	I
1	进货表								
2	编号	进货日期	进货地点	货物名称	单位	单价	数量	金额	经手人
3	1	2024-07-25	甲批发部	星期六靴子	双	560	100	56000	吴小姐
4	2	2024-07-25	甲批发部	百丽靴子	双	710	150	106500	吴小姐
5	3	2024-07-25	甲批发部	红蜻蜓靴子	双	680	80	54400	吴小姐
6	4	2024-07-25	甲批发部	森达靴子	双	450	200	90000	吴小姐
7	5	2024-07-28	乙批发部	秋鹿睡衣（男款）	件	80	100	8000	李先生
8	6	2024-07-28	乙批发部	秋鹿睡衣（女款）	件	100	90	9000	李先生
9	7	2024-07-28	乙批发部	鄂尔多斯羊毛衫	件	300	150	45000	李先生
10	8	2024-07-28	乙批发部	达芙妮单鞋	双	150	80	12000	李先生
11	9	2024-07-28	乙批发部	曼可妮单鞋	双	160	80	12800	吴小姐
12	10	2024-07-28	乙批发部	361° 运动鞋	双	180	50	9000	吴小姐
13	11	2024-08-01	乙批发部	红蜻蜓靴子	双	680	50	34000	吴小姐
14	12	2024-08-01	丙批发部	夏克露斯	件	200	50	10000	李先生
15	13	2024-08-01	丙批发部	Voca外套	件	450	50	22500	李先生
16	14	2024-08-05	丙批发部	木真外套	件	350	50	17500	李先生
17	15	2024-08-05	丙批发部	圣洛兰外套	件	520	50	26000	吴小姐
18	16	2024-08-05	丙批发部	爱神外套	件	450	50	22500	吴小姐
19	17	2024-08-05	乙批发部	秋水伊人外套	件	120	100	12000	吴小姐
20	18	2024-08-08	乙批发部	红袖坊外套	件	260	80	20800	吴小姐
21	19	2024-08-08	乙批发部	蒂爱纳外套	件	220	100	22000	李先生
22	20	2024-08-08	甲批发部	达芙妮单鞋	双	150	100	15000	李先生
23	21	2024-08-12	甲批发部	曼可妮单鞋	双	160	80	12800	李先生
24	22	2024-08-12	甲批发部	361° 运动鞋	双	180	50	9000	吴小姐
25	23	2024-08-12	乙批发部	李宁运动鞋	双	240	120	28800	吴小姐
26	24	2024-08-12	乙批发部	运动外套	件	150	100	15000	吴小姐

图 4-71　进货表效果图

（1）筛选出进货地点为“乙批发部”，且金额高于 20000 的数据。

（2）利用嵌套分类汇总功能，汇总不同经手人在不同进货地点所进货物的数量和金额总计（先以“经手人”和“进货地点”作为关键字对表格进行排序，分别利用这两个字段作为分类字段进行汇总）。

四、制作家庭开支比例饼图

按以下操作提示制作家庭开支比例饼图，并将工作簿保存为"家庭开支比例饼图"。

（1）参考图 4-72（a），在工作表中输入相关数据。

（2）选中单元格区域 A1：D2，插入三维饼图，在"图表工具"→"设计"选项卡的"图表布局"组中选择"布局 2"。输入饼图标题，效果如图 4-72（b）所示。

	A	B	C	D	E
1	住房	饮食	衣服	其他	总支出
2	1600	800	200	1000	3600
3					

（a）

（b）

图 4-72　普通日常开支比例饼图

五、制作汽油销售数据透视表

按以下操作提示制作汽油销售数据透视表，并将工作簿保存为"汽油销售数据透视表"。

（1）参考图 4-73（a），在工作表中输入相关数据并对表格进行美化。

（2）在当前工作表中创建数据透视表，在"数据透视表字段列表"窗格中将"加油站"字段拖到"报表筛选"区域，"销售方式"字段拖到"列标签"区域，"数量"字段拖到"数值"区域，"油品名称"字段拖到"行标签"区域。

（3）单击数据透视表中"加油站"右侧"全部"右侧的三角按钮，在展开的列表中选择"中山路"加油站，单独查看该加油站的销售情况，如图 4-73（b）所示。

	A	B	C	D	E	F
1	加油站	油品名称	数量	单价	金额	销售方式
2	中山路	92#汽油	68	￥　2,178.00	￥　148,104.00	零售
3	中山路	92#汽油	105	￥　2,045.00	￥　214,725.00	批发
4	韶山路	92#汽油	78	￥　2,067.00	￥　161,226.00	批发
5	韶山路	92#汽油	78	￥　2,067.00	￥　161,226.00	批发
6	中山路	95#汽油	105	￥　2,045.00	￥　214,725.00	零售
7	韶山路	95#汽油	100	￥　2,178.00	￥　217,800.00	零售
8	中山路	95#汽油	68	￥　2,178.00	￥　148,104.00	批发
9	中山路	95#汽油	105	￥　2,045.00	￥　214,725.00	批发
10						

（a）

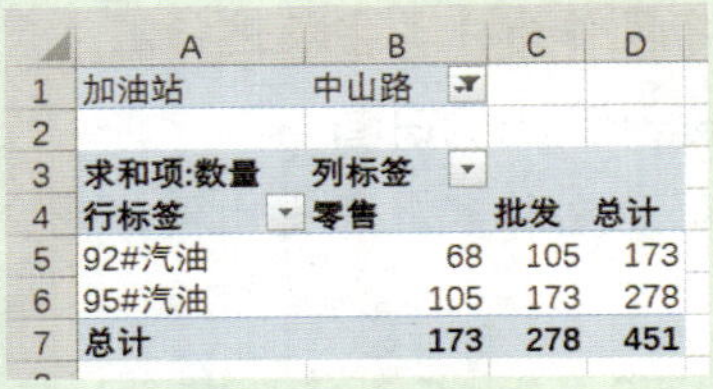

	A	B	C	D
1	加油站	中山路		
2				
3	求和项:数量	列标签		
4	行标签	零售	批发	总计
5	92#汽油	68	105	173
6	95#汽油	105	173	278
7	总计	173	278	451

（b）

图 4-73　创建数据透视表并查看数据

项目考核

一、选择题

1. 在Excel 2016 的工作表中，每个单元格都有其固定的地址，如“A5”表示(　　)。

A.“A”代表“A”列，“5”代表第“5”行　　B.“A”代表“A”行，“5”代表第“5”列

C.“A5”代表单元格的数据　　D. 以上都不是

2. 在Excel 2016 中，引用单元格时，“A1: F5”表示(　　)。

A.“A1”和“F5”单元格

B.“A1”或“F5”单元格

C.“A1”和“F5”单元格及它们之间的所有单元格

D. 以上都不是

3. 如果要对单元格进行绝对引用，需要在单元格的列标和行号前加上(　　)符号。

A. $　　B. ?　　C. !　　D. ^

4. 以下不能用于选择单元格的操作是(　　)。

A. 单击单元格

B. 在要选择的单元格区域拖动鼠标

C. 配合【Ctrl】键选择同时选择多个单元格区域

D. 在编辑栏中输入单元格地址并按【Enter】键

5. 下列函数中用于求平均值的函数是(　　)。

A. SUM　　B. AVERAGE　　C. MIN　　D. COUNT

6. 下列关于函数和公式的说法，错误的是(　　)。

A. 要输入公式，必须先输入“=”号，然后输入操作数和运算符

B. 函数必须包含在公式中

C. 函数和公式是相互独立的，没有任何关系

D. 公式中的操作数可以是常量、单元格引用和函数等

7. 在Excel 2016 表格中，在对数据表进行分类汇总前，必须做的操作是(　　)。

A. 排序　　B. 筛选　　C. 合并计算　　D. 指定单元格

二、简答题

1. 在Excel 2016 中，对工作表重命名的作用是什么？如何重命名工作表？

2．在 Excel 2016 中，若将一个工作表中的指定数据复制到另一个工作表中，则该如何操作？

3．在 Excel 2016 中，对于相同或有序数据，有哪些快速输入方法？

4．在 Excel 2016 中，要将某个单元格区域的数字格式设置为数值，小数位数为 2 位，该如何操作？

5．在 Excel 2016 中，要增大工作表中 D 列的列宽，可以使用哪几种方法？

6．在 Excel 2016 中，要删除工作表中的第 2、3 行，可以使用哪几种方法？

7．在 Excel 2016 中，公式和函数的作用是什么？如何在工作表中输入公式？如何复制公式？

8．在 Excel 2016 中，假设有一个工资表，现需要将"基本工资"列中大于 4000 的数据筛选出来，该如何操作？要清除筛选，该如何操作？如果希望按"部门"对基本工资进行"求平均值"和"求和"分类汇总，该如何操作？

项目 5

使用 PowerPoint 2016 制作演示文稿

项目导读

PowerPoint是Office系列办公软件中的另一个重要组件，它是一款专业的演示文稿制作工具，可以制作各种用途的演示文稿，如讲义、课件、公司宣传、产品介绍等。制作者可以在演示文稿中设置各种引人入胜的视觉、听觉效果。

利用PowerPoint 2016中设置演示文稿内容的操作与利用Word 2016处理文档有许多相同之处，因此，对于前面已经学习过的知识，本项目将不再具体讲解。本项目将以演示文稿的制作流程和应用为主线，学习演示文稿的制作方法。

学习目标

◆ 了解演示文稿的基本概念，掌握PowerPoint演示文稿基本操作和内容设置。如输入和设置文本，以及插入和设置文本框、图片、图形、艺术字、声音和视频等对象。

◇ 掌握管理幻灯片和修饰演示文稿的操作。如选择、插入、复制和移动幻灯片，为演示文稿应用主题、设置背景，使用母版统一设置幻灯片内容和格式等。

◆ 掌握为幻灯片及幻灯片中的对象设置动画和放映演示文稿的操作。

任务 5.1　PowerPoint 2016 使用基础

5.1.1　相关知识

5.1.1.1　演示文稿的组成和制作原则

演示文稿是由一张或若干张幻灯片组成的，每张幻灯片一般包括两部分内容：幻灯片标题（用来表明主题）和若干文本条目（用来论述主题），还可以包括图片、图形、图表、表格等其他对于论述主题有帮助的内容。

如果是由多张幻灯片组成的演示文稿，通常在第一张幻灯片上单独显示演示文稿的主标题和副标题，在其余幻灯片上分别列出与主标题有关的子标题和文本条目。

制作演示文稿的最终目的是给观众演示，能否给观众留下深刻的印象是评定演示文稿效果的主要标准。为此，在进行演示文稿设计时一般应遵循以下原则：

➤ 重点突出。

➤ 简捷明了。

➤ 形象直观。

在演示文稿中应尽量减少文字的使用。因为大量的文字说明往往使观众感到乏味，应尽可能地使用其他更直观的表达方式，如图片、图形和图表等。还可以加入声音、动画和视频等，来加强演示文稿的表达效果。

5.1.1.2　认识 PowerPoint 2016 的工作界面

单击"开始"按钮，依次单击"所有程序"→"Microsoft PowerPoint 2016"菜单，即可启动 PowerPoint 2016。默认情况下，PowerPoint 2016 会创建一个演示文稿，含有一张包含标题占位符和副标题占位符的空白幻灯片。工作界面组成元素如图 5-1 所示。

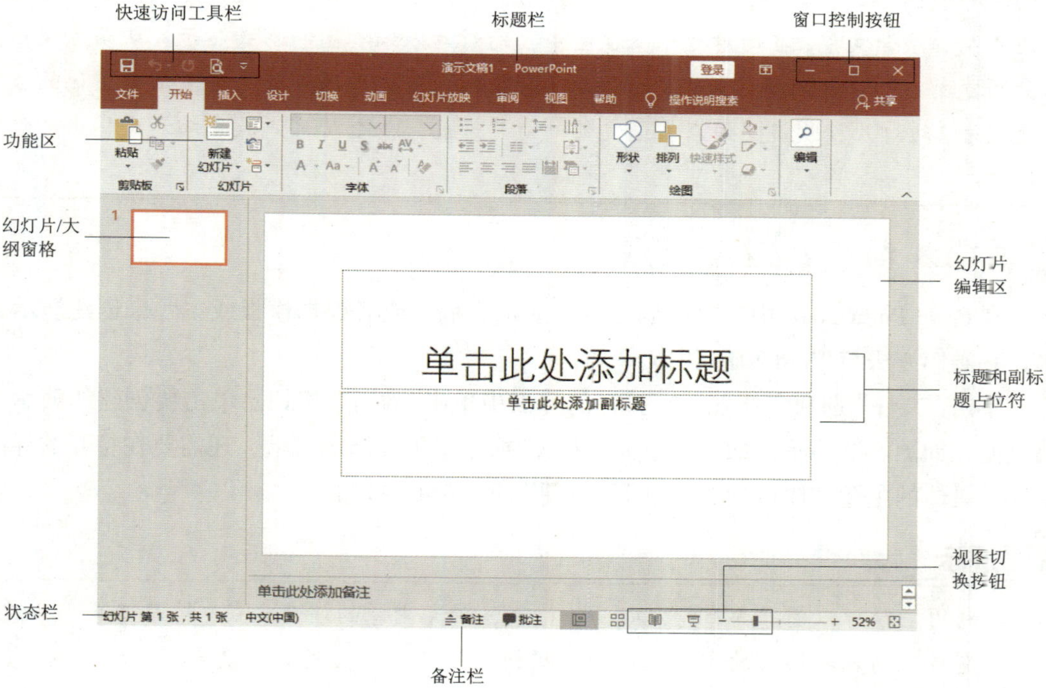

图 5-1　PowerPoint 2016 的工作界面

➤ **幻灯片/大纲窗格**：利用"幻灯片"窗格或"大纲"窗格（单击窗格上方的标签可在这两个窗格之间切换）可以快速查看和选择演示文稿中的幻灯片。其中，"幻灯片"窗格显示了幻灯片的缩略图，单击某张幻灯片的缩略图可选中该幻灯片，可以在右侧的幻灯片编辑区编辑该幻灯片内容；"大纲"窗格显示了幻灯片的文本大纲。

➤ **幻灯片编辑区**：编辑幻灯片的主要区域，在此区域可以为当前幻灯片添加文本、图片、图形、声音和影片等，还可以创建超链接或设置动画。

幻灯片编辑区中带有虚线边框的编辑框被称为占位符,用于提示可在其中输入标题文本(标题占位符,单击即可输入文本)、正文文本(文本占位符),或者插入图表、表格和图片(内容占位符)等对象。幻灯片版式不同,占位符的类型和位置也不同。

▪ **备注栏:** 用于为幻灯片添加一些备注信息,放映幻灯片时,观众无法看到这些信息。

▪ **视图切换按钮:** 单击不同的按钮 🖪 🔡 🔲 ☴ ,可切换到不同的视图模式。

PowerPoint 2016 提供了普通视图、幻灯片浏览视图、阅读视图和幻灯片放映视图 4 种视图模式。其中,幻灯片普通视图是 PowerPoint 2016 默认的视图模式,主要用于制作演示文稿;在幻灯片浏览视图中,幻灯片以缩略图的形式显示,从而方便用户浏览所有幻灯片的整体效果;幻灯片阅读视图是以窗口的形式来查看演示文稿的放映效果;幻灯片放映视图用来从选定的幻灯片开始,以全屏形式放映演示文稿中的幻灯片。

5.1.1.3 演示文稿新建要点

在 PowerPoint 2016 中,可以创建空白演示文稿,或者根据模板或主题来创建演示文稿,其操作方法与 Word 2016 相似。

单击"文件"选项卡标签,在打开的界面中单击"新建"按钮。单击要创建的演示文稿类型,如图 5-2 所示。如果是根据"主题"或模板创建演示文稿,还需要在打开的界面中选择具体的主题或模板,然后单击"创建"或"下载"按钮。

利用主题可以创建具有特定版面、格式,但无内容的演示文稿;利用模板可以创建具有特定内容和格式的演示文稿。利用模板创建演示文稿后,只需修改相关内容,就可快速制作出各种专业的演示文稿。

读者也可从 Office.com 网站下载微软提供的演示文稿模板,方法是在"新建"界面中间窗格的"Office.com 模板"分类下选择需要使用的模板类型,此时系统会从网上搜索有关该分类的所有模板。搜索完毕后,有关模板会一一列出,在中间区域选择所需模板,单击"下载"按钮,即可在线下载该模板并应用。此外,也可以从某些网站下载演示文稿模板,只需使用 PowerPoint 打开该模板并将其另存,进行编辑操作即可。

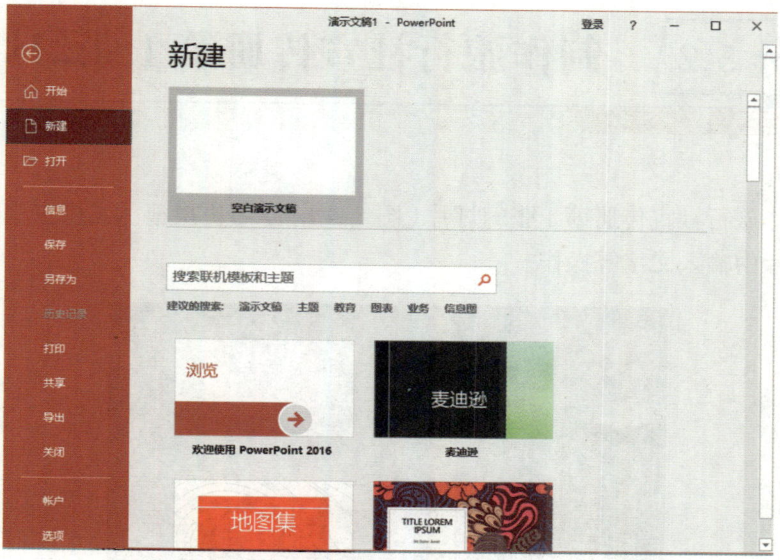

图 5-2 根据主题创建幻灯片

5.1.2 任务实施

根据主题创建并保存名为"旅行社宣传册"的演示文稿。

步骤 1 启动 PowerPoint 2016，单击"文件"选项卡标签，在打开的界面中选择"新建"选项，在中间窗格单击"主题"，在展开的主题列表中选择一个主题。

步骤 2 单击右侧窗格的"创建"按钮，根据所选主题创建演示文稿。

步骤 3 单击"快速访问"工具栏中的"保存"按钮，打开"另存为"对话框，在左侧的导航窗格中选择保存位置，在"文件名"编辑框中输入文件名"旅行社宣传册"，单击"保存"按钮保存演示文稿，如图 5-3 所示。

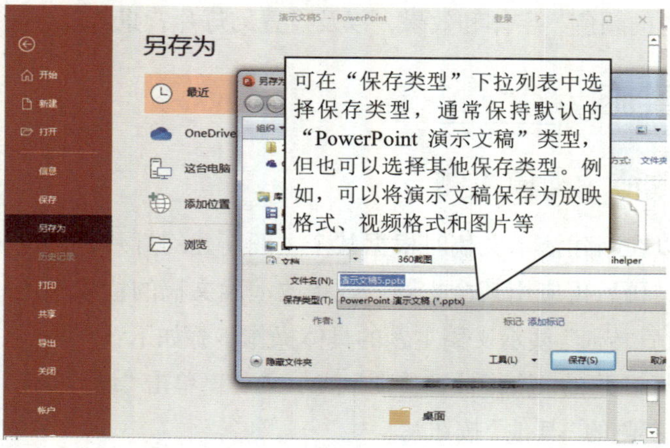

创建和保存旅行社
宣传册演示文稿

图 5-3 保存演示文稿

制作旅行社宣传册第 1 张幻灯片

通过制作旅行社宣传册第 1 张幻灯片（图 5-4），学习更换演示文稿主题、设置背景，以及在幻灯片中输入文字等操作。

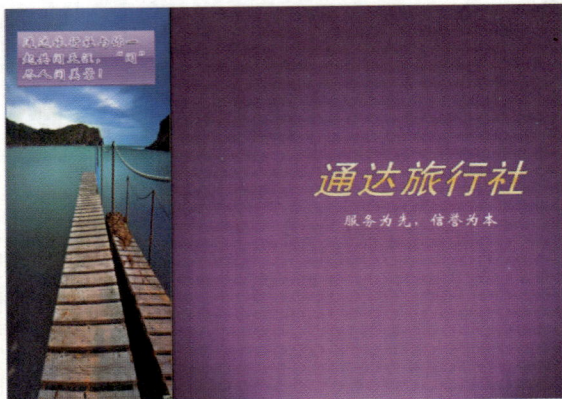

图 5-4　旅行社宣传册演示文稿第 1 张幻灯片效果

5.2.1　相关知识

主题是主题颜色、主题字体、主题效果等格式的集合。PowerPoint 2016 内置了多个由专家们精心制作的主题，这些主题不仅造型精美，而且颜色搭配合理，灵活地使用主题可以快速制作出具有专业品质的演示文稿。

当用户为演示文稿应用了某主题之后，演示文稿中默认的幻灯片背景，以及图形、表格、图表、艺术字和文字等都将自动与该主题匹配，使用该主题规定的格式。此外，还可以自定义主题的颜色、字体和效果，以及设置幻灯片背景等。

5.2.2　任务实施

5.2.2.1　更改演示文稿主题

用户除了可以在新建演示文稿时根据某个主题新建幻灯片外，也可以在创建演示文稿后再应用某个主题，或更改演示文稿的背景颜色等。更改"旅行社宣传册"演示文稿主题的具体操作步骤如下：

更改演示文稿
主题

步骤 1　打开新建的"旅行社宣传册"演示文稿，单击"设计"选项卡上"主题"组右侧的"其他"按钮 ▾。

步骤 2　在展开的主题列表中单击选择要应用的主题，如"华丽"，可以为演示文稿中的所有幻灯片应用系统内置的某一主题。

提示

在幻灯片应用了某个主题后，如果对主题不满意，还可以自行设置主题的颜色、字体和效果。方法是单击"设计"选项卡"变体"组中的"颜色""字体"或"效果"按钮，从弹出的下拉列表中进行选择，如图 5-5 所示。

PowerPoint提供了一套控制颜色的机制，它以预设的方式控制着演示文稿的一些基本颜色特征，如幻灯片背景、标题文本和所绘图形等对象的默认颜色。

主题字体：指演示文稿中所有标题文字和正文文字的默认字体。

主题效果：是幻灯片中图形轮廓和填充效果设置的组合，其中包含了多种常用的阴影和三维设置组合。

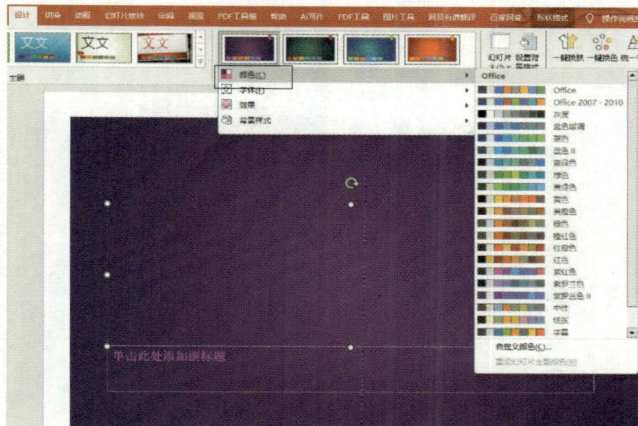

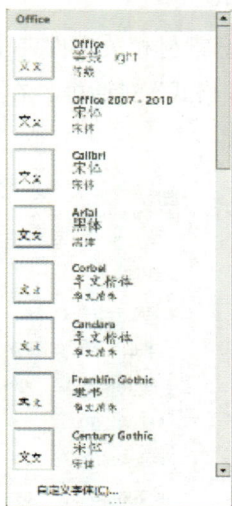

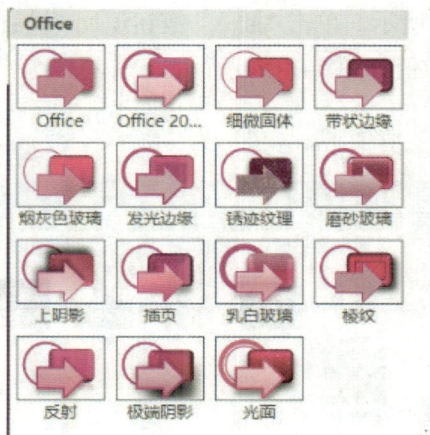

图 5-5 设置主题颜色、字体和效果

5.2.2.2 设置演示文稿背景

默认情况下，演示文稿中的幻灯片使用主题规定的背景，用户也可重新为幻灯片设置纯色、渐变色、图案、纹理和图片等背景，使制作的演示文稿更加美观。

步骤 1 在打开的演示文稿中进行操作。单击"设计"选项卡上"自定义"组中的"设置背景格式"按钮，展开设置背景样式列表。

步骤 2 在"填充"分类中选择一种填充类型（纯色填充、渐变填充、图片或纹理填充等），选择"图片或纹理填充"单选选钮，再单击"插入"按钮，如图 5-6 所示。

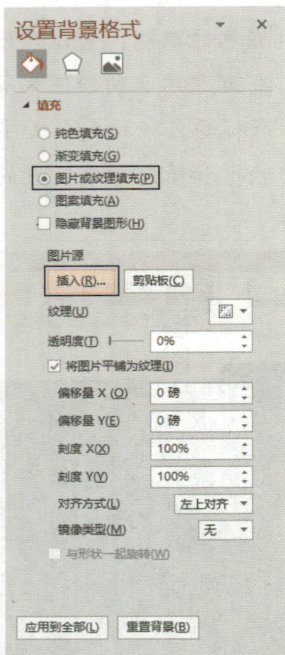

图 5-6 设置背景格式

步骤 3 弹出"插入图片"对话框，找到本书配套素材相关文件夹中的"延伸"图片，如图 5-7（a）所示。单击"插入"按钮返回"设置背景格式"对话框，在"偏移量"的各编辑框中设置数值如图 5-7（b）所示。

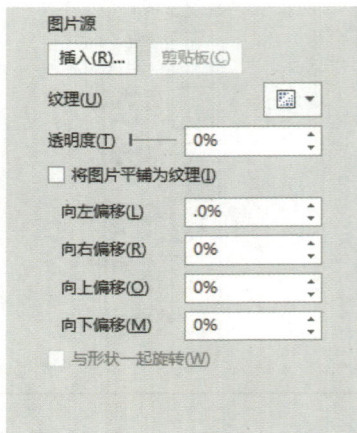

（a）　　　　　　　　　　　　（b）

图 5-7 插入图片并设置偏移量

步骤 4 单击"关闭"按钮，将设置的背景应用于当前幻灯片中，效果如图 5-8 所示。

若单击"全部应用"按钮，可以将设置的背景应用于演示文稿中的所有幻灯片中。

"设置背景格式"对话框中各填充类型的作用如下。

纯色填充：用来设置纯色背景，可设置所选颜色的透明度。

渐变填充：选择该单选按钮后，可通过选择渐变类型和设置色标等来设置渐变填充。

图片或纹理填充：选择该单选按钮后，若要使用纹理填充，可单击"纹理"右侧的按钮，在弹出的列表中选择一种纹理即可。

图案填充：用来设置图案填充，设置时只需选择需要的图案，并设置图案的前景色、背景色即可。

若在对话框中选择"隐藏背景图形"复选框，设置的背景不仅会覆盖幻灯片母版中的图形、图像和文本等对象，也将覆盖主题中自带的背景。

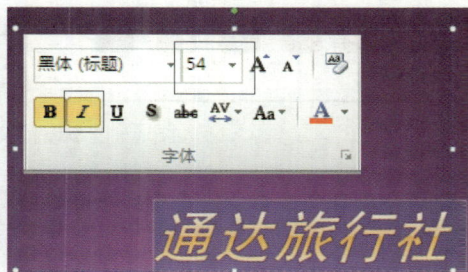

5.2.2.3　输入文本并设置格式

在 PowerPoint 中，用户可以使用占位符或文本框在幻灯片中输入文本。

步骤 1　在第 1 张幻灯片的标题占位符中单击，输入标题文本"通达旅行社"，再在占位符中选中输入的文本，利用"开始"选项卡的"字体"组设置标题的字号为"54"，字形为"倾斜"，如图 5-9 所示。

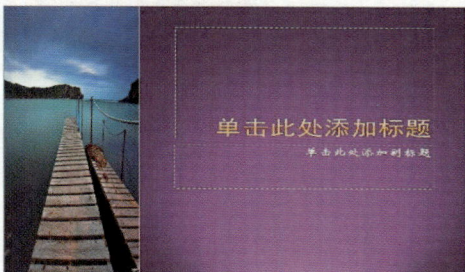

图 5-8　更换第 1 张幻灯片的背景效果　　　　图 5-9　输入文本并设置格式

步骤 2　在副标题占位符中输入"服务为先，信誉为本"文本，将鼠标指针移至副标题占位符的边缘，待鼠标指针变成十字形状时按住鼠标左键向左适当拖动，使其效果如图 5-10 所示。选择调整以及移动占位符等操作与在 Word 文档中调整文本框相同。

图 5-10　输入副标题文本

步骤 3　单击"开始"选项卡上"绘图"组中的"形状"按钮，如图 5-11（a）所示。在幻灯片左上角拖动鼠标绘制一个横排文本框，输入如图 5-11（b）所示文本。

（a） （b）

图 5-11 绘制文本框并输入文本

提示

> 与 Word 中的文本框不同的是，在 PowerPoint 中拖动鼠标绘制的文本框没有固定高度，其高度会随输入的文本自动调整。若选择文本框工具后在幻灯片中单击，则文本框没有固定宽度，其宽度将随输入的文本自动调整。

步骤 4 切换到"绘图工具 格式"选项卡，在"绘图"组中"形状样式"中的"其他"按钮为文本框选择一种系统内置的样式，如"渐变填充，茶色，强调颜色 2，无轮廓"，在"艺术字样式"组中为文本框中的文字选择一种艺术字样式，如"填充，茶色，主题色 5；边框，白色，前景色 1；清晰阴影，茶色，主题色 5；"，如图 5-12 所示。

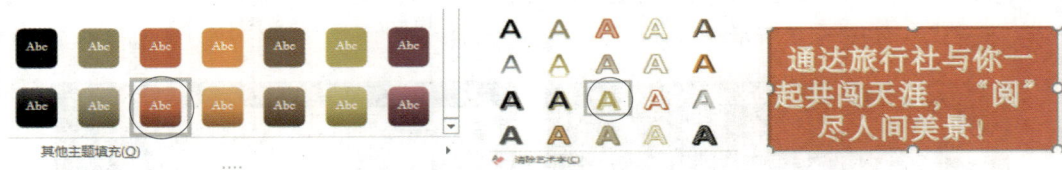

图 5-12 设置文本框和文字的样式

任务 5.3 制作旅行社宣传册其他幻灯片

通过制作旅行社宣传册演示文稿的其他幻灯片，学习幻灯片的插入、复制和移动，在幻灯片中插入和编辑图片、图形和声音等对象，使用母版统一设置幻灯片内容，以及设置超链接与创建动作按钮等操作，任务完成效果如图 5-13 所示。

图 5-13　旅行社宣传册演示文稿的其他幻灯片效果

5.3.1　相关知识

➠ **插入、复制、删除和移动幻灯片**：默认情况下，新建演示文稿时只包含一张幻灯片，但演示文稿通常都是由多张幻灯片组成的，需要插入、复制、删除和移动幻灯片。

➠ **在幻灯片中插入和编辑图片、图形和图表等对象**：与在 Word 文档中的操作相同。

➠ **在幻灯片中插入和编辑声音和影片**：可以根据需要在演示文稿中插入声音和影片，可以对插入的声音和影片进行编辑，如设置播放方式。

➠ **使用幻灯片母版**：利用幻灯片母版可以统一设置演示文稿中每张幻灯片的内容和格式。

➠ **设置超链接和创建动作按钮**：放映幻灯片时，通过超链接和动作按钮可以切换幻灯片、打开网页或文档、发送电子邮件等。

5.3.2　任务实施

5.3.2.1　幻灯片基本操作

幻灯片的基本操作包括选择、插入、复制、移动和删除幻灯片等。以"旅行社宣传册"演示文稿为例，具体操作步骤如下：

幻灯片基本操作

步骤 1　要在演示文稿中某张幻灯片后面添加一张新幻灯片。在"幻灯片"窗格中单击该幻灯片将其选中，单击第 1 张幻灯片（当演示文稿中只有一张幻灯片时，也可不进行选择）。

步骤 2　单击"开始"选项卡"幻灯片"组中"新建幻灯片"按钮如图 5-14 所示，新建一张幻灯片。

图 5-14　添加新幻灯片

步骤3 复制幻灯片。可在"幻灯片"窗格中右击要复制的幻灯片，在弹出的快捷菜单中选择"复制"选项。在"幻灯片"窗格中要插入复制的幻灯片的位置右击，从弹出的快捷菜单中选择一种粘贴方式，如"使用目标主题"项，即可将复制的幻灯片插入到该位置。

步骤4 播放演示文稿时，按照幻灯片在"幻灯片"窗格中的排列顺序进行播放。若要调整幻灯片的排列顺序，可在"幻灯片"窗格中单击选中要调整顺序的幻灯片，按住鼠标左键将其拖到需要的位置即可。

步骤5 删除幻灯片。在"幻灯片"窗格中单击选中要删除的幻灯片，按【Delete】键，或右击要删除的幻灯片，在弹出的快捷菜单中选择"删除幻灯片"选项，将复制过来的幻灯片删除。

5.3.2.2 设置幻灯片版式

幻灯片版式在PowerPoint中具有非常实用的功能，它通过占位符的方式为用户规划好了幻灯片中内容的布局，只需选择一个符合需要的版式。在其规划好的占位符中输入或插入内容，可以快速制作出符合要求的幻灯片。

设置幻灯片版式

默认情况下，添加的幻灯片的版式为"标题和内容"，可以根据需要改变其版式。例如，在"幻灯片"窗格中单击第2张幻灯片，单击"开始"选项卡上"幻灯片"组中的"版式"按钮 ，在展开的列表中选择一种幻灯片版式，选择"图片与标题"版式，可以为所选幻灯片应用该版式，如图5-15所示。

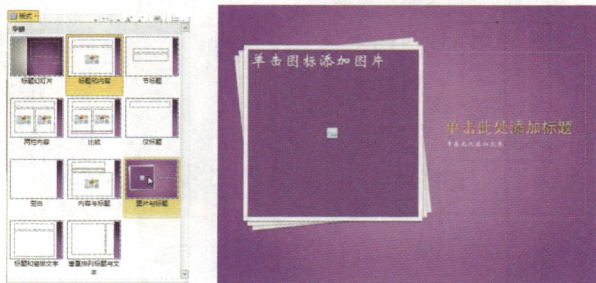

图5-15 设置幻灯片版式

提示

　　用户除了可在创建好幻灯片后更改版式外，也可在新建幻灯片时应用版式，方法是单击"新建幻灯片"按钮下方的三角按钮，在展开的幻灯片版式列表中进行选择。

5.3.2.3　在幻灯片中插入和美化对象

　　在幻灯片中插入图片、绘制图形并进行美化的具体操作步骤如下：

步骤 1　单击第 2 张幻灯片的图片占位符，打开"插入图片"对话框，选择本书配套素材相关文件夹中的"旅行"图片，如图 5-16 所示。单击"插入"按钮，可以在该占位符处插入一张图片。

图 5-16　利用图片占位符插入图片

步骤 2　在第 2 张幻灯片右侧的标题占位符中输入文本"旅游报价单"，选中文本并设置字号为"40"；在文本占位符中输入"国内游""亚洲游"和"欧洲游"文本，各文本均为独立的段落，选中文本并设置字号为"32"，如图 5-17 所示。

步骤 3　保持文本占位符中文本的选中状态，单击"开始"选项卡"段落"组中"项目符号"按钮 右侧的三角按钮，在弹出的列表中选择"项目符号和编号"选项，如图 5-18 所示，打开"项目符号和编号"对话框。

图 5-17　输入文本并设置字号

图 5-18　"项目符号"列表

步骤 4　在"项目符号和编号"对话框中单击"自定义"按钮，打开"符号"对话框，在"字符"下拉列表中选择"Windings"，在下方的列表中选择要使用的符号（本例选择"✈"符号），如图 5-19 所示。

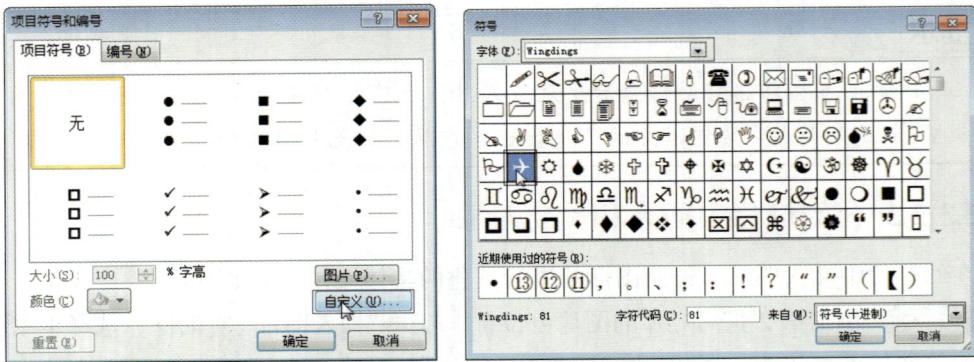

图 5-19 设置项目符号

步骤 5 单击"确定"按钮返回"项目符号和编号"对话框，设置项目符号的大小为100%，颜色为默认，单击"确定"按钮。

步骤 6 保持文本的选中状态，利用"绘图工具 格式"选项卡美化文本。这里单击"艺术字样式"组中的"文本效果"按钮，在弹出的列表中为文本选中一种阴影样式和映像样式，参见图 5-20(a)和图 5-20(b)。至此，第 2 张幻灯片便制作好了，效果如图 5-21所示。

（a）　　　　　　　　　　　　　（b）

图 5-20 美化文本及设置效果　　　　图 5-21 第 2 张幻灯片效果

步骤 7 单击"开始"选项卡上"幻灯片"组中"新建幻灯片"按钮下方的三角按钮，在展开的幻灯片版式列表中选择"仅标题"版式，如图 5-22 所示，在第 2 张幻灯片后添加一张幻灯片。

步骤 8 在新幻灯片中输入标题，选中输入的文本，单击"绘图工具 格式"选项卡"艺术字样式"组中的"其他"按钮，在展开的列表中选择"应用于形状中的所有文字"中的"填充 – 粉红，强调文字颜色 1，塑料棱台，映像"样式，如图 5-23 所示。

步骤 9 单击"插入"选项卡"文本"组中"文本框"按钮下方的三角按钮，在展开的列表中选择"横排文本框"选项，如图 5-24(a)所示。在幻灯片编辑区右侧绘制一个文本框，输入如图 5-24(b)所示的文本。

步骤 10 输入完成后选中文本框，单击"开始"选项卡上"段落"组中的"文本右对齐"按钮，使文本框中的文本右对齐，再拖动文本框左侧边框上的控制点调整其宽度，效果如图 5-24(c)所示。

图 5-22　添加幻灯片

图 5-23　输入标题并为其添加艺术字样式

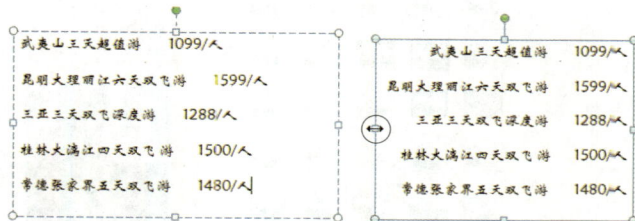

（a）　　　　　　　　　（b）　　　　　　　　　（c）

图 5-24　添加文本框、输入文本并设置对齐

步骤 11　保持文本框的选中状态，单击"绘图工具　格式"选项卡"艺术字样式"组中的"其他"按钮，在展开的列表中选择"应用于形状中的所有文字"中的"填充 - 紫色，强调文字颜色 2，暖色粗糙棱台"样式，如图 5-25 所示。

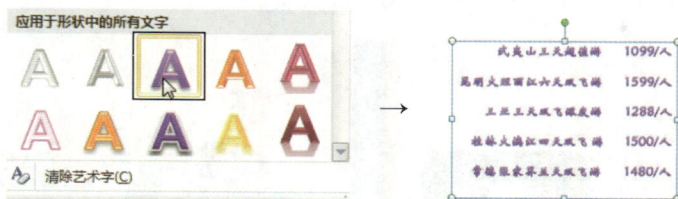

图 5-25　为文本添加艺术字样式

步骤 12　单击"插入"选项卡上"图像"组中的"图片"按钮，选择"此设备"，如图 5-26（a）所示。在打开的"插入图片"对话框中选择本书配套素材相关文件夹中的"武夷山"图片，单击"插入"按钮插入图片，如图 5-26（b）所示。

步骤 13　拖动图片 4 个角上的控制点调整其大小，将图片移动到幻灯片的左侧，如图 5-26（c）所示。

（a）　　　　　　　　　（b）　　　　　　　　　（c）

图 5-26　插入图片并调整大小

步骤 14　保持图片的选中状态，单击"图片工具　格式"选项卡"图片样式"组中的"其他"按钮，在展开的列表中选择"映像右透视"图片样式，如图 5-27（a）所示。第 3 张幻灯片的最终效果如图 5-27（b）所示。

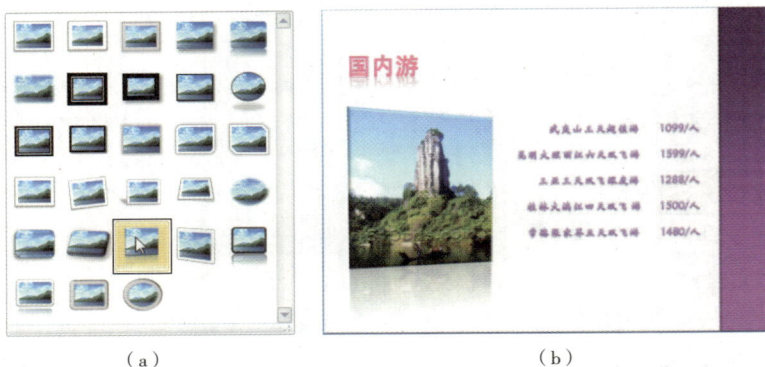

（a）　　　　　　　　　　　　　（b）

图 5-27　为图片添加样式

步骤 15　参考前面的操作制作第 4 张和第 5 张幻灯片，效果如图 5-28 所示。其中用到的图片素材均位于本书配套素材相关文件夹中。

图 5-28　第 4 张和第 5 张幻灯片效果

步骤 16　在第 5 张幻灯片后添加一张空白版式的幻灯片，单击"插入"选项卡"插图"组中的"形状"按钮，在展开的列表中选择"圆角矩形"，如图 5-29（a）所示。

步骤 17　在幻灯片的左上角位置按下鼠标左键并拖动，绘制一个圆角矩形，如图 5-29（b）所示。

（a）　　　　　　　　　　（b）

图 5-29　绘制圆角矩形

步骤 18　保持圆角矩形的选中状态，输入"世"字并设置字符格式，如图 5-30 所示。

图 5-30　输入文字并设置字符格式

步骤 19　将鼠标指针移到形状的边框线上，待鼠标指针变成十字形状后按住【Ctrl】键并向右拖动，复制形状，如图 5-31（a）和图 5-31（b）所示。用同样的方法再复制 5 个形状，并修改其中的文本内容，使其效果如图 5-31（c）所示。

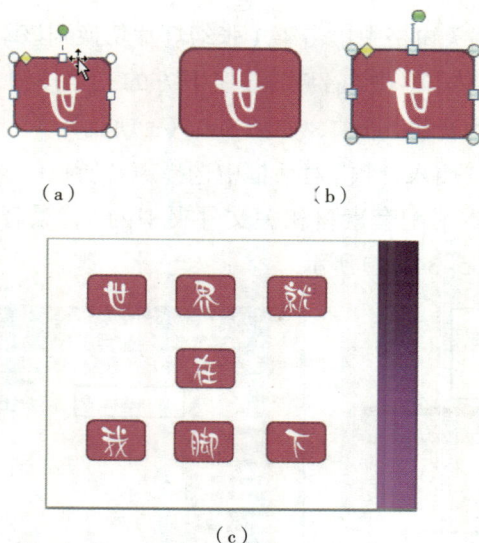

（a）　　　　　　　　　（b）

（c）

图 5-31　复制形状并修改内容

步骤 20　选中所有形状，在"绘图工具　格式"选项卡的"艺术字样式"列表中选择如图 5-32（a）所示的样式，此时的形状效果如图 5-32（b）所示。

（a）　　　　　　　　　　　（b）

图 5-32　为形状设置艺术字样式

步骤 21　利用"绘图工具　格式"选项卡分别为每个形状填充不同的颜色，将其适当旋转，使其效果如图 5-33 所示。至此，第 6 张幻灯片就制作好了。

从左到右依次为浅绿、橙色，强调文字颜色 6，深色 25%、渐变-中心辐射

"形状样式"列表中的"其他主题填充"→"样式 11"

从左到右依次为绿色、浅蓝、橙色

图 5-33　为形状设置填充并进行旋转

5.3.2.4　在幻灯片中插入声音

步骤 1　在"幻灯片"窗格中单击第 1 张幻灯片切换到该幻灯片，单击"插入"选项卡"媒体"组中"音频"按钮下方的三角按钮，在展开的列表中单击"PC 上的音频"选项，如图 5-34（a）所示。

步骤 2　在打开的"插入音频"对话框中选择声音所在的文件夹，选择所需的声音文件（本书配套素材相关文件夹中的"背景音乐"），单击"插入"按钮，如图 5-34（b）所示。

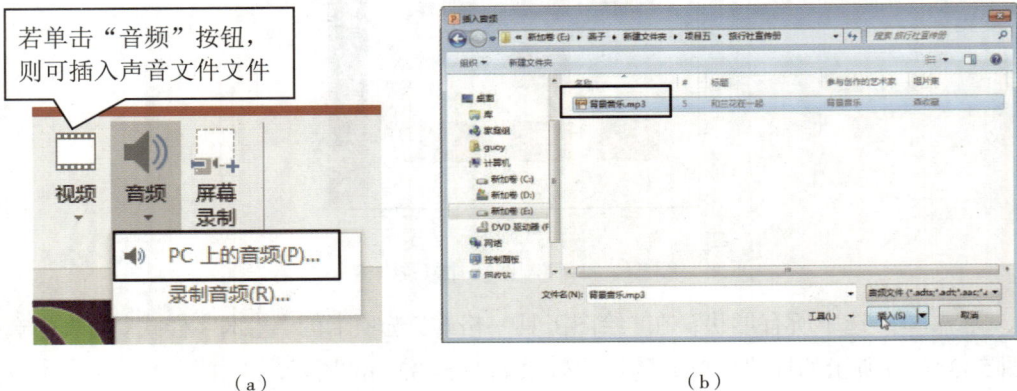

在幻灯片中插入声音

若单击"音频"按钮，则可插入声音文件文件

（a）　　　　　　　　　　　（b）

图 5-34　插入文件中的声音

步骤 3　插入声音文件后，系统将在幻灯片中间位置添加一个声音图标，如图 5-35（a）所示，用户可以用操作图片的方法调整该图标的位置及尺寸，如图 5-35（b）所示。

（a）

（b）

图 5-35　插入声音并调整其位置

步骤 4　选择"声音"图标后，自动出现"音频工具"选项卡，它包括"格式"和"播放"两个子选项卡，如图 5-36 所示。单击"播放"选项卡上"预览"组中的"播放"按钮可以试听声音；在"音频选项"组中可设置放映时声音的开始方式，选择"跨幻灯片播放"，还可以设置播放时的音量高低及是否循环播放声音等，可以选中"播放时隐藏"和"循环播放，直到停止"复选框。

图 5-36　"音频工具　播放"选项卡

在"开始"下拉列表中选择"自动"选项表示放映幻灯片时自动播放声音；选择"单击时"选项表示单击声音图标才能开始播放声音；选择"跨幻灯片播放"选项表示声音自动且跨多张幻灯片播放。

💡 提示

　　读者还可以在演示文稿中插入影片、剪贴画、图表等，操作方法与插入图片和声音的操作类似，此处不再赘述。

　　单击"视图"选项卡"演示文稿视图"组中的"幻灯片浏览"按钮，可将幻灯片从普通视图切换到幻灯片浏览视图，如图 5-37 所示，这样可以方便用户浏览幻灯片。单击"普通视图"按钮，可返回普通视图模式。

5.3.2.5　编辑幻灯片母版

制作演示文稿时，通常需要为指定幻灯片设置相同的内容或格式。例如，在每张幻灯片中都加入公司的徽标（Logo），且每张幻灯片标题占位符和文本占位符的字符格式和段落格式都一致。如果在每张幻灯片中重复设置相同的内容和格式，就会浪费时间，此时可在PowerPoint的母版中设置这些内容和格式。

图 5-37　幻灯片浏览视图

利用幻灯片母版在"旅行社宣传册"演示文稿的所有张幻灯片的右上角位置添加一个标志图形。

步骤 1 打开"视图"选项卡，单击"母版视图"组中的"幻灯片母版"按钮，进入母版视图，系统将自动打开"幻灯片母版"选项卡，如图 5-38 所示。

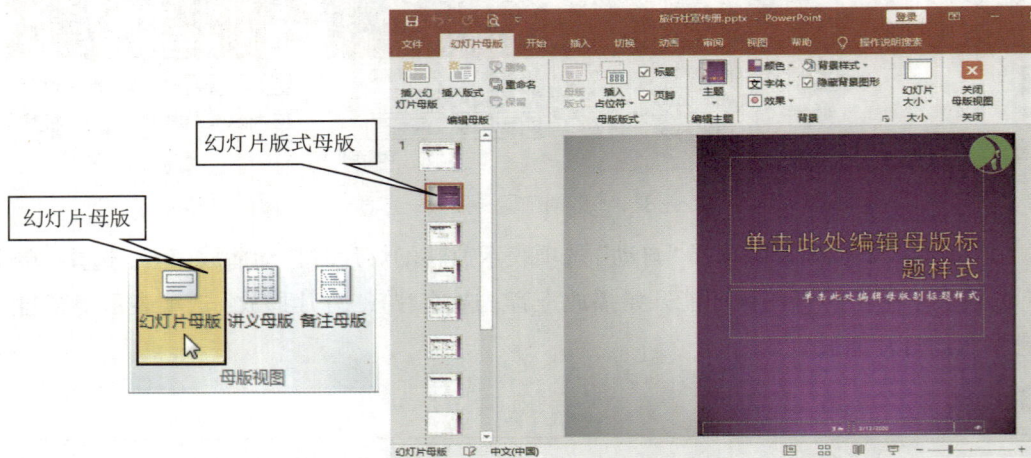

图 5-38　幻灯片母版视图

提示

默认情况下，在"幻灯片母版"视图左侧任务窗格中的第 1 个母版（比其他母版稍大）称为"幻灯片母版"，其中设置的内容和格式将影响当前演示文稿中的所有幻灯片。下方的多个母版为幻灯片版式母版，在某个版式母版中进行的设置将影响使用了对应幻灯片版式的幻灯片（将鼠标指针移至母版上方，将显示母版名称，以及其应用于演示文稿的那些幻灯片）。用户可根据需要选择相应的母版进行设置。

步骤 2 在"幻灯片"窗格中单击最上方的"幻灯片母版",如图 5-39(a)所示。单击"插入"选项卡上"图像"组中的"图片"按钮,在打开的"插入图片"对话框中找到"项目五"→"旅行社宣传册"文件夹中"标志"图片,单击"插入"按钮,将其插入幻灯片中。

步骤 3 在"图片工具 格式"选项卡的"调整"组中单击"颜色"按钮,在展开的列表中选择"设置透明色"项,如图 5-39(b)所示。将鼠标指针移到图片的白色区域上单击,去掉图片的背景颜色,效果如图 5-39(c)所示。

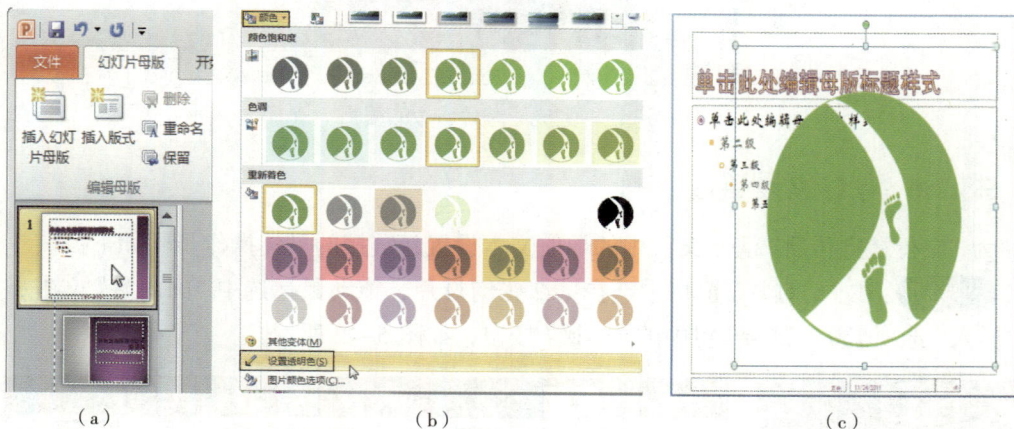

（a）　　　　　　　　　（b）　　　　　　　　　（c）

图 5-39　在幻灯片母版中插入图片并去掉图片的背景颜色

步骤 4 将标志图片缩小并移动至幻灯片编辑区的右上角,按【Ctrl+C】组合键复制图片。分别切换到"标题幻灯片 版式"和"图片和标题 版式"幻灯片,按【Ctrl+V】组合键粘贴标志图片,效果如图 5-40 所示。

图 5-40　缩小、移动和复制图片

提示

虽然位于"幻灯片母版"幻灯片中的内容将应用于演示文稿中的所有幻灯片,但本例中的"标题幻灯片 版式"和"图片和内容 版式"幻灯片中的背景默认被设置为隐藏,导致这两个版式的幻灯片中的标志图片被隐藏,因此需要单独设置。

步骤 5 单击"幻灯片母版"选项卡"关闭"组中的"关闭母版视图"按钮,退出幻灯片母版编辑模式,效果如图 5-41 所示。

图 5-41　完成幻灯片母版的编辑

5.3.2.6　为对象设置超链接

为"旅行社宣传册"演示文稿中的导航文本设置超链接的具体操作步骤如下：

步骤 1　在"幻灯片"窗格中选择第 2 张幻灯片，拖动鼠标选中"国内游"文本，单击"插入"选项卡上"链接"组中的"链接"按钮，如图 5-42 所示。

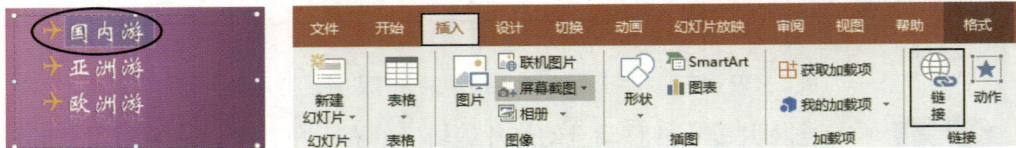

图 5-42　选中文本并单击"超链接"按钮

步骤 2　在打开的"编辑超链接"对话框的"链接到"列表中单击"本文档中的位置"选项，在"请选择文档中的位置"列表中选择第 3 张幻灯片，如图 5-43（a）所示。单击"确定"按钮，为文本添加超链接，效果如图 5-43（b）所示。放映演示文稿时，单击该超链接文本，将切换到第 3 张幻灯片。

（a）　　　　　　　　　　　　　　　　　　　（b）

图 5-43　为所选文本插入超链接

选择"原有文件或网页"项，并在"地址"编辑框中输入要链接到的网址，将所选对象链接到网页。

选择"新建文档"项，新建一个演示文稿文档并将所选对象链接到该文档。

选择"电子邮件地址"项，将所选对象链接到一个电子邮件地址。

步骤 3　参考上述操作，将"亚洲游"文本链接到第 4 张幻灯片，将"欧洲游"文本链接到第 5 张幻灯片。

5.3.2.7　创建动作按钮

为"旅行社宣传册"演示文稿创建向前、向后翻页等动作按钮的具体操作步骤如下：

步骤 1　切换到第 1 张幻灯片，单击"插入"选项卡"插图"组中的"形状"按钮，在展开的列表中选择"动作按钮：开始" ⑭，如图 5-44（a）所示。

步骤 2　在幻灯片的中部偏右下方拖动鼠标绘制一个大小适中的按钮，此时会弹出"动作设置"对话框，选中"超链接到"单选按钮。在其下方的下拉列表中选择"第一张幻灯片"选项，如图 5-44（b）所示，单击"确定"按钮。

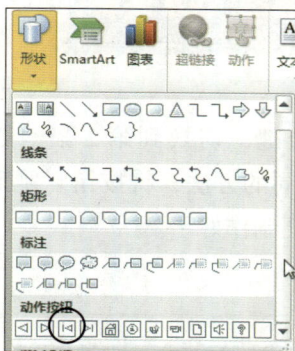

（a）　　　　　　　　　　　　　（b）

图 5-44　制作开始按钮

步骤 3　依次绘制"动作按钮：后退或前一项" ◁、"动作按钮：前进或下一项" ▷ 和"动作按钮：结束" ▷│，效果如图 5-45 所示。各按钮在"动作设置"对话框中的参数都保持默认设置。

步骤 4　按住【Shift】键依次单击选中 4 个按钮，在"绘图工具"→"格式"选项卡"大小"组中设置按钮的大小，如图 5-46（a）所示。

步骤 5　单击"排列"组中的"对齐"按钮，在弹出的列表中选择"垂直居中"和"横向分布"选项，将几个按钮上下居中对齐，以及左右均匀分布，如图 5-46（b）所示。单击"组合"按钮，在弹出的列表中选择"组合"项，组合所选按钮，效果如图 5-46（c）所示。

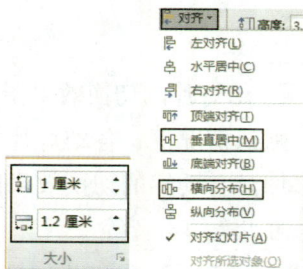

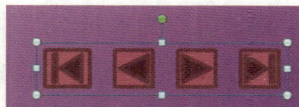

图 5-45　绘制其他按钮

（a）　　　　（b）　　　　（c）

图 5-46　设置按钮的大小、对齐和组合按钮

步骤 6 单击"绘图工具"→"格式"选项卡"形状样式"组中，在展开的下拉列表中选择"强烈效果－金色，强调颜色 4"选项，为所选按钮添加系统内置的样式，如图 5-47 所示。

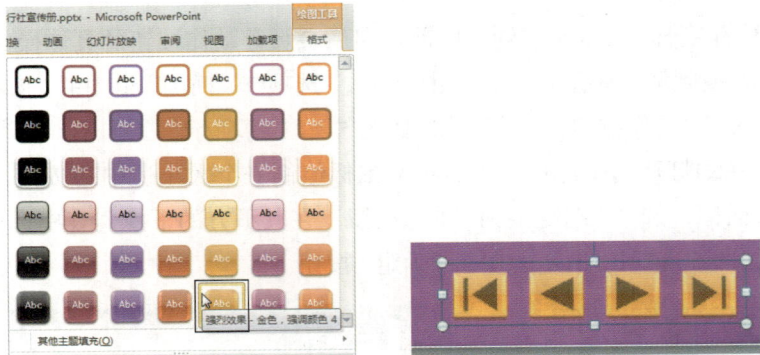

图 5-47 为按钮添加系统内置样式

步骤 7 保持按钮的选中状态，按【Ctrl+C】组合键，切换到第 2 张幻灯片，按【Ctrl+V】组合键，将按钮复制到第 2 张幻灯片。利用相同的方法，将按钮复制到后面的几张幻灯片中。至此，"旅行社宣传册"演示文稿的内容便制作好了。

💡 **提示**

为文字、图片等对象设置动作时，只需选中对象，单击"插入"选项卡"链接"组中的"动作"按钮，在打开的"动作设置"对话框中进行设置即可。

任务 5.4　为旅行社宣传册设置动画效果

通过为旅行社宣传册演示文稿设置动画效果，学习为幻灯片设置切换效果，以及为幻灯片中的对象设置动画效果的操作。

5.4.1　相关知识

➡ **为幻灯片设置切换效果**：幻灯片的切换效果指放映幻灯片时从一张幻灯片过渡到下一张幻灯片时的动画效果。默认情况下，各幻灯片之间的切换是没有任何效果的。通过设置，可以为每张幻灯片添加具有动感的切换效果以丰富其放映过程，还可以控制每张幻灯片切换的速度，以及添加切换的声音等。

➡ **为幻灯片中的对象设置动画效果**：可以为幻灯片中的文本、图片和图形等对象应用各种动画效果，以使演示文稿的播放更加精彩。

5.4.2　任务实施

5.4.2.1　为幻灯片设置切换效果

为幻灯片添加切换效果的具体操作步骤如下：

步骤 1　在"幻灯片"窗格中选中要设置切换效果的幻灯片，单击"切换"选项卡上"切换到此幻灯片"组中的"其他"按钮 ，在展开的列表中选择一种幻灯片切换方式，例如，选择"推入"。

步骤 2　在"计时"组中的"声音"和"持续时间"下拉列表框中可选择切换幻灯片时的声音效果和幻灯片的切换速度，在"换片方式"设置区中可设置幻灯片的换片方式，本例保持默认选中的"单击鼠标时"复选框，如图 5-48 所示。

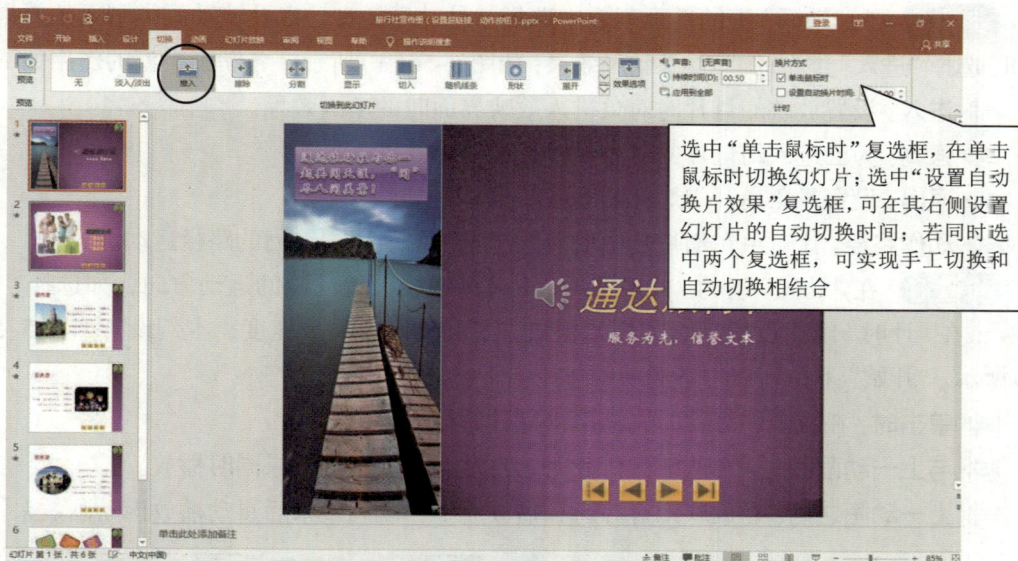

图 5-48　设置幻灯片切换方式

步骤 3　如果想将设置的幻灯片切换效果应用于全部幻灯片，可单击"计时"组中的"全部应用"按钮，本例选择该项。否则，当前的设置将只应用于当前所选的幻灯片。

5.4.2.2　为幻灯片中的对象设置动画效果

利用 PowerPoint 2016 的"动画"选项卡，可以为幻灯片中的对象设置各种动画效果，利用"动画窗格"可以对添加的动画效果进行管理。

步骤 1　切换到第 2 张幻灯片，选中要添加动画效果的对象，如图 5-49 所示左侧的图片，单击"动画"选项卡上"高级动画"组中的"动画窗格"按钮，打开"动画窗格"，如图 5-49 所示。

为幻灯片中的对象设置动画效果

图 5-49　打开"自定义动画"任务窗格

步骤 2　在"动画"组的动画列表中选择一种动画类型，以及该动画类型下的效果。例如，选择"进入"类型的"飞入"动画效果，如图 5-50（a）所示。各动画类型的作用如下：

- **进入**：设置放映幻灯片时对象进入放映界面时的动画效果。
- **强调**：为已进入幻灯片的对象设置强调动画效果。
- **退出**：设置对象离开幻灯片的动画效果。
- **动作路径**：让对象在幻灯片中沿着系统自带的或用户绘制的路径运动。

步骤 3　在"动画"组的"效果选项"下拉列表中设置动画的运动方向，如选择"自左侧"；在"计时"组中设置动画的开始播放方式和动画的播放速度，本例设置如图 5-50（b）所示。"开始"下拉列表中各选项的作用如下：

- **单击时**：在放映幻灯片时，需单击才开始播放动画。
- **与上一动画同时**：在放映幻灯片时，自动与上一动画效果同时播放。
- **上一动画之后**：在放映幻灯片时，播放完上一动画效果后自动播放该动画效果。

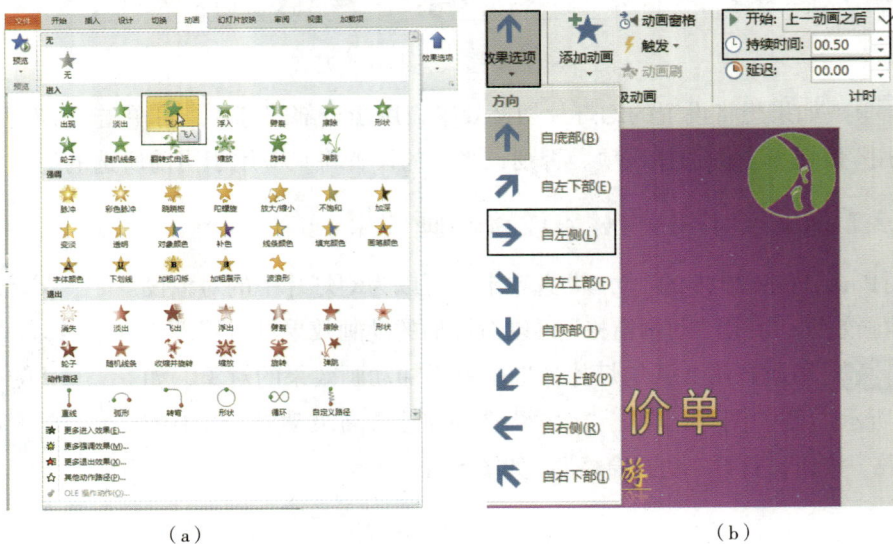

（a）　　　　　　　　　　　　　　　（b）

图 5-50　为对象添加动画效果

步骤 4　同时选中幻灯片右侧的 2 个文本框，如图 5-51（a）所示，在图 5-50（a）所示的"动画"列表下方单击"更多进入效果"选项，打开"更改进入效果"对话框，选择"下浮"动画效果，单击"确定"按钮，如图 5-51（b）所示。

步骤 5　在"计时"选项卡设置其开始播放方式和持续时间，如图 5-51（c）所示。

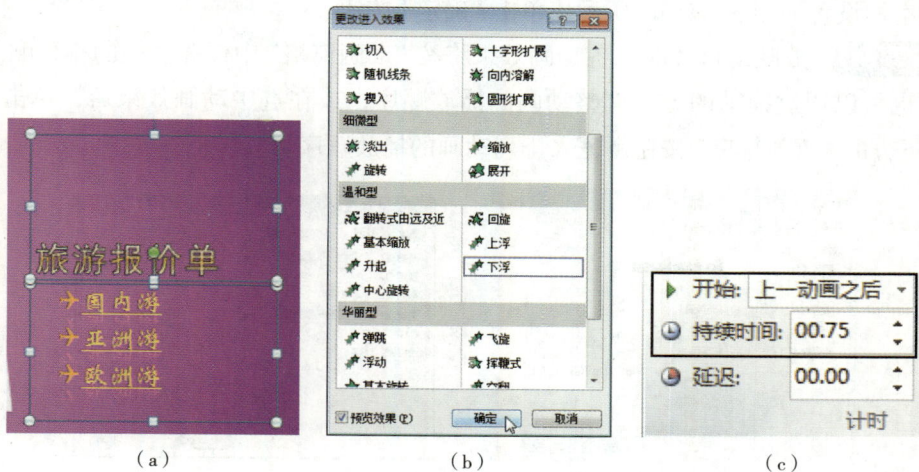

（a）　　　　　　　　（b）　　　　　　　　（c）

图 5-51　为文本添加动画效果

步骤 6　选中"旅游报价单"标题占位符，单击"高级动画"组中的"添加动画"按钮，在弹出的动画列表中选择"强调"类的"补色"动画效果，如图 5-52 所示。

提示

与利用"动画"组中的动画列表添加动画效果不同的是，利用"添加动画"列表可以为同一对象添加多个动画效果，而利用"动画"组只能为同一对象添加一个动画效果，后添加的动画效果将替换前面添加的动画效果。

步骤 7　在 PowerPoint 右侧的"动画窗格"中可以查看为当前幻灯片中的对象添加的所有动画效果，并对动画效果进行更多设置。这里在动画窗格中单击选中上步添加的强调类动画，单击右侧的三角按钮，在弹出的下拉列表中选择"效果选项"，如图 5-53 所示。

在该列表中选择相应的选项，可设置动画的开始方式、计时选项，还可将动画删除

图 5-52　添加"强调"类动画效果　　　　图 5-53　动画窗格

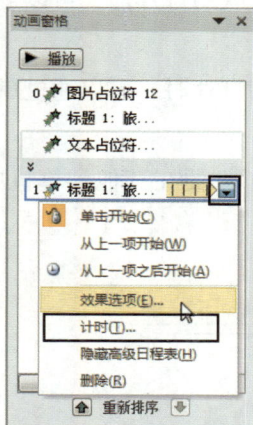

215

步骤 8 弹出动画属性对话框后，在"效果"选项卡中设置动画的声音效果，动画播放结束后对象的状态，以及动画文本的出现方式，如图 5-54（a）所示，本例保持默认设置。

步骤 9 切换到"计时"选项卡，可以设置动画的开始方式、延迟时间和动画重复等效果，本例设置如图 5-54（b）所示。单击"确定"按钮。

步骤 10 放映幻灯片时，各动画效果将按"动画窗格"中任务窗格的排列顺序进行播放，也可以通过拖动的方式调整动画的播放顺序，或在选中动画效果后，单击"动画窗格"下方的"重新排序"按钮 ⬆⬇ 来排列动画的播放顺序。

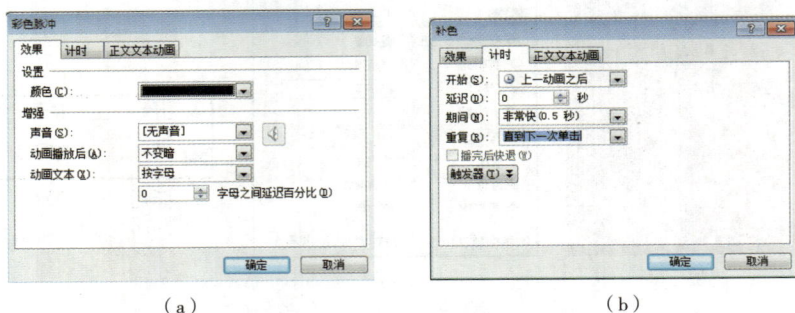

（a）　　　　　　　　　　　（b）

图 5-54　设置动画效果

任务 5.5　放映和打包旅行社宣传册

通过设置旅行社宣传册的放映方式并放映、打包，学习放映和打包演示文稿的操作。

5.5.1　相关知识

➤ **放映前的设置**：在放映幻灯片前，可以创建自定义放映集，隐藏不需要放映的幻灯片，等等。

➤ **放映幻灯片**：放映幻灯片时，可以通过鼠标和键盘对放映过程进行控制，以及添加墨迹注释，等等。

➤ **打包演示文稿**：为了方便在其他计算机中放映演示文稿，可以将演示文稿进行打包。

5.5.2　任务实施

5.5.2.1　自定义放映

将现有演示文稿中的指定幻灯片组成一个新的放映集进行放映的具体操作步骤如下：

步骤 1 单击"幻灯片放映"选项卡"开始放映幻灯片"组中的"自定义幻灯片放映"

按钮，在展开的列表中选择"自定义放映"选项，打开"自定义放映"对话框，再单击"新建"按钮，如图 5-55 所示。

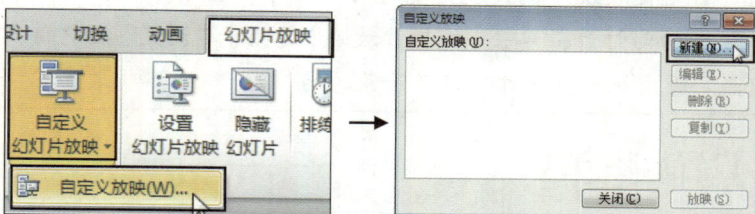

图 5-55　打开"自定义放映"对话框

步骤 2　打开"定义自定义放映"对话框，在"幻灯片放映名称"编辑框中输入放映名称。按住【Ctrl】键，在"在演示文稿中的幻灯片"列表中依次单击选择要加入自定义放映集的幻灯片，单击"添加"按钮，将所选幻灯片添加到右侧的"在自定义放映中的幻灯片"列表中，如图 5-56 所示。

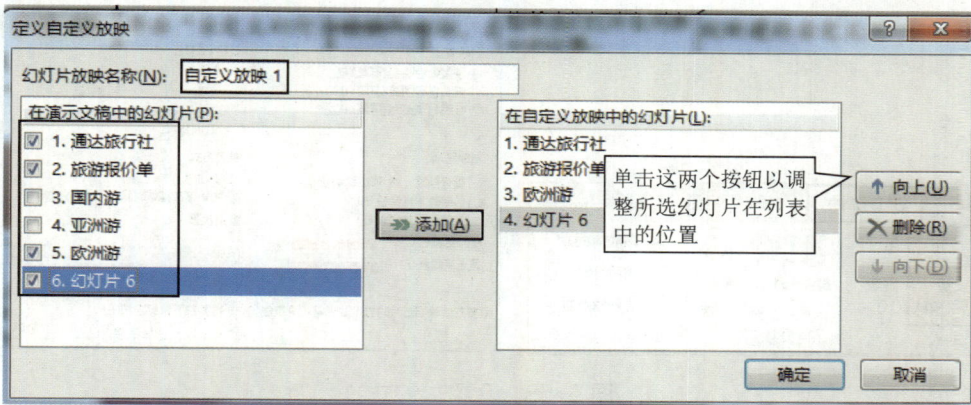

图 5-56　输入放映名称并添加要放映的幻灯片

步骤 3　单击"定义自定义放映"对话框中的"确定"按钮，返回"自定义放映"对话框，此时在对话框的"自定义放映"列表中将显示创建的自定义放映集，如图 5-57（a）所示。单击"关闭"按钮，完成自定义放映集的创建。

步骤 4　单击"自定义幻灯片放映"按钮，在展开的列表中可看到新建的自定义放映集，如图 5-57（b）所示，单击即可放映。

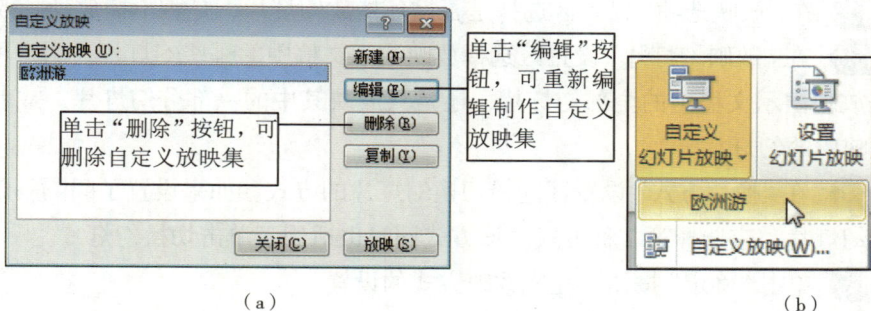

（a）　　　　　　　　　　　　　　　　（b）

图 5-57　创建的自定义放映

> **提示**
>
> 　　除了通过自定义放映方式放映指定的幻灯片外，也可在"幻灯片"窗格中选择希望在放映时隐藏的幻灯片，单击"幻灯片放映"选项卡"设置"组中的"隐藏幻灯片"按钮将其隐藏。再次执行该操作可显示隐藏的幻灯片。

5.5.2.2 设置放映方式

　　根据不同的需求，可以对演示文稿设置不同的放映方式，如可以由演讲者控制放映，也可以由观众自行浏览，或让演示文稿自动运行。此外，对于每一种放映方式，还可以控制是否循环播放，指定播放哪些幻灯片以及确定幻灯片的换片方式等。具体操作步骤如下：

　　步骤 1　单击"幻灯片放映"选项卡中的"设置幻灯片放映"按钮，打开"设置放映方式"对话框，如图 5-58 所示。

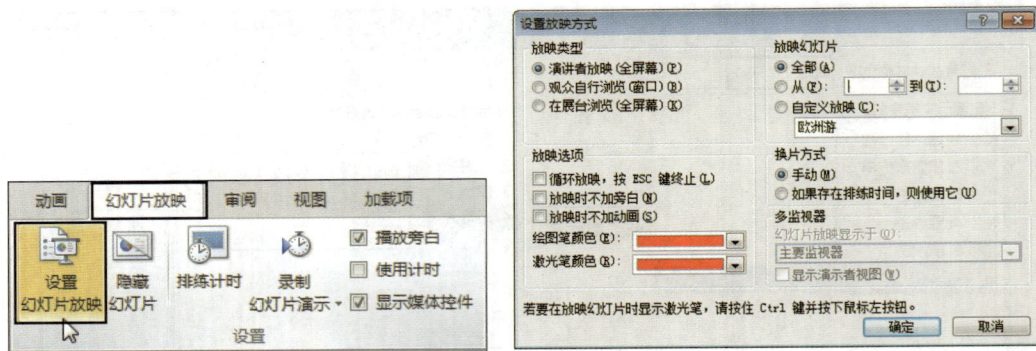

图 5-58　设置放映方式

　　⬛ 演讲者放映：最常用的放映类型。放映时幻灯片将全屏显示，演讲者对课件的播放具有完全的控制权。如切换幻灯片、播放动画、添加墨迹注释等。

　　⬛ 观众自行浏览：放映时在标准窗口中显示幻灯片，显示菜单栏和 Web 工具栏，方便用户对换片进行切换、编辑、复制和打印等操作。

　　⬛ 在展台浏览：该放映方式不需要专人来控制幻灯片的播放，适合在展览会等场所全屏放映演示文稿。

　　步骤 2　在"放映选项"设置区选择是否循环播放幻灯片，是否不播放动画效果等。

　　步骤 3　在"放映幻灯片"设置区选择放映演示文稿中的哪些幻灯片。用户可根据需要选择是放映演示文稿中的全部幻灯片，还是只放映其中的一部分幻灯片，或者只放映自定义放映中的幻灯片。

　　步骤 4　在"换片方式"设置区选择切换幻灯片的方式。如果设置了间隔一定的时间自动切换幻灯片，应选择第 2 种方式。该方式同时也适用于单击切换幻灯片。

　　步骤 5　单击"确定"按钮，完成放映方式的设置。

5.5.2.3　放映演示文稿

步骤 1　用户可利用以下几种方法来启动幻灯片放映：

在"幻灯片放映"选项卡的"开始放映幻灯片"组中单击"从头开始"按钮，或者按【F5】键，从第 1 张幻灯片开始放映演示文稿。

在"幻灯片放映"选项卡的"开始放映幻灯片"组中单击"从当前幻灯片开始"按钮，或者按【Shift+F5】键，可从当前幻灯片开始放映。

步骤 2　在放映过程中，可根据制作演示文稿时的设置来切换幻灯片或显示幻灯片内容。例如，通过单击切换幻灯片和显示动画，通过单击超链接跳转到指定的幻灯片。

步骤 3　在放映过程中，将鼠标指针移至放映画面左下角位置，会显示一组控制按钮，利用它们可进行以下操作：

添加墨迹注释：单击 ✏ 按钮，在弹出的列表中选择一种绘图笔，在放映画面中按住鼠标左键并拖动，可以为幻灯片中一些需要强调的内容添加墨迹注释，如图 5-59 所示。

图 5-59　添加墨迹注释

跳转幻灯片：单击 ◀ 或 ▶ 按钮可跳转到上一张或下一张幻灯片；单击 ▤ 按钮将打开一个列表，从中选择相应的选项也可跳转到指定幻灯片。

步骤 4　放映演示文稿时，PowerPoint 还提供了许多控制播放进程的技巧，归纳如下：

按【↓】、【→】、【Enter】、【空格】、【PageDown】键均可快速显示下一张幻灯片。

按【↑】、【←】、【BackSpace】、【PageUp】键均可快速显示上一张幻灯片。

同时按住鼠标左右键不放，可快速返回第到一张幻灯片。

步骤 5　演示文稿放映完毕后或想在中途终止放映，可按【Esc】键结束放映。如果在幻灯片放映中添加了墨迹标记，结束放映时会弹出提示框，单击"放弃"按钮，则幻灯片中不会保留墨迹。

5.5.2.4 打包演示文稿

当用户将演示文稿拿到其他计算机中播放时，如果该计算机没有安装PowerPoint程序，或者没有演示文稿中所链接的文件以及所采用的字体，那么演示文稿将不能正常放映。此时，可利用PowerPoint提供的"打包成CD"功能，将演示文稿及与其关联的文件、字体等打包。这样即使其他计算机中没有安装PowerPoint程序也可以正常播放演示文稿。

步骤1 单击"文件"选项卡标签，在打开的界面中依次单击"导出"→"将演示文稿打包成CD"→"打包成CD"项，如图5-60所示。

图5-60 单击"打包成CD"项

步骤2 在打开的"打包成CD"对话框中的"将CD命名为"编辑框中为打包文件命名，如图5-61所示。

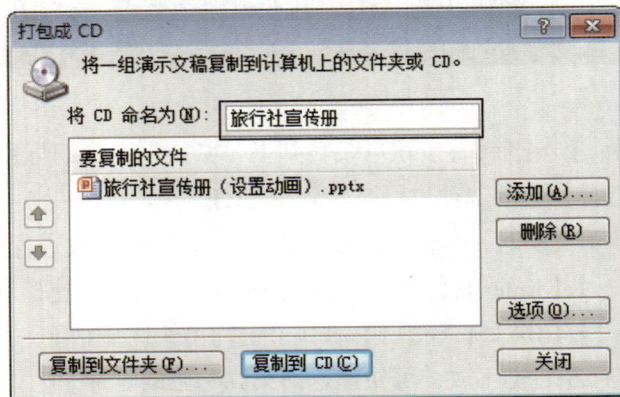

图5-61 命名打包文件

步骤3 单击"打包成CD"对话框中的"选项"按钮，打开"选项"对话框，如图5-62（a）所示。利用该对话框可为打包文件设置包含文件以及打开和修改文件的密码等，完成后单击"确定"按钮。

步骤 4　单击"复制到文件夹"按钮，打开"复制到文件夹"对话框，设置打包的文件夹名称及保存位置，如图 5-62（b）所示，单击"确定"按钮。

提示

在"打包成 CD"对话框中单击"添加"按钮，打开"添加文件"对话框，利用该对话框可以向包中添加其他文件。单击"复制到 CD"按钮，会弹出提示对话框，提示用户插入一张空白 CD，以便将打包文件复制到空白 CD 中。

（a）　　　　　　　　　　　　　　　　　（b）

图 5-62　设置打包选项和"复制到文件夹"对话框

步骤 5　弹出如图 5-63 所示提示对话框，询问是否打包链接文件，单击"是"按钮。

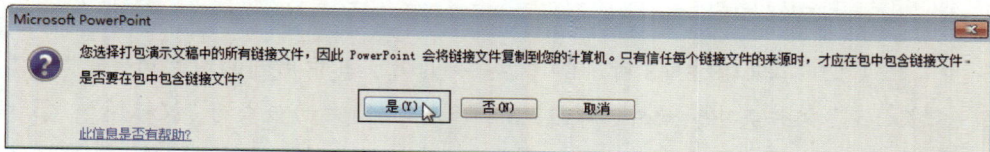

图 5-63　提示对话框

步骤 6　等待一段时间后，即可将演示文稿打包到指定的文件夹中，并自动打开该文件夹，显示其中的内容，如图 5-64 所示。单击"打包成 CD"对话框中的"关闭"按钮，将该对话框关闭。

名称	修改日期	类型	大小
PresentationPackage	2013/6/19 13:02	文件夹	
AUTORUN.INF	2013/6/19 13:02	安装信息	1 KB
旅行社宣传册（设置动画）.pptx	2013/6/19 13:02	Microsoft Power...	4,513 KB

图 5-64　打包文件夹中的内容

步骤 7　将演示文稿打包后，可找到存放打包文件的文件夹，利用 U 盘或网络等方式，将其拷贝或传输到别的计算机中进行播放。要播放演示文稿，可双击打包文件夹中的演示文稿，如图 5-64 所示，进行播放即可。

提示

若另一台计算机中没有安装 PowerPoint 2016 程序，需要下载 PowerPoint Viewer 2016 播放器才能正常播放。

项目总结

本项目学习了使用 PowerPoint 2016 制作演示文稿的操作，包括创建演示文稿，新建和复制幻灯片，设置幻灯片版式，在幻灯片中输入文本并设置格式，在幻灯片中插入并美化图形、图片、艺术字和声音等对象，修饰和美化幻灯片，为演示文稿设置动画效果，以及放映幻灯片等内容。

项目实训

一、制作员工成长计划演示文稿

按以下提示制作如图 5-65 所示的员工成长计划演示文稿，并保存为"员工成长计划"。

（1）新建一空白演示文稿，将本书配套素材相关文件夹中的"背景1"图片设置为所有幻灯片背景；再将"背景2"图片设置为第1张幻灯片背景。

（2）进入母版视图，在"幻灯片母版"中将标题占位符的字体设置为微软雅黑、32、加粗、白色；将文本占位符的字体设置为微软雅黑、24、蓝色，将行距设为1.3。

（3）参考如图 5-65 所示制作各张幻灯片，其中用到的图片均位于"员工成长计划"文件夹中。此外，第2、3和10张幻灯片的版式为"仅标题"，第4张幻灯片的版式为"空白"，第5张至第9张幻灯片的版式为"标题和内容"。

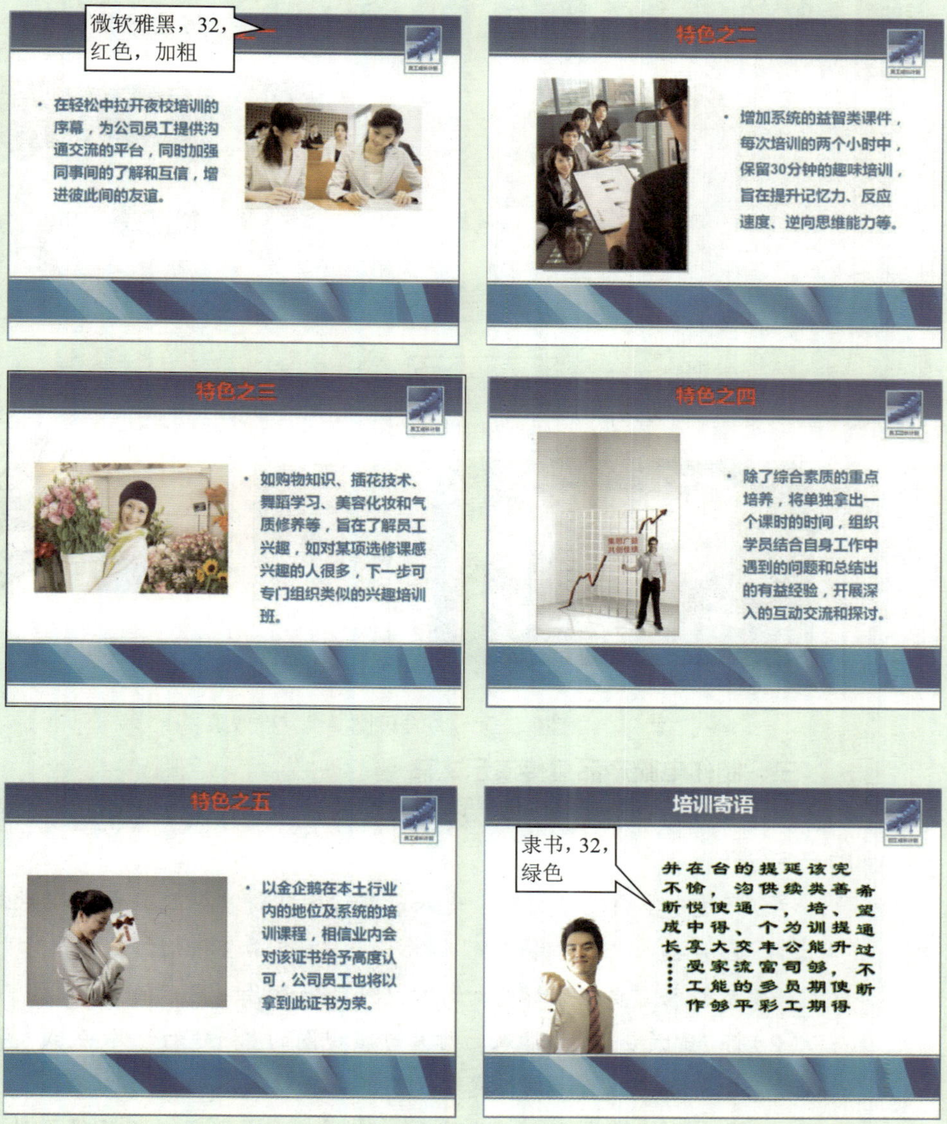

图 5-65　员工成长计划演示文稿效果

二、制作幼儿识图演示文稿

新建一空白演示文稿，参考如图 5-66 所示制作幼儿识图演示文稿，并保存为"幼儿识图"。各幻灯片中用到的图片均位于本书配套素材相关文件夹中。

提示

制作时要注意对输入的文本、插入的图片和绘制的图形进行美化。此外，应为幻灯片设置切换效果，以及为幻灯片中的各对象设置动画效果。

图 5-66　幼儿识图演示文稿效果

三、制作电脑产品宣传演示文稿

按以下提示制作如图 5-67 所示的电脑产品宣传演示文稿，并保存为"电脑产品宣传"。

（1）新建一空白演示文稿，进入母版视图，将本书配套素材相关文件夹中"背景 1"图片插入"幻灯片母版"，参考图 5-67 第 2 张幻灯片的上方图案进行设置，以及输入需要在除标题幻灯片之外的幻灯片中显示的文本。

（2）将"背景 2"图片插入幻灯片母版视图的"标题幻灯片 版式"中，并设置该母版中标题占位符和副标题占位符的字符格式。

（3）退出母版视图后，参考图 5-67 制作各张幻灯片，以及设置动画效果。

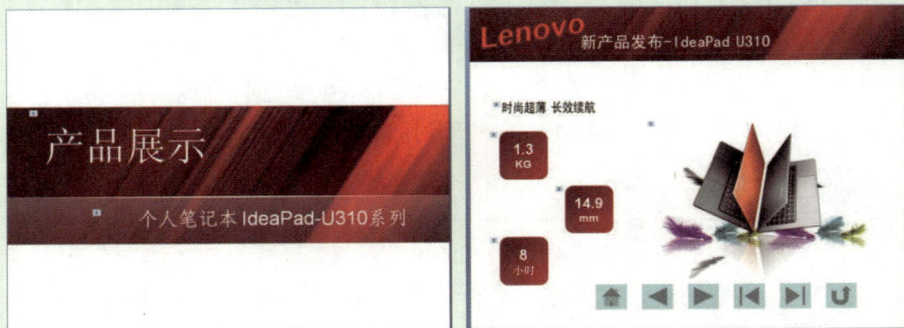

图 5-67　电脑产品宣传演示文稿效果

项目考核

一、选择题

1．在 PowerPoint 2016 的（　　　）窗格显示了幻灯片缩略图。

A．幻灯片

B．备注页

C．大纲

D．任务

2．以下不能输入文本的方法是（　　　）。

A．利用占位符输入

B．利用文本框输入

C．利用备注栏输入

D．利用幻灯片窗格输入

3．如果希望对幻灯片进行统一修改，可通过（　　　）来快速实现。

A．应用主题

B．修改母版

C．设置背景

D．修改每张幻灯片

4.要将幻灯片中的文字链接到某个网页,可在"插入超链接"对话框中选择(　　　)选项。

A.原有文件或网页

B.新建文档

C.电子邮件地址

D.链接到网页

5.如果想在中途终止幻灯片的播放,可按(　　　)键。

A.【Home】

B.【End】

C.【Esc】

D.【Page Down】

二、简答题

1.如果要为段落设置图片项目符号,该如何操作?

2.如果要为当前幻灯片设置渐变背景,该如何操作?

3.母版有几种类型?幻灯片母版和标题母版的作用分别是什么?

4.如何为幻灯片设置切换效果?

5.如何为幻灯片中的对象设置动画效果?

W

局域网和 Internet 应用

项目导读

　　计算机网络是计算机科学技术和通信技术相结合的产物，是计算机应用中的一个重要领域，它给人类的生活带来了巨大便利。如今，人们可以坐在家里一边悠闲地喝着饮料，一边玩网络游戏；一边看着股票行情，进行买卖交易，一边在网上商店挑选商品，兴高采烈地下订单……这些现代人习以为常的生活方式，都离不开计算机网络的支持。

学习目标

◆ 掌握 IPv4 与 IPv6。
◇ 掌握组建与使用家庭（办公）网的方法（包括有线和无线方式）。
◆ 掌握将计算机接入 Internet 的方法。
◇ 掌握浏览 Internet 上的信息（即信息检索）和下载资源的方法。
◆ 掌握收发电子邮件的方法。
◇ 了解网络安全的重要性。

任务 6.1　组建与使用有线/无线局域网

　　首先通过"相关知识"简单介绍计算机网络的相关概念，然后通过"任务实施"让学生掌握家庭（办公）网的组建与使用方法。

6.1.1　相关知识

6.1.1.1　认识计算机网络

　　简单来讲，计算机网络指的是借助有线、无线的方式将分散的计算机相互连通，进而达到相互通信以及共享彼此资源的综合系统。

　　在计算机网络中，各计算机之间的相互连接主要存在两种方式：其一是凭借双绞线、电话线以及光纤等有形的介质进行连接；其二是通过微波等无形的介质来实现连接。例如，在学校的计算机教室中，计算机通常通过双绞线连接到网络交换机，从而形成一个局域网，这就是通过有形介质连接的方式。而我们使用手机连接 Wi-Fi 热点来上网，则是通过微波这种无形介质连接到网络的例子。

6.1.1.2 认识局域网

局域网是局部地区网络的简称。例如，由一栋或几栋建筑物内的计算机、一个小区内的计算机或一个单位内的计算机构成的网络，基本上都属于局域网。

局域网依照其规模的大小还能够进一步细分为小型局域网和大型局域网。小型局域网的特征在于地域范围小，计算机的数量不多，网络的安装、管理以及配置都相对简单。如家庭、办公室、游戏厅、网吧以及计算机机房的网络都属于小型局域网。大型局域网主要指的是企业 Intranet 网络、行政网络等，这类网络的特点是设备数量较多，管理和维护都较为复杂。

局域网通常采用星型拓扑结构来进行连接。这种连接方式以一个中央节点作为中心，其他的节点都连接至中央节点，由中央节点掌控各节点之间的通信。当下一般会使用交换机充当中央节点，其他的计算机（或者网络设备）都连接到这个中央节点上，如图 6-1 所示。

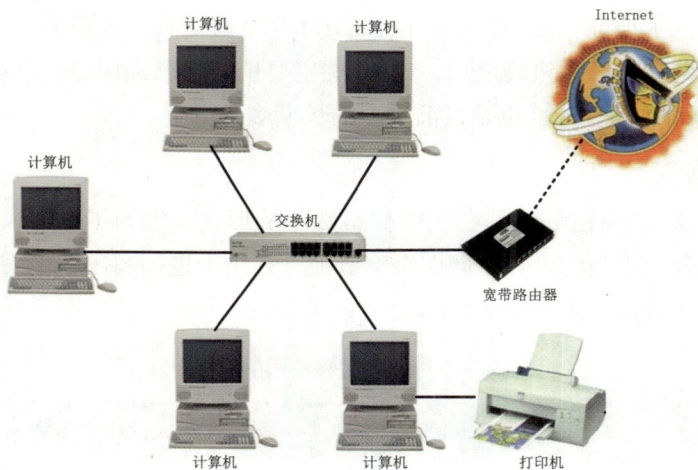

图 6-1　小型局域网连接方式

> 💡 **提示**
>
> 对于小型局域网，可以使用交换机作为中央节点，然后通过宽带路由器共享上网。若局域网中电脑较少，可直接使用宽带路由器作为中央节点共享上网。

6.1.1.3 IPv4

（1）IPv4 简介。

IPv4 作为互联网协议（Internet Protocol，IP）的第四版，是首个被广泛运用并且构成当今互联网技术基础的协议。1981 年，Jon Postel 在 RFC791 中对其进行了定义。IPv4 能够在各式各样的底层网络上运行，例如，端对端的串行数据链路（像 PPP 协议和 SLIP 协议），还有卫星链路，等等。在局域网中，最为常用的要数以太网了。

当前，全球因特网所采用的协议族为 TCP/IP 协议族。IP 属于 TCP/IP 协议族中网络层的协议，是该协议族的核心所在。现阶段 IP 协议的版本号是 4（简称为 IPv4，这里的"v"代表"version"，即版本的意思），而它的下一版本就是 IPv6。IPv6 正处在持续发展与完善的进程中，在不远的将来可能会取代目前被广泛使用的 IPv4。

IPv4 是一种无连接的协议，运行于使用分组交换链路层（比如以太网）之上。此协议会竭尽全力交付数据包，这意味着它既无法保证任何数据包都能送达目的地，也不能保证所有数据包都能按照正确的顺序且无重复地到达。这些方面是由上层的传输协议（比如传输控制协议）来负责处理的。

（2）地址介绍。

IPv4 使用 32 位（4 字节）地址，因此地址空间中只有 4,294,967,296 个地址。不过，一些地址是为特殊用途所保留的，如专用网络（约 1800 万个地址）和多播地址（约 2.7 亿个地址），这减少了可在互联网上路由的地址数量。随着地址不断被分配给最终用户，IPv4 地址枯竭问题也随之产生。基于分类网络、无类别域间路由和网络地址转换的地址结构，显著地降低了地址枯竭的速度。但在 2011 年 2 月 3 日，在最后 5 个地址块被分配给 5 个区域互联网注册管理机构之后，IANA 的主要地址池已经用尽。这些限制刺激了仍在开发早期的 IPv6 的部署，这也是目前唯一的长期解决方案。

（3）地址格式。

IPv4 地址可被写作任何表示一个 32 位整数值的形式，但为了方便人类阅读和分析，它通常被写作点分十进制的形式，即四个字节被分开用十进制写出，中间用点分隔。

表 6-1 展示了 IPv4 几种不同的格式。

表 6-1　IPv4 几种不同的格式

格式	值	从点分十进制转换
点分十进制	192.0.2.235	不适用
点分十六进制	0xC0.0x00.0x02.0xEB	每个字节被单独转换为十六进制
点分八进制	0300.0000.0002.0353	每个字节被单独转换为八进制
十六进制	0xC00002EB	将点分十六进制连在一起
十进制	3221226219	用十进制写出的 32 位整数
八进制	030000001353	用八进制写出的 32 位整数

此外，在点分格式中，每个字节都可用任意的进制表达。如 192.0x00.0002.235 是一种合法（但不常用）的表示。

（4）分配。

最初，一个 IP 地址被分成两部分：网上识别码在地址的高位字节中，主机识别码在剩下的部分中。

为了克服这个限制，在随后出现的分类网络中，地址的高位字节被重新定义为网络的类（Class）。这个系统定义了五个类别：A、B、C、D 和 E。A、B 和 C 类有不同的网络类别长度，剩余的部分被用来识别网络内的主机，这就意味着每个网络类别有着不司的给主机编址的能力。D 类被用于多播地址，E 类被留作将来使用。

对于 A、B、C、D 和 E 五种类型的 IP 地址，它们的 IP 地址范围分别是：1.0.0 0 ～ 126.255.255.255、128.0.0.0 ～ 191.255.255.255、192.0.0.0 ～ 223.255.255.255、224.0.0.0 ～ 239.255.255.255 和 240.0.0.0 ～ 247.255.255.255，见表 6-2。其中 A、B、C 类地址是单目传送（Unicast）地址，D 类地址为组播（Multicast）地址，E 类地址保留，用于实验和将来的特殊用途。

表 6-2   IP 地址分类表

类别	网络 ID 值范围	网络 ID 字节	主机 ID 字节	网络数量	每网络的 IP 地址数
A	1 ~ 126	第 1 个字节	第 2、3、4 个字节	126	16777216
B	128 ~ 191	前 2 个字节	第 3、4 个字节	16382	65536
C	192 ~ 223	前 3 个字节	第 4 个字节	2097152	256
D	224 ~ 239	组播保留	N/A	N/A	N/A
E	240 ~ 247	实验性保留	N/A	N/A	N/A

1993 年，无类别域间路由（CIDR）正式地取代了分类网络，后者也因此被称为"有类别"。

CIDR 可以重新划分地址空间，因此小的或大的地址块均可以分配给用户。CIDR 创建的分层架构由互联网号码分配局（IANA）和区域互联网注册管理机构（RIR）进行管理，每个 RIR 均维护着一个公共的 WHOIS 数据库，以此提供 IP 地址分配的详情。

（5）特殊用途的地址。

保留的地址块见表 6-3。

表 6-3   保留的地址块

CIDR 地址块	描述	参考资料
0.0.0.0/8	本网络（仅作为源地址时合法）	RFC 5735
10.0.0.0/8	专用网络	RFC 1918
100.64.0.0/10	电信级 NAT	RFC 6598
127.0.0.0/8	环回	RFC 5735
169.254.0.0/16	链路本地	RFC 3927
172.16.0.0/12	专用网络	RFC 1918
192.0.0.0/24	保留（IANA）	RFC 5735
192.0.2.0/24	TEST-NET-1，文档和示例	RFC 5735

续表

CIDR 地址块	描述	参考资料
192.88.99.0/24	6 to 4 中继	RFC 3068
192.168.0.0/16	专用网络	RFC 1918
198.18.0.0/15	网络基准测试	RFC 2544
198.51.100.0/24	TEST-NET-2，文档和示例	RFC 5737
203.0.113.0/24	TEST-NET-3，文档和示例	RFC 5737
224.0.0.0/4	多播（之前的 D 类网络）	RFC 3171
240.0.0.0/4	保留（之前的 E 类网络）	RFC 1700
255.255.255.255	受限广播	RFC 919

（6）专用网络。

在 IPv4 所允许的大约四十亿地址中，三个地址块被保留作专用网络。这些地址块在专用网络之外不可路由，专用网络之内的主机也不能直接与公共网络通信。但通过网络地址转换（NAT），使用这些地址的主机可以像拥有共有地址的主机在互联网上通信。

表 6-4 展示了三个被保留作专用网络的地址块（RFC 1918）。

表 6-4　三个被保留作专用网络的地址块

名字	地址范围	地址数量	有类别的描述	最大的 CIDR 地址块
24 位块	10.0.0.0 - 10.255.255.255	16,777,216	一个 A 类	10.0.0.0/8
20 位块	172.16.0.0 - 172.31.255.255	1,048,576	连续的 16 个 B 类	172.16.0.0/12
16 位块	192.168.0.0 - 192.168.255.255	65,536	连续的 256 个 C 类	192.168.0.0/16

（7）虚拟专用网络。

通常情况下，路由器根据数据报文的目的地址决定转发数据报文的下一跳地址。使用专用网络地址作为目的地址的数据包通常无法被公共路由器正确送达，因为公共路由器没有相应的路由信息，即无法得知如何才能转发到该 IP 地址。因此，这就需要将指引数据报文转发的下一跳地址和真正要传输的目的地址分离开。于是就使用虚拟专用网，将 IP 报文封装在其他报文内，以便于通过公网上的公共路由器，达到能处理该报文内层数据的网络设备后，该数据包可以被继续转发到目的地址。

将数据报文封装的过程中，可以将数据报文封装于 IP 报文中，也可以使用多协议标签交换协议等，通过其他协议引导数据报文转发。也可以同时封装加密数据，以保护数据内容。

（8）链路本地地址。

RFC 5735 中将地址块 169.254.0.0/16 保留为特殊用于链路本地地址，这些地址仅在链路上有效（如一段本地网络或一个端到端连接）。这些地址与专用网络地址一样不可路由，也不可作为公共网络上报文的源或目的地址。链路本地地址主要被用于地址自动配置，即当主机不能从 DHCP 服务器处获得 IP 地址时，它会用这种方法生成一个。

链路本地地址块最初被保留时，地址自动配置尚没有一个标准。为了填补这个空白，微软创建了实现自动专用 IP 寻址（APIPA）的机制。因微软的市场影响力，APIPA 已经被部署到几百万台机器上，也因此成为事实上的工业标准。许多年后，IETF 为此定义了一份正式的标准——RFC 3927，命名为"IPv4 链路本地地址的动态配置"。

（9）环回地址（Loopback Address）。

地址块 127.0.0.0/8 被保留作环回通信用。此范围中的地址绝不应出现在主机外，发送至此地址的报文被作为同一虚拟网络设备上的入站报文（环回），主要用于检查 TCP/IP 协议栈是否正确运行和本机对本机的链接。

（10）地址解析。

互联网上的主机通常被指定，但 IP 报文的路由是由 IP 地址而不是这些名字决定的。这就需要将域名翻译（解析）成地址。

（11）地址枯竭。

从 20 世纪 80 年代起，IPv4 地址在以比设计时的预计更快的速度耗尽。这是创建分类网络、无类别域间路由，和最终决定重新设计基于更长地址的互联网协议（IPv6）的诱因。

一些市场力量也加快了 IPv4 地址的耗尽，如：

①互联网用户的急速增长。

②总是开着的设备：ADSL 调制解调器、缆线调制解调器等。

③移动设备：笔记本电脑、PDA、移动电话等。

随着互联网的增长，各种各样的技术随之产生以应对 IPv4 地址的耗尽，如：

①网络地址转换（NAT）。

②专用网络的使用。

③动态主机设置协议（DHCP）。

④基于名字的虚拟主机。

⑤区域互联网注册管理机构对地址分配的控制。

⑥对互联网初期分配的大地址块的回收。

2019 年 11 月 25 日，全球所有 43 亿个 IPv4 地址已分配完毕，这意味着没有更多的 IPv4 地址可以分配给 ISP 和其他大型网络基础设施提供商。

广泛被接受且已被标准化的解决方案是迁移至 IPv6。IPv6 的地址长度从 IPv4 的 32 位增长到了 128 位，以此提供了更好的路由聚合，也为最终用户分配最小为 2 个主机地址的地址块成为可能。迁移过程正在进行，但其完成仍需要相当长的时间。

（12）地址转换。

对地址的快速分配和其造成的地址短缺促成了许多有效应用地址的方法，其中一种就是网络地址转换（NAT）。域名系统（DNS）提供了域名转换为IP地址的服务。与CIDR相像，DNS是层级结构。由于IP地址在使用过程中难于记忆和书写，人们又发明了一种与IP地址对应的字符来表示计算机在网络上的地址，这就是域名。Internet上每一个网站都有自己的域名，并且域名是独一无二的。例如，只须在浏览器地址栏中输入域名www.sohu.com，就可以访问搜狐网站。

6.1.1.4 IPv6

（1）IPv6简介。

IPv6是Internet Protocol Version 6的缩写，这里的Internet Protocol意思是"互联网协议"。IPv6是由IETF（互联网工程任务组，Internet Engineering Task Force）设计的，旨在替代当前使用的IP协议（IPv4）的下一代IP协议，甚至号称能够为全世界的每一粒沙子都编上一个网址。

IPv4最大的弊端在于网络地址资源十分有限，严重限制了互联网的应用和发展。而使用IPv6不但能够解决网络地址数量不足的问题，还能够消除多种接入设备连入互联网的阻碍。

2012年6月6日，国际互联网协会举办了世界IPv6启动纪念日。就在这一天，全球IPv6网络正式启动。多家著名网站，像是Google、Facebook以及Yahoo等，在当天全球标准时间0点（北京时间8点整）开始永久性支持IPv6访问。

2017年11月26日，中共中央办公厅、国务院办公厅印发了《推进互联网协议第六版（IPv6）规模部署行动计划》。2018年6月，三大运营商联合阿里云宣称，将全面对外提供IPv6服务，并计划在2025年前助力中国互联网真正实现"IPv6 Only"。2018年7月，百度云制定了中国的IPv6改造方案。同年8月3日，工信部通信司在北京召开IPv6规模部署及专项督查工作全国电视电话会议，中国将分阶段、有秩序地推进IPv6网络的规模建设，实现下一代互联网在经济社会各个领域的深度融合。

IPv6的发展对于互联网的未来至关重要。IPv6将为更多的设备接入网络提供可能。如日常生活中的智能家居设备、智能穿戴设备等，都需要大量的IP地址支持。所以，了解和掌握IPv6的相关知识，对于大家今后在互联网领域的学习和研究有着重要的意义。

（2）表示方法。

IPv6的地址长度为128bit，是IPv4地址长度的4倍。于是IPv4点分十进制格式不再适用，采用十六进制表示。IPv6有3种表示方法。

①冒分十六进制表示法。格式为×：×：×：×：×：×：×：×，其中每个×表示地址中的16bit，以十六进制表示，例如，ABCD：EF01：2345：6789：ABCD：EF01：2345：6789这种表示法中，每个×的前导0是可以省略的，例如：

2001：0DB8：0000：0023：0008：0800：200C：417A → 2001：DB8：0：23：8：800：200C：417A

②0 位压缩表示法。在某些情况下，一个 IPv6 地址中间可能包含很长的一段 0，可以把连续的一段 0 压缩为"：："。但为保证地址解析的唯一性，地址中"：："只能出现一次，例如：

　　FF01：0：0：0：0：0：0：1101 → FF01：：1101

　　0：0：0：0：0：0：0：1 → ：：1

　　0：0：0：0：0：0：0 → ：：

③内嵌 IPv4 地址表示法。为了实现 IPv4-IPv6 互通，IPv4 地址会嵌入 IPv6 地址中，此时地址常表示为 ×：×：×：×：×：×：d.d.d.d，前 96bit 采用冒分十六进制表示，而最后 32bit 地址则使用 IPv4 的点分十进制表示，例如，：192.168.0.1 与：：FFFF：192.158.0.1 就是两个典型的例子，注意在前 96bit 中，压缩 0 位的方法依旧适用。

（3）地址类型。

IPv6 协议主要定义了三种地址类型：单播地址（Unicast Address）、组播地址（Multicast Address）和任播地址（Anycast Address）。与原来 IPv4 地址相比，新增了"任播地址"类型，因为 IPv6 中的广播功能是通过组播来完成，所以取消了原来 IPv4 中的广播地址。

单播地址：用来唯一标识一个接口，类似于 IPv4 中的单播地址。发送到单播地址的数据报文将被传送给此地址所标识的一个接口。

IPv6 单播地址与 IPv4 单播地址一样，都只标识了一个接口。为了适应负载平衡系统，RFC3513 允许多个接口使用同一个地址，只要这些接口作为主机上实现的 IPv6 的单个接口出现。单播地址包括四个类型：全局单播地址、本地单播地址、兼容性地址、特殊地址。

①全局单播地址：等同于 IPv4 中的公网地址，可以在 IPv6 Internet 上进行全局路由和访问。这种地址类型允许路由前缀的聚合，从而限制了全球路由表项的数量。

②本地单播地址：链路本地地址和唯一本地地址都属于本地单播地址，在 IPv6 中，本地单播地址是指本地网络使用的单播地址，也就是 IPv4 地址中局域网专用地址。每个接口上至少要有一个链路本地单播地址，另外还可分配任何类型（单播、任播和组播）或范围的 IPv6 地址。

a. 链路本地地址（FE80：：/64）：仅用于单个链路（链路层不能跨 VLAN），不能在不同子网中路由。结点使用链路本地地址与同一个链路上的相邻结点进行通信。例如，在没有路由器的单链路 IPv6 网络上，主机使用链路本地地址与该链路上的其他主机进行通信。

b. 唯一本地地址（FC00：：/7）：唯一本地地址是本地全局的，它应用于本地通信，但不通过 Internet 路由，将其范围限制为组织的边界。

c. 站点本地地址（FEC0：：/10，新标准中已被唯一本地地址代替）：相当于 IPv4 中的局域网专用地址，仅可在本地局域网中使用。例如，没有与 IPv6 Internet 的直接路由连接的专用 Intranet 可以使用不会与全局地址冲突的站点本地地址。站点本地地址可以与全局单播地址配合使用，也就是在一个接口上可以同时配置站点本地地址和全局单播地址。

但使用站点本地地址作为源或目的地址的数据报文不会被转发到本站（相当于一个私有网络）外的其他站点。

③兼容性地址：在 IPv6 的转换机制中还包括了一种通过 IPv4 路由接口以隧道方式动态传递 IPv6 包的技术。这样的 IPv6 结点会被分配一个在低 32 位中带有全球 IPv4 单播地址的 IPv6 全局单播地址。另有一种嵌入 IPv4 的 IPv6 地址，用于局域网内部，这类地址用于把 IPv4 结点当作 IPv6 结点。此外，还有一种称为"6 to 4"的 IPv6 地址，用于在两个通过 Internet 同时运行 IPv4 和 IPv6 的结点之间进行通信。

④特殊地址：包括未指定地址和环回地址。未指定地址（0：0：0：0：0：0：0：0 或：：）仅用于表示某个地址不存在。它等价于 IPv4 未指定地址 0.0.0.0。未指定地址通常被用作尝试验证暂定地址唯一性数据包的源地址，并且永远不会指派给某个接口或被用作目标地址。环回地址（0：0：0：0：0：0：0：1 或：：1）用于标识环回接口，允许节点将数据包发送给自己。它等价于 IPv4 环回地址 127.0.0.1。发送到环回地址的数据包永远不会发送给某个链接，也永远不会通过 IPv6 路由器转发。

组播地址：用来标识一组接口（通常这组接口属于不同的节点），类似于 IPv4 中的组播地址。发送到组播地址的数据报文被传送给此地址所标识的所有接口。

IPv6 组播地址可识别多个接口，对应于一组接口的地址（通常分属不同节点）。发送到组播地址的数据包被送到由该地址标识的每个接口。使用适当的组播路由拓扑，将向组播地址发送的数据包发送给该地址识别的所有接口。任意位置的 IPv6 节点可以侦听任意 IPv6 组播地址上的组播通信。IPv6 节点可以同时侦听多个组播地址，也可以随时加入或离开组播。

IPv6 组播地址的最明显特征就是最高的 8 位固定为 1111 1111。IPv6 地址很容易区分组播地址，因为它总是以 FF 开始的。

任播地址：用来标识一组接口（通常这组接口属于不同的节点）。发送到任播地址的数据报文被传送给此地址所标识的一组接口中距离源节点最近（根据使用的路由协议进行度量）的一个接口。

一个 IPv6 任播地址与组播地址一样也可以识别多个接口，对应一组接口的地址。大多数情况下，这些接口属于不同的节点。但是，与组播地址不同的是，发送到任播地址的数据包被送到由该地址标识的其中一个接口。

通过合适的路由拓扑，目的地址为任播地址的数据包将被发送到单个接口（该地址识别的最近接口，最近接口定义的根据是因为路由距离最近），而组播地址用于一对多通信，发送到多个接口。一个任播地址必须不能用作 IPv6 数据包的源地址，也不能分配给 IPv6 主机，仅可以分配给 IPv6 路由器。

IPv6 地址类型是由地址前缀部分来确定，主要地址类型与地址前缀的对应关系如表 6-5 所示。

表 6-5 主要地址类型与地址前缀的对应关系

地址类型		地址前缀（二进制）	IPv6 前缀标识
单播地址	未指定地址	00…0（128 bits）	：：/128
	环回地址	00…1（128 bits）	：：1/128
单播地址	链路本地地址	1111111010	FE80：：/64
	唯一本地地址	1111 110	FC00：：/7 （包括 FD00：：/8 和不常用的 FC00：：/8）
	站点本地地址（已弃用，被唯一本地地址代替）	1111111011	FEC0：：/10
	全球单播地址	其他形式	—
组播地址		11111111	FF00：：/8
任播地址		从单播地址空间中进行分配，使用单播地址的格式	

（4）地址配置协议。

IPv6 运用了两种地址自动配置协议，分别是无状态地址自动配置协议（SLAAC）和 IPv6 动态主机配置协议（DHCPv6）。SLAAC 无须服务器来对地址予以管理，主机能够直接依据网络里的路由器通告信息与本机的 MAC 地址相互结合，进而计算得出本机的 IPv6 地址，从而实现地址的自动配置；而 DHCPv6 则是由 DHCPv6 服务器来管理地址池，用户主机向服务器发出请求并获取 IPv6 地址以及其他的相关信息，以此达成地址自动配置的目的。

①无状态地址自动配置。

无状态地址自动配置的核心是不需要额外的服务器管理地址状态，主机可自行计算地址进行地址自动配置，包括 4 个基本步骤：a.链路本地地址配置，主机计算本地址。b.重复地址检测，确定当前地址唯一。c.全局前缀获取，主机计算全局地址。d.前缀重新编址，主机改变全局地址。

②IPv6 动态主机配置协议。

IPv6 动态主机配置协议 DHCPv6 是由 IPv4 场景下的 DHCP 发展而来。客户端通过向 DHCP 服务器发出申请来获取本机 IP 地址并进行自动配置，DHCP 服务器负责管理并维护地址池以及地址与客户端的映射信息。

DHCPv6 在 DHCP 的基础上，进行了一定的改进与扩充。其中包含 3 种角色：DHCPv6 客户端，用于动态获取 IPv6 地址、IPv6 前缀或其他网络配置参数；DHCPv6 服务器，负责为 DHCPv6 客户端分配 IPv6 地址、IPv6 前缀和其他配置参数；DHCPv6 中继，它是一个转发设备。通常情况下，DHCPv6 客户端可以通过本地链路范围内组播地址与 DHCPv6 服务器进行通信。若服务器和客户端不在同一链路范围内，则需要 DHCPv6 中继进行转发。DHCPv6 中继的存在使得 DHCPv6 服务器不必在每一个链路范围内都部署，这样既节省成本，又便于集中管理。

（5）优势特点。

与 IPV4 相比，IPV6 具有以下几个优势：

①IPv6 具有更大的地址空间。IPv4 中规定 IP 地址长度为 32 位，最大地址个数为 2^{32}；而 IPv6 中 IP 地址的长度为 128 位，即最大地址个数为 2^{128}。与 32 位地址空间相比，其地址空间增加了（$2^{128}-2^{32}$）个。

②IPv6 使用更小的路由表。IPv6 的地址分配一开始就遵循聚类（Aggregation）的原则，这使得路由器能在路由表中用一条记录（Entry）表示一片子网，大大减小了路由器中路由表的长度，提高了路由器转发数据包的速度。

③IPv6 增强了组播（Multicast）支持以及对流的控制（Flow Control），这使得网络上的多媒体应用有了长足发展的机会，为服务质量（QoS，Quality of Service）控制提供了良好的网络平台。

④IPv6 加入了对自动配置（Auto Configuration）的支持，使得网络（尤其是局域网）的管理更加方便和快捷。

⑤IPv6 具有更高的安全性。在使用 IPv6 网络中用户可以对网络层的数据进行加密并对 IP 报文进行校验，在 IPv6 中的加密与鉴别选项提供了分组的保密性与完整性，极大增强了网络的安全性。

⑥允许扩充。如果新的技术或应用需要时，IPv6 允许协议进行扩充。

⑦更好的头部格式。IPv6 使用新的头部格式，其选项与基本头部分开，如果需要，可将选项插入基本头部与上层数据之间。这就简化和加速了路由选择过程，因为大多数的选项不需要由路由选择。

⑧新的选项。IPv6 有一些新的选项来实现附加功能。

（6）应用前景。

虽然 IPv6 在全球范围内还仅仅处于研究阶段，许多技术问题还有待进一步解决，并且支持 IPv6 的设备也非常有限。但总体来说，随着全球 IPv6 技术的不断发展，并且 IPv4 消耗殆尽，许多国家已经意识到了 IPv6 技术所带来的优势，特别是中国，通过一些国家级的项目，推动了 IPv6 下一代互联网的全面部署和大规模商用。截至 2024 年 5 月，我国已分配 IPv6 地址终端数达到 17.65 亿，其中移动网络已分配 IPv6 地址的终端为 13.50 亿，固定宽带接入网络已分配 IPv6 地址的终端数为 4.15 亿。随着 IPv6 的各项技术日趋完美。IPv6 成本过高、发展缓慢、支持度不够等问题将很快淡出人们的视野。

6.1.2 任务实施

6.1.2.1 硬件准备与连接

组建有线/无线混合局域网需要一台无线宽带路由器。此外，对于使用有线连接的计算机，还需要准备网线；对于使用无线连接的计

硬件准备与连接

算机，计算机中需要安装有无线网卡（一般笔记本电脑都内置无线网卡，若没有，则需另行购买安装）。

组建有线/无线混合局域网的硬件连接示意图如图 6-2 所示。其中有线部分的连接步骤如下：

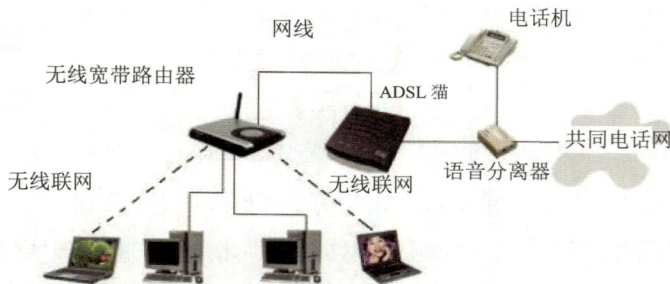

图 6-2　有线/无线混合局域网示意图

步骤 1　将网线的一端插入使用有线连接的电脑网络接口，另一端插入无线宽带路由器的普通接口（LAN 接口）。

步骤 2　将 ADSL 猫（用来上网的设备，目前各运营商已经在推广使用光纤接入，使用光 Modem，即"光猫"连接，关于将计算机接入 Internet 的方式，请参看下一任务的为容）自带的网线一端插入 ADSL 猫网络接口，另一端插入无线宽带路由器的 Uplink（或 WAN）接口。如果是小区宽带，则将网线一端插入无线宽带路由器的 Uplink（或 WAN）接口，另一端插入宽带服务商提供的网络接口即可。

连接无线部分应注意无线宽带路由器的摆放。无线宽带路由器的传输范围是以自身为圆心的一个球体，通常所说的传输距离是这个球体的半径，因此把无线宽带路由器放置在房屋中间，挂到高处（这时还要考虑是否有合适的电源接口），让球体直径覆盖各个房间，注意不要和金属还有大量的电器摆在一起，这样传输效果最理想。

设置计算机名称和工作组

6.1.2.2　设置计算机名称和工作组

硬件连接好后，还需要为有线/无线局域网中的各计算机设置在网络上的名称和工作组，方便在网络中找到相应的计算机。

步骤 1　右击桌面上的"我的电脑"图标，在弹出的快捷菜单中单击"属性"选项，如图 6-3 所示。

步骤 2　系统界面可以看到当前的计算机名以及域、工作组，点击更改设置，如图 6-4 所示。

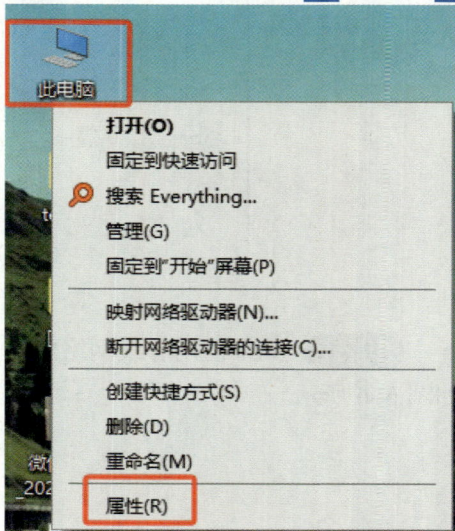

图 6-3　"系统"窗口

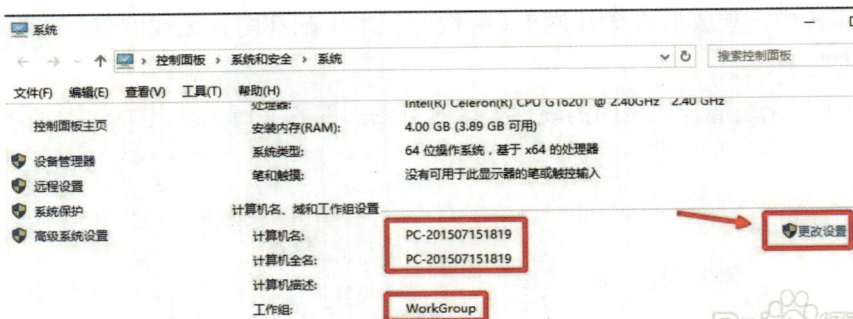

图 6-4 单击"更改"按钮

步骤 3 系统属性窗口，这里可以单击下方的"更改设置"按钮。

步骤 4 在"设置计算机和工作组名"对话框出来后，对话框中单击"更改"按钮，弹出"计算机域/更改"对话框，单击"立即重新启动"按钮，系统会自动重启电脑，应用设置。

步骤 5 参考以上操作，为局域网中的其他计算机设置不同的名称，以及相同的工作组名称。

6.1.2.3 设置网络位置

在 Windows 10 中可以为电脑选择网络位置，系统将根据用户选择的网络位置（家庭网络、工作网络或公用网络）自动为电脑设置访问控制和安全级别，从而使电脑不被非法入侵。具体操作步骤如下：

步骤 1 同时按下【Win】键和【I】键，这可以快速打开设置界面。进入 Windows 设置，找到"网络和 Internet"，如图 6-5 所示。

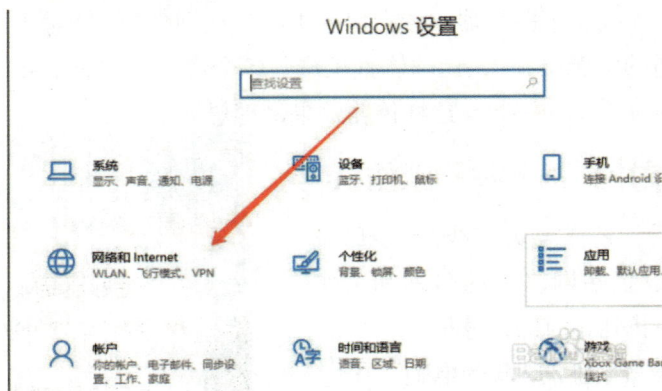

图 6-5 WINDOWS 设置窗口

步骤 2 如果使用有线网络的话选择"以太网"，这里使用的是无线选择"WLAN"。如图 6-6 所示。

续表

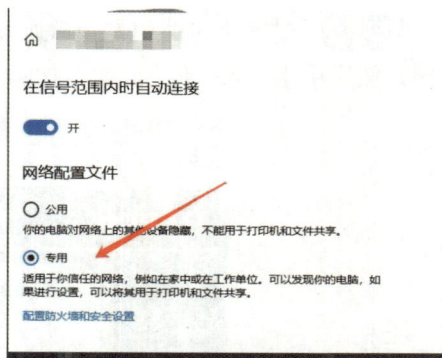

图6-6 WLAN位置

步骤3 进入WLAN设置页面后，点击连接的热点，如图6-7所示。最后在"网络配置文件"选择"专用"即可，如图6-8所示。

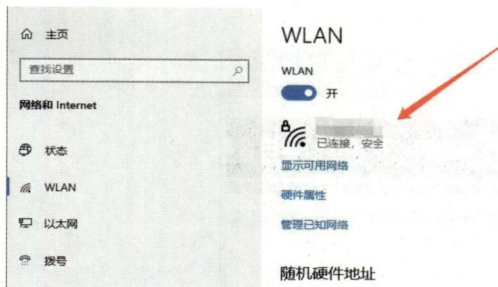

图6-7 连接的热点

图6-8 设置专用网络

提示

完成以上设置后，无线/有线混合局域网中利用有线方式连接的计算机便能彼此访问了（但还不能上网）。对于利用无线方式连接的计算机，还需要将计算机加入到无线网络，然后才能访问网络中的资源。

6.1.2.4 配置宽带路由器

要使局域网中的计算机能共享上网，还需要将上网账号和密码"绑定"在宽带路由器中。此外，由于无线网络是一个开放式的网络，附近的电脑只要安装了无线网卡，就可以连接到该网络，享有该网络相关资源。因此，为了保证无线网络的安全，还有必要通过设置无线宽带路由器，对网络进行加密。具体操作步骤如下：

配置宽带路由器

步骤1 在使用无线方式连接的任意一台电脑（或手持设备）中打开浏览器，在地址栏中输入宽带路由器后台管理地址，如192.168.1.1（具体IP地址或网址请参照产品使用手册），按【Enter】键。

241

步骤 2 在弹出的登录对话框中输入用户名：admin，密码：admin（具体信息请参照产品使用手册），然后单击"确定"按钮，如图 6–9 所示。

图 6-9　进入宽带路由器设置画面

步骤 3 进入宽带路由器设置画面，单击左侧的"设置向导"选项，启动路由器设置向导，然后单击"下一步"按钮，如图 6–10 所示。

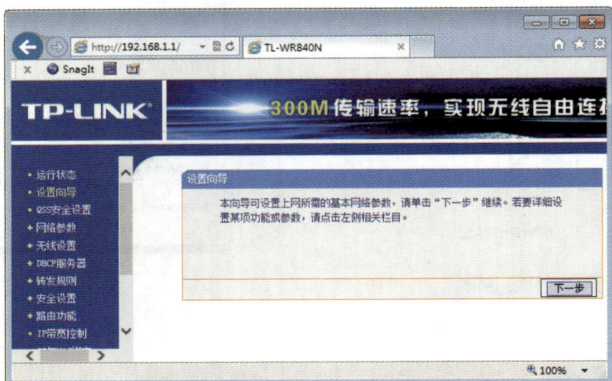

图 6-10　启动设置向导

步骤 4 在出现的画面中根据实际情况选择上网（连接 Internet）方式，其中，ADSL 和 PPPoE 拨号认证的小区宽带上网需要选择"PPPoE（ADSL 虚拟拨号）"单选按钮，然后单击"下一步"按钮，如图 6–11 所示。

图 6-11　选择上网方式

步骤 5 在出现的画面中输入网络服务商提供的上网账号及口令，然后单击"下一步"按钮，如图 6-12 所示。

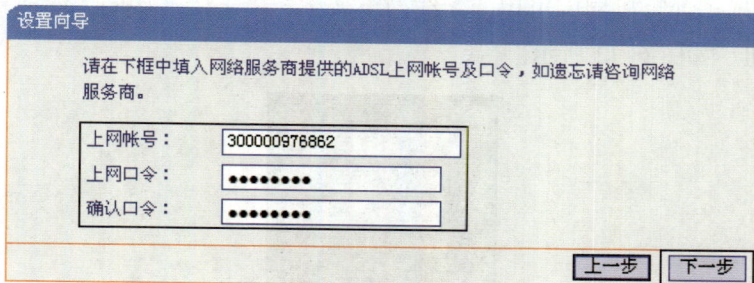

图 6-12　输入上网账号和密码

步骤 6　在出现的画面中设置无线网络的基本参数和安全选项，然后单击"下一步"按钮，一般需要设置的选项如下：

①在"无线状态"下拉列表框中选择"开启"，这样才能让安装有无线网卡的电脑使用无线方式连接到无线网络。

②在"SSID"编辑框中为无线网络取一个名称。

③在"无线安全选项"设置区选择选择"WPA-PSK/WPA2-PSK"单选按钮，然后在"PSK 密码"文本框中输入无线网络密码。如此一来，安装有无线网卡的电脑需要输入密码才能连接到该无线网络。

步骤 7　在出现的画面中单击"完成"按钮。稍微等待一会儿（有可能提示需要重启宽带路由器，确认即可），宽带路由器就会自动连接上 Internet，此时局域网中的计算机便都可以上网了。

步骤 8　在宽带路由器管理画面的左侧单击"运行状态"选项，查看网络连接状态，在该画面中还可以断开或手动连接 Internet。

提示

依次在宽带路由器管理画面的左侧单击"网络参数"→"WAN 口设置"选项，在打开的画面中可设置用何种方式连接到 Internet，还可以重设上网账号和密码。设置完后，单击"保存"按钮保存设置。

要单独设置无线网络的基本参数，如网络名称和是否开启无线功能、无线广播等，可在宽带路由器管理画面左侧单击"无线设置"→"基本设置"选项；要单独设置无线网络的加密参数，可单击"无线设置"→"无线安全设置"选项。

通过以上设置，局域网中利用有线方式连接的计算机便可以上网了。但对于利用无线方式连接的计算机，还需要将它们连接到无线网络中，这样才可以使用局域网资源和上网。

6.1.2.5　将计算机连接到无线局域网

要将安装有无线网卡的计算机连接到无线网络，可执行以下操作步骤：

步骤 1 单击任务栏右侧的无线网卡工作状态图标⊕，打开"无线网络连接"界面，在该界面中列出了计算机周围可用的无线网络名称，单击要连接的无线网络名称，再单击"连接"按钮，如图 6-13 所示。

图 6-13 选择要连接的网络

步骤 2 弹出如图 6-14 所示对话框，在"安全密钥"编辑框中输入密钥后单击"下一步"按钮。

步骤 3 稍微等待一会儿，在所选无线网络的右侧出现提示"已连接上"。此时计算机就可以正常上网和使用局域网中的资源了。

图 6-14 输入安全密钥

任务 6.2 将计算机接入 Internet

6.2.1 相关知识

6.2.1.1 认识 Internet

Internet 是目前世界上最大的计算机网络，又称因特网或互联网，它连接了世界上无数的计算机网络与单机，将整个地球"一网打尽"。任何计算机只要加入 Internet，就可以利用其各种各样的资源，以及同世界各地的朋友相互通信和交换信息等。

Internet 的一些典型应用如下：

▦ **信息服务**：例如，可以在 Internet 上看新闻，看小说，查阅各种资料；还可以通过博客、微博、论坛等方式在网上发布信息。

▦ **电子商务**：可以在网上买东西、卖东西，预订机票、火车票或酒店等。

▦ **网络通信**：通过 Internet 我们可以发送电子邮件，可以通过诸如 QQ、微信等与朋友进行异地聊天。如果配上麦克风和摄像头，还可以进行语音和视频聊天。此外，在发送电子邮件或聊天时，还可以异地传输文件。

▦ **文件共享**：可以在 Internet 上获取各种各样的文件，将它们下载到电脑中，如软件、音乐和文档等；也可以将本机上的文件上传到 Internet，供其他用户使用。

▦ **网上娱乐**：可以在 Internet 上在线玩游戏、看电影、看电视剧、听音乐等。

6.2.1.2　目前流行的 Internet 接入方式

目前，常见的 Internet 接入方式有 ADSL、小区宽带、有线通等。

▦ **ADSL 专线**：利用电话线路上网，上网时可拨打或接听电话。其优点是上网方便，只要安装过电话，服务商就会提供一个 ADSL 猫，这样即可开通上网功能。

▦ **小区宽带**：如果用户所在办公楼或小区已进行了综合布线，可选择这种方式上网。服务商将光纤接入小区，再通过网线接入用户家，以提供共享带宽。此方式在大中城市较为普及。

▦ **有线通**：是一种通过有线电视网络实现高速接入 Internet 的方式。与其他两种上网方式相比较，有线通无须拨号，价格低，绝对上网速度快，但当同时上网的人比较多时，速度会有所下降。

6.2.2　任务实施

ADSL 上网的接入流程是选择 ISP 并申请上网账号→安装网络设备→创建 Internet 连接→拨号上网。ISP 是指 Internet 服务供应商，用户必须通过它连入 Internet。使用 ADSL 上网时，可以选择电信、联通、移动等 Internet 服务供应商。下面是利用 ADSL 方式将单台计算机接入 Internet 的具体操作步骤。

6.2.2.1　选择 ISP 并申请上网账号

申请上网账号时，用户需要携带身份证到自己所在 ISP 服务商营业厅（如电信局、联通公司等）咨询并填写申请表。申请成功后，会得到一个上网账号，包括用户名和密码。

6.2.2.2　硬件安装

安装宽带需要一个 ADSL 猫（一般由运营商提供）、一根有 RJ-45 水晶头的网线和电话线。申请宽带后，相关运营商会派专人上门进行安装，安装的过程十分简单，各硬件连接情况如图 6-15 所示。具体操作步骤如下：

图 6-15　电话线入户线路连接示意图

步骤 1 将一根电话线的一端插在语音分离器上标有"Modem"的接口，另一端插在 ADSL 猫的相应接口。ADSL 猫上适合插电话线的接口只有一个。

步骤 2 把网线（一般是 ADSL 猫自带）的一端插在 ADSL 猫的相应接口中（如 LAN 接口），另一端插在计算机的网卡接口上（如果接无线路由器，则需要对无线路由器进行相应设置）。最后接通 ADSL 猫的电源。这样，所有的线路连接就完成了。

6.2.2.3　创建 Internet 连接

连接好相关设备后，还需要创建 Internet 连接。具体操作步骤如下：

步骤 1 打开"控制面板"窗口，单击"网络和共享中心"选项，如图 6-16 所示。

创建 Internet
连接

图 6-16　"网络和共享中心"窗口

步骤 2 弹出"网络和共享中心"窗口，单击"设置新的连接或网络"选项，如图 6-17 所示。

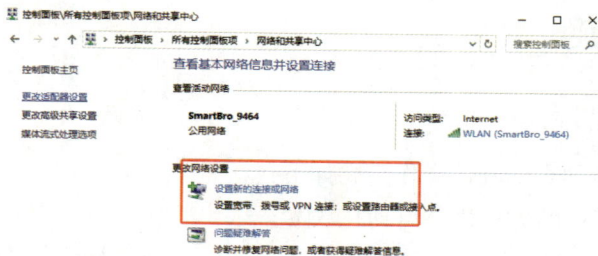

图 6-17　"设置新的连接或网络"窗口

步骤 3　在打开的"设置连接或网络"对话框中，点击"设置新的连接或网络"，然后单击"下一步"按钮。

步骤 4　在打开的界面中单击"宽带（PPPoE）（R）"选项。

步骤 5　在打开的界面中输入申请 ADSL 时得到的账号和密码，以及任意输入一个宽带连接名称，然后单击"连接"按钮。

步骤 6　连接成功后，在打开的界面中单击"关闭"按钮关闭对话框，此时便可尽情享受 Internet 资源了。

任务 6.3　获取 Internet 上的信息和资源

6.3.1　相关知识

6.3.1.1　认识浏览器

浏览器作为获取与查看 Internet 信息（网页）的应用程序，如今被运用得最为普遍的是 Google 浏览器（Chrome），另外，火狐浏览器（FireFox）、Edge 浏览器、Safari 浏览器等也拥有众多用户。

6.3.1.2　认识网页、网站和网址

▦ **网页**：是在浏览器中看到的页面，用于展示 Internet 中的信息。

▦ **网站**：是若干网页的集合，用于为用户提供各种服务，如浏览新闻、下载资源和买卖商品等。网站包括一个主页和若干个分页，主页就是访问某个网站时打开的第一个页面，是网站的门户，通过主页可以打开网站的其他网页。

▦ **网址**：用于标识网页在 Internet 上的位置，每一个网址对应一个网页。要访问某一网页，必须知道它的网址。人们通常说的网站网址是指它的主页网址，一般也是网站的域名。

6.3.2 任务实施

6.3.2.1 浏览网页

使用浏览器浏览网页的具体操作步骤如下：

步骤 1 使用下面的方法之一启动 IE 浏览器。

①单击"开始"按钮，在弹出的菜单中找到"Windows附件"文件夹并点击进入，选择"Internet Explorer"选项。

②双击桌面上的 IE 图标 。

③单击任务栏左侧的 IE 快速启动图标 。

步骤 2 在 IE 浏览器地址栏中输入网站或网页的网址。例如，输入搜狐网站的网址"www.sohu.com"，然后按【Enter】键，便可打开搜狐网站主页。

步骤 3 查看网页内容。网页的页面一般都比较长，浏览器在一屏内不能完全显示。要查看隐藏的网页内容，可向下拖动浏览器右侧的滚动条或滚动鼠标滚轮即可。找到感兴趣的内容标题或栏目后，单击该超链接，如单击顶部导航栏中的"财经"栏目超链接。

💻 **提示**

> 将鼠标指针移至网页上的文字、图片等项目上，如果指针变成手形"🖑"，表明它是超链接，此时单击鼠标便可打开该链接指向的网页。

步骤 4 弹出搜狐网站的财经频道网页，查看网页内容，然后单击希望浏览的文章标题超链接。

步骤 5 在打开的页面中阅读具体的文章内容。

通过以上操作可以看出，浏览网页实质上就是通过单击感兴趣的超链接，访问超链接指向的页面的过程。网页中的超链接可以是文本、图片或动画等，只要将鼠标指针放置在网页中的对象上后，鼠标指针变为手形"🖑"，就说明该对象是超链接，单击即可打开相关页面；如果鼠标指针没有变为手形"🖑"，说明该对象为普通对象，单击将无任何反应。

一些浏览网页的常用技巧如下：

①目前大多数浏览器都具备选项卡浏览功能，可在同一浏览器窗口中以选项卡方式打开不同网页，如图 6-18 所示。此时，单击不同的选项卡标签，可在不同的网页间切换；单击选项卡标签右侧的"关闭选项卡"按钮 ，可关闭该网页。

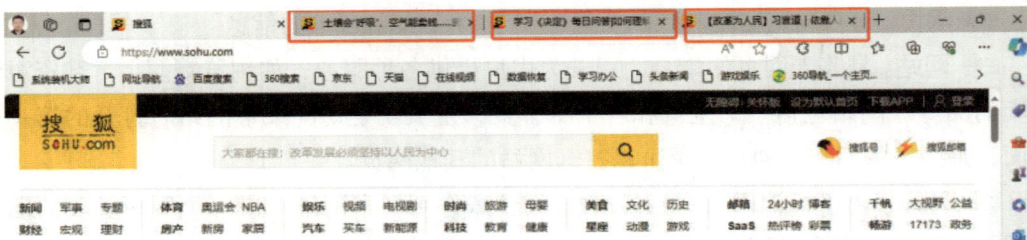

图 6-18　用选项卡方式浏览网页

②当在浏览器同一个选项卡中打开了不同的网页时，如果希望返回曾经访问过的网页，可单击浏览器左上角的"后退"按钮 ← 。

③右击网页超链接，从弹出的快捷菜单中选择"从新选项卡中打开"菜单项，可在同一窗口的不同选项卡中打开网页；选择"在新窗口中打开"菜单项，可在不同窗口中打开网页。

④如果某个网页打开后内容显示不全，可单击地址栏右侧的"刷新"按钮 ↻ 刷新网页。

6.3.2.2　保存网页中的信息

在浏览网页的过程中可能会发现一些十分有价值的信息，如文本或图片等，这时可以将其保存到自己的电脑中。

保存网页中的信息

（1）保存网页中的文本内容。

要保存网页中的文本内容，可执行以下操作步骤：

步骤 1　用鼠标选择需要保存的网页文本，然后右击所选文本，从弹出的快捷菜单中选择"复制"菜单项（或直接按【 Ctrl+C 】组合键）。

步骤 2　选择"开始"→"所有程序"→"附件"→"记事本"菜单，启动记事本程序。

步骤 3　选择"编辑"→"粘贴"菜单（或直接按【 Ctrl+V 】组合键），将文本粘贴到记事本中。

步骤 4　按【 Ctrl+S 】组合键，打开记事本的"另存为"对话框，选择保存文件夹，输入文件名，单击"保存"按钮。

（2）保存网页中的图片。

浏览网页时若发现感兴趣的图片，可以单独将其保存在电脑中。具体操作步骤如下。

步骤 1　在要保存的图片上右击鼠标，在弹出的快捷菜单中选择"图片另存为"菜单项。

步骤 2　弹出"保存图片"对话框，选择要保存图片的位置，输入图片名称，单击"保存"按钮保存图片。

（3）保存网页为图片。

步骤 1　以 360 极速浏览器为例，打开浏览器，点击右上角的 ☰ 按钮，在弹出的菜单中，选择"保存网页为图片"。

步骤 2　弹出"另存为"对话框，选择保存图片的位置，输入图片名称，选择保存图片的类型，单击"保存"按钮保存图片。

6.3.2.3　收藏网页

IE浏览器具有收藏夹功能，在浏览网页时如果发现一些好的网站，可将它们保存在"收藏夹"内，这样当需要再次浏览这些网站时，利用"收藏夹"便能将它们打开，省去输入或查找网址的麻烦。

收藏网页

（1）收藏网页。

步骤 1 浏览到感兴趣的网页时，可以点击 ☆ 将该网页添加到收藏夹，如sohu网的主页，然后单击窗口右上角的"查看收藏夹"按钮 ⭐，如图 6-19 所示。

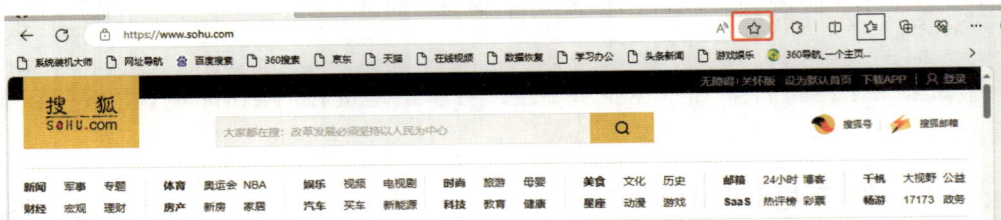

图 6-19　选择"添加到收藏夹"项

步骤 2 弹出"添加收藏"对话框，在"名称"编辑框中输入网页的名称，如图 6-20 所示，此时若单击"添加"按钮，可将网页保存到收藏夹的根目录下。这里我们单击"新建文件夹"按钮，在打开的对话框中输入文件夹名称"新闻"，然后单击"创建"按钮，如图 6-21 所示。

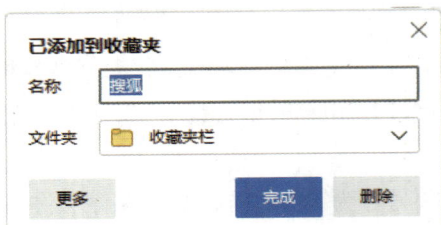

图 6-20　添加收藏

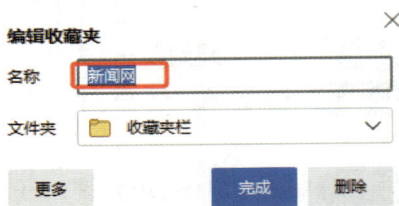

图 6-21　创建文件夹

步骤 3 返回"添加收藏"对话框，单击"添加"按钮，这样便将网页收藏到了新建的"新闻"文件夹中。

步骤 4 要打开收藏的网页，可单击"查看收藏夹、源和历史记录"按钮 ⭐，在展开的窗格中单击保存网页的文件夹，然后单击要打开的网页即可。

为了有效地管理收藏的网页，应在收藏夹下再创建一些与网页内容对应的子文件夹，将收藏的网页进行分类。例如，收藏的是新闻网站，便将其保存在"新闻"文件夹中，收藏的是娱乐网站，则保存在"娱乐"文件夹中。如果需要的文件夹已存在，可不必新建文件夹，而直接在"添加收藏"对话框的"创建位置"下拉列表中选择需要的文件夹，然后单击"添加"按钮。

（2）整理收藏夹。

当收藏的网页越来越多时，需要定期对其进行整理，具体操作步骤如下：

步骤 1 在如图 6-20 所示的"添加到收藏夹"下拉列表中单击底部的"整理收藏夹"选项，打开"整理收藏夹"对话框。

步骤 2 单击某个文件夹可展其中的网页。如果希望移动网页到某个文件夹，将其拖动到该文件夹上方即可；或选中网页后，单击"移动"按钮，在弹出的对话框中选择要移动到的位置。

步骤 3　选中网页或文件夹后，单击"重命名"或"删除"按钮，可重命名或删除网页或文件夹。此外，还可单击"新建文件夹"按钮新建文件夹，以便分类收藏网页。最后单击"关闭"按钮关闭对话框。

6.3.2.4　信息检索——查找所需的信息

Internet 可以说是一个信息的海洋、资源的宝库，在它里面有各种各样的信息和资源。那么，如何从如此海量的信息中快速找到自己需要的信息呢？

在 Internet 上有一类专门用来帮助用户查找信息的网站，称为搜索引擎，它可以帮助用户在浩瀚的 Internet 信息海洋中找到所需要的信息。

目前国内比较好的搜索引擎有百度搜索（www.baidu.com）和 360 搜索（www.so.com），它们都是专业的搜索引擎。另外，很多门户网站也都有自己的搜索引擎，如搜狐的搜狗（www.sogou.com）、新浪的爱问（iask.com）和网易的有道（www.youdao.com）。

以使用百度搜索引擎在网上查找信息为例，介绍搜索引擎的使用方法。

步骤 1　在 IE 地址栏中输入"www.baidu.com"，按【Enter】键打开百度网站主页。

步骤 2　在搜索编辑框中输入与要查找的信息相关的关键词，如输入"四六级考试"，然后单击"百度一下"按钮（或自动弹出相关的内容）。

步骤 3　搜索出与"四六级考试"相关的一些网页网址，找到自己要学习的知识点超链接并单击。

步骤 4　弹出相关网站的页面，该页面可能是包含具体内容的网页；也可能还需要在该页面中继续单击相关超链接来查看具体内容。

用户还可在百度网站主页中单击"音乐""图片""视频""地图"等搜索分类超链接，然后输入关键词，专门查找音乐、图片、视频和地图等资源。

6.3.2.5　从网上下载资源

利用 IE 浏览器的下载功能从网上下载资源的步骤如下：

步骤 1　从网上下载文件时，首先要打开该文件的链接所在的网页。例如，要下载软件"QQ"，可在百度网站主页单击"QQ"超链接，然后输入要下载的软件名，单击"百度一下"，即可搜索到想要的软件主页。

从网上下载资源

步骤 2　单击希望下载的软件名右侧的"下载"按钮。

步骤 3　弹出软件主页，找到下载页面，单击"下载"按钮，在网页的底部显示下载界面，单击"保存"按钮右侧的三角按钮，在弹出的列表中选择"另存为"选项，如果直接单击"保存"按钮，下载的软件将保存在资源管理器的"下载"文件夹中。

步骤 4　弹出"另存为"对话框，选择所要保存的位置，单击"保存"按钮。

步骤 5　在网页的底部显示下载进度百分比（下载时间根据文件大小和网速不同而不同）。下载完毕后，在网页底部显示完成界面。此时单击"打开"按钮，可打开下载的文件；单击"打开文件夹"按钮，可打开保存文件的文件夹。

步骤6 最后关闭下载页面。

6.3.2.6 设置浏览器首页

每次打开Edge浏览器时，都会自动打开一个网页，这便是IE浏览器的首页，可以将指定的网页设置为Edge首页。例如，将"hao123"网站（www.hao123.com）设置为浏览器首页，以便通过它打开其他网站，具体操作步骤如下：

步骤1 打开Edge浏览器，点击右上角的"更多"图标 → "设置"，如图 6-22 所示。

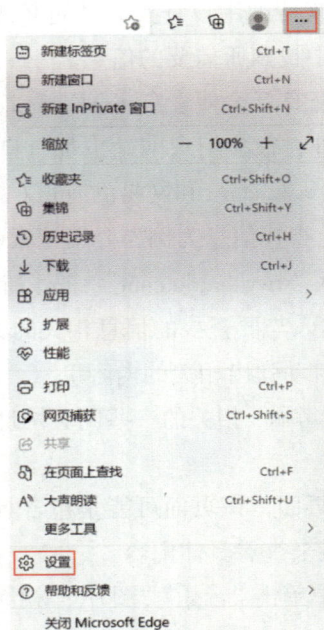

图 6-22　Edge浏览器设置

步骤2 点击开始、主页和新建标签页时，选中打开以下页面，然后点击添加新页面，输入你需要的主页（www.hao123.com）并点击完成，如图 6-23 所示。

此后只要启动Edge浏览器，便将自动打开"hao123"网站主页。

图 6-23　添加新页面按钮

任务 6.4　收发电子邮件

6.4.1　相关知识

电子邮件也称为 E-mail，是指通过 Internet 传递的邮件。与传统信件相比，电子邮件具有速度快、成本低、使用方便等优点，利用它可以发送文本信件、图片和动画等。

电子信箱就像现实生活中的邮箱一样，用于收发电子邮件。目前，提供免费电子信箱的网站有很多，如新浪、搜狐、网易等。

电子邮件地址的格式是用户名@域名，如 hy_lo@sina.cn。其中"用户名"是收件人的账号；"域名"是电子邮件服务器名；@是一个功能分隔符号，用于连接前后两部分。

6.4.2　任务实施

6.4.2.1　申请电子信箱

在不同的网站申请电子信箱的过程大同小异，下面以在新浪网站申请电子信箱为例进行说明。

步骤 1　在 IE 浏览器的地址栏中输入新浪网站的邮箱网址"mail.sina.com.cn"，按【Enter】键将其打开，然后单击"注册"超链接，如图 6-24 所示。

图 6-24　打开新浪信箱网页并单击"注册"超链接

步骤 2　弹出注册电子信箱的网页。在"邮箱地址"编辑框中输入用户名（一般由英文字母和数字等组成，可任意输入，但不能与该网站的其他用户重复）；由于新浪邮箱提供了 sina.cn 和 sina.com 两个域名，因此可在用户名后面的编辑框中选择邮箱域名。

步骤 3　在"登录密码""确认密码"编辑框中输入登录密码（可由数字、符号和字母组成）并确认密码。

步骤 4　在"密保问题"下拉列表框中选择密保问题，在"密保问题答案"编辑框中输入密保答案。在忘记邮箱密码时，可通过密保问题找回密码。

步骤 5 在"昵称"编辑框中为自己输入一个网上的昵称。

步骤 6 在"验证码"编辑框中输入右侧提示的验证字符。如果看不清楚验证字符，可单击 ↻ 超链接，重新换一个验证字符再输入。

步骤 7 完成相关信息输入后单击"同意以下协议并注册"按钮。

步骤 8 在弹出的页面中选择激活邮箱的方式，如单击"验证码激活"按钮，然后在显示的"请输入验证码"编辑框中输入上方提示的验证码，单击"马上激活"按钮，如图 6-25 所示。

步骤 9 激活成功后，将自动登录信箱，进入电子邮箱界面。

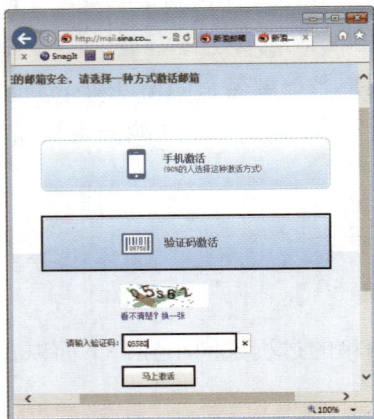

图 6-25　验证邮箱

6.4.2.2 登录电子信箱

要通过网页方式收发电子邮件，首先需要在申请邮箱的网站登录信箱。用户可以在连接到 Internet 的任何一台电脑上登录已申请到的信箱。登录新浪电子信箱的具体操作步骤如下：

步骤 1 打开新浪网站的邮箱网页（mail.sina.com.cn），输入电子邮件地址和登录密码，单击"登录"按钮。

步骤 2 登录成功后，将显示电子邮箱界面，此时便可以收发电子邮件了。

大多数网站的邮箱界面左侧为邮箱功能导航区，包括"写信""收信"以及"收件夹""草稿夹""已发送"和"已删除"等超链接，单击某个超链接，即可在邮箱界面右侧进行具体的操作。例如，单击"写信"超链接，可进行写信和发送邮件操作。

电子邮箱界面中几个重要文件夹的作用如下：

▥ **收件夹**：保存别人发过来的电子邮件。

▥ **草稿夹**：保存还未写完或写完后没有发送的电子邮件。

▥ **已发送**：已发送的电子邮件默认会被保存在该文件夹中。

▥ **已删除**：保存从"收件夹"等文件夹中删除的电子邮件。

6.4.2.3　发送电子邮件

要写信和发送电子邮件，可执行以下操作步骤：

步骤 1　在邮箱界面中单击左侧的"写信"超链接，打开写信界面，如图 6-26 所示。

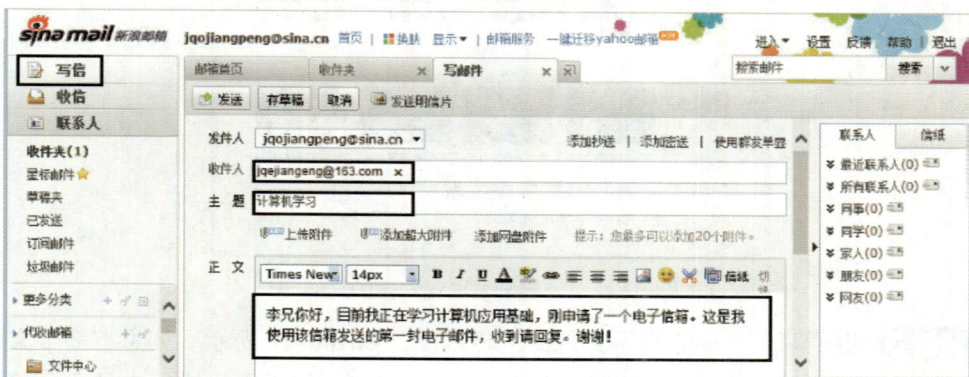

图 6-26　写邮件

步骤 2　分别在"收件人""主题"和"正文"编辑框中输入收件人的电子邮件地址、邮件主题和具体内容，然后单击"发送"按钮。

▦ **收件人**：一般指收件人的电子邮件地址。如果需要将一封信同时发送给多收件人，可输入多个收件人的电子邮件地址，中间用英文逗号","隔开。

▦ **主题**：是对邮件内容的概括和提炼，合适的主题能让收信方一看便知邮件的作用和主要内容，从而能区分轻重缓急，并方便对邮件进行分类和管理。

▦ **正文**：是邮件的具体内容。电子邮件的正文一般不像现实中的信件一样正式，甚至可以是一两句简单的话。我们可以通过单击"正文"编辑框上方相应的工具按钮设置正文格式，或在邮件中插入一个表情、一幅图片，还可以使用漂亮的信纸。

💡 **提示**

> 如果邮件正文内容比较多，一时半刻写不完，为了避免出现意外丢失已写好的内容，应及时单击"存草稿"按钮，将邮件保存在"草稿夹"文件夹中。对于已写好但还不想马上发送的邮件，也应将其保存在"草稿夹"中。需要编辑和发送"草稿夹"的邮件，可单击窗口左侧的"草稿夹"文件夹，然后选择邮件并单击"编辑邮件"按钮。

如果想通过邮件将图片、文档等文件发送给对方，可执行以下操作步骤：

步骤 1　在写信界面中输入收件人的电子邮件地址、邮件主题和具体内容。

步骤 2　单击"上传附件"超链接，弹出选择文件对话框，选择要发送的文件，单击"打开"按钮，如图 6-27 所示。

图 6-27　选择要发送给对方的文件

步骤 3　返回写信界面，显示文件的上传进度，如图 6-28 所示。如果有多个文件需要发送给对方，可继续单击"上传附件"超链接上传文件；如果上传错了文件，可单击文件名称旁边的"删除"超链接将其删除。

图 6-28　正在上传文件

步骤 4　文件上传完毕后进度条消失，此时单击"发送"按钮，即可将带附件的邮件发送给收件人。

6.4.2.4　阅读电子邮件

要阅读别人发送给您的电子邮件，可执行以下操作步骤：

步骤 1　在登录后的电子邮箱界面左侧单击"收信"超链接，显示收信界面。

步骤 2　查看邮件列表，然后单击要阅读的邮件主题或发件人，此时邮件正文内容或附件等就会显示出来。

步骤 3　如果邮件包含附件，在邮件中将显示附件的名称、大小，单击附件名称或"下载"超链接，可将附件下载到电脑中，其方法与下载普通文件相同。

阅读邮件时，可单击邮件上方的"回复"按钮，给发件人回信；单击"转发"按钮，将邮件转发给他人；单击"删除"按钮，将邮件删除。

6.4.2.5 管理电子邮件

当收件夹中的邮件越来越多时，难免会显得杂乱无章。为了有效管理邮件，可以分类存放邮件，或将不需要的邮件删除。例如，新建"私函""公函"和"重要邮件"几个文件夹，然后根据邮件的性质将它们分类存放在不同文件夹中。

（1）分类存放邮件。

分类存放邮件的具体操作步骤如下：

步骤 1　单击电子邮箱界面左侧的"收件箱"文件夹，然后单击邮件列表上方的"移动"按钮，从弹出的下拉列表中选择"新建分类"，如图 6-29 所示。

步骤 2　弹出"修改分类"对话框，输入文件夹名称，如"私函"，单击"确定"按钮，如图 6-30 所示。此时，在电子邮箱界面左侧显示新建的文件夹。

图 6-29　执行"新建分类"命令　　　　　　　图 6-30　输入新文件夹名称

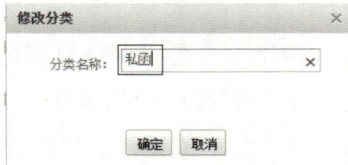

步骤 3　在收件夹或其他文件夹中勾选要移动到"私函"文件夹中的邮件，单击邮件列表上方的"移动"按钮，从弹出的下拉列表中选择"私函"，如图 6-31 所示。

图 6-31　将邮件移动到指定的文件夹

（2）删除邮件。

若想删除不需要的邮件，可在"收件夹""草稿夹""已发送"等文件夹中勾选要删除的邮件，然后单击"删除"按钮即可。

执行以上删除操作后，邮件被转移到"已删除"文件夹中，依然占据着邮箱空间。要将邮件彻底删除，可在"已删除"文件夹中勾选邮件，然后单击"彻底删除"按钮。

要选择当前文件夹中的全部邮件，可勾选邮件列表上方或下方的"全选"复选框 ▢▾ 。

6.4.2.6 退出电子邮箱

如果用户不是在自己的电脑上收发电子邮件（如在网吧上网），在发送和阅读邮件的工作结束后，应及时退出邮箱登录状态，避免他人进入您的邮箱，或盗用您的邮箱账户。为此，可在邮箱界面的右上角单击"退出"超链接。

任务 6.5　网络安全

网络安全是指网络系统的硬件、软件及其系统中的数据受到保护，不因偶然的或者恶意的原因而遭受到破坏、更改、泄露，系统连续可靠正常地运行，网络服务不中断。具有保密性、完整性、可用性、可控性、可审查性的特性。

6.5.1　相关知识

6.5.1.1 基本概念

（1）网络安全。

网络安全是指通过采用各种技术和管理措施，使网络系统正常运行，从而确保网络数据的可用性、完整性和保密性等。网络安全的具体含义会随着"角度"的变化而变化。例如，对个人来讲，在社交媒体上分享的生活照片和个人经历，需要确保不会被他人恶意盗用或篡改；而对于企业来讲，重中之重在于内部信息的安全加密以及防护。企业在开展线上业务时，客户的订单信息和联系方式必须完整且真实，不能出现错误或虚假情况。例如，一家制造企业的产品设计图纸，一家电商企业的用户消费偏好数据，等等，都必须进行严格的加密处理和安全保护，防止被竞争对手获取或遭受黑客攻击。

（2）国际标准化组织。

为数据处理系统建立和采用的技术和管理的安全保护，保护计算机硬件、软件和数据不因偶然和恶意的原因遭到破坏、更改和泄露。

选择适当的技术和产品，如基于 NACC、802.1x、EOU 技术的 UniNAC 网络准入、终端安全管理产品，利用此类产品性能制订灵活的网络安全策略，在保证网络安全的情况下，提供便捷灵活的网络服务通道。

采用适当的安全体系设计和管理计划，能够有效降低网络安全对网络性能的影响并降低管理费用。

6.5.1.2　网络安全的主要特点

（1）保密性。

信息不泄露给非授权用户或实体，或供其利用的特性。

（2）完整性。

数据未经授权不能进行改变的特性。即信息在存储或传输过程中保持不被修改、不被破坏和丢失的特性，而且还需要有相关端口的保护。

（3）可用性。

可被授权实体访问并按需求使用的特性。即当需要时能否存取所需的信息。例如，网络环境下拒绝服务、破坏网络和有关系统的正常运行等都属于对可用性的攻击。

（4）可控性。

对信息的传播及内容具有控制、稳定、保护、修改的能力。

（5）可审查性。

出现安全问题时提供依据与手段。

从网络运行和管理者角度说，他们希望对本地网络信息的访问、读写等操作受到保护和控制，避免出现"陷门"、病毒、非法存取、拒绝服务和网络资源非法占用和非法控制等威胁，制止和防御网络黑客的攻击。对安全保密部门来说，他们希望对非法的、有害的或涉及国家机密的信息进行过滤和防堵，避免机要信息泄露，从而对社会产生危害，对国家造成巨大损失。从社会教育和意识形态角度来讲，网络上不健康的内容，会对社会的稳定和人类的发展造成阻碍，必须对其进行控制。

随着计算机技术的迅速发展，在计算机上处理的业务也由基于单机的数学运算、文件处理，基于简单连接的内部网络的内部业务处理、办公自动化等发展到基于复杂的内部网（Intranet）、企业外部网（Extranet）、全球互联网（Internet）的企业级计算机处理系统和世界范围内的信息共享和业务处理。在系统处理能力提高的同时，系统的连接能力也在不断的提高。但在连接能力信息、流通能力提高的同时，基于网络连接的安全问题也日益突出，整体的网络安全主要表现在以下几个方面：网络的物理安全、网络拓扑的结构安全、网络系统安全、应用系统安全和网络管理的安全等。

因此计算机安全问题，应该像每家每户的防火防盗问题一样，做到防患于未然。安全问题一旦发生，常常令人措手不及，造成极大的损失。

维护网络安全的工具通常由 VIEID、数字证书、数字签名以及基于本地或云端的杀毒软件等组成。根据最新的行业统计数据，目前云端杀毒软件的市场占有率逐年上升，其强大的实时防护和快速更新能力备受青睐。在法律层面，出台有诸如《中华人民共和国计算机信息系统安全保护条例》《中华人民共和国电子签名法》等相关法规。近年来，随着网络技术的快速发展，这些法律法规也在不断完善和修订。例如，《中华人民共和国网络安全法》的出台，进一步加强了对网络运营者的监管，明确了个人信息保护的规则。同时，相关执法部门对于违反网络安全法规的处罚力度也在不断加大，以保障网络空间的安全和秩序。

6.5.1.3 网络安全现状

随着计算机技术的飞速进步，信息网络已经成为社会发展的重要保障。其中有很多敏感信息，甚至包括国家机密。正因如此，难免会吸引来自世界各地的各种各样的人为攻击，如信息泄漏、信息窃取、数据篡改、数据删添、计算机病毒等。同时，网络实体还要经受诸如水灾、火灾、地震、电磁辐射等方面的严峻考验。

如2021年，美国最大的燃油管道运营商科洛尼尔管道运输公司遭遇网络攻击，被迫关闭其管道系统，导致美国东海岸燃油供应短缺。

又如2020年，某银行的手机银行App被发现存在安全漏洞，可能导致用户账户信息被窃取。

6.5.1.4 网络安全分析

（1）物理安全分析。

网络的物理安全是整个网络系统安全的前提。在校园网工程建设中，由于网络系统属于弱电工程，耐压值很低。因此，在网络工程的设计和施工中，必须优先考虑保护人和网络设备不受电、火灾和雷击的侵害；考虑布线系统与照明电线、动力电线、通信线路、暖气管道及冷热空气管道之间的距离；考虑布线系统和绝缘线、裸体线以及接地与焊接的安全；必须建设防雷系统，防雷系统不仅考虑建筑物防雷，还必须考虑计算机及其他弱电耐压设备的防雷。总体来说物理安全的风险主要有，地震、水灾、火灾等环境事故；电源故障；人为操作失误或错误；设备被盗、被毁；电磁干扰；线路截获等。因此要尽量避免网络的物理安全风险。

（2）网络结构的安全分析。

网络拓扑结构设计也直接影响到网络系统的安全性。假如在外部和内部网络进行通信时，内部网络的机器安全就会受到威胁，同时也影响在同一网络上的许多其他系统。透过网络传播，还会影响到连上Internet/Intranet的其他的网络。此外，还可能涉及法律、金融等安全敏感领域。因此，我们在设计时有必要将公开服务器（WEB、DNS、EMAIL等）和外网及内部其他业务网络进行必要的隔离，避免网络结构信息外泄；同时还要对外网的服务请求加以过滤，只允许正常通信的数据包到达相应主机，其他的请求服务在到达主机之前就应该遭到拒绝。

（3）系统的安全分析。

所谓系统的安全是指整个网络操作系统和网络硬件平台是否可靠且值得信任。目前没有绝对安全的操作系统可以选择，无论是 Microsoft 的 Windows NT 或者其他任何商用 UNIX 操作系统，其开发厂商必然有其"后门"。因此，我们可以得出如下结论：没有完全安全的操作系统。不同的用户应从不同的方面对其网络作出详尽的分析，选择安全性尽可能高的操作系统。因此不但要选用尽可能可靠的操作系统和硬件平台，并对操作系统进行安全配置。而且，必须加强登录过程的认证（特别是在到达服务器主机之前的认证），确保用户的合法性；应该严格限制登录者的操作权限，将其完成的操作限制在最小的范围内。

（4）应用系统的安全分析。

应用系统的安全与具体的应用紧密相关，其涉及范围广泛。应用系统的安全具有动态性且持续变化。应用的安全性也和信息的安全性相关，涵盖众多方面。

①应用系统的安全是动态的、不断变化的。应用安全所涉及的层面众多，就拿当下在 Internet 上应用最为广泛的 E-mail 系统来讲，其解决方案包括 Netscape Messaging Server、Lotus Notes、Exchange Server、SUN CIMS 等，多达二十多种。其安全手段涵盖了 LDAP、DES、RSA 等各种方式。应用系统不断发展，应用类型持续增加。在应用系统的安全性方面，主要应考虑尽可能构建安全的系统平台，并且借助专业的安全工具持续发现漏洞，修补漏洞，提升系统的安全性。

②应用的安全性涉及信息、数据的安全性。信息的安全性牵涉到机密信息泄露、未经授权的访问、破坏信息完整性、假冒、破坏系统的可用性等情况。在某些网络系统中，包含大量机密信息，如果一些关键信息被窃取或者破坏，其带来的经济、社会以及政治影响会极其严重。所以，对于用户使用计算机必须进行身份认证，对于重要信息的通信必须进行授权，传输必须加密。采用多层次的访问控制与权限控制手段，实现对数据的安全保护；采用加密技术，确保网上传输的信息（包括管理员口令与帐户、上传信息等）的机密性与完整性。

（5）管理的安全风险分析。

管理在网络安全中是最为关键的部分。责任与权力不明确、安全管理制度不完善以及缺乏可操作性等，都有可能引发管理安全方面的风险。当网络遭遇攻击行为或者受到其他一些安全威胁时（如内部人员的违规操作），无法进行实时的检测、监控、报告与预警。同时，在事故发生后，也无法提供黑客攻击行为的追踪线索以及破案依据，也就是缺乏对网络的可控性与可审查性。这就要求我们必须对站点的访问活动进行多层次的记录，及时察觉非法的入侵行为。

建立全新的网络安全机制，必须深刻理解网络并且能够提供直接的解决方案，所以，最为可行的办法是制定健全的管理制度并与严格管理相结合。保障网络的安全运行，让其成为一个具备良好安全性、可扩展性和易管理性的信息网络。一旦上述的安全隐患成为现实，给整个网络造成的损失将难以估量。因此，网络的安全建设是校园网建设过程中至关重要的一环。

6.5.1.5 安全技术手段

物理措施：例如，保护网络关键设备（如交换机、大型计算机等），制定严格的网络安全规章制度，采取防辐射、防火以及安装不间断电源（UPS）等措施。

访问控制：对用户访问网络资源的权限进行严格的认证和控制。例如，进行用户身份认证，对口令加密、更新和鉴别，设置用户访问目录和文件的权限，控制网络设备配置的权限，等等。

数据加密：加密是保护数据安全的重要手段。加密的作用是保障信息被人截获后不能读懂其含义。

网络隔离：网络隔离有两种方式，一种是采用隔离卡来实现的，一种是采用网络安全隔离网闸实现的。隔离卡主要用于对单台机器的隔离，网闸主要用于对整个网络的隔离。

其他措施：其他措施包括信息过滤、容错、数据镜像、数据备份和审计等。近年来，围绕网络安全问题提出了许多解决办法，如数据加密技术和防火墙技术等。数据加密是对网络中传输的数据进行加密，到达目的地后再解密还原为原始数据，目的是防止非法用户截获后盗用信息。防火墙技术是通过对网络的隔离和限制访问等方法来控制网络的访问权限。

6.5.1.6 防火墙

Internet 防火墙能增强机构内部网络的安全性。防火墙系统决定了哪些内部服务可以被外界访问，外界的哪些人可以访问内部的哪些服务，以及哪些外部服务可以被内部人员访问。要使一个防火墙有效，所有来自和去往 Internet 的信息都必须经过防火墙，接受防火墙的检查。防火墙只允许授权的数据通过，并且防火墙本身也必须能够免于渗透。

（1）防火墙与安全策略。

防火墙不仅仅是路由器、堡垒主机、或任何提供网络安全的设备的组合，防火墙还是安全策略的一个部分。

安全策略建立全方位的防御体系，包括告诉用户应有的责任，公司规定的网络访问、服务访问、本地和远地的用户认证、拨入和拨出、磁盘和数据加密、病毒防护措施，以及雇员培训，等等。所有可能受到攻击的地方都必须以同样的安全级别加以保护。

仅设立防火墙系统，而没有全面的安全策略，那么防火墙就形同虚设。

（2）防火墙的好处。

Internet 防火墙承担着管理 Internet 和机构内部网络之间访问的重要职责。在缺乏防火墙的情况下，内部网络中的每个节点都会直接暴露于 Internet 上的其他主机面前，从而极易遭受攻击。这意味着内部网络的安全性完全取决于每一个主机自身的坚固程度，并且整体安全性等同于其中最为薄弱的系统。而有了防火墙的存在，情况则大不相同。防火墙能够有效地筛选和过滤来自 Internet 的访问请求，阻止未经授权的访问和潜在的攻击行为，为内部网络提供了一道坚实的屏障。比如防火墙可以禁止外部的恶意扫描和探测行为，使得内部网络中的主机不被轻易发现和攻击。同时，防火墙能够限制特定端口的访问，只允许必要的网络通信通过，从而大大降低了受到攻击的风险。

（3）防火墙的作用。

Internet 防火墙允许网络管理员定义一个中心"扼制点"来防止非法用户，如防止黑客、网络破坏者等进入内部网络。禁止存在安全风险的服务进出网络，并抗击来自各种路线的攻击。Internet 防火墙能够简化安全管理，网络的安全性是在防火墙系统上得到加固，而不是分布在内部网络的所有主机上。

在防火墙上可以很方便地监视网络的安全性，并产生报警。（注意：对一个与 Internet 相联的内部网络来说，重要的问题并不是网络是否会受到攻击，而是何时受到攻击？谁在攻击？）网络管理员必须审计并记录所有通过防火墙的重要信息。如果网络管理员不能及时响应报警并审查常规记录，防火墙就形同虚设。在这种情况下，网络管理员永远不会知道防火墙是否受到攻击。

Internet 防火墙可以作为部署 NAT（network address translator，网络地址转换）的逻辑地址。因此防火墙可以用来缓解地址空间短缺的问题，并消除机构在转换 ISP 时带来的重新编址的麻烦。

Internet 防火墙是审计和记录 Internet 使用量的一个最佳地方。网络管理员可以在此向管理部门提供 Internet 连接的费用情况，查出潜在的带宽瓶颈的位置，并根据机构的核算模式提供部门级计费。

6.5.2　任务实施

为 Edge 浏览器提升网页安全性，打开"阻止弹出窗口"功能。

步骤 1　打开微软自带的 Edge 浏览器，点击浏览器右上角的三个点（"设置及其他"按钮）。在弹出的菜单中，选择"设置"选项（图 6-32）。

步骤 2　打开浏览器设置，在设置页面的左侧栏中，点击"隐私和安全性"（图 6-33）。

图 6-32　设置界面

图 6-33　隐私和安全性

步骤 3　在右侧的"服务"部分中，找到"弹出窗口和重定向"。点击"阻止（推荐）"选项按钮，使其变为蓝色开启状态（图 6-34）。

图 6-34　安全性界面

项目总结

通过本项目的学习，读者应该着重掌握以下知识：

▸ 掌握组建小型局域网的方法，并能设置和访问共享资源。

▸ 了解常见的 Internet 接入方式，掌握利用 ADSL 方式将单台计算机和局域网中的计算机接入 Internet 的方法。

▸ 掌握浏览网页，可以对网页进行安全性设置，使用搜索引擎检索网上信息，以及从网上下载资源的方法。

▸ 掌握申请电子信箱，以及收发电子邮件的方法。

▸ 掌握打开或关闭系统自带防火墙的方法。

项目实训

（1）将百度（www.baidu.com）网站设置为浏览器的首页。打开系统自带的 EDGE 浏览器。在"Internet 选项"对话框中，找到"常规"选项卡。在"主页"区域的输入框中，输入"www.baidu.com"。再次打开 Edge 浏览器检查设置是否成功。

（2）将喜欢的网页或图片保存到自己的计算机中。打开想要保存的网页，在桌面保存一个"网页，全部（.htm；.html）"或"Web 档案，单一文件（*.mht）"等合适的格式的网页，并进入保存后的文件夹打开该网页。

（3）注册邮箱并给自己发一封邮件。选择一个电子邮件服务提供商，如常见的网易邮箱（mail.163.com）、QQ 邮箱（mail.qq.com）等。完成邮箱注册。登陆邮箱后，进入写邮件的页面，向自己的信箱发送一封电子邮件。

项目考核

一、选择题

1.（　　）不是组建局域网的设备。

A. 网卡　　　　　　B. 交换机　　　　　　C. 声卡　　　　　　D. 网线

2. 要配置家庭网中的计算机，需要启动（　　）向导。

A. 新硬件安装向导　　　　　　　　B. 网络安装向导

C. 局域网配置向导　　　　　　　　D. Internet 连接向导

3.（　　）不是目前流行的 Internet 接入方式。

A. ADSL　　　　　　B. 小区宽带　　　　　　C. 新浪网　　　　　　D. 有线通

4. 要查看曾经浏览过的网页，可通过（　　）（多选题）。

A. 收藏夹　　　　　　　　　　　B. 地址栏

C. 历史记录　　　　　　　　　　D. "前进"和"后退"按钮

5. 在网上最常用的一类查询工具叫（　　）。

A. ISP　　　　　　B. 搜索引擎　　　　　　C. 网络加速器　　　　　　D. 离线浏览器

二、简答题

1. 目前流行的上网方式主要有哪些？

2. 要在 Internet 上查找歌曲，该如何操作？

3. 要将网页中的图片保存在电脑中，该如何操作？

4. 如何对无线局域网进行加密？

5. 如何将电脑连接到无线局域网？

6. 如何打开系统自带的防火墙？

参考文献

［1］ 黄恩平，章胜江，查金旺.计算机应用基础［M］.北京：语文出版社，2020.

［2］ 周鸣争，许斗.大学计算机基础［M］.成都：电子科技大学出版社.2023.9.

［3］ 黄林国.计算机网络基础［M］.北京：清华大学出版社.2021.3

［4］ 杨林，刘敬成，王腊月.计算机基础［M］.成都：西南财经大学出版社.2022.6.

［5］ 李鑫，闫海英，葛大伟.大学计算机实践教程［M］.北京：高等教育出版社.2023.9.

［6］ 袁方.大学计算机［M］.北京：高等教育出版社.2024.8.

"十四五"普通高等教育本科部委级规划教材

计算机应用基础实践教程

主 编 沈 沛 王亚坤 刘 萍

副主编 查金旺 黄恩平

中国纺织出版社有限公司

党的二十大报告明确指出："教育是国之大计、党之大计。培养什么人、怎样培养人、为谁培养人是教育的根本问题。育人的根本在于立德。"这一重要论述为我们指明了教育发展的方向。

随着信息技术的飞速发展，计算机应用已经广泛渗透到社会生活的各个领域。掌握计算机应用的基础知识和技能，已经成为现代社会对人才的基本要求之一。为了适应当前教育教学改革的形势，满足高校计算机应用基础课程教学的需要，也为了更好地使学生理解、掌握相应的知识点和提高操作应用能力，我们编写了《计算机应用基础》的配套内容《计算机应用基础实践教程》。

本实践教程旨在帮助学生系统地学习计算机应用基础知识，提高实践操作能力，培养他们解决实际问题的能力。在编写过程中，我们充分考虑了学生的认知特点和实际需求，注重强化对实践操作技能的培养，采用了大量案例和情景化教学的方式，力求使教程内容实用、易懂、好学。本实践教程的每个章节都包含了实验示例和实验任务，旨在帮助学生更好地理解和掌握所学知识，提高自己的计算机应用能力。同时实验任务还穿插了全国计算机等级考试的样例，有助于帮助学生串联和掌握各章节知识点及备战全国计算机等级考试。

本实践教程由南昌职业大学沈沛、王亚坤、刘萍、查金旺、黄恩平等五位老师共同编写，其中沈沛、王亚坤、刘萍担任主编，负责编写工作的总体组织、审稿；查金旺、黄恩平担任副主编，负责统稿、校稿。本教程所有编写人员均具有多年计算机应用基础课程一线教学经历，教学经验丰富。

本实践教程在编写过程中得到了相关职业院校领导和教师的大力支持，在此一并表示感谢。由于编者水平有限，不足之处在所难免，恳请广大师生多提宝贵意见。

编者

2024 年 10 月

《计算机应用基础实践教程》配套素材

目录
CONTENTS

实践 4
使用 PowerPoint 2016 制作演示文稿

实践 5
局域网和 Internet 应用

实践 1
使用 Windows 系统

学习目标

◇掌握 Windows 10 操作系统的基本操作。

◇掌握 Windows 10 操作系统管理文件和文件夹的方法。

◇掌握 Windows 10 操作系统的系统管理和应用管理。

◇掌握 Windows 10 操作系统虚拟桌面以及任务管理器等功能的使用方法。

1.1 Windows 10 使用基础

1.1.1 实验示例

例 1-1 **启动 Windows 10**

（1）开启计算机和显示器的电源，然后按下主机电源开关。

（2）稍等片刻，便会显示 Windows 10 的欢迎界面（锁屏界面）。

（3）点击鼠标左键或按下键盘上的任意键，即可切换到用户登录界面。使用键盘在密码框中输入登录密码，按下回车键或单击右侧的箭头按钮，登录 Windows 10，如图 1-1 所示。

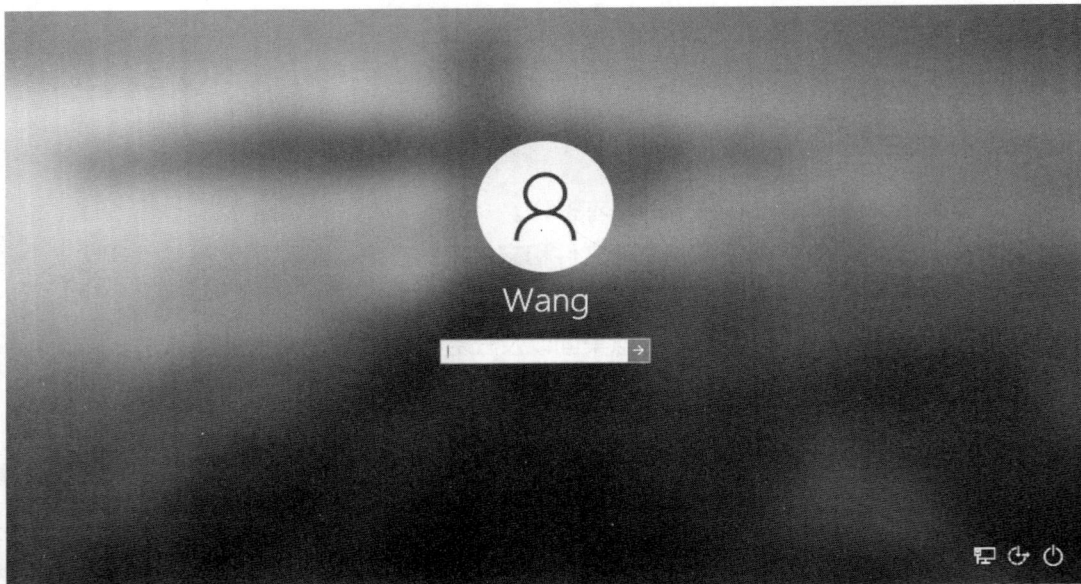

图 1-1　Windows 10 用户登录界面

例 1-2 **关闭 Windows 10**

（1）关闭所有打开的应用程序。如果有文档没保存，需要先将其保存。

（2）将鼠标指针移至屏幕左下角的"开始"按钮上并点击鼠标左键，弹出"开始"菜单，将鼠标指针移至"电源"按钮上并点击鼠标左键，点击弹出列表中的"关机"，如图 1-2 所示。

（3）待显示器屏幕黑屏后，按下显示器电源开关，关闭显示器（如果电脑经常使用，也可以不关闭显示器电源）。

（4）如果长时间不使用计算机，需要切断计算机主机和显示器的电源。

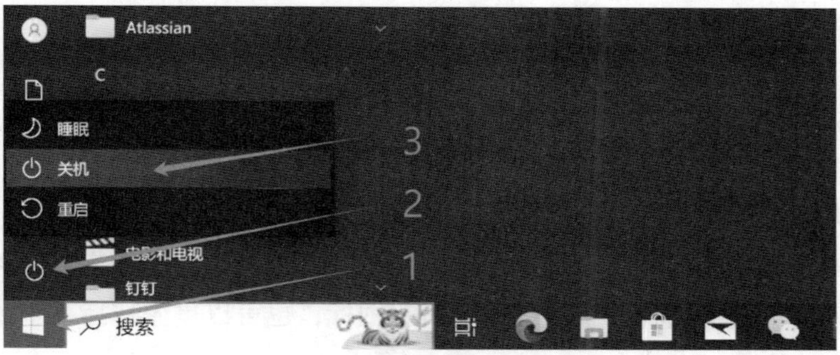

图 1–2　从"开始"菜单关闭Windows 10

例1-3 /// 重启 Windows 10

（1）关闭所有打开的应用程序。如果有文档没保存，需要先将其保存。

（2）将鼠标指针移至屏幕左下角的"开始"按钮上并点击鼠标左键，弹出"开始"菜单，将鼠标指针移至"电源"按钮上并点击鼠标左键，点击弹出列表中的"重启"。

（3）系统将会先执行关机操作，然后执行启动操作，按例 1-1 步骤进行登录，进入操作系统，即完成了 Windows 10 的重启。

1.1.2 实验任务

【任务一】用正确的方式打开、关闭 Windows 10。

【任务二】用正确的方式重启 Windows 10。

1.2　Windows 10 的基本操作

1.2.1 实验示例

例1-4 /// 鼠标的基本操作

（1）指针移动。按照自己的习惯手握鼠标，在鼠标垫上前后左右平面移动，尝试将 Windows 10 桌面上的鼠标移动到某一个自己想移动到的位置，如屏幕左下角的 ⊞ 图标，或者桌面上任意图标位置。

（2）单击。单击是指按鼠标器左键一次，然后立即释放。单击用于对象选定，或者执行菜单操作以及打开超链接等。可以尝试单击屏幕左下角的 ⊞ 图标，查看行为效果。

（3）右击。右击是指按下鼠标右键，然后立即释放。右击一般用于打开快捷菜单。可以尝试将鼠标放在桌面任意位置右击、放在桌面图标上右击以及在任务栏上或者 ⊞ 图标上右击，查看行为效果。

（4）双击。双击是指连续按鼠标器左键2次。双击用于运行某个应用程序或者打开某个窗口或文档。可以尝试双击桌面上某个图标，如此电脑、回收站或者某个文档/其他应用程序，查看行为效果。

（5）拖动。拖动是指按住鼠标左键并同时移动鼠标指针。如果拖动前选择了某个对象，那么会将此对象移动到目标位置；如果没有选择对象，那么会执行范围选择。可以尝试通过鼠标拖动在桌面上选择一个范围内的所有图标，也可以事先选择某个图标，然后通过拖动移动它的位置。

例1-5 键盘的基本操作

（1）熟悉键盘的各个区域。键盘上所有按键分为5个区：主键盘区、功能键区、编辑键区、小键盘区和键盘指示灯，如图1-3所示。

图1-3 键盘的组成

键盘布局根据厂商的不同会有一些区别，如自定义快捷键，部分键盘无小键盘区，笔记本键盘布局等。此处仅展示常规的键盘布局。键盘上的部分按键上有两个符号，下面的字符一般直接按键即可获得，被称为下档字符，上面的字符需要按下【Shift】按键同时按键才能获得，被称为上档字符。

（2）尝试使用【Shift】键输入上档字符，如@、%等；尝试通过切换Caps Lock按键输入大小写字符；尝试输入空格、回车等特殊字符。

（3）尝试使用组合键来激活各种功能，如同时按住【Ctrl+Shift+Esc】键打开任务管理器、同时按住【Win+D】键显示和恢复桌面、同时按住【Win+E】键打开资源管理器等。

（4）尝试键盘上其他按键的操作。常用的键盘快捷键及组合键，见表1-1。

表1-1 常用的键盘快捷键及组合键

按键	功能	按键	功能
F1	查看帮助	F5	刷新当前页面、界面
Alt+F4	强制关闭当前程序	Ctrl+F5	强制刷新
Delete	删除当前选择对象；文档编辑时向右删除一个字符	Backspace	资源管理器中为返回前一个文件夹；文档编辑时向左删除一个字符

续表

按键	功能	按键	功能
Shift+Delete	永久删除（不进回收站）	Tab	改变焦点；文档编辑时向右移动一个制表位距离
Alt+Tab	切换当前激活的应用程序	Shift+Tab	反向切换焦点
Win+Tab	打开虚拟桌面任务视图	Ctrl+A	全选
Ctrl+Z	撤销之前的操作	Ctrl+S	保存
Ctrl+C	复制	Ctrl+V	粘贴
Ctrl+F	查找	Ctrl+W	关闭
Ctrl+Alt+Del	安全操作界面，包括锁定计算机、切换用户、打开任务管理器等相关功能	Ctrl+Shift+Esc	打开任务管理器
Ctrl+Esc	开始菜单，效果同【Win】键	Ctrl+Shift	切换输入法（取决于当前快捷键设置）
Win+D	显示桌面 / 恢复桌面运行状况	Win+E	打开资源管理器
Win+R	打开"运行"窗口	Win+L	锁定屏幕

例 1-6　开始菜单的操作

（1）认识 Windows 10 开始菜单。单击任务栏左侧的"开始"按钮 打开"开始"菜单，如图 1-4 所示。

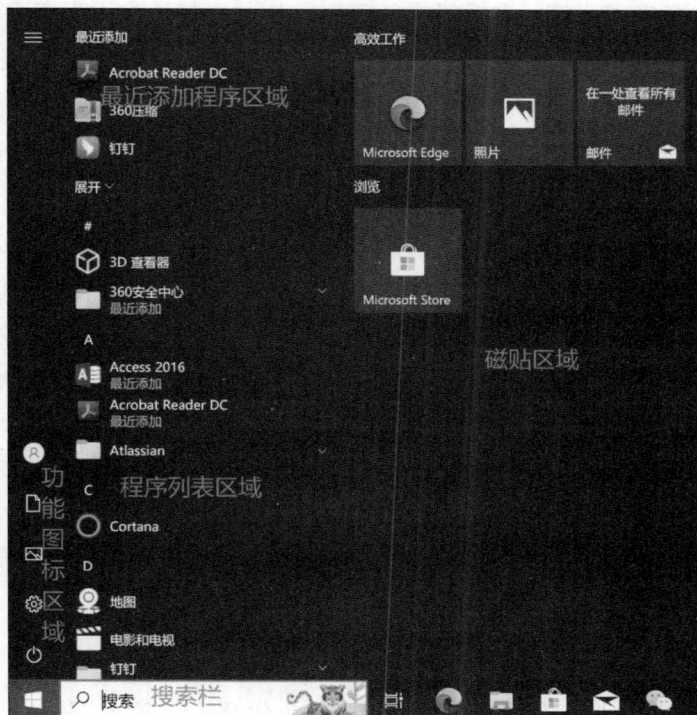

图 1-4　Windows 10 的"开始"菜单

（2）从开始菜单的程序列表区域打开某一应用程序。尝试通过开始菜单打开"电影和电视"程序，或者从子文件夹"Windows附件"中打开"画图"程序。

（3）通过搜索的方式，从开始菜单中打开"控制面板"。

（4）通过开始菜单中的"磁贴"打开"Microsoft Store"（微软应用商店）；尝试将开始菜单中的某个程序（如画图），在磁贴区域中建立一个磁贴快捷方式（对应程序上点击右键>固定到"开始"屏幕）；尝试移动磁贴位置，并尝试删除某个磁贴（右击，选择从"开始"屏幕取消固定）。

例1-7 /// 任务栏的基本操作

（1）认识Windows 10任务栏。任务栏是一个条状区域，默认处于桌面底部，如图1-5所示。

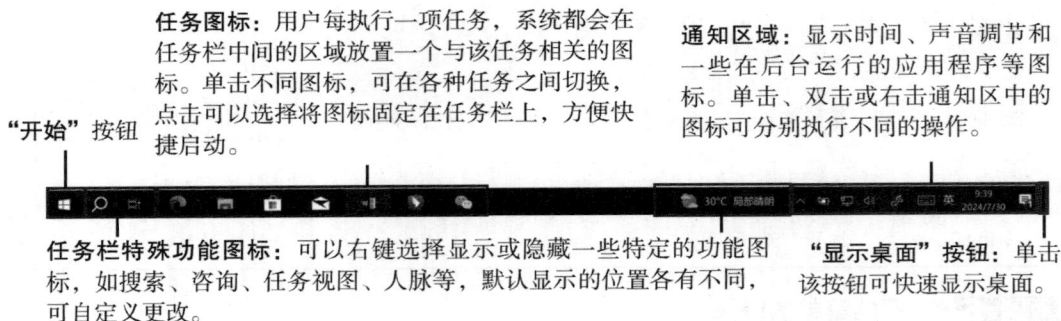

任务图标：用户每执行一项任务，系统都会在任务栏中间的区域放置一个与该任务相关的图标。单击不同图标，可在各种任务之间切换，点击可以选择将图标固定在任务栏上，方便快捷启动。

通知区域：显示时间、声音调节和一些在后台运行的应用程序等图标。单击、双击或右击通知区中的图标可分别执行不同的操作。

"开始"按钮

任务栏特殊功能图标：可以右键选择显示或隐藏一些特定的功能图标，如搜索、咨询、任务视图、人脉等，默认显示的位置各有不同，可自定义更改。

"显示桌面"按钮：单击该按钮可快速显示桌面。

图1-5 任务栏

（2）通过任务栏上的快捷启动图标启动应用程序。单击任务栏上固定的图标，如Edge浏览器、资源管理器等，启动对应的程序。尝试将其他应用程序固定到任务栏（运行某应用程序后，在任务栏图标上右击，选择固定到任务栏）。尝试将已固定到任务栏的程序取消固定（右击，选择从任务栏取消固定）。

（3）通过单击任务栏上的任务图标，切换当前激活的任务；通过右击→关闭窗口来关闭当前正在运行的程序（注意：某些特殊情况下无法通过此手段关闭）。

（4）从任务栏"通知区域"进行输入法的切换或设置。单击任务栏右方通知区域内的输入法图标，在弹出的输入法列表中进行单击切换。如果没有图标，则说明当前系统只安装了一个输入法。

（5）单击"通知区域"内其他系统图标，进行相应的操作，如声音调整、网络设置、查看日历等。

（6）右击"通知区域"内的图标，进行相应操作，如关闭程序、配置和其他个性化操作等。

（7）通过右击任务栏任意位置，进行任务栏上各个选项的设置，如工具栏样式、搜索、资讯、是否锁定任务栏、打开任务栏设置等。

例1-8 /// 窗口的基本操作

窗口的基本操作包括打开窗口，最大化、最小化及还原窗口，缩放窗口，移动窗口，切换窗口，排列窗口和关闭窗口等。

（1）打开窗口。双击要运行的应用程序，或者可以使用其他应用程序打开的文档，系统将会对当前应用程序打开一个窗口。最常用的就是打开资源管理器查看文件夹及文件信息，或双击 Word 文档、Excel 文档、PowerPoint 文档等，通过相应软件打开目标文档，然后对当前文档进行编辑等。

（2）最大化、最小化及还原窗口。最大化、最小化及还原窗口按钮集中在窗口右上角的控制按钮区。最大化是指当单击窗口控制按钮中的四方框按钮时，窗口就会占据整个屏幕；最小化是指当单击窗口控制按钮中的一字形按钮时，窗口会被缩小到任务栏；还原是指当窗口被最大化后，中间的四方框按钮变为叠放的两个四方框型按钮，单击后窗口会恢复为初始大小。

（3）缩放窗口。将鼠标指针移动到窗口的四个角上，当鼠标指针变成斜着的双向箭头，按住鼠标左键进行拖拽，当调整到满意状态后释放鼠标，窗口即变成调整后的大小。将鼠标指针移动到窗口的四条边上，当鼠标指针变成水平或垂直的双向箭头，按住鼠标左键沿指针方向拖拽，窗口将会随鼠标改变水平或垂直大小，当调整到满意状态后释放鼠标左键，窗口即变成调整后的大小。

（4）移动窗口。将鼠标指针移动到窗口标题栏，然后按住鼠标左键不放移动鼠标，当移动到合适的位置后释放鼠标，那么窗口就会随鼠标移动到当前位置（窗口最大化状态时，如果移动窗口，窗口将会恢复到最大化之前的大小）。

（5）切换窗口。

① 通过任务栏按钮切换：将鼠标指针移动到任务栏的窗口按钮上，系统会显示该按钮对应窗口的缩略图，点击想要激活的程序的图标，即可激活当前所选程序窗口。

②【Alt+ Tab】组合键快速切换窗口：按住【Alt+ Tab】组合键时，会出现一个消息框，显示所有当前已打开的窗口。然后按住【Alt】键不放，每按一次【Tab】键，就会依次选中一个窗口，松开鼠标即可调出想要显示的窗口。

（6）排列窗口。在任务栏的非按钮区右击，在弹出的快捷菜单中选择相应的排列窗口命令即可将窗口排列为所需的样式。Windows 10 提供了以下 3 种排列方式供用户选择。

① 层叠窗口：把窗口按打开的先后顺序依次排列在桌面上。

② 堆叠显示窗口：以横向的方式同时在屏幕上显示所有窗口，所有窗口互不重叠。

③ 并排显示窗口：以垂直的方式同时在屏幕上显示所有窗口，所有窗口之间互不重叠。

（7）关闭窗口。若是关闭当前显示窗口，可单击窗口右上角的"关闭" ⬛✖ 按钮；或使用【Alt+F4】、【Ctrl+W】组合键等。

1.2.2 实验任务 //////

【任务一】 启动画图、写字板、计算器等应用程序，并尝试改变其窗口大小，通过拖动的方式移动其位置。

【任务二】 向开始菜单的"磁贴"中添加"计算器"的磁贴，并将"计算器"磁贴移动到左上角第一个位置，然后删除"Microsoft Store"磁贴（如果没有此磁贴，尝试删除其他不想用的磁贴）。

【任务三】 将"资源管理器"快捷方式固定到任务栏，将"Microsoft Store"从任务栏上取消固定，也可以尝试将其他常用程序固定到任务栏，将不常用程序从任务栏取消固定。

【任务四】 通过"通知区域"的音量图标，将当前系统音量设置到 50。

【任务五】 打开资源管理器，尝试最大化、最小化，以及改变窗体大小。

1.3 管理文件和文件夹

1.3.1 实验示例

例 1-9 认识资源管理器

（1）启动资源管理器，并查看各个部分的功能以及用法。认识磁盘驱动器的概念，如 C：、D：等。打开资源管理器中"此电脑"位置，查看当前操作系统内有多少磁盘驱动器，每个驱动器的盘符、容量以及可用容量大小，如图 1-6 所示。

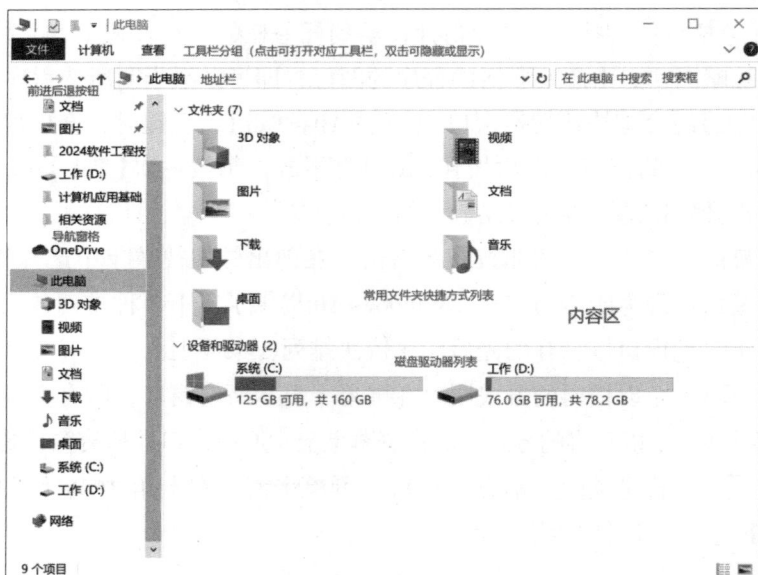

图 1-6 资源管理器

（2）熟悉资源管理器的基本操作。单击图标为选定操作；双击图标为打开操作；右击图标可打开快捷菜单，菜单内提供了文件或文件夹的剪切、复制、粘贴、重命名等命令。

例 1-10 文件或文件夹的属性设置

（1）设置图标的显示方式（文件夹的查看方式）。在"文件资源管理器"窗口"查看"

功能区的"布局"组中列出了 Windows 10 提供的文件与文件夹的查看方式，分别是超大图标、大图标、中等图标、小图标、列表、详细信息、平铺及内容，如图 1-7 所示。选中一项（如详细信息）即可设置窗口内文件和文件夹的查看方式。或在"文件资源管理器"窗口的空白处右击，在弹出的快捷菜单中选择"查看"命令，在二级菜单中选择查看方式。在"查看"功能区中还可以设置文件扩展名等信息的显示与隐藏。

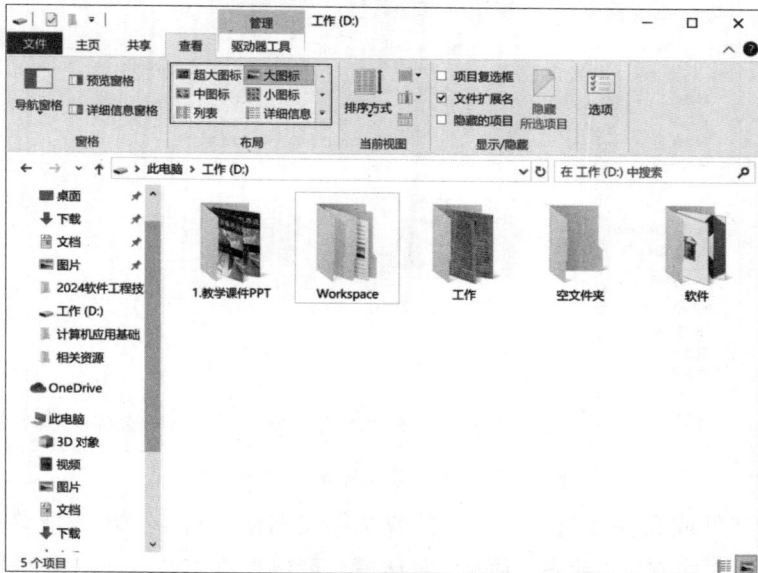

图 1-7　资源管理器设置图标显示方式

（2）设置图标的排序方式（文件的排序方式）。将鼠标指针移至"排序方式"，显示其子菜单项，然后单击选择一种排序方式，如"名称"，从而以名称为依据对图标进行排序，如图 1-8 所示。

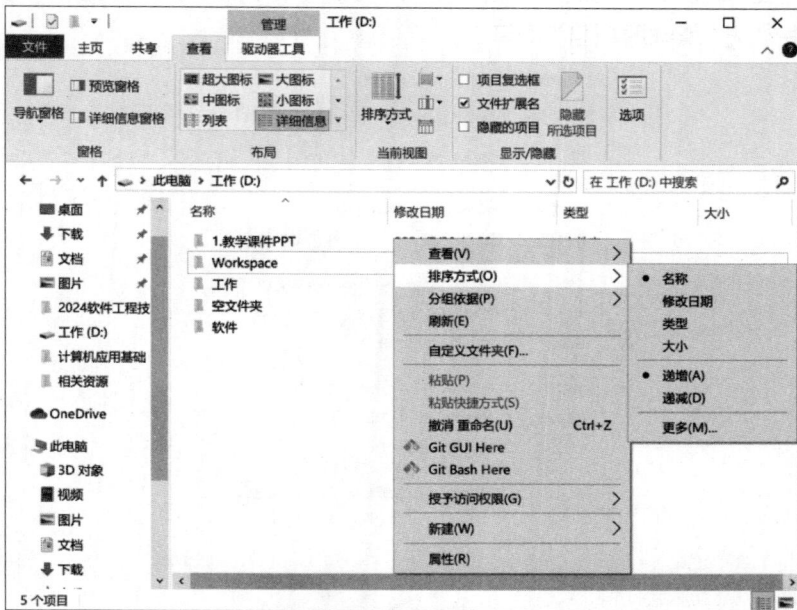

图 1-8　右击切换图标的排序方式

也可使用"查看"工具栏中"当前视图"的"排序方式"按钮，单击选择所需的排序方式，或者在"详细信息"显示方式下，直接单击列表标题栏进行"递增""递减"排序切换，如图1-9所示。继续在"排序方式"子菜单中选择图标是以"递减"还是"递增"方式排列。

图1-9　工具栏切换图标的排序方式

（3）设置文件或文件夹属性。在文件或文件夹图标上右击弹出快捷菜单，选择"属性"命令，打开文件或文件夹的"属性"对话框，可以查看文件或文件夹的各种信息，如图1-10所示，包括文件或文件夹的存储路径、占用空间大小、创建时间等，还可设置只读或隐藏属性。

①勾选"只读"：只能读不能写，保护文件或文件夹，使其不被修改。

②勾选"隐藏"：可以暂时使该文件或文件夹在目录下隐藏，需要查看时在功能区"查看"选项卡中勾选"隐藏的项目"即可。

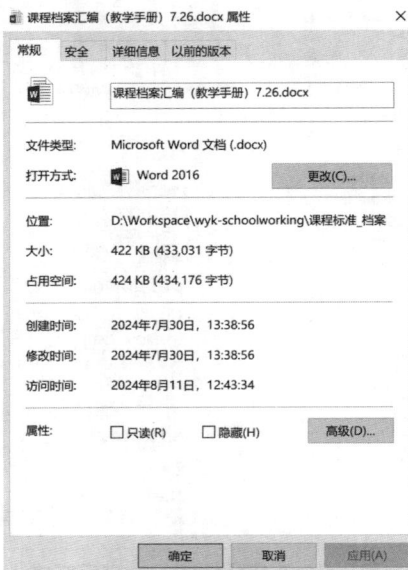

图1-10　文件属性对话框

例 1-11 /// **文件或文件夹的创建**

在 C 盘创建一个文件夹"工作",在这个文件夹内创建一个文本文档,更名为"静夜思.txt";在"工作"文件夹内创建两个子文件夹"数学"和"语文";在"工作"文件夹内创建两个文件,其中一个是 Word 2016 的文件"资料说明.docx",另一个是 Excel 2016 的文件"任务清单.xlsx"。

具体操作步骤如下:

(1)打开"资源管理器",在导航窗格单击或者"此电脑"界面中双击磁盘驱动器 C 盘图标。

(2)在内容区空白处右击→新建→文件夹,输入文件夹名称"工作"。双击"工作"文件夹,进入此文件夹内部,按之前操作步骤新建文件夹"数学"和"语文"。系统在新建文件夹或者文件的时候,会直接变为可重命名状态,此时直接输入名称,按回车键或者单击其他空白处即可确认更名。如果已关闭了重命名状态,可以右击后,选择"重命名"进入重命名状态。

(3)在"工作"文件夹下空白处右击→新建→文本文档,创建一个 txt 文件,重命名为"静夜思.txt"。并以相同方式分别新建一个"Microsoft Word 文档"和一个"Microsoft Excel 工作表",分别命名为"资料说明.docx"和"任务清单.xlsx"。

例 1-12 /// **文件与文件夹的选定**

(1)选择任意一个文件或文件夹。在"C:\工作"文件夹下,选择该文件夹下任意一个文件或者文件夹时,鼠标移动到该图标上单击选择即可。

(2)选择相邻多个文件或文件夹。将鼠标指针移动到第一个文件或文件夹上,点击选择后,按住【Shift】键不放,鼠标指针移动到最后一个文件或文件夹处单击,然后释放【Shift】键。

(3)选择某一个区域的多个文件或文件夹。在区域边界空白处按住鼠标左键,然后拖动到区域的另一个边界处释放鼠标,将会选中被鼠标所框中区域内所有的文件或文件夹。

(4)选择多个不相邻的文件或文件夹。按住【Ctrl】键,然后逐个点击想要选择的文件或文件夹。

(5)选择所有文件或文件夹。按下【Ctrl+A】,即可选择当前文件夹下面的所有文件或文件夹。

例 1-13 /// **文件与文件夹的复制和移动**

将"C:\工作"文件夹下的"资料说明.docx"和"任务清单.xlsx"复制到"数学"子文件夹下,将"静夜思.txt"移动到"语文"文件夹下。

(1)打开资源管理器,进入"C:\工作"文件夹。

(2)同时选中"资料说明.docx"和"任务清单.xlsx"两个文件,使用【Ctrl+C】或者右击→复制。

(3)双击"数学"文件夹,进入此文件夹内。使用【Ctrl+V】或者右击→粘贴。

(4)单击资源管理器的"后退←"按钮,或者"向上一层↑"按钮,返回"工作"文件夹。

（5）在此文件夹内鼠标左键点住"静夜思.txt"文件然后拖动到"语文"文件夹内即可。此操作也可以使用类似于（2）（3）操作步骤来进行，使用【Ctrl+X】或者右击→剪切，然后双击进入"语文"文件夹，使用【Ctrl+V】或者右击→粘贴。

例1-14 /// 文件与文件夹的删除

将"C:\工作"文件夹下的"资料说明.docx"文件删除。

（1）打开资源管理器，进入"C:\工作"文件夹。

（2）右击"资料说明.docx"→删除，或者左键选择此文件后，按下【Delete】键。

（3）第（2）步操作将会把此文件删除并放到回收站中，此时文件并没有被完全删除，还会继续占用系统空间，并且可以在"回收站"中操作还原。如果想彻底删除文件，可以在回收站中通过清空回收站或者单项"删除"操作进行彻底删除，或者进行第（2）步操作时，使用【Shift+Delete】组合键。

例1-15 /// 文件与文件夹的搜索

（1）在C盘根目录搜索"静夜思.txt"文件。打开资源管理器，进入驱动器C盘，在右上角的搜索框中输入"静夜思.txt"。

（2）在C盘根目录搜索所有txt文件。打开资源管理器，进入驱动器C盘，在右上角的搜索框中输入"*.txt"（或者只输入".txt"）。

例1-16 /// 为文件或文件夹创建快捷方式

为"C:\工作"文件夹在桌面创建一个名为"工作目录"的快捷方式。

（方法一）打开"资源管理器"窗口，在导航窗格中单击C盘磁盘驱动器图标；在工作区中右击"工作"文件夹，在弹出的快捷菜单中选择执行"发送到"→"桌面快捷方式"，重命名为"工作目录"即可。

（方法二）在"桌面"空白处右击，在弹出的快捷菜单中选择执行"新建"→"快捷方式"命令；在弹出的对话框中，输入待创建快捷方式的文件或文件夹的完整路径，"C:\工作"，单击"下一步"按钮；输入"工作目录"，单击"完成"按钮即可。

例1-17 /// 文件的编辑及保存

（1）打开资源管理器，进入"C:\工作\语文"文件夹。

（2）双击"静夜思.txt"即可用记事本打开此文件，并在记事本内输入诗句内容，如图1-11所示。

（3）点击"文件"→"保存"或者使用组合键【Ctrl+S】保存文件。

（4）额外知识：如果电脑上没有中文输入法，需要安装中文输入法，目前较流行的输入法有搜狗输入法、微信输入法等，可根据自己的喜好进行安装，安装完毕后可以单击任务栏"通知区域"的输入法图标进行切换，如图1-12所示，或者通过快捷键【Ctrl+Shift】进行切换。

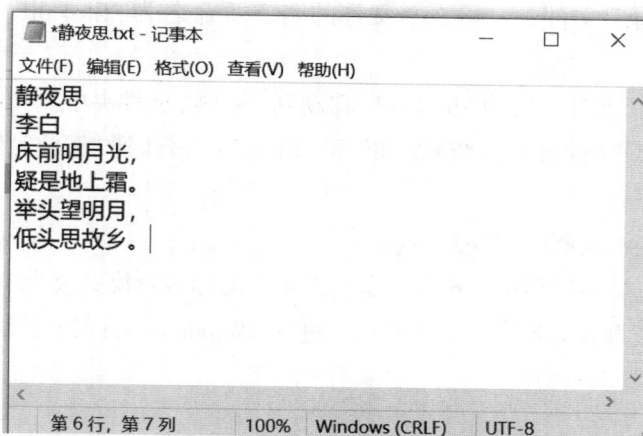

图 1-11　在"静夜思.txt"记事本内输入诗句内容

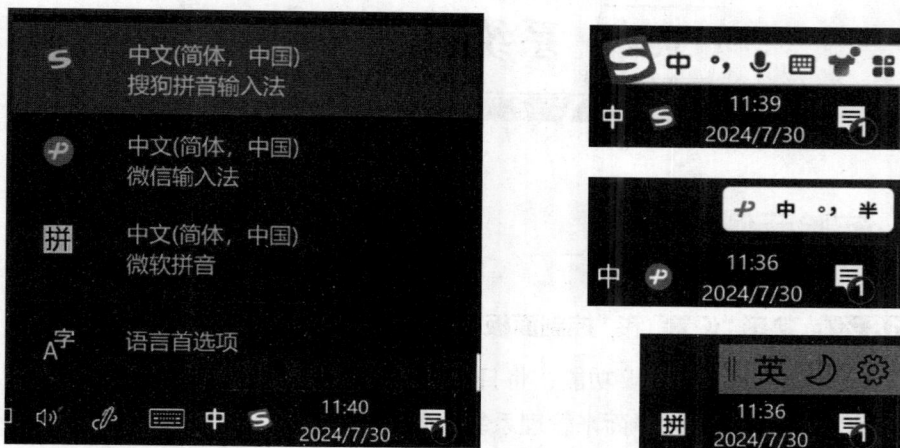

图 1-12　输入法选择及各输入法状态栏

1.3.2 实验任务

【任务一】按下列要求完成文件和文件夹的基本操作。

（1）在 C 盘根目录创建一个名为"工作目录"的文件夹。

（2）在"工作目录"文件夹创建两个子文件夹，分别名为"资料""记录"。然后在"工作目录"文件夹创建一个文件，名为"说明.txt"。

（3）编辑"说明.txt"，将步骤（2）的内容输入此文件内，并保存。

（4）在子文件夹"资料"内创建一个文件，名为"学习资料1.docx"。

（5）在 C 盘根目录搜索首字母为 f 的 .dll 文件，任意复制 3 个到"记录"文件夹内。

（6）选择"记录"文件夹内的任意一个文件，设置其属性为"隐藏"，观察文件变化。

（7）将文件夹"查看"中的"显示/隐藏"组中"隐藏的项目"设置为"是"，观察文件变化，并将刚才设置为隐藏的文件恢复到正常。

（8）返回"工作目录"文件夹，将文件夹"查看"中的"显示/隐藏"组中"文件扩展名"设置为"否"，观察文件变化；然后切换为"是"，观察文件变化。

（9）进入"记录"文件夹，将3个文件的名字重命名为"file1.dll""file2.dll""file3.dll"。

（10）将"记录"文件夹中的"file1.dll"移动到"资料"文件夹中。

（11）将"记录"文件夹中的"file2.dll"和"file3.dll"移动到"回收站"，并尝试从回收站中恢复"file3.dll"。

（12）尝试直接永久删除"file3.dll"。

【任务二】在资源管理器中，进入C盘，尝试将图标显示模式改为"大图标"。

【任务三】在资源管理器中，进入C盘，进入"Windows"目录，尝试将排序方式改为"修改日期→递增"。

1.4 系统管理和应用

1.4.1 实验示例

例 1-18 熟悉"设置"和"控制面板"

Windows 10新增了"设置"功能，将日常应用部分的设置进行了重新组织和扩展，提供了一个更加直观和统一的界面来管理系统的各种设置。与此同时"控制面板"功能继续保留，习惯旧版本系统的用户仍然可以通过控制面板进行各种设置。用户利用"设置"或"控制面板"可以设置系统个性化显示效果，修改系统日期和时间，添加和删除程序，查看和管理系统软、硬件信息和优化系统，以及配置网络等。

（1）可以通过以下各种方式打开"设置"功能，"设置"主页面如图1-13所示。

①"开始"按钮→设置 ⚙ 按钮，或者在"开始"按钮上点击鼠标右键→设置，可以打开设置主界面，需要在开始菜单中设置此快捷方式（默认选项已设置）。

②任务栏上点击鼠标右键→任务栏设置，可以打开任务栏的个性化设置功能模块。

③任务栏系统托盘图标上右键点击网络、声音图标，在弹出的菜单中选择相应的设置选项，可以快捷跳转到网络或者声音相关的设置界面。

④桌面上点击鼠标右键→"显示设置"或"个性化"，弹出设置中显示分辨率设置和系统主题设置界面。

⑤"开始"按钮上点击鼠标右键→"网络连接"或"系统"或"电源选项"或"应用和功能"等按钮，可进入设置的对应主界面。

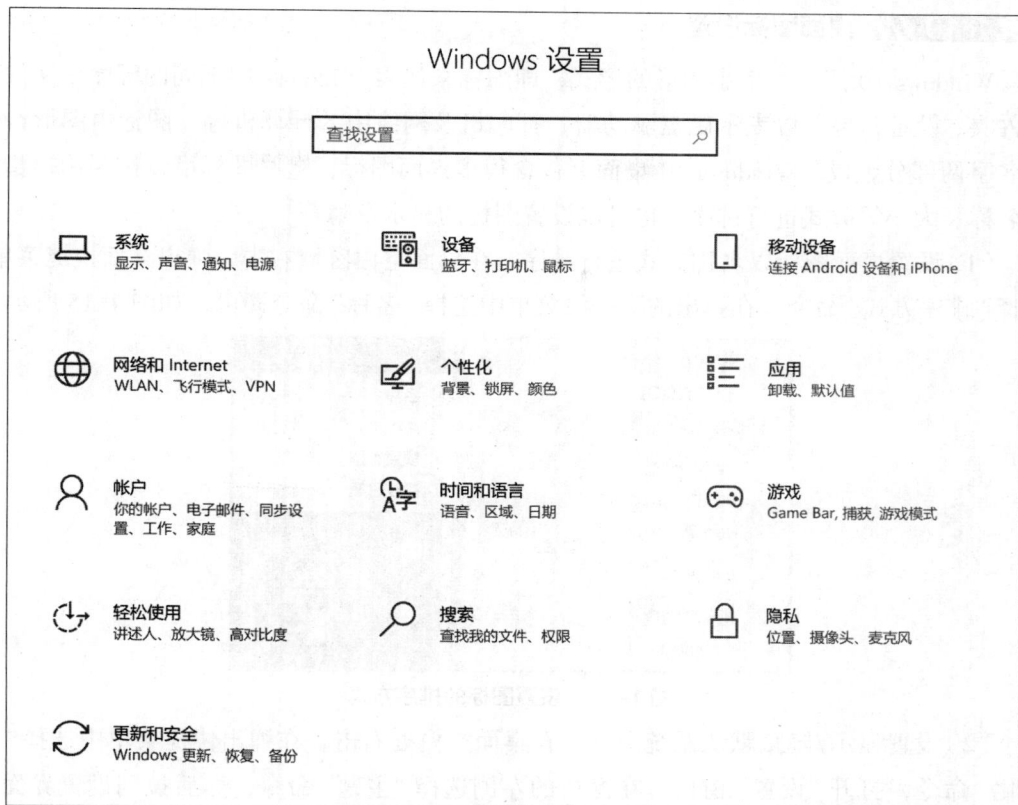

图 1-13　"设置"主页面

（2）可以通过以下各种途径打开"控制面板"，"控制面板"主页面如图 1-14 所示。

① "开始"按钮→所有程序列表→ Windows 系统→控制面板。

②点击搜索按钮，输入"控制面板"，点击搜索到的结果。

③在"运行"窗口中输入 control，点击"确定"。

图 1-14　"控制面板"主页面

例 1-19/// **桌面图标设置**

Windows 10 用一个个小图形的形式，即图标来代表 Windows 中不同的程序、文件或文件夹、设备，也可以表示磁盘驱动器、打印机及网络中的计算机等。图标由图形符号和名字两部分组成。Windows 10 桌面上包含很多桌面图标，这些图标可以按照用户指定的名称、大小等方式进行排序，也可以设置图标的显示及隐藏。

（1）设置桌面图标以名称方式进行排序。在桌面空白区域右击，弹出桌面快捷菜单，选择"排序方式"命令，在弹出的下一级菜单中选择"名称"命令即可，如图 1-15 所示。

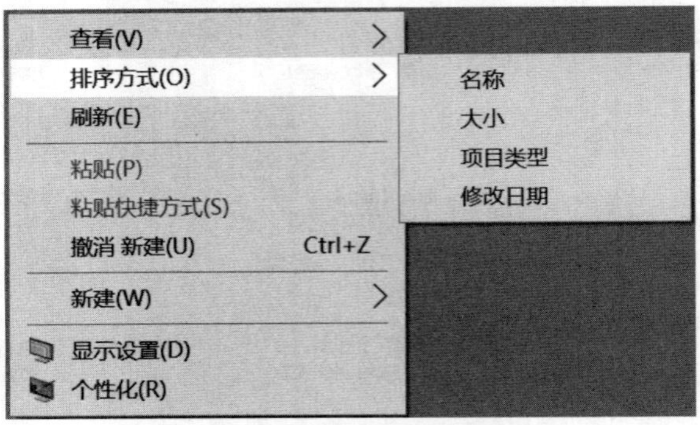

图 1-15 设置图标的排序方式

（2）设置显示/隐藏默认系统图标。在桌面空白处右击，在弹出快捷菜单中选择"个性化"命令，打开"设置"窗口，在窗口的左侧选择"主题"命令，然后拉到设置界面下方选择"桌面图标设置"命令，打开"桌面图标设置"对话框，如图 1-16 所示。在"桌面图标设置"对话框中单击选中要显示的图标，和取消选中不想显示的图标，单击"确定"按钮，桌面上将会显示选中图标，隐藏取消选中的图标。需要注意的是，"计算机"图标显示在桌面上时，将会被命名为"此电脑"。

图 1-16 "桌面图标设置"对话框

（3）设置桌面图标显示模式。在桌面空白处右击，在弹出菜单中选择"查看"时，可以对桌面上图标的显示模式进行设置，如图 1-17 所示。可以对图标大小、自动排列、自动对齐等进行设置，如果取消选中"显示桌面图标"选项后，桌面上将会隐藏所有图示。

查看(V)	>	大图标(R)
排序方式(O)	>	● 中等图标(M)
刷新(E)		小图标(N)
粘贴(P)		自动排列图标(A)
粘贴快捷方式(S)		✓ 将图标与网格对齐(I)
撤消 新建(U)　　　Ctrl+Z		
新建(W)　　　　　　>		✓ 显示桌面图标(D)
显示设置(D)		
个性化(R)		

图 1-17　桌面图标查看方式

例 1-20　Windows 10 个性化设置

Windows 10 提供了强大的外观和个性化设置功能，用户可通过"设置"中的"个性化"来进行设置。

（1）桌面主题设置。在"设置"中的"个性化"分类中，选择"主题"，可以对主题的各个设置项目（背景、颜色、声音、鼠标光标）进行设置。其中，对背景和颜色的设置会跳转到相应的小分类中进行。

（2）锁屏界面设置。锁屏界面是系统刚启动时进入的界面，在此界面下，按下任意键盘按键或者单击鼠标才会进入系统登录界面。在"锁屏界面"小分类中可以对其各种显示模式进行设置，包括显示的背景、快捷启动应用和详细状态应用等。

（3）开始菜单设置。在"开始"小分类中可以对开始菜单进行各种设置，包括显示更多磁贴、显示应用列表、显示最近添加应用、显示常用应用、全屏开始菜单等，还包括开始菜单左下角的快捷图标的显示/隐藏的设置（选择哪些文件夹显示在"开始"菜单上）。可以通过尝试各种选项的切换来设置自己最想要的显示效果。

（4）任务栏设置。在"任务栏"小分类中可以对任务栏进行各种设置，这些设置有一部分可以通过在任务栏上右击弹出的菜单进行设置。常规选项通过名称和说明基本上可以理解每个选项设置的内容，下面对几个特殊选项作一下说明。

①合并任务栏按钮。程序运行后在任务栏上有两种显示状态：单个图标和图标-详细信息框。此选项就是设置在何种情况下，任务栏将会把当前运行的程序在任务栏上显示为单个的小图标。选择"从不"选项时，任务栏始终显示详细信息框；选择"任务栏已满时"，当任务栏中显示的程序信息太多，地方不够时，将会把所有程序显示为小图标；选择"始终合并按钮"时，将会始终显示小图标。

②通知区域→选择哪些图标显示在任务栏上：选中的项目会始终在通知区域显示，未选中的将会隐藏，点击"＾"按钮才会显示。

③通知区域→打开或关闭系统图标：决定哪些系统图标，如网络、声音等会显示在任务栏通知区域。

例 1-21 /// **调整屏幕分辨率**

（1）单击"设置"中"系统"界面的"屏幕"选项，或者在桌面空白位置点击鼠标右键→显示设置，即可显示屏幕设置选项，如图 1-18 所示。

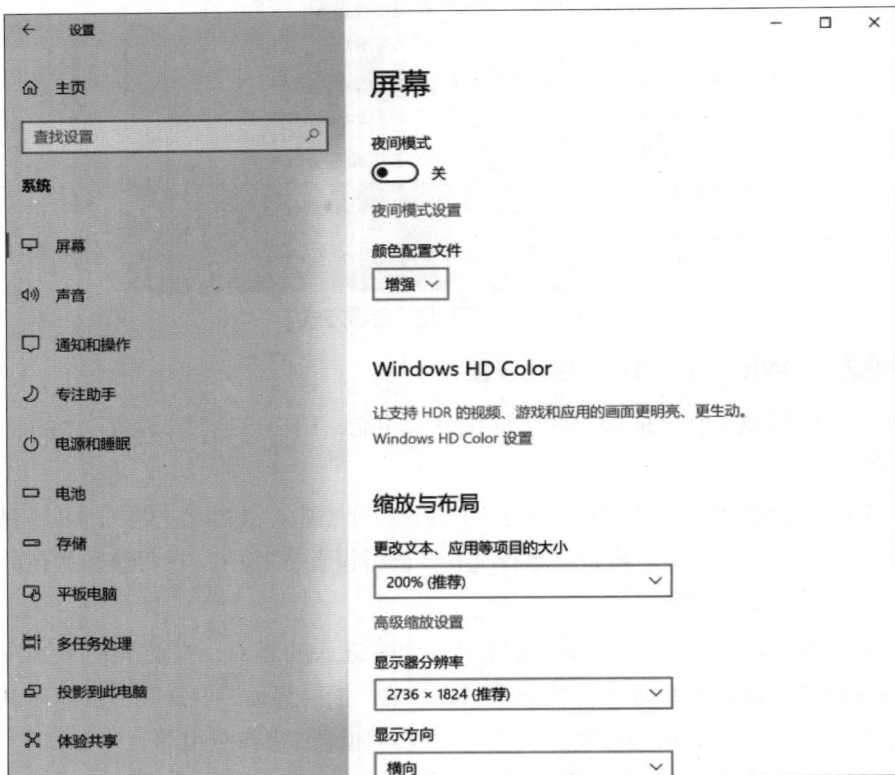

图 1-18 "屏幕"设置

（2）在"屏幕"界面中，下滑到"显示器分辨率"下拉列表中选择一种分辨率，系统将会直接切换到对应的分辨率，并且给出提示是否保留此设置，如果在 15 秒之内没有点击"保留更改"，系统将恢复到之前的分辨率设置。

（3）在此界面还可以进行缩放设置（更改文本、应用等项目的大小）和显示方向等选项，可以根据自身需要进行设置。

例 1-22 /// **电源和睡眠设置**

（1）单击"设置"中"系统"界面的"电源和睡眠"选项。

（2）根据自身需要设置在接通电源或者使用电池（笔记本或平板）情况下，关闭屏幕的时间和进入睡眠状态的时间。

例 1-23 /// **用户账户管理**

（1）在"设置"中打开账户信息。打开"设置"窗口，单击"账户"按钮，或在开始菜单中单击左下角的用户头像→更改账户设置，可以打开"设置"中账户相关的配置页面，如图 1-19 所示。在此分类中，可以查看当前账户信息，由于 Windows 10 添加了多种认证方式的支持，如人脸识别、指纹、PIN 登录码、图片密码等，可以在"登录选项"中对

这些登录方式进行设置，部分功能需要硬件的支持。在"登录选项"中，还可以设置重新
登录激活时间、动态锁等。

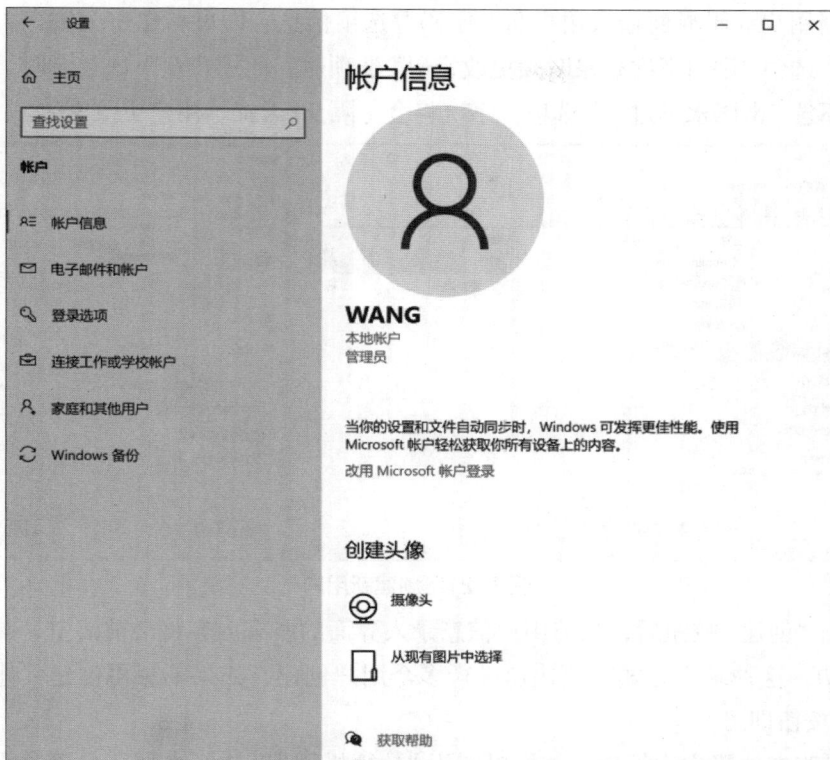

图 1-19 "账户"设置

（2）创建本地账户。

①在开始按钮上点击鼠标右键，选择"计算机管理"，或者打开运行窗口，输入
"compmgmt.msc"，然后按回车键，弹出"计算机管理"界面，如图 1-20 所示。

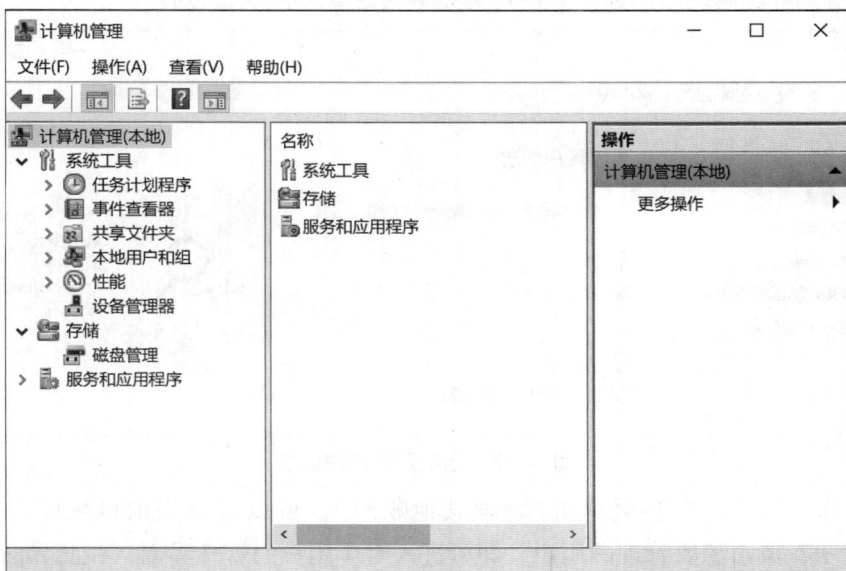

图 1-20 "计算机管理"界面

②单击展开"本地用户和组",单击"用户",即可显示当前用户列表,在此项目上或者列表主显示区点击鼠标右键,可选择单击"新用户",打开新建用户界面,如图 1-21 所示。在新用户编辑界面输入用户名、密码等选项信息,即可新建一个用户。在新用户的选项中,选中"用户下次登录时须更改密码"选项时,此用户在下次登录时,必须修改密码,如不选"密码永不过期"选项,系统将会每隔 90 天提示用户更改密码。

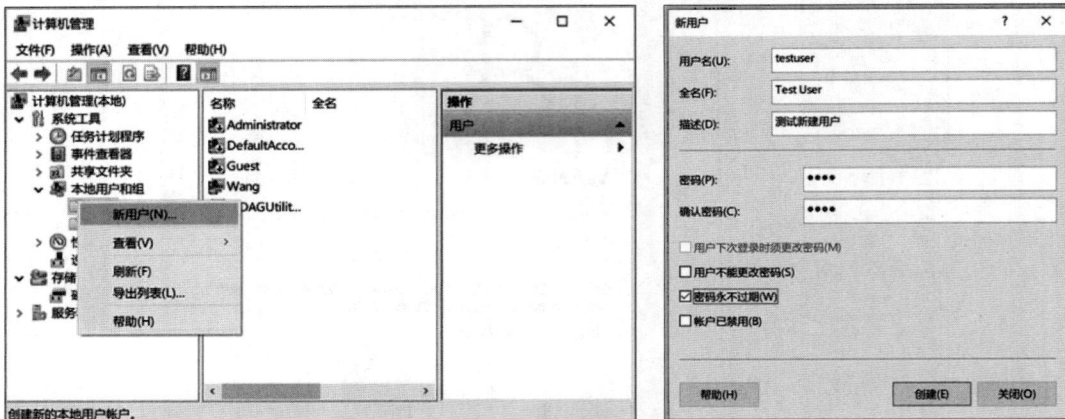

图 1-21　创建新用户

③点击"创建"按钮后,当前用户信息录入界面的所有内容将会被清空,此时账户已经创建成功,这种录入方式方便快速进行多个用户创建,如果不想再创建其他账户,单击"关闭"按钮即可。

（3）更改本地账户为管理员。可以使用"计算机管理"进行本地账户更改或者控制面板的账户管理。由于"计算机管理"操作较为复杂,这里介绍通过控制面板进行操作的方法。

①打开"控制面板"→"用户账户"→"用户账户",即可显示当前用户的界面,在此界面下,用户可以修改用户名称、用户类型等信息,如图 1-22 所示。

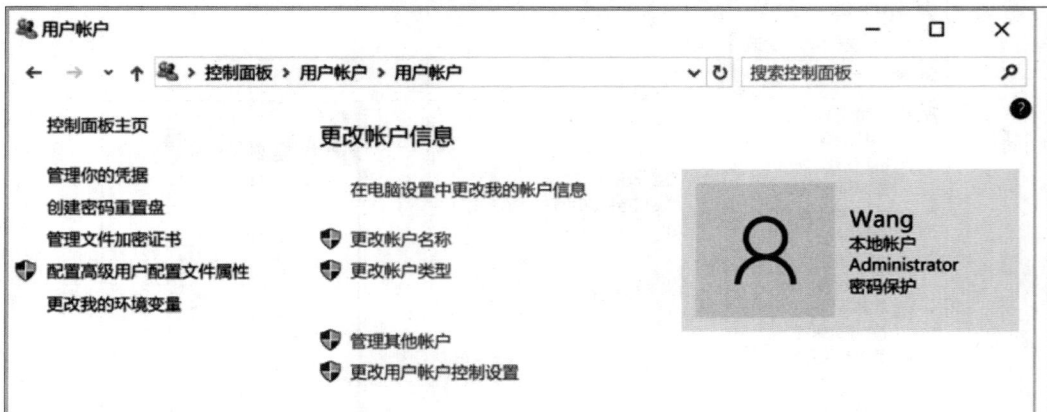

图 1-22　当前登录用户信息

②在当前用户信息界面单击"管理其他账户",可以打开当前可用账户列表,如图 1-23 所示,单击想要管理的用户,即可进入对应用户的管理界面,在此界面下对所选账户进行管理,如图 1-24 所示,此功能需要当前登录账户为管理员才能进行操作。

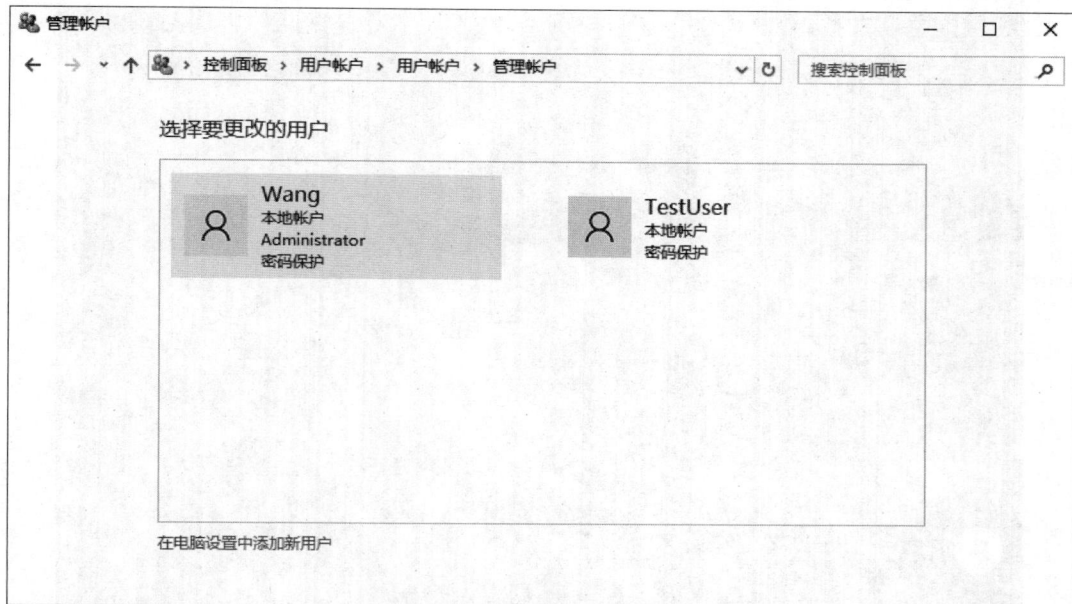

图 1-23　控制面板 → 账户列表

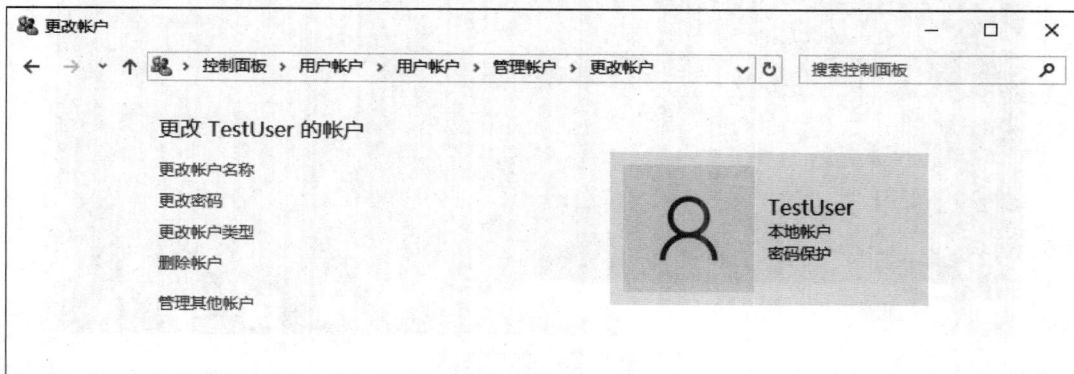

图 1-24　所选其他账户信息

③点击"更改账户类型"按钮，可以对当前所选账户进行类型设置，可以选择"普通"或"管理员"。

例 1-24 //// 用户注销

（1）关闭所有正在运行的应用程序，保存需要保存的文档。

（2）打开开始菜单，单击左边的用户头像图标，在弹出的菜单中单击"注销"按钮，如图 1-25 所示。

（3）等待系统关闭后，会回到用户登录界面。

（4）"注销"和"锁定"的区别："注销"会将当前用户所有打开的程序全部关闭，当前账户登录状态被取消。"锁定"只是将当前计算机屏幕锁定，当前运行的所有程序都在正常运行，用户状态也是已登录状态。

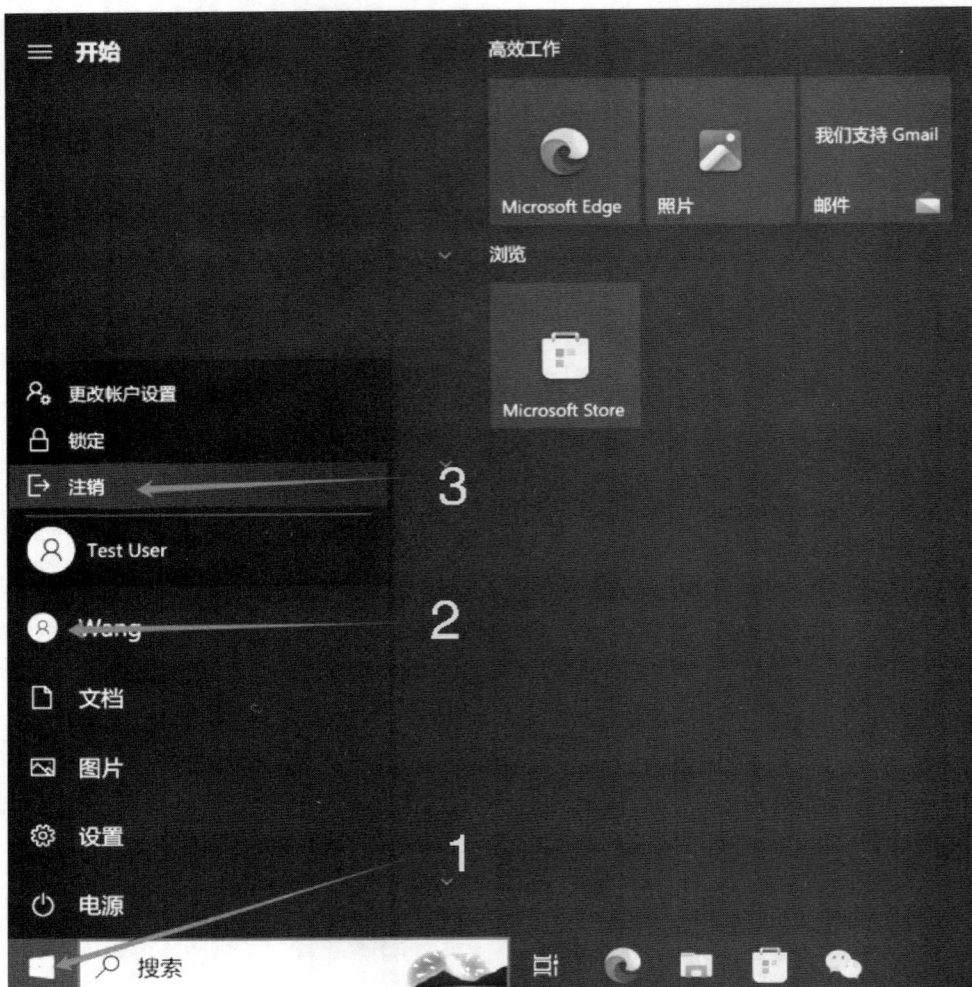

图1-25 账户注销

例1-25 //// 安装应用程序

（1）下载应用程序的安装包，然后双击运行。如果是通过光盘安装，需要把光盘装入光驱（或光盘镜像到虚拟光驱）后，通过自动运行激活安装步骤，或者进入光驱的文件夹，运行Setup.exe或Install.exe（大部分情况下）。

（2）根据安装引导程序进行选项配置，然后开始安装流程。

（3）等待安装流程全部结束，一般情况下有以下几种配置动作：在桌面建立快捷方式、在开始菜单建立快捷方式、在开始菜单建立磁贴、在任务栏固定快捷方式。大部分程序可以在安装过程中进行选择，某些"不守规矩"的程序会默认进行所有配置，并将软件加入开机启动，这种情况下需要根据自身需要进行配置更改或整理。

（4）运行快捷方式，或到安装目录下运行.exe程序，即可启动安装好的应用程序。

例1-26 //// 卸载应用程序

（1）通过"设置"来进行应用程序的卸载的具体操作步骤如下。

①打开"设置"窗口，单击"应用和功能"类别，如图1-26所示。

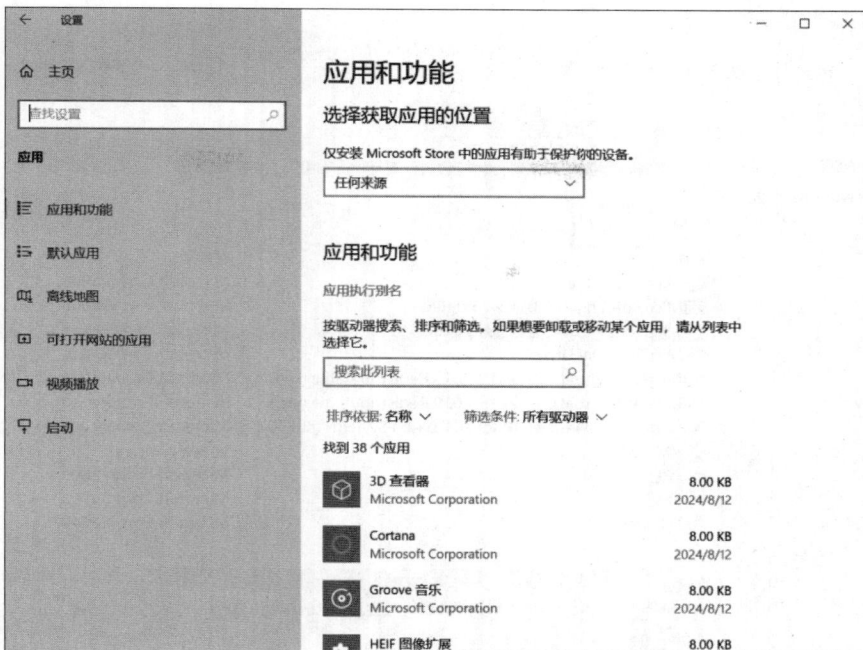

图 1-26 "设置"中的"应用和功能"界面

②在应用和功能界面可以看到当前系统安装的所有可管理的应用程序的列表,如果需要卸载应用程序,选中对应的应用程序选项,然后点击"卸载",根据提示进行操作即可,如图 1-27 所示。

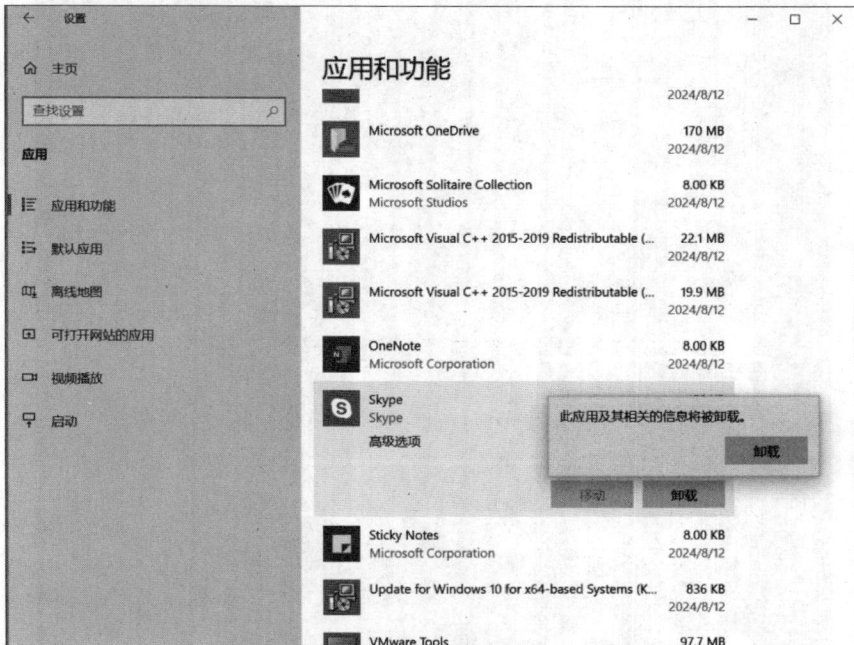

图 1-27 在应用和功能中单击"卸载"

(2)如果想要卸载应用程序,还可以通过其他一些途径来实现。

①控制面板→程序→卸载程序打开程序列表页面,单击想要卸载的程序,在二方动作按钮上单击"卸载",如图 1-28 所示。

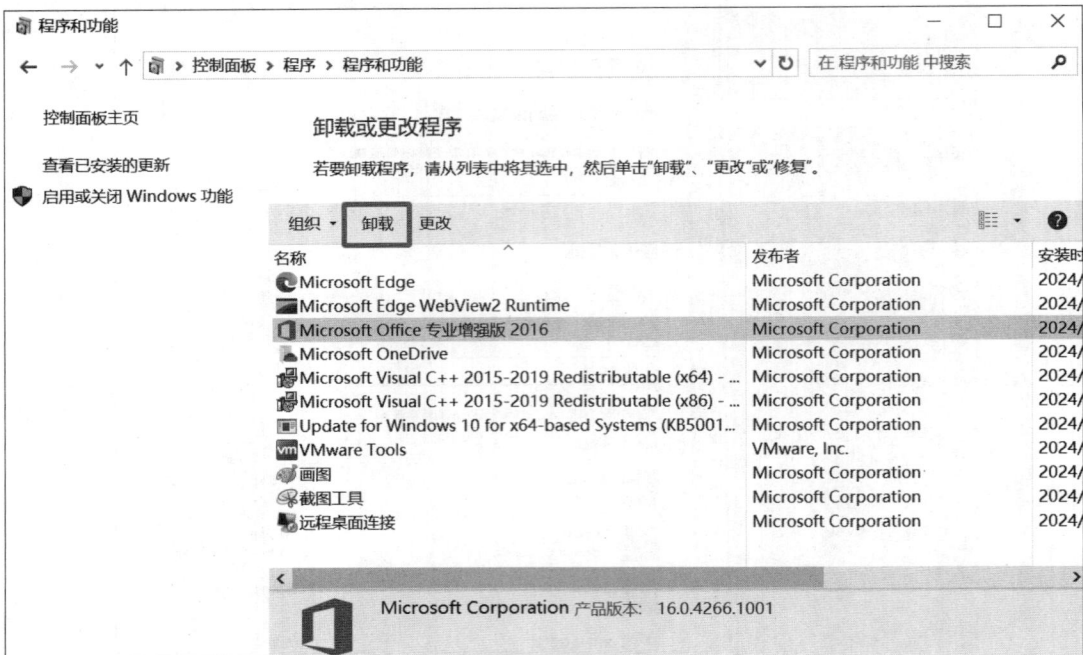

图 1-28 在"控制面板"中卸载应用程序

②在"开始"菜单的所有程序列表以及磁贴上点击鼠标右键→单击"卸载"选项，如图 1-29 所示。注意：某些系统自带应用程序无法卸载，所以单击之后看不到卸载选项。

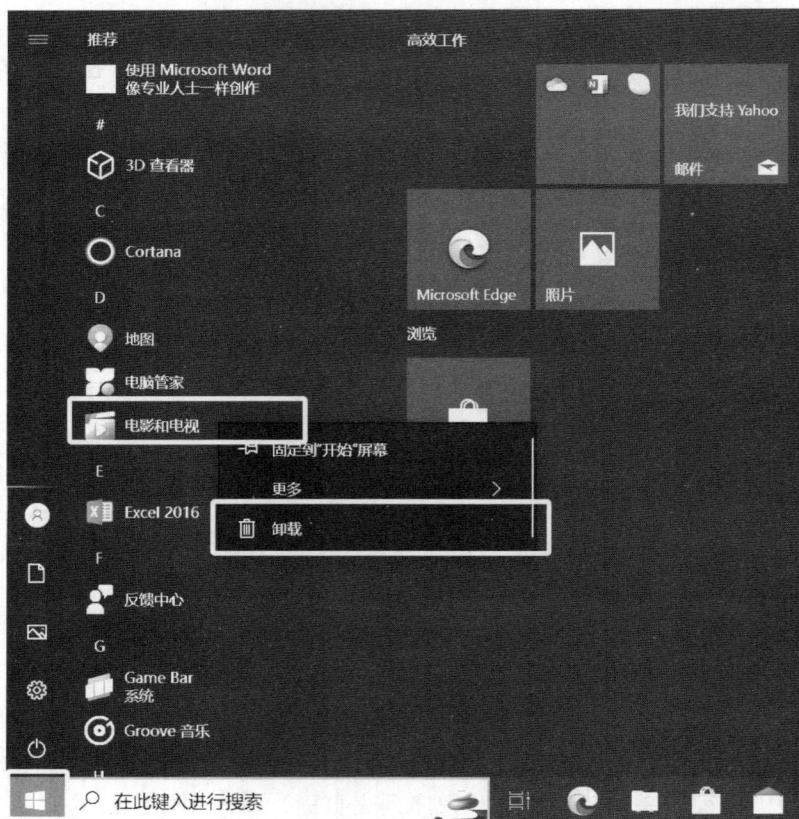

图 1-29 在"开始"菜单中卸载应用程序

1.4.2　实验任务

【任务一】打开"设置"和"控制面板"页面，比较功能以及使用方法上的差异。

【任务二】从网上下载一张图片，将其设置为桌面背景图片。

【任务三】尝试设置不同的屏幕分辨率，并尝试通过"更改文本、应用等项目的大小"选项设置屏幕的缩放比例。

【任务四】为系统添加一个名为myuser的用户，并将其设置为管理员。

【任务五】下载一到两款应用程序，并将其安装到系统上。可以选择常用的工具型程序，如输入法、播放器或者压缩/解压缩程序等，并尝试卸载其中一款应用程序。

1.5　Windows 10 的其他功能

1.5.1　实验示例

例 1-27　虚拟桌面应用

（1）在当前桌面运行多个程序的情况下（如可以打开资源管理器、1个Word文档、1个Excel文档、1~2个浏览器等），按下【Win+Tab】组合键，或者任务栏上的任务视图图标，调出虚拟桌面管理界面。

（2）在虚拟桌面管理界面单击桌面列表右方的"新增桌面"按钮，为当前桌面添加一个虚拟桌面。

（3）在虚拟桌面管理界面下，将鼠标移动到当前桌面上已打开的应用程序列表中的其中一个程序界面上，如浏览器窗口或资源管理器窗口，按住鼠标左键，将其拖动到新建的桌面图标上，然后释放鼠标，此程序窗口将会被移动到新建的虚拟桌面中。

（4）重复第（3）步操作，将想要单独占用一个虚拟桌面的程序移动到新建的虚拟桌面中，如1个浏览器窗口、1个资源管理器窗口、1个Word窗口。

（5）单击空白处，将会切换回当前桌面窗口，单击新建的桌面图标，将会切换到新建的桌面窗口。

（6）尝试使用快捷键【Win+Ctrl+→】或者【Win+Ctrl+←】进行当前两个桌面的来回切换。

（7）尝试使用快捷键【Win+Ctrl+D】创建一个新的虚拟桌面，并通过单击"任务视图"按钮或者快捷键【Win+Tab】打开虚拟桌面管理界面查看桌面创建情况，并且尝试在这个桌面上打开新的应用程序或者将其他桌面应用程序移动到此桌面。

（8）尝试在虚拟桌面管理界面下，将鼠标移动到桌面列表中的某一个桌面图示上，此项将会显示一个关闭的"×"按钮，单击此按钮即可关闭目标虚拟桌面，或者在这个想要关闭的虚拟桌面激活时，使用快捷键【Win+Ctrl+F4】关闭此桌面，被关闭的桌面中的应用程序会自动分配到其他桌面中，如图1-30所示。

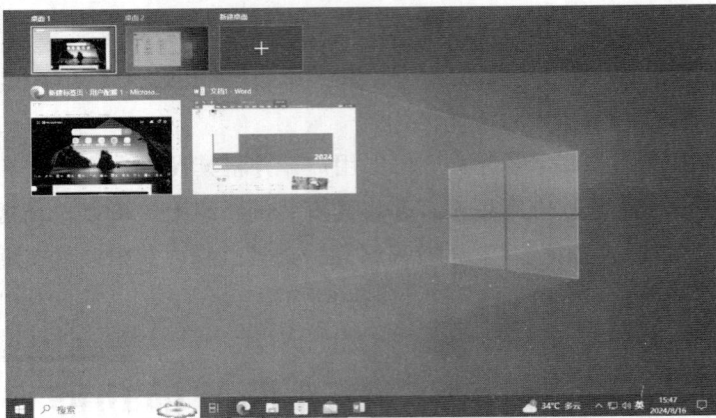

图1-30　多虚拟桌面多任务管理

例1-28 //// **使用贴靠辅助功能整理桌面程序窗口排列**

（1）打开一个资源管理器窗口，鼠标移动到它的标题栏，按住鼠标左键不放，然后移动鼠标，将会实现对该窗口的拖动效果。

（2）在拖动过程中，将鼠标移动到屏幕的上边沿，直到出现一个波纹点的动画效果时，松开鼠标，此时资源管理器窗口将会被最大化。

（3）鼠标移动到资源管理器标题栏，继续按住不放，拖动鼠标时，会发现当前被最大化的窗口恢复到了原来的大小，此时继续移动鼠标，将此资源管理器窗口移动到合适位置，松开鼠标，完成本窗口的移动操作。

（4）打开几个新的程序窗口，如浏览器窗口或者Word、Excel窗口等。

（5）鼠标移动到其中一个窗口的标题栏，按住不放，拖动鼠标到桌面的左边沿（非上下两角位置），在触发一个波纹点的动画效果后，松开鼠标，系统将会把此窗口高度调整为桌面高度，宽度调整为桌面一半大小，贴靠在屏幕靠左的一半空间位置，然后右半边触发一个列表，将会列出当前桌面上其他程序的窗口，如图1-31所示。

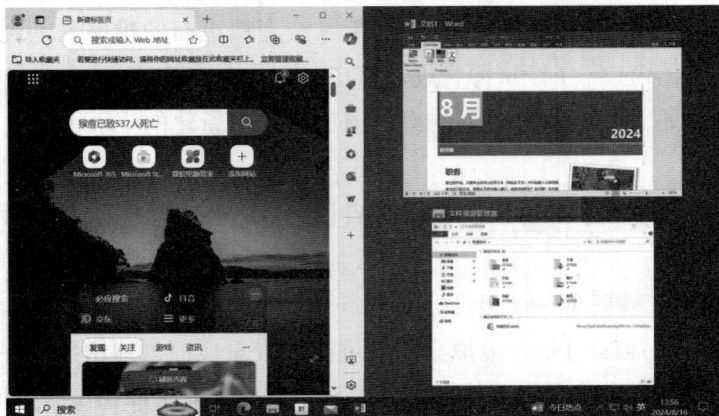

图1-31　左边沿贴靠辅助

（6）此时有两个选择：如果想要另外一个程序占满另外一半，则在右半面的列表中选择该程序，该程序则会自动调整大小为屏幕右半面相同大小，并贴靠在右半边；如果想要其他程序保持原有位置不变，则直接单击右半边的空白处，其他程序恢复原有大小位置不变。如果第一个程序想贴靠在右边，则在做第（5）步鼠标拖动时拖动到右边沿即可。

（7）如果在进行第（5）步操作时，鼠标拖动到屏幕的 4 个角位置触发了波纹点动画效果，此时松开鼠标时，将会把当前窗口大小调整为高度和宽度各为屏幕一半（整体面积为桌面的 1/4 大小），然后将当前窗口贴靠到鼠标移动的角，当贴靠 2 个角（相邻）或者 3 个角时，也会触发其他程序的窗口列表点选操作，单击选择后被选择的窗口会占满屏幕剩余空间。

例 1-29 ///　使用任务管理器强制停止程序

（1）可通过以下方式打开任务管理器。

①右击"开始"按钮→单击"任务管理器"。

②按下快捷键【Ctrl+Shift+Esc】。

③按下快捷键【Ctrl+Alt+Delete】之后，在弹出的界面中选中"任务管理器"。

④右击"开始"按钮→运行（或【Win+R】）或在任意命令行窗口输入指令"taskmgr"，然后点击回车。

（2）在简略信息模式或详细信息模式下的"进程"标签内找到想要关闭的程序，如 PowerPoint，有些关联启动或者未展示界面的程序在简略信息模式下不一定能找到。如果同时运行了多个相同的程序，列表中会有多个相同名称的程序信息或进程信息，此时需要自行根据当前 CPU 状态、所占内存情况、程序运行状态等信息确认想要关闭的程序是哪个。

（3）在想要关闭的程序条目上单击鼠标右键→单击"结束任务"，或鼠标左键点击程序条目后，直接单击右下角的"结束任务"按钮，系统将会强制停止当前程序。需要注意的是，如果当前程序还有内容未保存，数据将会丢失，所以此功能须谨慎使用。结束任务操作界面如图 1-32 所示。

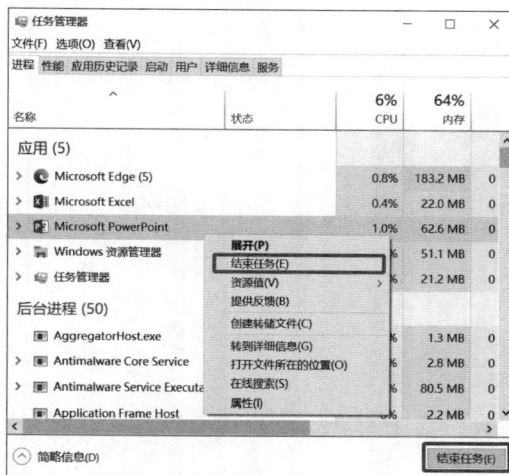

图 1-32　在任务管理器中结束任务

1.5.2 实验任务

【**任务一**】分别打开 1 个资源管理器窗口，1 个 Word 编辑窗口、1 个 Excel 编辑窗口和 1 个浏览器窗口，然后新建 1 个虚拟桌面，将 Excel 和浏览器窗口移动到新的虚拟桌面中，并切换到新的虚拟桌面。

【**任务二**】在任务一的基础上，将新虚拟桌面中的 Excel 和浏览器窗口设置为左右并排排列并各占一半屏幕空间，其中浏览器窗口在屏幕左半部分，Excel 窗口在屏幕右半部分。

【**任务三**】在任务一基础上，打开任务管理器，并强制停止 Word 程序。

使用 Word 2016 制作文档

学习目标

◇掌握 Word 2016 文档的基本操作，如文本的选定、插入与删除、复制与移动、查找与替换等基本操作。

◇掌握设置文档字符格式、段落格式，以及设置边框和底纹等操作。

◇掌握设置文档页面和打印文档的操作。

◇掌握在文档中创建和编辑表格的操作。

◇掌握图文混排的操作，如在文档中插入和编辑图形、图像、文本框中的艺术字等。

◇掌握 Word 2016 高级排版技巧，如设置页眉和页脚，使用样式、分栏、邮件合并等功能。

2.1　Word 2016 文本编辑与排版

2.1.1 实验示例

例 2-1　打开 Word 2016 窗口，并熟悉窗口界面的组成。

具体操作步骤如下：

（1）选择"开始"→"Word 2016"命令（图 2-1），启动 Word 2016 软件（图 2-2）。

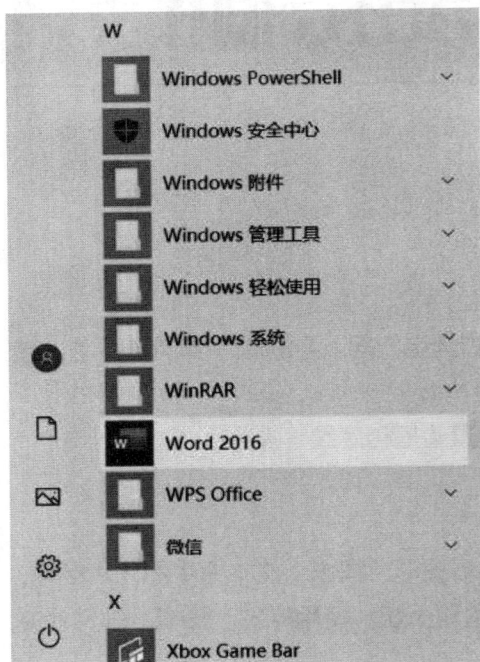

图 2-1　选择"Word 2016"命令

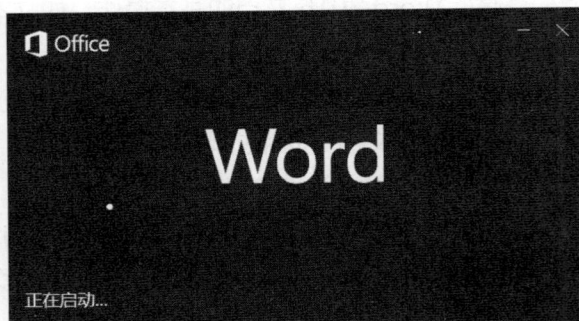

图 2-2　Word 2016 启动界面

若安装 Office 2016 时创建了桌面快捷方式，也可直接双击桌面上的 Word 2016 快捷方式图标，启动 Word 2016。

（2）启动 Word 2016 后的操作界面主要由 5 个部分组成，如图 2-3 所示。

① 标题栏：在窗口的最上一行，左边是快捷访问工具栏，中间是当前文件名，右边是窗口控制按钮。其中，左边的快捷访问工具栏的内容可以由用户自己定义，右边的窗口控制按钮前增加了一个"功能区显示选项"按钮 ▣。

单击"文件"→"选项"命令，或打开快捷工具栏最右侧下三角按钮，打开下拉菜单，选择"其他命令"，打开"Word 选项"对话框，在左侧列表中选择"快速访问工具栏"命令，这里可以将需要的命令加入快捷访问工具栏，如图 2-4 所示。

图 2-3　Word 2016 的工作界面

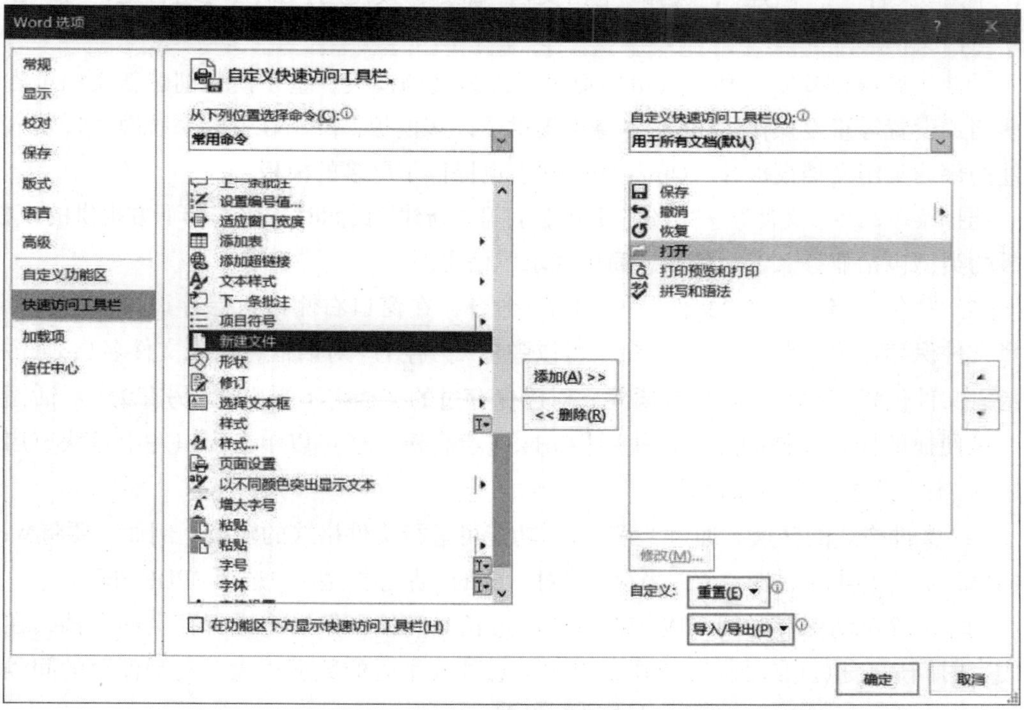

图 2-4　在"Word 选项"对话框中添加快速访问工具栏内容

② 功能区：在标题栏下方，如图 2-5 所示，包含"文件""开始""插入""设计""布局""引用""邮件""审阅"和"视图"功能区及搜索框。

图 2-5　"开始"功能区

③ 导航窗格：位于窗口左侧，是首次启动 Word 时的默认显示内容，有标题、页面和结果三个标签。默认以标题为搜索交互工具，如果文档中没有标题样式，也可通过输入实现查找定位。

④ 文档编辑区：是输入和编辑文本、对象的工作区域，默认是白色为底，是最主要的编辑与显示的工作区。

⑤ 状态栏：位于窗口底部，是显示文档编辑状态的区域，左侧显示当前文档的基本信息，如当前页数及总页数等，右侧显示视图的切换与缩放工具按钮。

例2-2 在本地磁盘（D:）新建一个 Word 空白文档，命名为 example.docx 并进行保存。

具体操作步骤如下：

（1）新建 Word 文档有以下两种方式。

①创建空白文档：在启动 Word 的开始屏幕上选择"空白文档"，或在 Word 工作环境下，单击"文件"→"新建"，选择"空白文档"命令，或使用【Ctrl+N】组合键，可以创建一个空白文档。

②使用模板创建新文档：Word 还提供了许多文档模板。基于模板创建新文档可省略许多格式设置等重复操作。Office 本身也提供了许多模板，除了在安装系统时直接装入在本地的部分常用文档模板外，Office 的官网上也提供了更多的模板。

选择菜单命令"文件"→"新建"命令，打开"新建"页面时，可选择下方提供的模板。模板的类型包括业务、卡、信函、简历和求职信等。

（2）保存文档。选择"文件"→"保存"命令，在窗口右侧进行保存设置。这里可以选择文件保存位置，单击"浏览"命令可以弹出"另存为"对话框，输入文件名（example）并指定文件位置（D 盘）、类型等属性。对已保存过的文档将不再出现"另存为"对话框。

最便捷的保存文档的方法是使用【Ctrl+S】组合键，还可以单击窗口左上角快速启动栏中的"保存"按钮直接保存。

（3）文件格式的转换。通过"另存为"功能可进行文件格式的转换。例如，要将 Word 文档保存成为 PDF 文件时，在"另存为"对话框的"保存类型"中选择"PDF"即可。

（4）设置自动保存时间间隔：Word 对经过长时间编辑但没有进行存盘的文档，在间隔固定时间后会执行自动保存操作，以避免意外发生时的数据损失。自动保存的间隔时间可在"文件"→"选项"→"保存"中进行设置。

在单击"文件"→"选项"→"保存"所打开的对话框中可以对 Word 文档的保存属性进行设置，如设置"保存自动恢复信息时间间隔"为 15 分钟，即自动保存间隔为 15 分钟。单击"默认本地文件位置"后的"浏览"按钮，选择文档默认的保存路径，如图 2-6 所示。

图 2-6　修改保存的默认选项

例 2-3 **关闭 Word 文档。**

关闭 Word 文档有三种方法：

（1）在打开的 Word 文档中，选择"文件"→"关闭"命令，可退出 Word 2016。

（2）在打开的 Word 文档中，可直接单击窗口右上角的"关闭"按钮 ▇ x ▇，可退出 Word 2016。

（3）使用【Alt+F4】组合键。

例 2-4 **新建一个 Word 文档，命名为"数据库交互编辑.docx"，可将配套素材文件"数据库交互.docx"中所有内容插入该文件中，并保存文件。**

对文件"数据库交互编辑.docx"进行格式设置，设计要求如下。

（1）打开文件"数据库交互编辑.docx"。

（2）设置页面上、下页边距为 2.6 厘米，左、右页边距为 3.1 厘米。

（3）设置第一行文字"数据库交互"为"标题 1"样式，文字居中对齐、微软雅黑、一号、标准色中的"深红"色并加上边框线。

（4）设置正文第一段首字下沉 3 行，距正文 0.6 厘米；设置正文第三段的底纹为：标准色中的"浅绿"色；设置正文最后第三段分两栏、栏宽相等、加分隔线。

（5）设置相应文字的项目符号为"※"。

（6）设置页眉为"数据库交互"，左对齐、字号小五。

（7）设置页面水印文字为"数据库交互"，颜色为标准色中的"红色"，半透明。

（8）在正文底部插入日期和时间，自动更新；右对齐。

（9）在日期和时间后插入脚注：摘自《计算机应用基础教程》。

（10）保存文件。

具体操作步骤如下：

（1）创建、打开 Word 文档。在计算机的 D 盘新建文件夹"第 3 章实验"，在该文件夹下，右击窗口空白处，在弹出的快捷菜单中选择"新建"→"Microsoft Word 文档"命令，为新生成的文件重命名为"数据库交互编辑.docx"，并双击打开该文件。

在文档中插入现有文件中的文字。在打开的文档中，单击"插入"→"文本"→"对象"下拉按钮，选择"文件中的文字"，如图 2-7 所示，打开"插入文件"对话框，选择素材文件"数据库交互.docx"，单击"插入"按钮，将文本插入 Word 文档，单击"保存"按钮对文档进行保存。

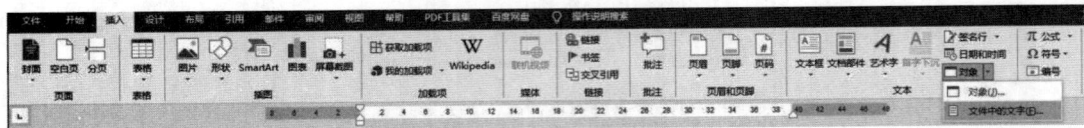

图 2-7 选择"文件中的文字"

（2）设置页面。单击"布局"选项卡，单击页面设置功能组右下角的 ⬐，弹出"页面设置"对话框进行参数设置。如图 2-8 所示。

图 2-8 "页面设置"对话框

（3）标题格式设置。

① 选择标题文字"数据库交互"，在"开始"→"样式"中选择"标题 1"样式。

② 选择标题文字"数据库交互"，在"开始"→"字体"→"字体"下拉列表中选择"微软雅黑"，在"字号"下拉列表中选择"一号"，在"字体颜色"下拉列表中选择标准色中的"深红色"。单击"段落"→"居中"按钮。

③ 选择标题文字"数据库交互"，在"开始"→"段落"→"边框"下拉列表中选择"边框和底纹"选项，如图 2-9 所示。打开"边框和底纹"对话框，设置文字边框，如图 2-10 所示。

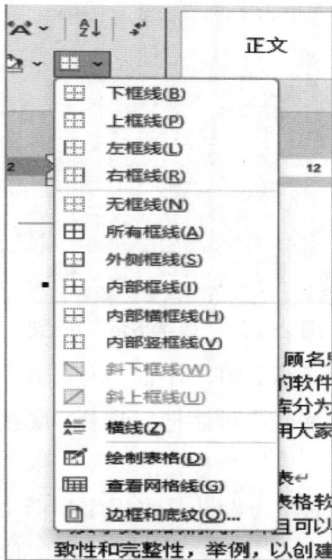

图 2-9　"边框和底纹"下拉列表

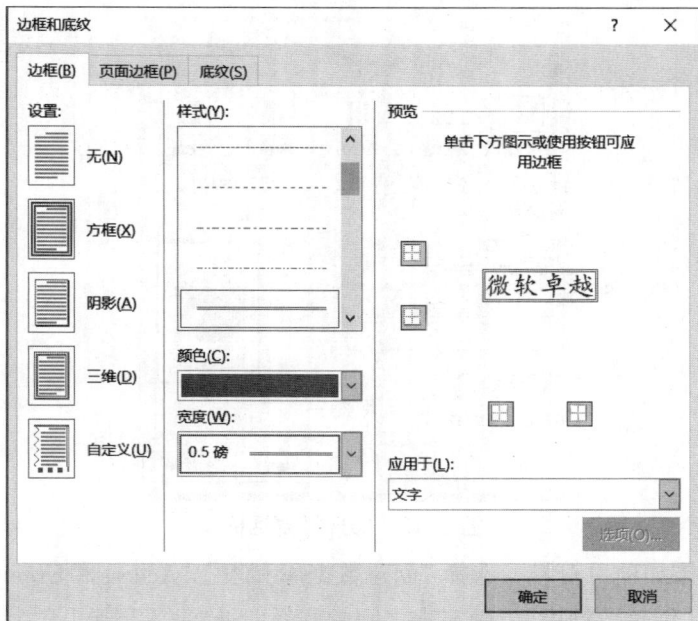

图 2-10　"边框和底纹"对话框

（4）正文段落格式设置。

① 首字下沉：将光标置于正文第一段"数据库（Database）顾名思义是……"，单击"插入"→"文本"→"首字下沉"下拉按钮，选择"首字下沉选项"，在打开的"首字下沉"对话框中进行图 2-11 所示的设置。

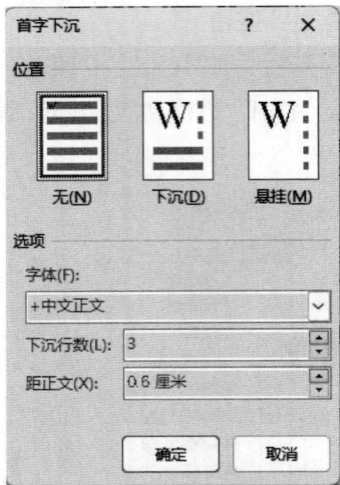

图 2-11　"首字下沉"对话框

②边框和底纹：选择正文第三段，在"开始"→"段落"→"边框"下拉列表中选择"边框和底纹"选项，打开"边框和底纹"对话框，选择"底纹"选项卡，设置段落。同理为段落设置边框。

③分栏：选择正文最后第三段"表设计是将现实生活中……从而将现实生活中的联系虚拟到系统中"，单击"布局"→"页面设置"→"分栏"下拉按钮，选择"更多栏"选项，打开"栏"对话框，如图 2-12 所示进行设置。

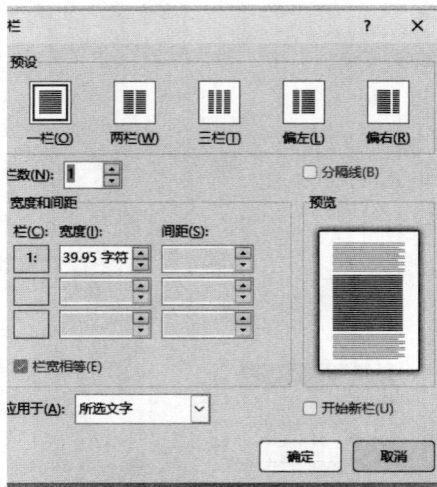

图 2-12　"分栏"对话框

（5）为段落添加项目符号。选择"创建数据库和表""Access 和 Excel 的区别""数据库的基本概念""创建数据库""确定表之间的联系"和"录入记录"六个段落，单击"开始"→"段落"→"项目符号"下拉按钮，选择"定义新项目符号"选项，打开"定义新项目符号"对话框，单击"符号"按钮，在"符号"对话框中选择一种新的符号▨，如图 2-13 所示。

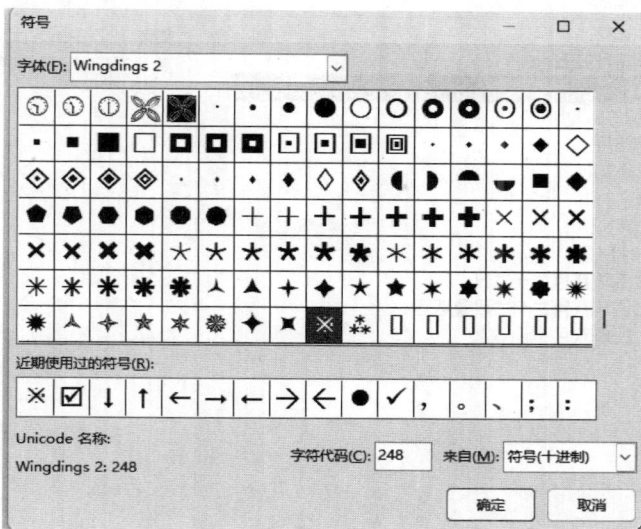

图 2-13　定义新的项目符号

（6）设置页眉与页码。单击"插入"→"页眉和页脚"→"页眉"下拉按钮，选择"编辑页眉"选项，在页眉居中位置输入"数据库交互"，并在这五个字的左右两边分别插入一个特殊符号"—"，并选中刚设置好的页眉，设置其字体大小和对齐方式。单击插入"页码"下拉按钮，选择"页面底端"→"普通数字 2"选项，居中位置插入阿拉伯数字，并在数字左边输入"第"，右边输入"页"。最后单击"关闭页眉和页脚"按钮即可。

（7）设置背景色与水印。单击"设计"→"页面背景"→"页面颜色"下拉按钮，选择一种主题颜色；再单击"水印"下拉按钮，选择"自定义水印"选项，打开"水印"对话框，进行设置，如图 2-14 所示。

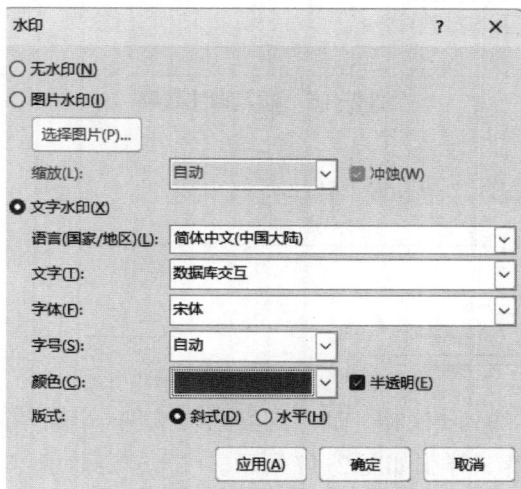

图 2-14　"水印"对话框

（8）插入日期和时间。单击"插入"→"文本"→"日期和时间"，弹出"日期和时间"对话框，设置所需要的日期格式，并勾选自动更新，如图 2-15 所示。

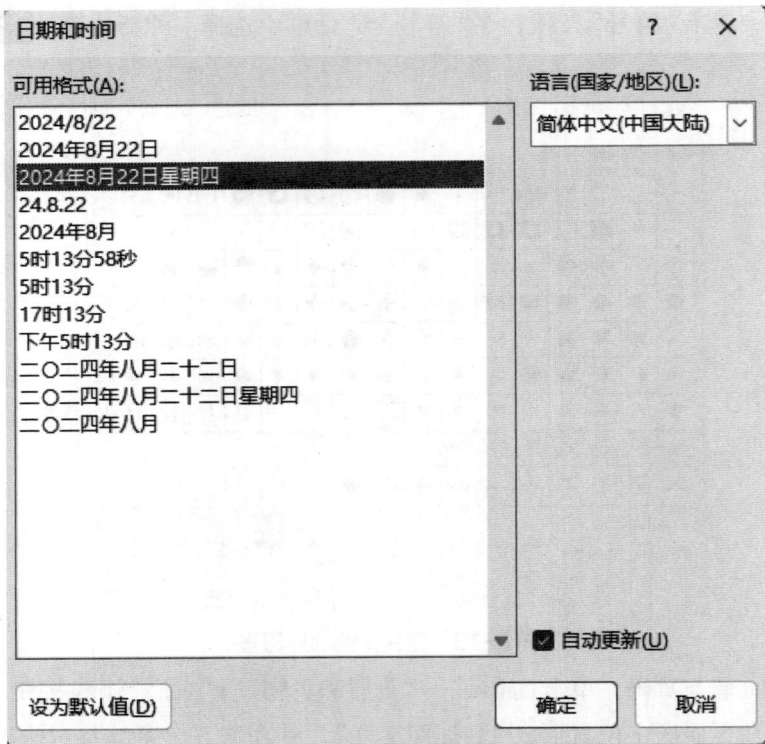

图 2-15 "日期和时间"对话框

（9）插入脚注。光标定位在日期和时间后，单击"引用"选项卡→"脚注"功能组→"插入脚注"，在页面下方输入文本"摘自《计算机应用基础教程》"，如图 2-16 所示。若要修改脚注的内容，只需在脚注区修改，若要删除脚注，删除脚注标记即可。

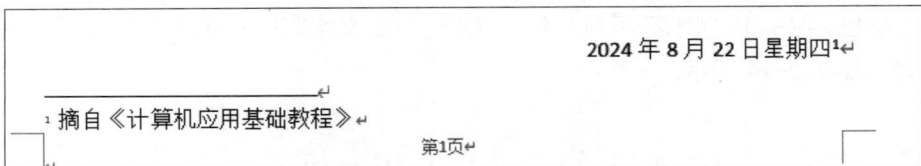

2024 年 8 月 22 日星期四[1]

[1] 摘自《计算机应用基础教程》

第1页

图 2-16 插入脚注效果

（10）保存文件。

①选择"文件"→"保存"命令或"另存为"命令。

②使用【Ctrl+S】组合键。

2.1.2 实验任务

【任务一】创建一个 Word 文档，插入配套素材文件"小提琴简介.txt"中的文字，按如下要求编辑文档并保存，样张如图 2-17 所示。

（1）在桌面新建一个空白文档。

（2）将文件"小提琴简介.txt"中的内容插入到新建文档。

（3）将正文内容中的所有"长笛"一词替换为"提琴"。

（4）将正文内容中最后一自然段移至正文第一段之前。

（5）参照样张，设置第 1 行文字格式为：隶书、小一、标准色中的"深红"色、居中对齐。设置第 2 行至最后一行为：四号、标准色中的"深蓝"色，其中中文字体为：仿宋（或仿宋_GB2312）；西文字体为：Verdana。

（6）参照样张，设置第 2 行至最后一行所有文字的段落格式为：左右各缩进 1 字符、首行缩进 2 字符、段后间距为 1 行、行距为固定值 19 磅。

（7）参照样张，设置文章标题"小提琴简介"间距加宽 5 磅。

（8）为文档插入页眉"小提琴起源"，字体为五号宋体，居中对齐，并为页眉段添加双细线下框线。页脚处居中并插入罗马字页码。

（9）参照样张，将文章正文中"小提琴"一词设置为标准色中的"深红"色。

（10）设置第 2 行至最后一行段中不分页。

（11）将文件保存，文件名为"小提琴简介.docx"。

小 提 琴 简 介

　　小提琴是一种弓弦乐器，共有四根弦，靠弦和弓摩擦发出声音。小提琴由多个零件组成，琴身（共鸣箱）由具有弧度的面板、背板和侧板黏合而成。面板常用云杉制作，质地较软；背板和侧板用枫木，红木，质地较硬。琴头、琴颈用整条枫木，指板用乌木。

　　小提琴是现代管弦乐团弦乐组中重要的乐器。小提琴是提琴家族中最小、音高最高的一种，比它大的提琴有中提琴、大提琴和低音大提琴。小提琴是现代弦乐器中最重要的乐器。小提琴主要的特点在于其辉煌的声音，高度的演奏技巧和丰富、广泛的表现力。小提琴的声音近似人声，适于表现温柔、热烈、轻快、辉煌以至最富于戏剧性的强烈感情。小提琴与钢琴、古典吉他并称为世界三大乐器，几个世纪以来，世界各国的著名作曲家创作了大量的小提琴经典作品，小提琴演奏家在这种乐器上发展了精湛的演奏艺术。

　　现代小提琴的出现已有 300 多年的历史，其制作本身是一门极为精致的工艺技术。现代小提琴起源地意大利的克瑞莫纳在 1600-1750 年成为最大的小提琴制作中心。著名的有：Amati、Stradivari 及 Guarneri，他们制造的小提琴现今都是无价之宝。

图 2-17 小提琴简介

【**任务二**】请你根据配套素材文件夹下"《计算机与网络应用》初稿.docx"和相关图片文件的素材，完成编排任务，具体要求如下。

（1）依据素材文件，将教材的正式稿命名为"《计算机与网络应用》正式稿.docx"，并保存于指定文件夹下。

（2）设置页面的纸张大小为 A4 幅面，页边距上、下为 3 厘米，左、右为 2.5 厘米，设置每页行数为 36 行。

（3）将封面、前言、目录、教材正文的每一章以及参考文献均设置为Word文档中的独立一节。

（4）教材内容的所有章节标题均设置为单倍行距，段前、段后间距为0.5行。其他格式要求为：章标题（如"第1章计算机概述"）设置为"标题1"样式，字体为三号、黑体；节标题（如"1.1计算机发展史"）设置为"标题2"样式，字体为四号、黑体；小节标题（如"1.1.2第一台现代电子计算机的诞生"）设置为"标题3"样式，字体为小四号、黑体。前言、目录、参考文献的标题参照章标题设置。此外，其他正文字体设置为宋体、五号字，段落格式为单倍行距，首行缩进2字符。

（5）依据图片内容，将素材文件夹下的"第一台数字计算机.jpg"和"天河2号.jpg"图片文件插入到正文的相应位置。图片下方的说明文字设置为居中，小五号、黑体。

（6）根据"教材封面样式.jpg"的示例，为教材制作一个封面，图片为素材文件夹下的"Cover.jpg"，将该图片文件插入到当前页面，设置该图片为"衬于文字下方"，调整大小使之正好为A4幅面。

（7）为文档添加页码，编排要求为：封面、前言无页码，目录页页码采用小写罗马数字，正文和参考文献页页码采用阿拉伯数字。正文的每一章以奇数页的形式开始编码，第一章的第一页页码为"1"，之后章节的页码编号续前节编号，参考文献页续正文页页码编号。页码设置在页面的页脚中间位置。

（8）在目录页的标题下方，以"自动目录1"方式自动生成本教材的目录。

2.2　Word 2016 表格制作

2.2.1　实验示例

例2-5

七星书店为顺应时代发展，拓展新的网络售书业务，需要制作一份图书订购单，图书订购单需要包括订购人信息、收货人信息、订购图书信息、付款方式、注意事项等部分，如图2-18所示。

七星书店图书订购单

订购日期：　年　月　日			流水号：	
订购人信息				
单位		订购人姓名		
电话		手机号码		
收货人信息				
收货人姓名		联系电话		
收货地址		邮政编码：□□□□□□		
备注	★有特殊送货要求时请说明			
订购图书信息				
图书编号	图书名称	单价（元）	数量	金额
Z005	四大名著（套装）	110.6	20	2212.00
D002	大话数据结构	46.6	20	932.00
G001	国家行动	33.8	50	1690.00
Q017	钱商	43.4	40	1736.00
合计金额（大写）：陆仟伍佰柒拾圆整（小写￥：6570.00）				
付款方式（书款请通过邮局或银行汇款）				
邮局汇款	地址：××市××区清河路1号 收款人：七星书店 邮编：100001			
银行汇款	开户行：中国××银行七星分行 户名：七星书店 账号：12345678901234567			
注意事项				
√请务必详细填写，以便我们在收到订单后及时与您联系。 √订单确认后，商品将保留3个月，如5个工作日内仍未收到您的汇款，我们将取消订单。 √若需开具发票，请拨打我们公司的客服电话：0517-888*****。				

图2-18　七星书店图书订购单

具体操作步骤如下：

（1）创建表格雏形。

①启动 Word 2016 创建一个空白文档，切换到"布局"选项卡，单击"页面设置"组中的"对话框启动器"按钮，打开"页面设置"对话框。在"页边距"选项卡的"页边距"栏中，将"左""右"微调框的值均设置为"2.5 厘米"，如图 2-19 所示。

图 2-19　设置页边距

②将光标定位于文档的首行，输入标题文字"七星书店图书订购单"，按【Enter】键将光标置于下一行。切换到"插入"选项卡，单击"表格"组中的"表格"按钮，从下拉菜单中选择"插入表格"命令，打开"插入表格"对话框。在"表格尺寸"栏中，将"列数""行数"微调框中分别设置为"4"和"20"，如图 2-20 所示。

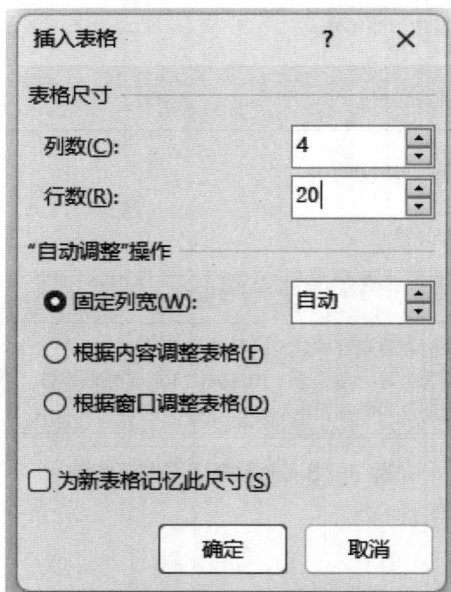

图 2-20　插入表格

③按【Ctrl+Home】键将插入点移到文档开始，选中标题段文字，并设置其字体为"黑体"、字号为"二号"、加粗、居中。将鼠标指针移至表格右下角的表格大小控制点上，按住左键向下拖动鼠标，调大表格的高度。

④选择表格第 1 行的四个单元格，右击选定的单元格，从弹出的快捷菜单中选择"合并单元格"命令，将它们合并为一个单元格。使用同样的方法，合并后效果如图 2-21 所示。

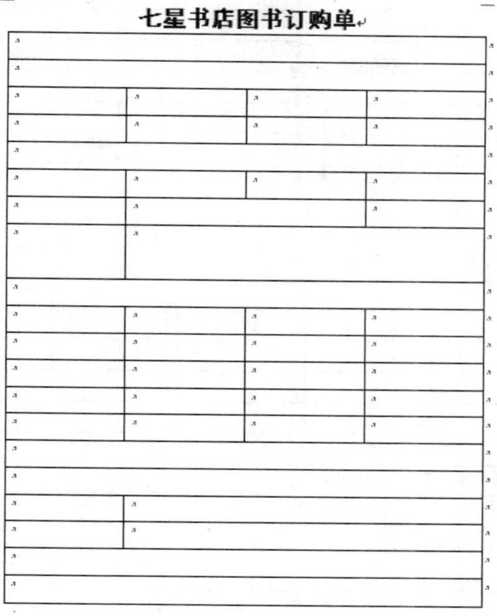

图 2-21　效果图

⑤由于表格第 10 至 14 行需要有 5 列单元格，需要将表格此区域进行拆分。操作如下：选择第 10 至 14 行，切换到"表格工具 | 布局"选项卡，单击"合并"组中的"拆分单元格"按钮。打开"拆分单元格"对话框，在对话框中输入列数与行数的值均为"5"，单击"确定"按钮，完成单元格的拆分操作，如图 2-22 所示。

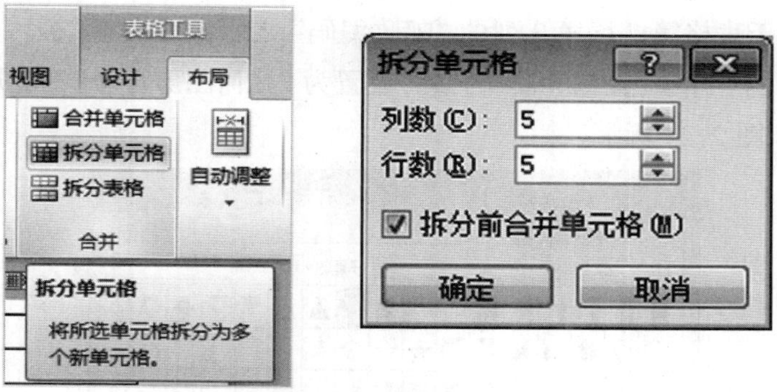

图 2-22　拆分表格

⑥按住【Ctrl】键利用鼠标选择表格的第 1 至第 7 行、第 9 至第 16 行和第 19 行，切换到"表格工具 | 布局"选项卡，在"单元格大小"组中设置"高度"微调框的值为"0.8 厘米"。

（2）输入订购单文本内容并调整格式。

①表格的雏形创建好以后，便可以在其中输入内容，如图 2-23 所示。然后对文字进行相关的设置。

图 2-23　表格中输入内容的效果

②将光标置于表格第 7 行第 3 列的"邮政编码"之后，切换到"插入"选项卡，单击"符号"选项组中的"符号"按钮，将"子集"设置为"几何图形符号"，然后在列表框中选择"□"符号，如图 2-24 所示。

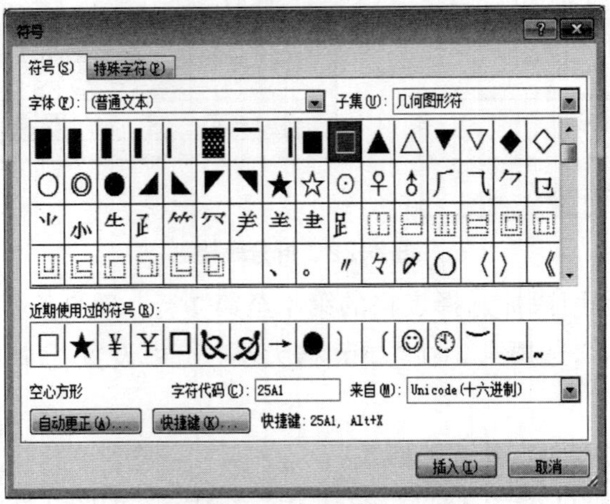

图 2-24　特殊字符输入

③特殊符号插入之后，选择"注意事项"下方单元格中的所有内容，为其添加项目符号，如图 2-25 所示。

注意事项
✓→ 请务必详细填写，以便我们在收到订单后及时与您联系。
✓→ 订单经确认后，商品将保留 3 个月，如 5 个工作日内仍未收到您的汇款，我们将取消订单。
✓→ 若需开具发票，请拨打我们公司的客服电话：0571-888*****。

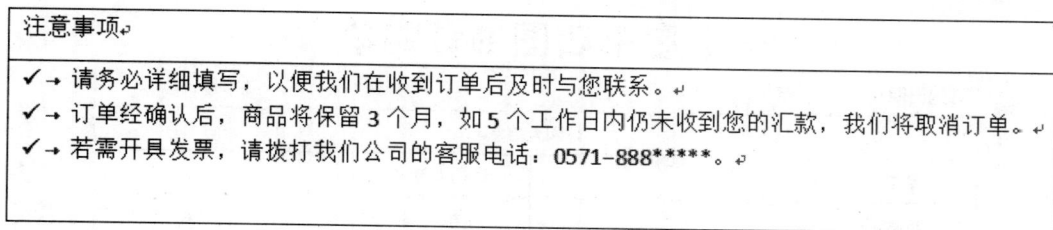

图 2-25　添加项目符号效果

④单击表格左上角的表格移动控制点符号 ⊞ 选中整个表格，右击选中的表格，从快捷菜单中选择"表格属性"命令，打开"表格属性"对话框。切换到"单元格"选项卡，在"垂直对齐方式"栏中选择"居中"选项，单击"确定"按钮，将整个表格中的文字垂直居中。选择"订购人信息""收货人信息""订购图书信息""付款方式""注意事项"五个单元格，切换到"表格工具丨布局"选项卡，单击"对齐方式"组中的"水平居中"按钮。使表格内容水平居中，如图 2-26 所示。

图 2-26　对齐方式的设置

⑤使用同样的方法将表格中"订购人信息""收货人信息"中的说明性文字水平居中，将"备注"单元格后的说明文字水平左对齐，将"邮局汇款""银行汇款"后的文字水平左对齐。设置对齐方式后的表格效果如图 2-27 所示。

七星书店图书订购单

订购日期：⋯⋯年⋯⋯月⋯⋯日⋯⋯⋯⋯⋯⋯⋯⋯⋯⋯⋯⋯⋯⋯流水号：			
订购人信息			
单位		订购人姓名	
电话		手机号码	
收货人信息			
收货人电话		联系电话	
收货地址		邮政编码：□□□□□□	
备注	★有特殊送货要求时请说明		

图 2-27　对齐后的表格效果

⑥选择"邮局汇款"和"银行汇款"两个单元格，切换到"布局"选项卡，单击"对齐方式"选项组中的"文字方向"按钮，使文字垂直显示，然后单击"对齐方式"选项组中的"中部居中"按钮。

⑦使单元格依然处于选中的状态，切换到"开始"选项卡，单击"段落"组中的"分散对齐"按钮，使单元格内容实现分散对齐的效果。

（3）美化订单表格。

①单击表格左上角的表格移动控制点符号选中整个表格，切换到"表格工具｜布局"选项卡，单击"表格样式"组中的"边框"按钮右侧的箭头按钮，从下拉列表中选择"边框和底纹"命令。

②打开"边框和底纹"对话框，选择"设置"栏中的"自定义"选项，在"样式"的列表框中找到"双划线"线型，在"预览"栏中设置表格的四个边框为双划线，如图 2-28所示。

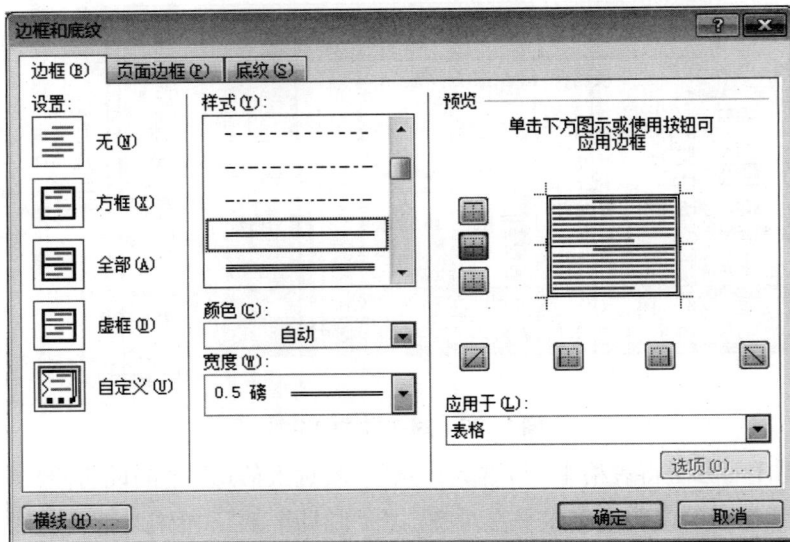

图 2-28　边框和底纹设置

③选择"订购人信息"栏的全部单元格，切换到"表格工具 | 设计"选项卡，单击"绘图边框"选项组中的"线型"下拉列表框，选择其中的"双划线"选项，单击"表格样式"组中的"边框"按钮右侧的箭头按钮，从下拉菜单中选择"下框线"命令，将此栏目的下边框设置成双划线，以便与其他栏目分隔开。下框线设置完成的效果如图 2-29 所示。

订购日期：……年……月……日……		流水号：↵	
订购人信息↵			
单位↵	↵	订购人姓名↵	↵
电话↵	↵	手机号码↵	↵
收货人信息↵			
收货人电话↵	↵	联系电话↵	↵
收货地址↵	↵	邮政编码：□□□□□□↵	

图 2-29　下框线设置效果

④表格边框设置完成后，为引起填表人注意，可为表格各栏目的单元格设置底纹。按住【Ctrl】键，依次选择"订购人信息""收货人信息""订购图书信息""付款方式""注意事项"五个单元格，切换到"表格工具 | 设计"选项卡，单击"表格样式"组中"底纹"按钮右侧的箭头按钮，从下拉列表中选择颜色"白色，背景 1，深色 15%"。

⑤选择注意事项下方的单元格，打开"边框和底纹"对话框，切换到"底纹"选项卡，在"样式"下拉列表框中选择"浅色上斜线"选项，在"颜色"的下拉列表中选择"绿色"选项，如图 2-30 所示。

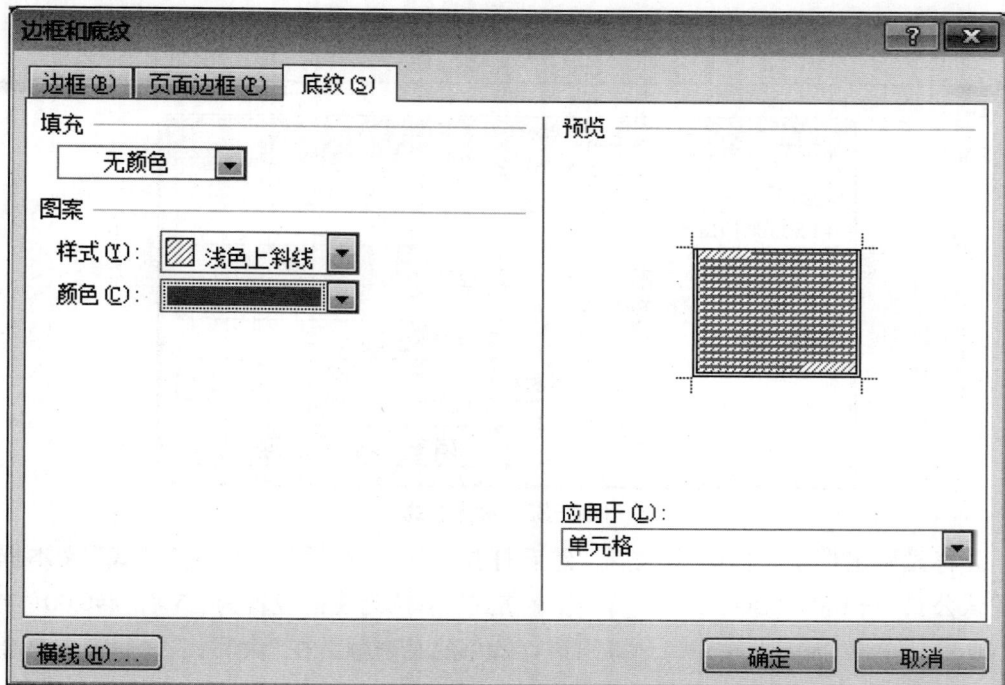

图 2-30　"底纹"设置

（4）计算订购单表格数据。

①在"订购图书信息"栏目下方的单元格中输入，图书信息如图 2-31 所示。

订购图书信息				
图书编号	图书名称	单价（元）	数量	金额
Z005	四大名著（套装）	110.6	20	
D002	大话数据结构	46.6	20	
G001	国家行动	33.8	50	
Q017	钱商	43.4	40	
合计金额（大写）：···（小写:）				

图 2-31　输入数据

②将光标定位于"金额"下方的单元格中，切换到"表格工具｜布局"选项卡，单击"数据"选项组中的"公式"按钮，打开"公式"对话框，删除"公式"文本框中的"SUM（LEFT）"等字符（注意：等号不能删除），然后在光标处输入"PRODUCT（LEFT）"（表示自动将左边的数值进行乘积操作），将"数字格式"下拉，列表框设置为"¥#, ##0.00（¥#, ##0.00）"，单击"确定"按钮完成图书"四大名著（套装）"金额的计算，如图 2-32 所示。

注意

其他图书的金额计算，只需复制刚刚写的公式，粘贴至所要复制公式的单元格，最后按下 F9 键，对公式进行更新即可。

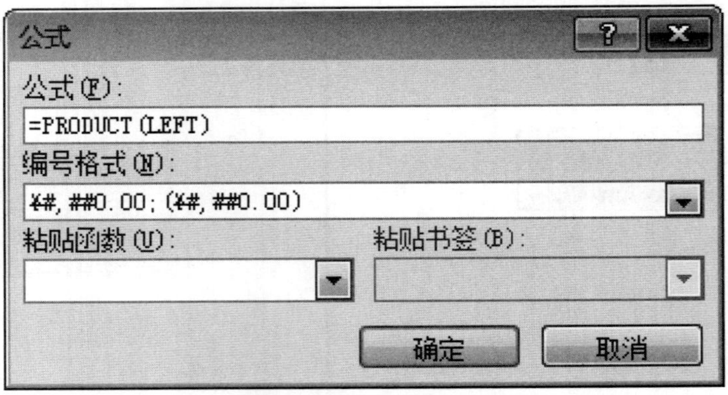

图 2-32　插入公式

③将光标定位于"小写:"之后，然后打开"公式"对话框，使用"公式"文本框中的默认公式"=SUM（ABOVE）"，将"数字格式"下拉列表框设置为"¥#, ##0.00（¥#, ##0.00）"，单击"确定"按钮，计算出该订购单的总金额，在"大写:"之后输入总金额的大写。表格中数据计算之后的效果如图 2-33 所示。

<table>
<tr><td colspan="5">订购图书信息</td></tr>
<tr><td>图书编号</td><td>图书名称</td><td>单价（元）</td><td>数量</td><td>金额</td></tr>
<tr><td>Z005</td><td>四大名著（套装）</td><td>110.6</td><td>20</td><td>¥2,212.00</td></tr>
<tr><td>D002</td><td>大话数据结构</td><td>46.6</td><td>20</td><td>¥932.00</td></tr>
<tr><td>G001</td><td>国家行动</td><td>33.8</td><td>50</td><td>¥1,690.00</td></tr>
<tr><td>Q017</td><td>钱商</td><td>43.4</td><td>40</td><td>¥1,736.00</td></tr>
<tr><td colspan="5">合计金额（大写）：陆仟伍佰柒拾圆整（小写：¥6,570.00）</td></tr>
</table>

图 2-33　数据计算效果

④单击“保存”按钮，保存文件，完成实例制作。

2.2.2 实验任务

【任务一】使用表格，制作完成差旅费报销单。效果如图 2-34 所示。

差旅费报销单　　　报销日期：　　年　　月　　日　　第　　页共　　页

<table>
<tr><td colspan="3"></td><td>姓名</td><td colspan="2"></td><td>职别</td><td colspan="2"></td><td colspan="2">出差事由</td><td colspan="5"></td><td rowspan="4">审批意见：</td></tr>
<tr><td colspan="16">出差起止日期：自　　年　月　日起至　　年　月　日止共计　　天　　单据　　张</td></tr>
<tr><td colspan="2">日期</td><td colspan="4">起讫地点时间</td><td rowspan="2">车船费</td><td colspan="3">出差补助</td><td colspan="2">无卧铺补助</td><td rowspan="2">宿费</td><td rowspan="2">交通费</td><td rowspan="2">杂费</td><td rowspan="2">合计金额</td></tr>
<tr><td>月</td><td>日</td><td>起点</td><td>时间</td><td>终点</td><td>时间</td><td>天数</td><td>补助标准（元/天）</td><td>补助金额</td><td>标准（%）</td><td>补助金额</td></tr>
<tr><td></td><td></td><td></td><td></td><td></td><td></td><td></td><td></td><td></td><td></td><td></td><td></td><td></td><td></td><td></td><td></td><td rowspan="3">备注说明：
短途误餐补贴，可填入“出差补助”栏</td></tr>
<tr><td></td><td></td><td></td><td></td><td></td><td></td><td></td><td></td><td></td><td></td><td></td><td></td><td></td><td></td><td></td><td></td></tr>
<tr><td></td><td></td><td></td><td></td><td></td><td></td><td></td><td></td><td></td><td></td><td></td><td></td><td></td><td></td><td></td><td></td></tr>
<tr><td></td><td></td><td></td><td></td><td></td><td></td><td></td><td></td><td></td><td></td><td></td><td></td><td></td><td></td><td></td><td></td><td rowspan="4">财务主管　　审核

报销部门主管　　出差人</td></tr>
<tr><td></td><td></td><td></td><td></td><td></td><td></td><td></td><td></td><td></td><td></td><td></td><td></td><td></td><td></td><td></td><td></td></tr>
<tr><td></td><td></td><td></td><td></td><td></td><td></td><td></td><td></td><td></td><td></td><td></td><td></td><td></td><td></td><td></td><td></td></tr>
<tr><td colspan="14">合计金额（大写）人民币</td><td colspan="2">¥______</td></tr>
</table>

图 2-34　差旅费报销单样单

核心技巧：选取表格对象（表 2-1）。

表 2-1　选取表格对象的技巧

<table>
<tr><th colspan="2">选取对象</th><th>操作方法</th></tr>
<tr><td rowspan="3">单元格</td><td>一个单元格</td><td>将鼠标指针移至要选定单元格的左侧，当指针变成“↗”形状时，单击鼠标左键。或者将插入点置于单元格中，切换到“布局”选项卡，在“表”选项组中单击“选择”按钮，从下拉菜单中选择“选择单元格”命令。或者右击单元格，从快捷菜单中执行“选择”→“单元格”命令。后两种方法对选取单行、单列及整个表格也适用</td></tr>
<tr><td>连续的单元格</td><td>选定连续区域左上角第一个单元格后，按住鼠标左键向右拖动，可以选定处于同一行的多个单元格；向下拖动，可以选定处于同一列的多个单元格；向右下角拖动，可以选定矩形单元格区域</td></tr>
<tr><td>不连续的单元格</td><td>首先选中要选定的第一个矩形区域，然后按住 <Ctrl> 键，依次选定其他区域，最后松开 <Ctrl> 键</td></tr>
</table>

选取对象		操作方法
行	一行	将鼠标指针移至要选定行的左侧，当指针变成"↗"形状时，单击鼠标左键
	连续的多行	将鼠标指针移至要选定首行的左侧，然后按住鼠标左键向下拖动，直至选中要选定的最后一行，最后松开按键
	不连续的行	选中要选定的首行，然后按住〈Ctrl〉键，依次选中其他待选定的行
列	一列	将鼠标指针移至要选定列的上方，当指针变成"↓"形状时，单击左键
	连续的多列	将鼠标指针移至要选定首列的上方，然后按住鼠标左键向右拖动，直至选中要选定的最后一列，最后松开按键
	不连续的列	选中要选定的首列，然后按住〈Ctrl〉键，依次选中其他待选定的列

【任务二】参照样张，完成操作，如图 2-35 所示。

（1）打开配套素材文件"期中考试成绩统计表.docx"。

（2）将"期中考试成绩统计表.docx"中第三行到最后一行的文字转换成表格。

（3）参照样张，设置表格第 2 列宽度为 2.2 厘米，所有的表格高度 0.7 厘米。

（4）参照样张，在表格最后一列计算表格中各科成绩的平均分。

（5）参照样张，依据平均分降序排序；如果平均分相同，则以数学分数降序排序。

（6）参照样张，设置表格样式为"网格表 1—浅色—着色 2"。

（7）参照样张，设置表格中所有文字水平居中对齐。

（8）参照样张，设置标题行在每一页上重复。

（9）参照样张，在表格最后插入一空行，合并其所有单元格，输入"信息工程学院制"并使之靠下右对齐。

（10）保存文件。

期中考试成绩统计表

2016 年 6 月 8 日

学号	姓名	数据库	程序设计	操作系统	英语	数学	平均分
2016047	夏天	88	77	89	74	82	82.00
2016042	夏颖颖	85	86	69	84	77	80.20
2016041	周瑞均	88	66	89	74	82	79.80
2016039	李鑫亦	85	79	71	83	66	76.80
2016045	张华	85	79	71	83	66	76.80
2016043	周梦于	76	89	55	86	76	76.40
2016046	周继华	70	69	77	72	90	75.60
2016022	王小敏	85	79	61	53	86	72.80
2016023	吴宇	70	79	62	82	71	72.80
2016009	周子建	85	64	53	90	71	72.60
2016025	贺亮亮	76	59	55	86	76	70.40
2016031	张悦悦	76	59	55	86	76	70.40
2016037	范海涛	76	59	55	86	76	70.40
2016024	任玉喜	80	73	69	73	52	69.40
2016019	谢晓然	85	66	53	96	44	68.80
2016004	严格格	70	65	74	72	58	67.80
2016016	周海燕	85	77	31	75	66	66.80
2016028	石刚	70	69	57	72	61	65.80
2016034	古大力	70	69	57	72	61	65.80
2016040	张黎明	70	69	57	72	61	65.80
2016014	祁志佳	75	53	51	83	66	65.60
2016020	卢迪	75	63	51	73	66	65.60
2016010	陈志伟	80	71	63	60	54	65.60
2016013	郭小溪	85	60	43	96	44	65.60
2016001	董东	80	58	63	61	65	65.40
2016027	王晓华	85	79	51	43	66	64.80
2016033	陈文婷	85	79	51	43	66	64.80
2016030	刘伟	80	73	69	43	52	63.40
2016036	郭浩冉	80	73	69	43	52	63.40
2016006	杨雯丽	60	62	56	74	62	62.80
2016026	徐海英	70	60	65	63	56	62.80
2016032	申小楠	70	60	65	63	56	62.80
2016038	周梦华	70	60	65	63	56	62.80
2016044	李丽	70	60	65	63	56	62.80
2016021	徐利丽	50	80	53	40	86	61.80
2016011	韩斯雯	80	66	52	55	52	61.00
2016029	万桂敏	60	59	52	72	61	60.80
2016017	任利民	80	56	49	54	62	60.20
2016035	林志远	80	56	49	54	62	60.20
2016005	韩寒	60	69	33	78	59	59.80
2016007	丁小娟	80	58	59	56	46	59.80
2016012	吴琳	70	59	60	53	49	58.20
2016003	张大杨	85	71	43	10	66	55.00
2016002	杨柳青	20	57	48	78	55	52.00
2016008	吴鹏飞	70	48	45	50	46	51.80
2016015	赵晓芳	20	50	84	50	46	50.00
2016018	任秋菊	80	53	49	24	42	49.60

信息工程学院制

图 2-35　期中考试成绩统计表效果图

2.3 图文混排

2.3.1 实验示例

例 2-6 使用配套素材"计算机系统的工作原理 .docx"与图片素材文件，通过使用图文混排设置，设计文档的效果。

（1）新建文档，设置页边距与页面边框。新建一个 word 文件，选择"布局"→"页面设置"→"页边距"→"中等"命令，设置页面页边距。再单击"设计"→"页面背景"→"页面边框"命令，打开"边框和底纹"对话框，选择一种艺术型边框，单击"确定"按钮，返回页面，如图 2-36 所示。再单击"设计"→"页面背景"→"页面颜色"命令，在下拉列表中选择一种颜色，如"水绿色，个性色 5，单色 60%"，如图 2-37 所示。单击"文件"→"保存"命令，在弹出的对话框中设置文档名为"图文混排"，保存文档。

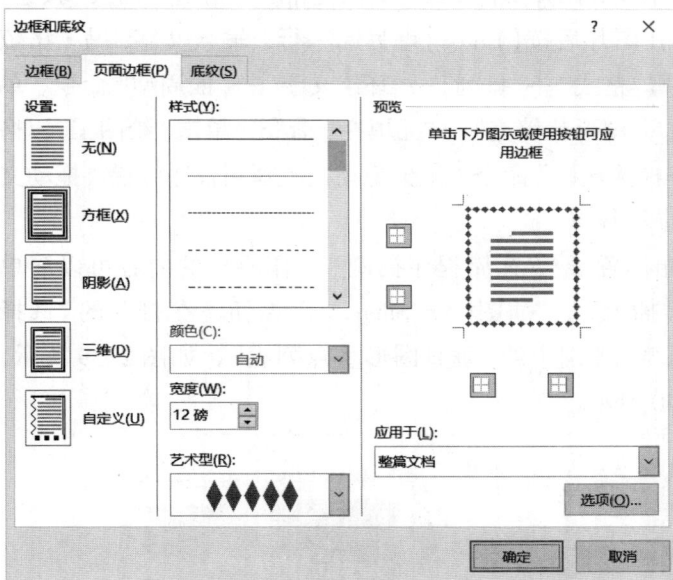

图 2-36 页面边框设置

图 2-37 页面颜色设置

（2）插入艺术型标题文字。在文档中输入多个空行，将光标置于第一行，单击"插入"→"文本"→"艺术字"下拉按钮，选择第 1 排第 3 个艺术字样式，如图 2-38 所示。选中艺术字后输入标题文字"计算机系统的工作原理"，单击"绘图工具/格式"→"排列"→"环绕文字"下拉按钮，选择"嵌入型"选项，鼠标定位在艺术字所在行，单击"开始"→"段落"→"居中"按钮，然后单击"绘图工具/格式"→"艺术字样式"→"文本效果"下拉按钮，选择"转换"→"跟随路径"→"拱形"效果。

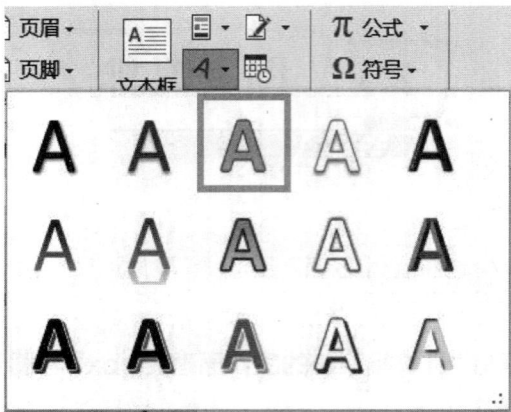

图 2-38　插入艺术字

（3）输入文本。从文档的第二行开始，输入"计算机系统的工作原理.docx"素材文件中的文字，并设置字体为"宋体"、字号为"四号"。

（4）插入文本框和图片。将光标置于第 1 段下面一行，单击"插入"→"文本"→"文本框"→"简单文本框"命令。在文档中出现新插入的文本框。选中并删除文本框中的文字。将鼠标定位在文本框内，单击"插入"→"插图"→"图片"按钮，选择"此设备"命令，在打开的"插入图片"对话框中找到图片文件"冯·诺依曼.jpg"，单击"插入"按钮，将图片插入文本框中。鼠标定位在图片后按【Enter】键另起一行，输入文字"冯·诺依曼"。选中文本框，单击"绘图工具/格式"→"排列"→"环绕文字"→"四周型"命令。单击"绘图工具/格式"→"形状样式"→"形状填充"→"无填充"命令。单击"绘图工具/格式"→"形状样式"→"形状轮廓"→"无轮廓"命令。鼠标拖动文本框到合适位置，拖动文本框四周的控制点，调整文本框的大小。

（5）插入 SmartArt 图形。将光标置于"'存储程序控制'工作原理的内容可以简单概括为 3 点："下面一行，单击"插入"→"插图"→"SmartArt"按钮，在打开的"选择SmartArt 图形"对话框中选择"列表"类别中的"垂直图形重点列表"，如图 2-39 所示，并输入文字，缩放图形，如图 2-40 所示。

图 2-39　"选择 SmartArt 图形"对话框

图 2-40　编辑 SmartArt 图形

（6）使用绘图画布。在"（简称冯氏计算机），如下图所示。"后另起一行，单击"插入"→"插图"→"形状"下拉按钮，选择"新建绘图画布"命令，如图 2-41 所示。右击画布弹出快捷菜单，选择"设置画布格式"命令，在右侧出现的"设置形状格式"窗格中设置画布无填充、无线条，如图 2-42 所示。

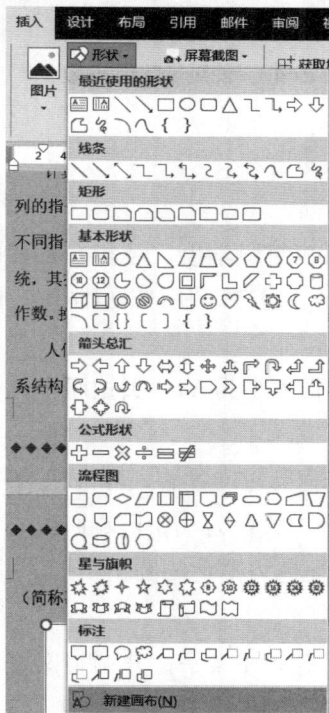

图 2-41　新建画布

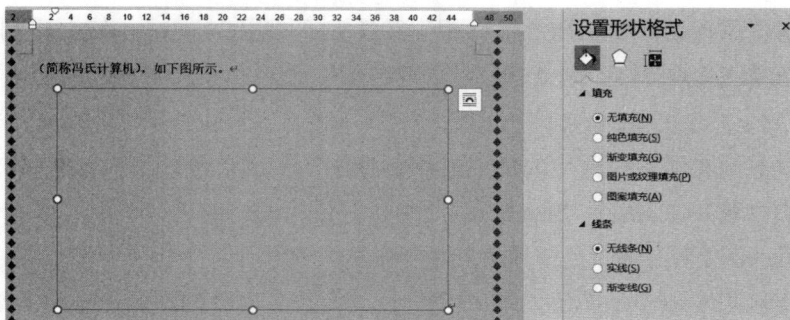

图 2-42　设置画布无填充、无线条

（7）使用形状画图。通过"绘图工具/格式"→"插入形状"组中的工具，按照图 2-43 所示效果在画布中绘制文本框、箭头、线条、矩形等图形，通过"绘图工具/格式"功能区及"设置形状格式"窗格中调整形状填充与形状轮廓等属性。

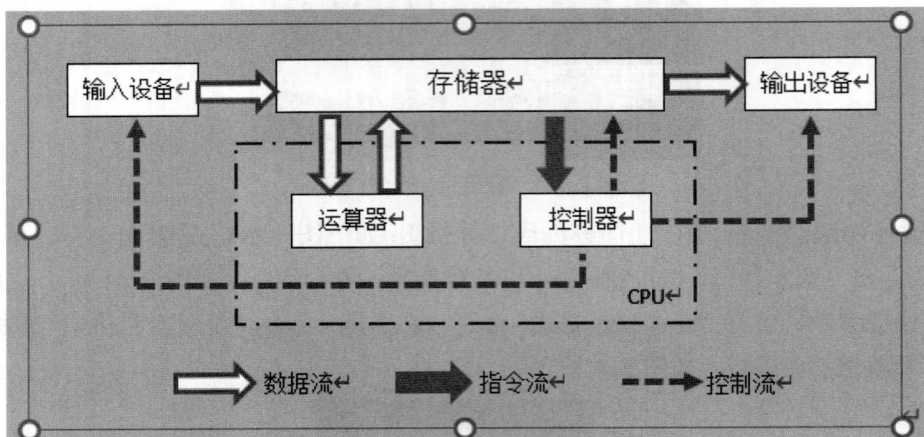

图 2-43　使用形状画图的效果

2.3.2 实验任务

【任务】张静是一名大学本科三年级学生，经多方面了解分析，她希望在下个暑期去一家公司实习。为得到实习机会，她打算利用 Word 制作一份简洁而醒目的个人简历，效果如图 2-44 所示，要求如下：

（1）调整文档版面，要求纸张大小为 A4，页边距上、下为 2.5 厘米，页边距左、右为 3.2 厘米。

（2）根据页面布局需要，在适当的位置插入标准色为橙色与白色的两个矩形，其中橙色矩形占满 A4 幅面，文字环绕方式设为"浮于文字上方"，作为简历的背景。

（3）参照示例文件，插入标准色为橙色的圆角矩形，并添加文字"实习经验"，再插入 1 个短划线的虚线圆角矩形框。

（4）参照示例文件，插入文本框和文字，并调整文字的字体、字号、位置和颜色。其中"张静"应为标准色橙色的艺术字，"寻求能够……"文本效果应为跟随路径的"上弯弧"。

（5）根据页面布局需要，插入素材相应文件夹下图片"1.png"，依据样例进行裁剪和调整，并删除图片的剪裁区域；然后根据需要插入图片"2.jpg、3.jpg、4.jpg"，并调整图片位置。

（6）参照示例文件，在适当的位置使用形状中的标准色橙色箭头（提示：其中横向箭头使用线条类型箭头），插入"SmartArt"图形，并进行适当编辑。

（7）参照示例文件，在"促销活动分析"等 4 处使用项目符号"对勾"，在"曾任班长"等 4 处插入符号"五角星"、颜色为标准色红色。调整各部分的位置、大小、形状和颜色，以展现统一、良好的视觉效果。

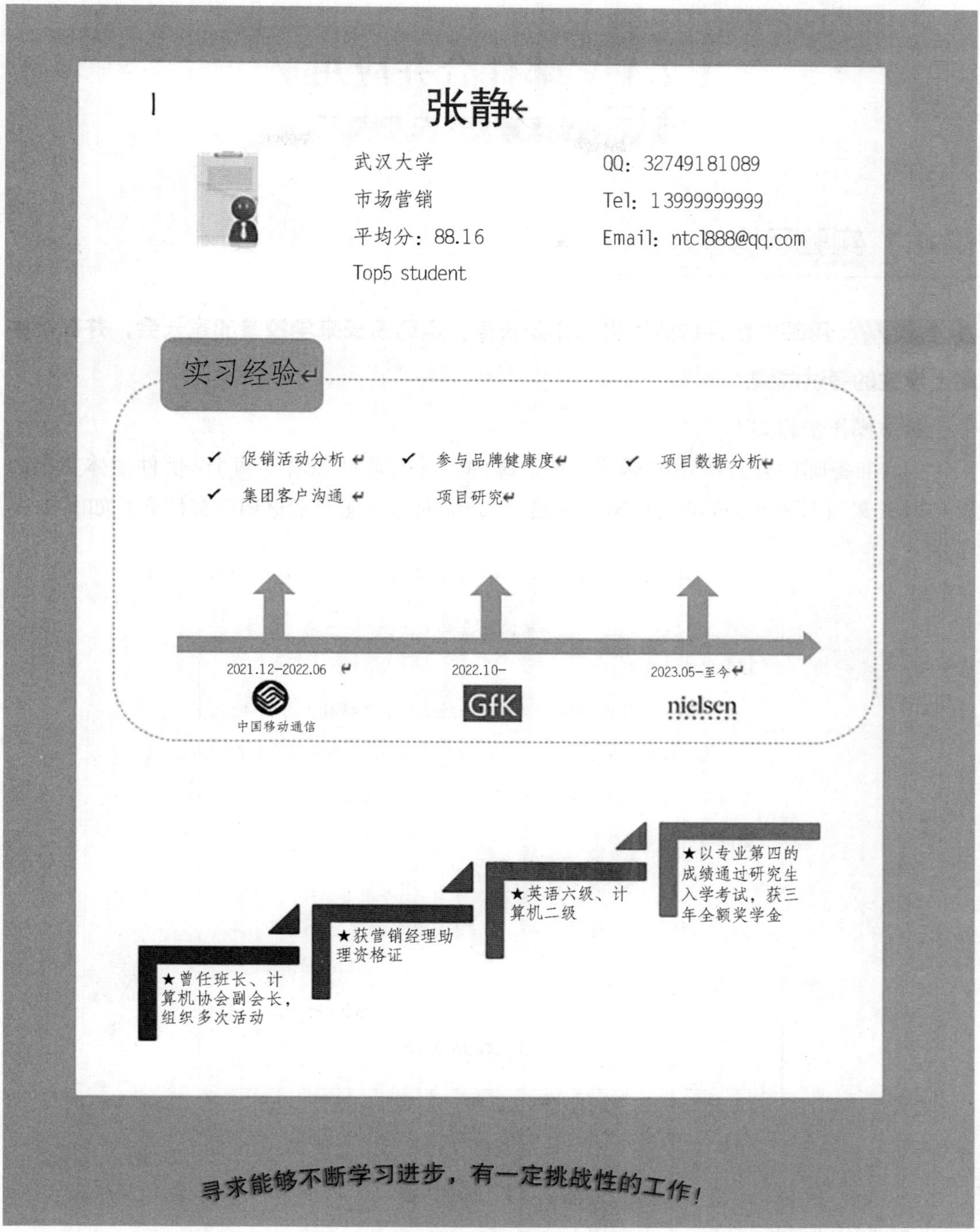

张静

武汉大学

市场营销

平均分：88.16

Top5 student

QQ：32749181089

Tel：13999999999

Email：ntc1888@qq.com

实习经验

- ✔ 促销活动分析
- ✔ 集团客户沟通
- ✔ 参与品牌健康度
- 项目研究
- ✔ 项目数据分析

2021.12-2022.06

2022.10-

2023.05-至今

中国移动通信

GfK

nielsen

★以专业第四的成绩通过研究生入学考试，获三年全额奖学金

★英语六级、计算机二级

★获营销经理助理资格证

★曾任班长、计算机协会副会长，组织多次活动

寻求能够不断学习进步，有一定挑战性的工作！

图 2-44　个人简介效果

2.4 邮件合并应用

2.4.1 实验示例

例2-7 用邮件合并功能批量制作家长信，邀请家长来学校参加家长会，并在信中附上学生的考试成绩。

具体操作步骤如下：

（1）准备邮件合并所用数据源文件。邮件合并的数据源需要两个：信件主体文字内容（Word文档）和学生成绩表（Excel表格），详细内容见配套素材相应文件夹，如图2-45所示。

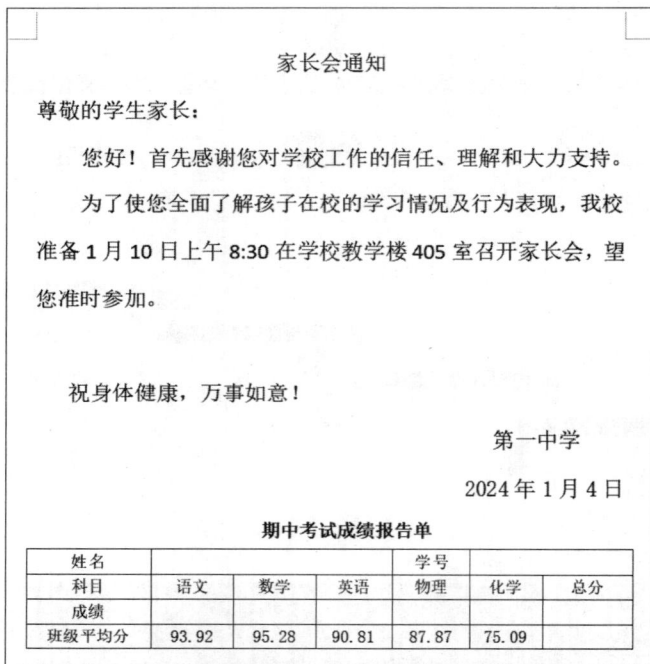

家长会通知

尊敬的学生家长：

您好！首先感谢您对学校工作的信任、理解和大力支持。

为了使您全面了解孩子在校的学习情况及行为表现，我校准备 1 月 10 日上午 8:30 在学校教学楼 405 室召开家长会，望您准时参加。

祝身体健康，万事如意！

第一中学

2024 年 1 月 4 日

期中考试成绩报告单

姓名				学号		
科目	语文	数学	英语	物理	化学	总分
成绩						
班级平均分	93.92	95.28	90.81	87.87	75.09	

图 2-45 信件内容

（2）制作"家长信.docx"主文档。

①新建一个 Word 文档，并设置其纸张大小为 B5，其上、左、右边距均为 2.5 cm，下边距为 2 cm，保存为"家长信.docx"。

②输入正文所有内容，包括表格，如图2-46所示。设置标题字体格式：三号、宋体、加粗、黑色；正文文字字体格式：宋体、小四、黑色、1.5 倍行间距；祝福语文字字体格式：华文行楷、四号、黑色；表格标题：楷体、四号、黑色、加粗，表格内文字：宋体、五号、居中对齐。从"学生成绩表.xlsx"文件中，复制最后一行 5 门课的平均分，粘贴到主文档

"期中考试成绩报告单"表格的"班级平均分"单元格后连续 5 个单元格。

	A	B	C	D	E	F	G	H	I
1	学号	姓名	语文	数学	英语	物理	化学	总分	总分排名
2	A2001001	李明	98.70	87.90	84.50	93.80	76.20	441.10	14
3	A2001002	郑涛	98.30	112.20	88.00	96.60	78.60	473.70	3
4	A2001003	张三小	90.40	103.60	95.30	93.80	72.30	455.40	6
5	A2001004	李四	86.40	94.30	94.70	93.50	84.50	453.90	7
6	A2001005	薛平雄	98.70	108.80	87.90	96.70	75.80	467.90	4
7	A2001006	孙红	91.00	105.00	94.00	75.90	77.90	443.80	10
8	A2001007	周军	107.90	95.90	90.90	95.60	89.60	479.90	2
9	A2001008	杜晓刚	80.80	92.00	86.90	73.60	68.90	411.50	18
10	A2001009	刘小红	105.70	81.20	94.50	96.80	63.70	441.90	13
11	A2001010	马超	89.60	80.10	77.90	76.90	80.50	405.00	19
12	A2001011	唐勇存	92.40	104.30	91.80	94.10	75.30	457.90	5
13	A2001012	郭雪	93.30	83.20	93.50	78.30	67.60	415.90	17
14	A2001013	李丽	98.70	91.90	91.20	78.80	81.60	442.20	12
15	A2001014	侯常	86.40	111.20	94.00	92.70	61.60	445.90	9
16	A2001015	宋明堂	94.10	91.60	98.70	86.10	79.70	450.20	8
17	A2001016	刘萌萌	105.20	89.70	93.90	84.00	62.20	435.00	15
18	A2001017	马小军	75.60	81.80	78.20	76.10	71.50	383.20	20
19	A2001018	郑媛媛	96.20	95.90	88.20	85.70	76.80	442.80	11
20	A2001019	马子军	99.30	108.90	91.40	97.60	91.00	488.20	1
21	A2001020	陈月月	89.60	85.50	91.30	90.70	66.40	423.50	16
22	平均分		93.92	95.28	90.81	87.87	75.09	442.95	

图 2-46 学生成绩表

（3）邮件合并。

①在"家长信.docx"主文档中，单击"邮件"→"开始邮件合并"→"开始邮件合并"下拉按钮，在下拉菜单中选择"信函"，如图 2-47 所示。

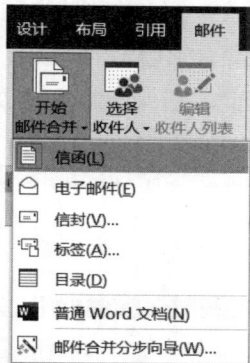

图 2-47 "开始邮件合并"下拉列表

②关联数据源。单击"选择收件人"下拉按钮，选择"使用现有列表"选项，如图 2-48 所示，在打开的"选取数据源"对话框中，选择"学生成绩表.xlsx"文件，单击"打开"按钮，弹出"选择表格"对话框，保持默认选项，单击"确定"按钮，返回主文档。

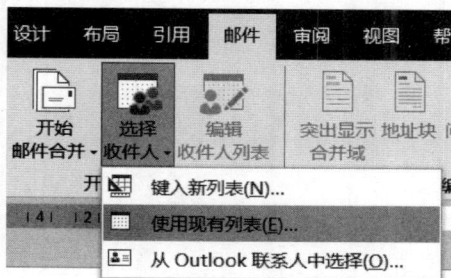

图 2-48 "选择收件人"下拉列表

③ 插入字段域。将光标定位于正文第一行"尊敬的"之后，单击"邮件"→"编写和插入域"→"插入合并域"下拉按钮，在下拉菜单中选择"姓名"，如图 2-49 所示，此时，在"尊敬的"之后插入了"《姓名》"字段域，如图 2-50 所示。

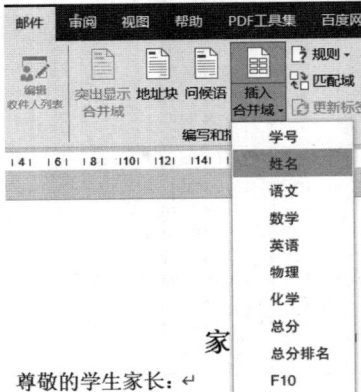

图 2-49 选择字段域　　　　**图 2-50 插入字段域后**

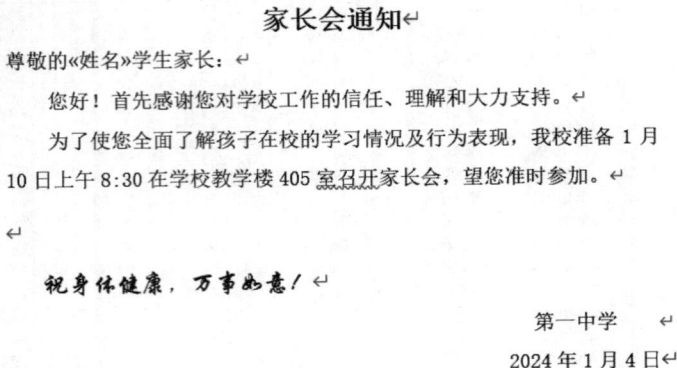

④ 将所有成绩保留至两位小数。将光标置于正文最后的表格的"姓名"单元格后面一格，按同样的方法插入"姓名"字段域；"学号"单元格后面一格，按同样的方法插入"学号"字段域；在"语文"单元格正下方单元格插入"语文"字段域，右击出现的"《语文》"字段域，在弹出的快捷菜单中选择"编辑域"命令，在打开的"域"对话框中，单击左下角的"域代码"按钮，并单击"选项"按钮，在"域选项"对话框中选择"域专用开关"选项卡，在下方的"域代码"文本框原有的代码后面添加"\# 0.00"，如图 2-51 所示，单击"确定"按钮。表格中所有成绩均按此方法保留两位小数。

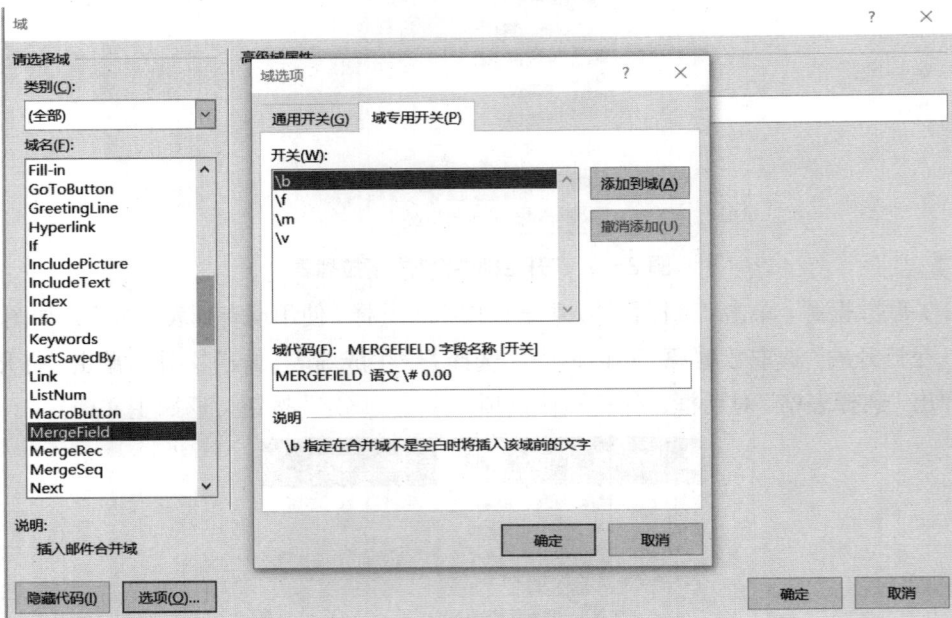

图 2-51 编辑字段域显示格式

⑤ 在"邮件"选项卡中单击"预览结果"按钮，可在主文档中看到第一位学生的家长会通知，单击"预览结果"中的左右箭头，可以逐条记录查看。

⑥ 单击"邮件"→"完成"→"完成并合并"下拉按钮，选择"编辑单个文档"选项，打开"合并到新文档"对话框，选择"全部"单选按钮，单击"确定"按钮，则生成"言函1.docx"，此文档由主文档关联了数据源之后批量生成。

2.4.2　实验任务

【任务】某高校学生会计划举办一场"大学生网络创业交流会"活动，拟邀请部分专家和老师给在校学生进行演讲。因此，校学生会外联部需制作一批邀请函，并分别递送给相关的专家和老师。

请按如下要求，完成邀请函的制作：

（1）调整文档版面，要求页面高度 18 厘米、宽度 30 厘米，页边距上、下为 2 厘米，页边距左、右为 3 厘米。

（2）将素材文件夹下的图片"背景图片.jpg"设置为邀请函背景。

（3）根据"Word-邀请函参考样式.docx"文件，调整邀请函中内容文字的字体、字号和颜色。

（4）调整邀请函中内容文字段落对齐方式。

（5）根据页面布局需要，调整邀请函中"大学生网络创业交流会"和"邀请函"两个段落的间距。

（6）在"尊敬的"和"（老师）"文字之间，插入拟邀请的专家和老师姓名，拟邀请的专家和老师姓名在考生文件夹下的"通讯录.xlsx"文件中。每页邀请函中只能包含 1 位专家或老师的姓名，所有的邀请函页面请另外保存在一个名为"Word-邀请函.docx"文件中。

（7）邀请函文档制作完成后，请保存"Word.docx"文件。

2.5　Word 2016 长文档排版

2.5.1　实验示例

例 2-8　**论文格式。**

（1）论文页面布局：用 A4 纸印刷，双面对称打印，上边距、左边距 2.5cm，下边距、右边距 2cm，左侧预留 1cm 装订线，每页 30 行，每行 40 字，页眉、页脚距边界分别为 1.5cm、1.5cm，每一章从新的一页开始。

（2）论文各级标题添加可以自动更新的多级编号（表 2-2）。

表 2-2　论文格式要求

标题级别	格式要求
标题 1 （章）	编号格式：第一章、第二章、第三章……；摘要、英文摘要、目录、参考文献不设编号，编号与标题内容之间用空格分隔；编号居中对齐 格式要求：中文黑体、英文 Times New Roman、小二号、不加粗；段前段后各 1 行，行距最小值 12 磅，居中对齐
标题 2 （节）	编号格式：1.1、1.2、1.3……根据标题 1 重新开始编号，编号与标题内容之间用空格分隔，编号对齐左侧页边距 格式要求：中文黑体、英文 Times New Roman、小三号、不加粗；段前段后各 0.5 行，行距最小值 15 磅，左对齐
标题 3 （节）	编号格式：1.1.1、1.1.2、1.1.3……根据标题 2 重新开始编号，编号与标题内容之间用空格分隔，编号对齐左侧页边距 格式要求：中文黑体、英文 Times New Roman、小四号、不加粗；段前 12 磅，段后 6 磅，行距最小值 12 磅，左对齐
正文	格式要求：中文宋体、英文 Times New Roman、小四号、首行缩进 2 字符、行距最小值 20 磅，两端对齐

（3）论文中的表格要求使用三线表，表格内字体为宋体、5 号、无缩进。表格标题使用题注自动编号，置于表格的上方，如表 1.1、表 1.2、表 2.1、表 2.2。论文中插入的图片使用题注自动编号，置于图片下方，如图 1.1、图 1.2、图 2.1、图 2.2；表名、图名字体为黑体、5 号、居中对齐。

（4）页眉与页脚要求如下：

①在页面顶端正中插入页眉，奇数页：目录、摘要页眉显示"目录""摘要"，正文页眉为各章编号和内容，如"第一章绪论"，且页眉中各章编号和内容随着正文中内容的变化而自动更新。偶数页：所有页眉显示"论文"。

②在页面底端插入页码，目录、摘要页码使用大写罗马数字居中显示。正文页码使用阿拉伯数字连续编到论文结束，奇数页页码显示在页脚右侧，偶数页页码显示在页脚左侧。

③页眉页脚字号为小五号。

（5）请对配套素材中"论文素材.docx"文件按上面的格式要求进行排版。其中红色文字为一级标题；绿色文字为二级标题；蓝色文字为三级标题；其他为正文。当所有格式设置完成后，为论文插入自动三级目录，格式为宋体、小四号、两端对齐，一级标题无缩进、二级标题缩进 2 字符、三级标题缩进 4 字符。

具体操作步骤如下：

打开 Word 文档。选定配套素材文件中的"论文素材.docx"文件，双击打开此文件。

（1）页面设置。

①单击"页面布局"→"页面设置"组右下角的对话框启动器按钮，打开"页面设置"对话框。

②在其"页边距"选项卡中进行设置，如图 2-52 所示，上边距与左边距为 2.5 cm，下边距与右边距为 2 cm，装订线为左侧 1 cm，"多页"选择"对称页边距"，此时的"左、

右"页边距，自动更改为"内侧、外侧"；当前文档只有一节。因此"应用于"默认"整篇文档"。

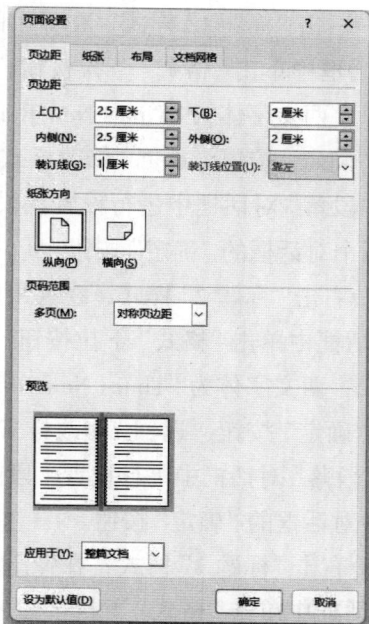

图 2-52　"页边距"选项卡

③ 选择"纸张"选项卡，选择默认的纸张"A4"。

④ 选择"版式"选项卡，设置"页眉"距边距"1.5 厘米"，"页脚"距边距"1.5 厘米"，页面"垂直对齐方式"为"顶端对齐"，其他默认。

⑤ 选择"文档网格"选项卡，如图 2-53 所示，网格选择"指定行和字符网格"，每行 40 个字符，行数为每页 36 行。单击"确定"按钮。

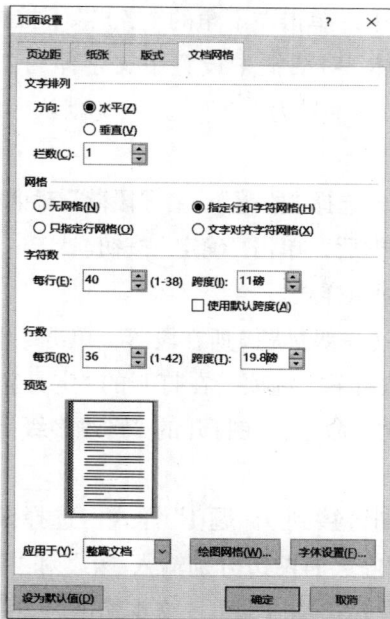

图 2-53　每页行数与每行字数设置

（2）标题和正文格式设置。

①修改三级标题样式。

a.单击"开始"→"样式"→右击"标题1"样式，在弹出的快捷菜单中选择"修改"命令，在打开的"修改样式"对话框中单击"格式"下拉按钮，选择"字体"，在"字体"对话框中设置中文字体为"黑体"，西文字体为"Times New Roman"，字形为"常规"，字号为"小二"，其他默认。单击"确定"按钮，返回"修改样式"对话框。再次单击"格式"下拉按钮，选择"段落"，在"段落"对话框中进行设置，段前段后各1行，行距最小值12磅，居中对齐，然后单击两个对话框的"确定"按钮。

b.单击"开始"→"样式"→右击"标题2"样式，在弹出的快捷菜单中选择"修改"命令，在打开的"修改样式"对话框中单击"格式"下拉按钮，选择"字体"，在"字体"对话框中设置中文字体为"黑体"，西文字体为"Times New Roman"，字形为"常规"，字号为"小三"，其他默认。单击"确定"按钮，返回"修改样式"对话框。再次单击"格式"下拉按钮，选择"段落"，在"段落"对话框中进行设置，段前段后各0.5行，行距最小值15磅，左对齐，分别单击两个对话框的"确定"按钮。

c.单击"开始"→"样式"→右击"标题3"样式，在弹出的快捷菜单中选择"修改"命令，在打开的"修改样式"对话框中单击"格式"下拉按钮，选择"字体"，在"字体"对话框中设置中文字体为"黑体"，西文字体为"Times New Roman"，字形为"常规"，字号为"小四"，其他默认。单击"确定"按钮，返回"修改样式"对话框。再次单击"格式"下拉按钮，选择"段落"，在"段落"对话框中设置段前12磅，段后6磅，行距最小值12磅，左对齐，分别单击两个对话框的"确定"按钮。

②修改正文样式并应用。

a.单击"开始"→"样式"→右击"正文"样式，在弹出的快捷菜单中选择"修改"命令。在打开的"修改样式"对话框中，单击左下角的"格式"下拉按钮。

b.选择"字体"，在"字体"对话框中设置中文字体为"宋体"，西文字体为"Times New Roman"，字形为"常规"，字号为"小四"，其他默认。单击"确定"按钮，返回"修改样式"对话框。

c.单击"格式"下拉按钮，选择"段落"，在"段落"对话框中进行设置，单击"确定"按钮，返回"修改样式"对话框后，单击"确定"按钮。

③定义多级列表并关联标题样式。

a.光标置于正文红色文字（一级标题）所在段落，单击"开始"→"段落"→"多级列表"下拉按钮，选择"定义新列表样式"选项，在打开的"定义新列表样式"对话框中，单击"格式"下拉按钮，选择"编号"命令，在打开的"修改多级列表"对话框中，按要求进行设置。

b.选择级别"1"，将级别链接到"标题1"样式，选择编号样式为"一，二，三，…"，输入编号格式时，在"一"的左、右两边分别输入"第"和"章"，编号对齐方式"居中"，对齐位置"0.53厘米"，刚好显示出编号即可，文本缩进为"0厘米"，编号之后选"空格"，如图2-54所示。

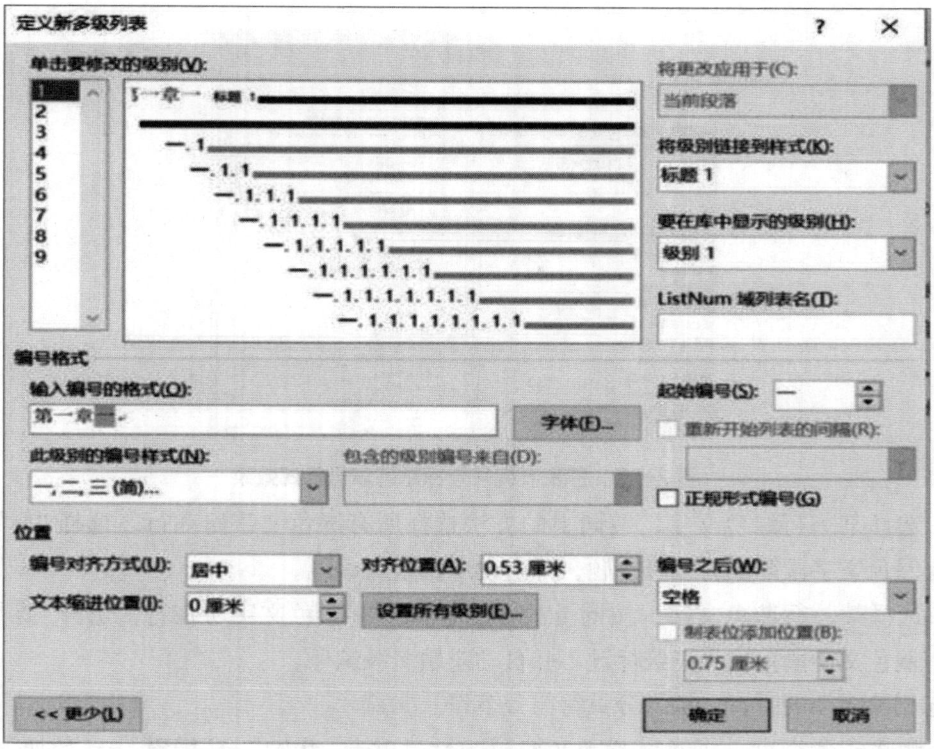

图 2-54　定义 1 级列表编号格式

c.同上所示，选择级别"2"，将级别链接到"标题 2"样式，选择编号样式为"1，2，3，..."，并勾选"正规形式编号"，使输入编号的格式变为"1.1"，编号对齐方式"左对齐"，对齐位置"0 厘米"，刚好显示出编号即可，文本缩进为"0 厘米"，编号之后选"空格"。

d.同上所示，选择级别"3"，将级别链接到"标题 3"样式，选择编号样式为"1，2，3，..."，并勾选"正规形式编号"，使输入编号的格式变为"1.1.1"，编号对齐方式"左对齐"，对齐位置"0 厘米"，刚好显示出编号即可，文本缩进为"0 厘米"，编号之后选"空格"。然后单击级别"1"，再单击"确定"按钮。当 3 个级别编号全部设置完后单击"确定"按钮，返回"定义新列表样式"对话框中，单击"确定"按钮。

④设计和应用标题样式。分别为红色文字应用标题 1，绿色文字应用标题 2，蓝色文字应用标题 3 样式。

a.在素材文件中，选择某一行红色文字，单击"开始"→"编辑"→"选择"下拉按钮，选择"选定所有格式类似的文本"选项，然后单击"开始"→"样式"→"标题 1"样式，此时所有红色文字段落均应用了该编号的标题 1 样式。勾选"视图"→"显示"→"导航窗格"复选框，在窗口左侧出现各章一级标题，只是前三章与后两章不需要编号，所以在导航窗格中单击"第一章..."，将光标置于在正文窗口"目录"所在行，右击，弹出快捷菜单，选择"编号"，取消编号应用，使用同样的方法，取消"中文标题""英文标题""参考文献""致谢"的编号。此时，可看到导航窗格中前三个标题无编号，中间连续编号为"第一章到第七章"，最后两个标题无编号，效果如图 2-55 所示。

图 2-55　各章节编号与标题列表号格式效果

b.选择某一行绿色文字，按同上的方法选择所有绿色文字所在行，选择"标题 2"，使所有绿色文字段落成为二级标题，并自动应用多级编号。

c.选择某一行蓝色文字，按同上的方法选择所有蓝色文字所在行，选择"标题 3"，使所有蓝色文字段落成为三级标题，并自动应用多级编号。

⑤删除多余的空行、插入分页符与分节符。

a.删除多余空行。将光标置于文档第一行，单击"开始"→"编辑"→"替换"按钮，在打开的"查找和替换"对话框中，将光标置于"查找内容"文本框中，单击"特殊格式"下拉按钮，选择"段落标记"命令，选择两次，即查找连续出现的两个回车号；光标置于"替换为"文本框中，单击"特殊格式"下拉按钮，选择"段落标记"命令一次，即将连续的两个回车号改为一个回车号，然后单击"全部替换"按钮，如图 2-56 所示。一直单击到提示"Word 已完成对文档的搜索并已完成 0 处替换"，若每次弹出"Word 已完成对文档的搜索并已完成 1 处替换"，表示文档最后有两个回车号，可手动删除。

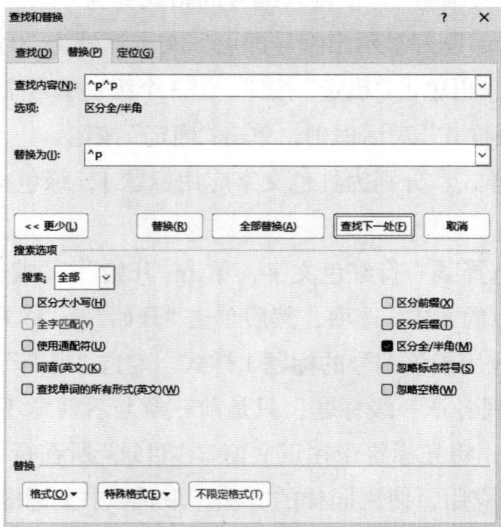

图 2-56　删除多余空格

b.插入分节符，将论文分成 3 节（目录摘要一节，第一章到第七章一节，参考文献与致谢一节，以便设置页眉）。将导航窗格打开，单击"第一章　绪论"，光标置于"绪论"二字之前，单击"页面布局"→"页面设置"→"分隔符"下拉按钮，选择"分节符"栏的"下一页"；然后，从导航窗格中单击"参考文献"，光标置于"参考文献"之前，插入分节符。

（3）表格格式设置。

①定义三线表格式并应用。

a.定义表格内字体、段落样式（若在表格创建后应用新建的表格样式，其字体、段落的设置不起作用，可用此法补救）。单击"开始"→"样式"组的对话框启动器按钮，单击"样式"窗格左下角的"新建样式"按钮，在打开的"根据格式设置创建新样式"对话框中，"名称"改为"表格内样式"；单击左下角的"格式"下拉按钮，设置：中文字体为"宋体"，西文字体为"Times New Roman"，字形为"常规"；字号为"五号"，段落格式设置为无任何缩进，单倍行距。样式创建好之后，为论文所有表格应用该样式。

b.新建"三线表"样式。光标置于文档中某一个表格中，在自动出现的"表格工具/设计"选项卡中，单击"格样式"→"其他"下拉按钮，选择"新建表样式"，打开"根据格式设置创建新样式"对话框，"属性"一栏"名称"改为"论文三线表"，"样式类型"为"表格"，"样式基准"为"普通表格"。"格式"一栏，"将格式应用于"选择"整个表格"，字体选择为"宋体""五号"、取消加粗显示，"线条样式"选择"单实线"，"磅数"选择"0.5磅"，"框线"应用于"上框线""下框线"，"底纹"选择"无颜色"。再次，"将格式应用于"选择"标题行"，"磅数"为"0.5磅"，"框线"应用于"下框线"。单击"确定"按钮，"论文三线表样式"设置完成。可使用【Ctrl】键选择表格，为论文每个表格，应用该样式（第五章的表格除外），如图 2-57 所示。

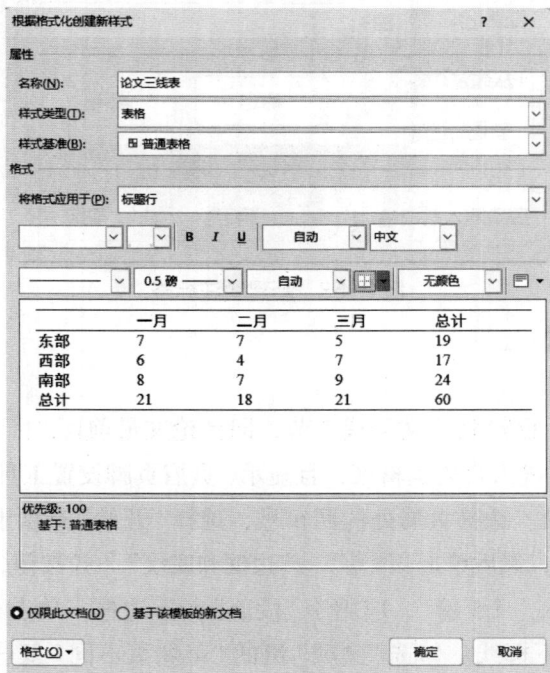

图 2-57　新建论文三线表样式

②为表格及图片插入题注。

a.设置题注的样式。打开"样式"窗格，单击其右下角的"选项"按钮，在打开的"样式窗格选项"对话框中，"选择要显示的样式"下拉列表中选择"所有样式"，单击"确定"按钮。在"样式"窗格的列表中找到"题注"样式，右击，选择"修改"命令，将"题注"的字体格式改为"黑体（Times New Roman）""五号""常规"；段落格式改为居中对齐、无缩进、行距最小20磅。

b.新建题注标签。查看文档各章，在第三章中发现有图片，则选择"图3-1"并删除它，单击"引用"→"题注"→"插入题注"按钮，打开"题注"对话框，若"标签"列表中没有"图3."的格式，则单击"新建标签"按钮，输入"图3."的标签。单击"确定"按钮后，光标所在处自动生成"图3.1"，并且自动应用①中设置的题注样式；然后依次在正文中删除之前手动输入的"图3-X"字样，并单击"插入题注"按钮，自动生成题注编号。同样的，在第四章既有图又有表时，要新建题注标签"图4.""表4."，然后，依次删除第四章的"图4-X"字样，并单击"插入题注"按钮，"标签"用"图4."，自动编号，第四章的表插入题注的方法与插入图题注的方法相同，往后章节以此类推，新建题注标签，如图2-58所示。

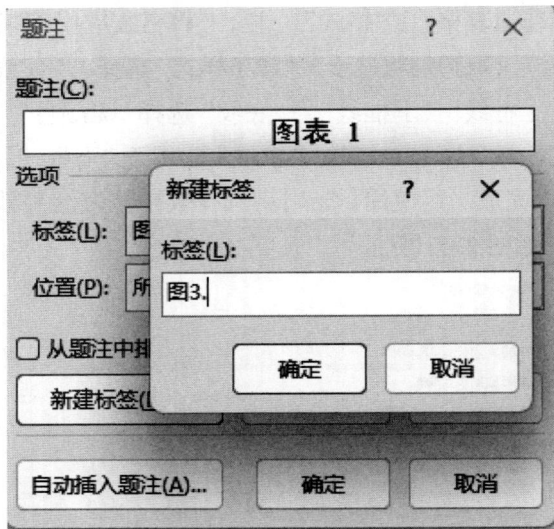

图2-58 新建题注标签

（4）页眉页脚设置。

①为各页插入页眉。

a.在之前步骤中，已经将论文分成3节，回到论文最前面"目录"所在页，双击"目录"页的页眉处，此时进入页眉编辑区，且显示"页眉页脚设置工具/设计"选项卡。

b.设置第1节页眉。选择页眉处的回车号，选择"开始"选项卡，确保其字号为"小五号"，段落居中对齐，然后单击"段落"→"边框和底纹"下拉按钮，选择"边框和底纹"，选择"上粗下细"线条，"1.5磅"，应用于"段落"的下边框，单击"确定"按钮，所有页的页眉均会出现此种下框线。勾选"选项"组的"奇偶页不同"复选框，然后单击"页眉和页脚工具|设计"→"插入"→"文档部件"下拉按钮，选择"域"，在打开的"域"对话框

中，"类别"选择"链接和引用"，"域名"选择"StyleRef"，"样式名"选择"标题 1"，单击"确定"按钮。如图 2-59 所示。页眉处出现"目录"二字，此时奇数页页眉设置完成。将光标置于第 1 节偶数页页眉处，输入"论文"。

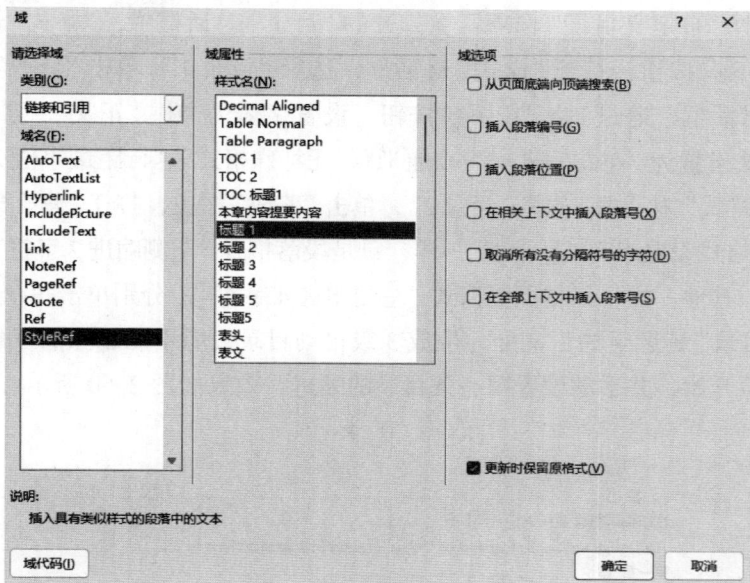

图 2-59　为论文第一节插入页眉域

c.设置第 2 节页眉。单击"下一节"按钮，切换到第 2 节，已经默认出现了第一章的标题域"绪论"二字，取消选择"链接到前一条页眉"按钮，使之与第 1 节不同，并勾选"奇偶页不同"。将光标置于页眉中的"绪论"二字前，单击"插入"→"文档部件"→"域"按钮，勾选"插入段落编号"，单击"确定"按钮，则页眉中变成"第一章 绪论"，手动在编号与标题之间加入一个空格。切换到偶数页，确定其中的文字为"论文"即可。

d.切换到第 3 节，参考文献页的页眉处，取消选择"链接到前一条页眉"按钮，勾选"奇偶页不同"，在页眉处，删除"标题 1"的编号"0"，其偶数页的页眉确定为"论文"。页眉设置完成。不要关闭页眉页脚，继续设置"页码"。

②为各页插入页码。

a.第 1 节页码。将光标置于"目录"页页脚处，单击"页眉和页脚设置工具/设计"→"页码"下拉按钮，选择"设置页码格式"，打开"页码格式"对话框进行设置。然后单击"页码"下拉按钮，选择"页面底端"→"普通数字 2"选项，使页码居中。光标置于偶数页页码，单击"页码"下拉按钮，选择"页面底端"→"普通数字 2"选项，页码会自动更正为"Ⅱ"。

b.第 2 节页码。切换到"绪论"页的页脚处，取消单击"链接到前一条页眉"按钮，单击"页码"下拉按钮，选择"设置页码格式"。然后单击"页码"下拉按钮，选择"页面底端"→"普通数字 3"选项（正文奇数页页码靠右），光标置于第 2 节偶数页，单击"页码"下拉按钮，选择"页面底端"→"普通数字 1"选项（正文奇数页页码靠左）。然后查看其后所有页码是否正确。

c.第 3 节页码。若页码是与前一页连续的，则无须再设置；否则应设置“页码格式”，在“页码格式”对话框的“页码编号”中选中“续前节”单选按钮即可。

（5）插入自动目录。将光标置于“目录”标题下一段落，单击“引用”→“目录”→“目录”按钮，选择“自定义目录”选项，在打开的“目录”对话框中，“格式”选择“来自模板”；单击“修改”按钮，打开“样式”对话框，选择“目录 1”；单击“修改”按钮，打开“修改样式”对话框，通过“格式”下拉按钮，设置字体为“中文正文”“西文正文”“小四”，段落格式设置为“左右缩进均为 0 厘米”“无特殊格式”“行距最小值 20 磅”，单击“确定”返回“样式”对话框。选择“目录 2”，单击“修改”按钮，打开“修改样式”对话框，将字体、段落格式设置成与“目录 1”一样，只是段落格式“左侧缩进 2 字符”；同样的“目录 3”修改时，其他一样，只是段落格式“左侧缩进 4 字符”。分别单击每个对话框的“确定”按钮。“目录”标题下的正文处，生成 3 级自动目录，应手动删除前三条目录，使目录从“第一章”开始，并手动设置第一条目录的缩进，效果如图 2-60 所示。

目 录

目 录 I
在线阅读管理系统的设计与实现 III
The Design and Implementation of Online Reading Management System IV
第一章 绪论 1
1.1 研究背景及意义 1
1.2 国内外研究对比 1
1.3 研究的主要内容 2
1.4 论文组织结构 2
第二章 关键技术 3
2.1 ASP.NET 简介 3
2.2 ADO.NET 概述 3
2.3 JavaScript 语言概述 4
2.4 C#语言概述 4
2.5 MySQL 概述 4
2.6 本章小结 5
第三章 需求分析 6
3.1 可行性分析 6
3.2 功能需求分析 6
3.3 本章小结 8
第四章 概要设计 9
4.1 系统结构及流程设计 9
4.1.1 总体结构 9
4.1.2 软件架构 10
4.1.3 系统流程 11
4.2 数据库设计 12
4.3 本章小结 16

图 2-60 目录效果图

（6）打印预览。单击“视图”→“显示比例”→“双页”按钮，对文档进行对称浏览。单击“文件”→“打印”命令，可从右侧窗口浏览打印效果。

2.5.2 实验任务

【任务】北京 ×× 大学信息工程学院讲师张 ×× 撰写了一篇名为《基于频率域特性的闭合轮廓描述子对比分析》的学术论文，拟投稿于某大学学报，根据该学报相关要求，论文必须依照该学报论文样式进行排版。

具体要求如下：

（1）将配套素材文件"素材.docx"另存为"论文正样.docx"，保存于指定文件夹下，并在此文件中完成所有要求，最终排版不超过 5 页，样式可参考素材文件夹下的"论文正样 1.jpg"~"论文正样 5.jpg"。

（2）论文页面设置为 A4 幅面，上下左右边距分别为：3.5 厘米、2.2 厘米、2.5 厘米和 2.5 厘米。论文页面只指定行网格（每页 42 行），页脚距边距 1.4 厘米，在页脚居中位置设置页码。

（3）论文正文以前的内容，段落不设首行缩进，其中论文标题、作者、作者单位的中英文部分均居中显示，其余为两端对齐。文章编号为黑体小五号字；论文标题（红色字体）大纲级别为 1 级、样式为标题 1，中文为"黑体"，英文为"Times New Roman"，字号为"三号"。作者姓名的字号为"小四"，中文为"仿宋"，西文为"Times New Roman"。作者单位、摘要、关键字、中图分类号等中英文部分字号为"小五"，中文为"宋体"，西文为"Times New Roman"，其中摘要、关键字、中图分类号等中英文内容的第一个词（冒号前面的部分）设置为"黑体"。

（4）参考"论文正样 1.jpg"示例，将作者姓名后面的数字和作者单位前面的数字（含中文、英文两部分），设置正确的格式。

（5）自正文开始到参考文献列表为止，页面布局分为对称 2 栏。正文（不含图、表、独立成行的公式）为五号字（中文为"宋体"，西文为"Times New Roman"），首行缩进 2 字符，行距为单倍行距；表注和图注为小五号（表注中文为"黑体"，图注中文为"宋体"，西文均用"Times New Roman"），居中显示，其中正文中的"表 1""表 2"与相关表格有交叉引用关系（注意："表 1""表 2"的"表"字与数字之间没有空格），参考文献列表为小五号字，中文为"宋体"，西文均用"Times New Roman"，采用项目编号，编号格式为"[序号]"。

（6）素材中黄色字体部分为论文的第一层标题，大纲级别 2 级，样式为标题 2，多级项目编号格式为"1、2、3、…"，字体为"黑体"，字号颜色为"黑色"，字号为"四号"，段落行距为最小值 30 磅，无段前段后间距；素材中蓝色字体部分为论文的第二层标题，大纲级别 3 级，样式为标题 3，对应的多级项目编号格式为"2.1""2.2"…"3.1""3.2"…，字体为"黑体"，字体颜色为"黑色"，字号为"五号"，段落行距为最小值 18 磅，段前段后间距为 3 磅，其中参考文献无多级编号。

实践 3
使用 Excel 2016 制作电子表格

学习目标

◇了解工作簿、工作表和单元格的概念，使用正确的地址标识单元格，掌握工作簿和工作表的基本操作。

◇掌握在工作表中输入和编辑数据的方法和技巧，如选择单元格，自动填充数据，输入序列数据等；掌握编辑工作表的方法，如调整行高和列宽、合并单元格等。

◇掌握美化工作表的方法，如设置字符格式、数字格式，设置表格边框和底纹等。

◇掌握公式和函数的使用方法，了解常用函数的作用，了解单元格引用的类型。

◇掌握对数据进行处理与分析的方法，如对数据进行排序、筛选和分类汇总，使用图表和透视图分析数据等。

3.1 Excel 2016 的基础使用

3.1.1 实验示例

例 3-1 新建工作表

新建一个 Excel 工作簿，并将它保存在 C 盘的"工作"文件夹内，命名为"学生成绩单.xlsx"，工作表 Sheet1 命名为"24 级 1 班"。

（1）打开资源管理器，确认 C 盘下有没有"工作"文件夹，如果没有，新建一个文件夹并命名为"工作"。

（2）两种方式创建新的 Excel 工作簿，任选一种实现即可。

①在资源管理器中，进入"C:\工作"文件夹，在文件夹内容区空白处右击→新建→Microsoft Excel 工作表，然后将文件命名为"学生成绩单.xlsx"，然后双击新建的文件，使用 Excel 2016 打开新建的文件。

②点击桌面 Excel 2016 图标或者从"开始"菜单的应用程序列表中找到"Excel 2016"，点击运行，在打开的 Excel 起始页面中选择"空白工作簿"，如图 3-1 所示。在空白的工作簿界面点击"文件"→"保存"，或者按下组合键【Ctrl+S】，激活文件保存界面，选择文件路径为 C:\工作，在文件名上输入"学生成绩单.xlsx"，点击保存按钮。

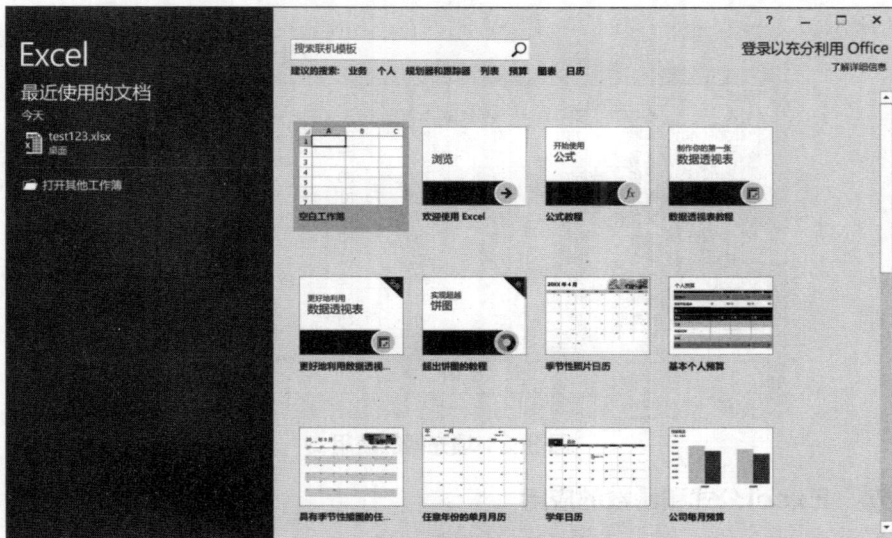

图 3-1 Excel 2016 起始页面

（3）在第一个工作表标签"Sheet1"上点击右键→重命名，或者直接双击标签名称，可以激活工作表的重命名状态，将此名称改为"24 级 1 班"，然后鼠标随便点击其他空白位置即可完成改名操作。

例 3-2 **Excel 数据输入以及填充柄的应用**

（1）按照图 3-2 所示进行数据输入，在输入的过程中可以根据自己需要按下【Ctrl+S】或者"文件"→"保存"操作来保存当前输入的成果。

	A	B	C	D	E	F	G	H
1	成绩单							
2	学号	姓名	高等数学	大学英语	计算机基础	思想政治	总分	平均分
3		李明	75	62	82	90		
4		王珊	87	76	67	76		
5		吴桥	60	71	70	60		
6		朱芳	89	63	88	81		
7		黄贵云	92	76	87	66		
8		潘临	67	83	79	63		
9		李辉	85	75	90	87		
10		王佳豪	92	78	60	82		
11		熊楠	83	76	94	67		
12		张新旺	94	62	90	85		
13								
14								
15								

24级1班

图 3-2　Excel 数据输入

（2）将鼠标移动到两个列号中间的分隔线上，鼠标指针将会变成一个中间带分割线的双向箭头形状，此时可以按住鼠标左键左右移动来设置当前列的宽度；同理，放在两行中间的分隔线上拖动鼠标可以调整单行的高度，根据自身需要来调整每列的宽度。

（3）在学号列第一行（A3）位置填入起始学号，如 2403050001。将鼠标放在此单元格右下角，直到鼠标由一个空心的大十字变成一个实心的小十字时，即激活了"填充柄"功能，此时按住【Ctrl】键的同时按住鼠标左键沿着学号列向下拖动鼠标（填充柄图标右上会多一个小加号），直到最后一行记录的位置释放鼠标，填充柄将会自动填充鼠标滑过的各行记录，并把当前值逐行自动加 1，如不想自动加 1，则在拖动鼠标时不按【Ctrl】键，如图 3-3 所示。

	A	B	C	D	E	F	G	H
1	成绩单							
2	学号	姓名	高等数学	大学英语	计算机基础	思想政治	总分	平均分
3	2403050001	李明	75	62	82	90		
4	2403050002	王珊	87	76	67	76		
5	2403050003	吴桥	60	71	70	60		
6	2403050004	朱芳	89	63	88	81		
7	2403050005	黄贵云	92	76	87	66		
8	2403050006	潘临	67	83	79	63		
9	2403050007	李辉	85	75	90	87		
10	2403050008	王佳豪	92	78	60	82		
11	2403050009	熊楠	83	76	94	67		
12	2403050010	张新旺	94	62	90	85		
13								
14								
15								

24级1班

图 3-3　填充柄的使用

例 3-3 **Excel 公式和函数的应用**

运用公式和函数自动计算"学生成绩单"工作簿中的总分、平均分（保留 1 位小数）、最高分和最低分。

（1）计算总分。

①使用鼠标点选激活第一个学生的总分单元格（G3），点击工具栏中的"开始"→"编

辑"→"求和"按钮，Excel 将会自动输入公式"=SUM（C3：F3）"，然后按下回车键或者【Esc】键应用此公式，则会在此格中计算第一个学生的高等数学（C3）、大学英语（D3）、计算机基础（E3）、思想政治（F3）的总和。如果对函数比较熟悉时，可以直接在点选单元格之后，在编辑框中直接输入上述公式的内容即可。在这个公式中"="表示当前单元格里面的内容是一个公式，单元格的值为"="后面的内容计算出的值。"SUM"是一个函数名称，后面的括号内容为求和的范围，"C3：F3"代表从 C3 格一直到 F3 格中间的所有单元格的值，所以函数"SUM（C3：F3）"表示的意思是对从 C3 到 F3 这个范围内所有单元格的值求和。

②重新点击激活 G3 格，可以使用"填充柄"功能向下拖动，直到最后一个学生的"总分"格（G12）为止释放鼠标，填充柄将会自动适应每行的单元格名称，自动应用求和函数。也可以直接复制做好的 G3 单元格，然后粘贴到 G4~G12 单元格也能实现此效果。

（2）计算平均分。选中 H3 单元格，点击"开始"→"编辑"→"平均值"（跟求和一个按钮，点击此图标右方的箭头打开下拉框选择），系统将会自动应用一个平均值的计算函数公式"=AVERAGE（C3：G3）"，但是因为我们想要计算的是 C3：F3 的平均值，所以将函数中的 G3 改为 F3，然后按下回车，即可计算出对应的平均值。由于我们需要保留 1 位小数，需要在此函数的外面再加一个函数 ROUND，对平均值的结果进行处理，最终结果为"=ROUND（AVERAGE（C3：F3），1）"，ROUND 的第一个参数为输入值，第二个参数为保留 X 位小数。按照步骤（1）的操作应用到 H4~H12 单元格。

（3）计算各科平均分。设置方式和平均分相似，只是单元格范围从横向变为纵向，我们在 A13 格输入各科平均分的标题，然后在 C13 格输入计算的公式"=ROUND（AVERAGE（C3：C12），1）"，注意 AVERAGE 中单元格范围设置的不同之处。

（4）计算最高分和最低分。在 A14 格和 A15 格分别输入最高分和最低分标题，然后在 C14 格输入最高分的计算函数（MAX 函数，主要用于计算所传入单元格范围内的最大值），C15 格输入最低分计算函数（MIN 函数，主要用于计算所传入单元格范围内的最小值）。C14 格内容为"=MAX（C3：C12）"，C15 格内容为"=MIN（C3：C12）"，通过填充柄或复制粘贴应用到其他格。最终计算结果如图 3-4 所示。

	A	B	C	D	E	F	G	H
1	成绩单							
2	学号	姓名	高等数学	大学英语	计算机基础	思想政治	总分	平均分
3	2403050001	李明	75	62	82	90	309	77.3
4	2403050002	王珊	87	76	67	76	306	76.5
5	2403050003	吴桥	60	71	70	60	261	65.3
6	2403050004	朱芳	89	63	88	81	321	80.3
7	2403050005	黄贵云	92	76	87	66	321	80.3
8	2403050006	潘临	67	83	79	63	292	73
9	2403050007	李辉	85	75	90	87	337	84.3
10	2403050008	王佳豪	92	78	60	82	312	78
11	2403050009	熊楠	83	76	94	67	320	80
12	2403050010	张新旺	94	62	90	85	331	82.8
13	各科平均分		82.4	72.2	80.7	75.7	311	77.8
14	最高分		94	83	94	90	337	90.3
15	最低分		60	62	60	60	261	60.5
16								

24级1班

图 3-4　各项返回结果

（5）使用"插入函数"功能。在选中一个单元格后，我们除了可以直接在编辑栏输入函数以及计算公式等内容外，还可以使用Excel的"插入函数"功能，使用此功能可以不需要对函数有很深的理解。在选中某个单元格后，直接在编辑栏左侧点击 f_x 按钮，即可打开插入函数页面，在其中选择合适的函数后，将会弹出一个新的页面进行参数设置，此时可以在页面中看到函数以及各个参数的相关说明，如图 3-5 所示。

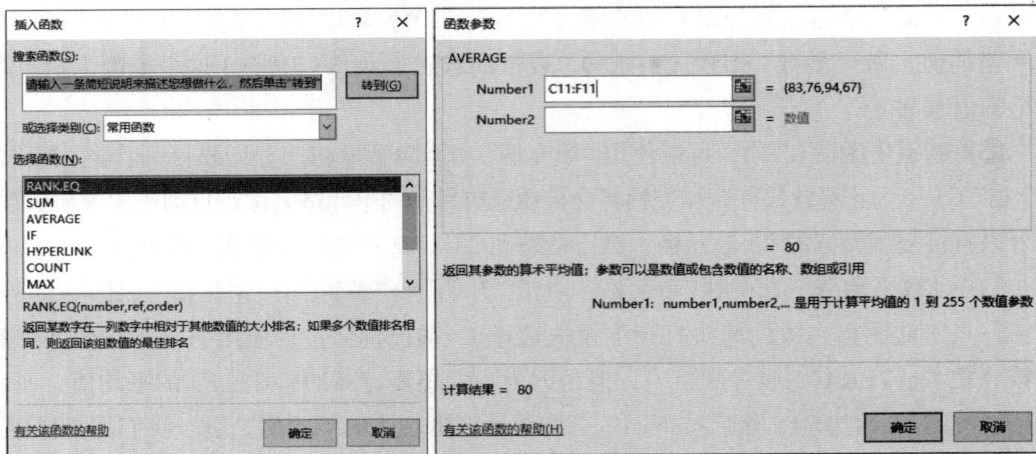

图 3-5　插入函数以及函数参数设置

例 3-4　Excel格式化和美化

（1）设置列宽和行高。将鼠标放到两列列号中间的分隔线位置，可以激活一个特殊的带分隔线的双向箭头鼠标图标，此时点击鼠标左键左右拖动可以设置当前列的列宽，行高也是类似操作。如果想批量设置多列的列宽，需要鼠标在列号上选中想要设置的列，然后点击鼠标右键→列宽，将会弹出一个对话框，设置全部列的宽度。行高也是类似操作，左侧的行号上选中多行，然后右键→行高，在对话框内设置数值即可。需要注意的是，行高的默认单位是"磅"（Points），列宽的默认单位是"字符宽度"，两个数值代表意义不同。在"学生成绩单"中，我们设置行高（1~15 行）为 18，列宽（A~H 列）为 12。

（2）设置表格标题样式。选中 A1：H1 的单元格，然后在工具栏点击"开始"→"对齐方式"→"合并后居中"，这个操作将会把所选单元格合并为一个单元格，并将内容居中显示。在"字体"栏内设置"宋体→粗体→字号 16 →双下划线→蓝色"，然后合理设置此单元格行高，如图 3-6 所示。

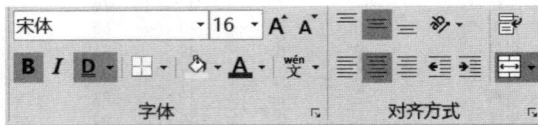

图 3-6　表格标题样式

（3）设置所有单元格居中显示。选中 A~H 列，在工具栏"开始"→"对齐方式"中设置"居中"和"垂直居中"，这样所有单元格的内容都会显示在表格正中间。

（4）设置表格列标题样式。选中 A2：H2 单元格，设置字体为"粗体"，底纹填充颜色为"灰色"。

（5）设置边框。选中 A1：H15 的所有单元格，在"开始"→"字体"→"边框设置"，在下拉框中选择"所有框线"。

（6）为各科平均分、最高分、最低分行设置底纹填充色。选中 A13：H15 单元格，在"开始"→"字体"→"填充颜色"中设置为"浅蓝色"。最终效果如图 3-7 所示。

学号	姓名	高等数学	大学英语	计算机基础	思想政治	总分	平均分
				成绩单			
2403050001	李明	75	62	82	90	309	77.3
2403050002	王珊	87	76	67	76	306	76.5
2403050003	吴桥	60	71	70	60	261	65.3
2403050004	朱芳	89	63	88	81	321	80.3
2403050005	黄贵云	92	76	87	66	321	80.3
2403050006	潘临	67	83	79	63	292	73
2403050007	李辉	85	75	90	87	337	84.3
2403050008	王佳豪	92	78	60	82	312	78
2403050009	熊楠	83	76	94	67	320	80
2403050010	张新旺	94	62	90	85	331	82.8
各科平均分		82.4	72.2	80.7	75.7	311	77.8
最高分		94	83	94	90	337	90.3
最低分		60	62	60	60	261	60.5

24级1班

图 3-7　学生成绩表效果

3.1.2 实验任务

【**任务一**】制作一个任务完成量统计表，名称为"任务完成量统计表.xlsx"，保存到"C:\日常工作"目录下，数据内容如图 3-8 所示。需要注意的是，第一列编号需要将单元格内容改为"文本"才能正确显示 0 开头的数字。

编号	员工姓名	一月	二月	三月	四月	五月	六月	七月
任务完成量								
单位：组								
001	李梅	2.36	3.57	2.78	3.24	3.67	3.88	2.98
002	王山	2.08	2.37	3.14	3.13	2.64	3.75	3.14
003	张旭光	2.46	2.67	3.27	2.85	3.92	2.03	3.28
004	王宾	2.91	2.5	2.37	3.69	3.57	2.25	2.17
005	陈晨	2.89	2.03	3.87	3.03	1.89	3.64	3.29
006	葛丽红	3.42	2.89	2.75	2.49	2.87	2.07	2.35
007	李峰	3.45	3.68	2.5	2.34	2.24	3.32	2.03
008	黄雨欣	2.96	3.12	3.67	3.78	3.31	2.92	2.19

2024年

图 3-8　任务完成量统计表内容

【**任务二**】将任务一的"任务完成量统计表.xlsx"进行格式化和美化，达到图 3-9 的效果（所有字体为"宋体"，标题字号为"16号"，其他字号为"11号"，行高为"18"）。

	A	B	C	D	E	F	G	H	I	J	K
1						任务完成量					
2											单位：组
3	编号	员工姓名	一月	二月	三月	四月	五月	六月	七月	总任务量	平均任务量
4	001	李梅	2.36	3.57	2.78	3.24	3.67	3.88	2.98	22.48	3.21
5	002	王山	2.08	2.37	3.14	3.13	2.64	3.75	3.14	20.25	2.89
6	003	张旭光	2.46	2.67	3.27	2.85	3.92	2.03	3.28	20.48	2.93
7	004	王宾	2.91	2.5	2.37	3.69	3.57	2.25	2.17	19.46	2.78
8	005	陈晨	2.89	2.03	3.87	3.03	1.89	3.64	3.29	20.64	2.95
9	006	葛丽红	3.42	2.89	2.75	2.49	2.87	2.07	2.35	18.84	2.69
10	007	李峰	3.45	3.68	2.5	2.34	2.24	3.32	2.03	19.56	2.79
11	008	黄雨欣	2.96	3.12	3.12	3.67	3.78	3.31	2.92	2.19	21.95	3.14
12	总任务量		22.53	22.83	24.35	24.55	24.11	23.86	21.43	163.66	23.38
13	平均任务量		2.82	2.85	3.04	3.07	3.01	2.98	2.68	20.46	2.92
14											
15											

2024年

图 3-9　任务完成量统计表美化后

【任务三】制作九九乘法表如图 3-10 所示，注意函数 IF 的用法，以及合理使用 $ 符号来标记绝对引用、相对引用和混合引用，$ 在行或者列号前使用时，当进行复制或者使用填充柄时，此号不随着单元格的改变而改变。

	A	B	C	D	E	F	G	H	I	J
1		1	2	3	4	5	6	7	8	9
2	1	1×1=1								
3	2	1×2=2	2×2=4							
4	3	1×3=3	2×3=6	3×3=9						
5	4	1×4=4	2×4=8	3×4=12	4×4=16					
6	5	1×5=5	2×5=10	3×5=15	4×5=20	5×5=25				
7	6	1×6=6	2×6=12	3×6=18	4×6=24	5×6=30	6×6=36			
8	7	1×7=7	2×7=14	3×7=21	4×7=28	5×7=35	6×7=42	7×7=49		
9	8	1×8=8	2×8=16	3×8=24	4×8=32	5×8=40	6×8=48	7×8=56	8×8=64	
10	9	1×9=9	2×9=18	3×9=27	4×9=36	5×9=45	6×9=54	7×9=63	8×9=72	9×9=81
11										

图 3-10　九九乘法表

3.2　Excel 2016 进行数据统计和分析

3.2.1　实验示例

例 3-5　Excel 排序

（1）新建工作簿，命名为"员工工资表.xlsx"，保存在"C:\工作"文件夹下，具体内容如图 3-11 所示。

图 3-11 员工工资明细表内容

（2）新建两个新的工作表，分别命名为"汇总表"和"透视表"。切换到"7月"工作表，将内容复制到这两个工作表中。（单击左上角的全选按钮 ◢，然后按下组合键【Ctrl+C】复制，切换到"汇总表"，选中第一个单元格A1，然后按下组合键【Ctrl+V】粘贴，透视表使用同样操作）。

（3）将光标定位于"7月"工作表中任一有内容的单元格，将工具栏切换到"数据"选项卡，单击"排序和筛选"组中的"排序"按钮，如图 3-12 所示，出现"排序"对话框，如图 3-13 所示。在"主要关键字"下拉列表框中选中"基本工资"，"次序"选择"降序"选项；在"次要关键字"下拉列表框中选中"奖金"，"次序"选择"降序"选项；选中"数据包含标题"复选框，单击"确定"按钮，完成排序设置。排序的结果如图 3-14 所示。

图 3-12 员工工资明细表内容

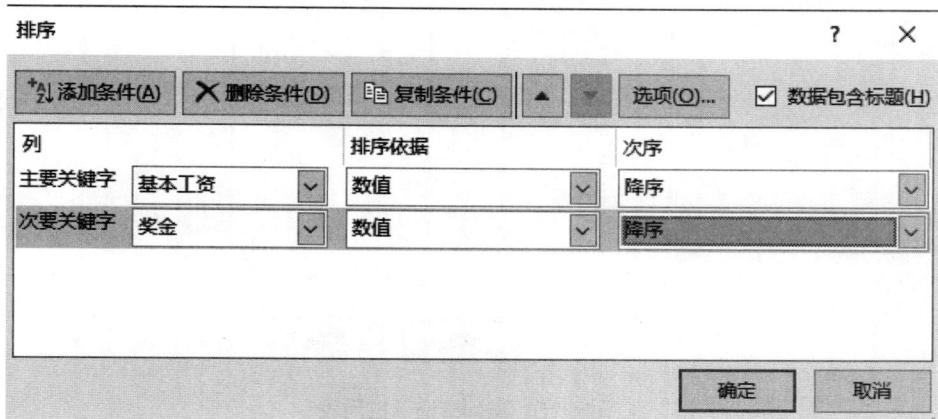

图 3-13 员工工资明细表内容

	A	B	C	D	E	F	G	H
1				员工工资明细表				
2	工号	姓名	性别	职务	基本工资	奖金	补贴	工资总额
3	24002	李梅	女	科长	6800	300	400	7500
4	24008	王成飞	男	组长	5250	200	300	5750
5	24004	吴晓敏	女	组长	5200	200	300	5700
6	24007	徐梁文	男	组长	5180	400	300	5880
7	24001	王峰	男	员工	4880	400	200	5480
8	24005	董明辉	男	员工	4800	500	200	5500
9	24006	于晓明	男	员工	4750	300	200	5250
10	24009	胡丽萍	女	员工	4700	300	200	5200
11	24010	艾莉	女	员工	4600	200	200	5000
12	24003	张扬	男	员工	4500	400	200	5100
13								
14								
15								

7月　汇总表　透视表　（＋）

图 3-14　员工工资明细表重新排序后

例 3-6 **Excel 数据筛选**

（1）在上一个实例中创建的工作簿"员工工资表.xlsx"的"7月"工作表中选中任一有内容的单元格，然后将工具栏切换到"数据"选项卡。单击"排序和筛选"组中的"筛选"🔽按钮进入筛选状态，在每一列标题右方出现下拉箭头。单击"职务"的下拉箭头，在列表中点选"组长"，其他都取消选中，即可在数据表中只显示"职务"为"组长"的数据项（图 3-15）。如想恢复显示所有项，在"职务"下拉箭头点击后，列表中点选"全选"即可。

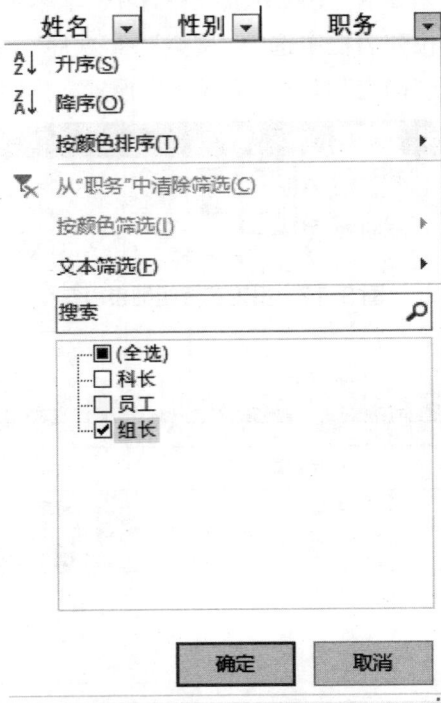

图 3-15　按列筛选下拉列表

（2）点击"工资总额"下拉列表，选择"数字筛选"→"小于"，在弹出的输入框中填入值"5500",则可以筛选工资总额 <5500 的所有项(图 3-16)。

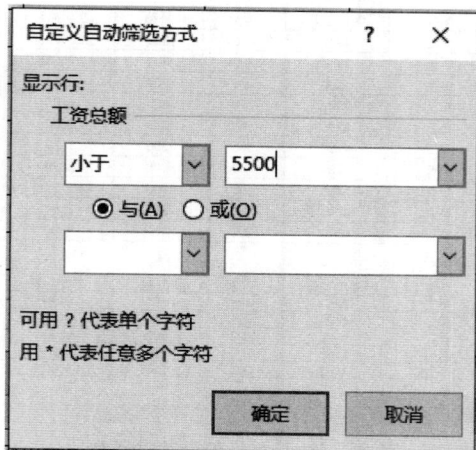

图（自定义自动筛选方式对话框）

自定义自动筛选方式	?	×

显示行:

工资总额

小于 | 5500

⦿ 与(A) ○ 或(O)

可用 ? 代表单个字符
用 * 代表任意多个字符

确定　　取消

	A	B	C	D	E	F	G	H
1	员工工资明细表							
2	工号	姓名	性别	职务	基本工资	奖金	补贴	工资总额
3	24001	王峰	男	员工	4880	400	200	5480
5	24003	张扬	男	员工	4500	400	200	5100
8	24006	于晓明	男	员工	4750	300	200	5250
11	24009	胡丽萍	女	员工	4700	300	200	5200
12	24010	艾莉	女	员工	4600	200	200	5000

图 3-16　数字筛选"工资总额"条件 <5500

（3）高级筛选应用。点击任意有内容的单元格，然后单击"数据"→"排序和筛选"→"高级"，如图 3-17 所示。第一个输入框的"列表区域"为主要筛选的列表内容区域，通常会自动帮你选择主表区域，需要确认是否选择区域正确；第二个输入框"条件区域"为设置的筛选条件区域，需要点击右方 按钮，然后手动输入或者通过鼠标框选；当需要将筛选结果输出到另外一个地方时，点选"将筛选结果复制到其他位置"，则会激活第三个输入框"复制到"，此时手动输入想要复制的目标位置起始单元格，或者点击右方 按钮进行鼠标框选后，点击确定，即可得到筛选后的内容，如图 3-18 所示。

	A	B	C	D	E	F	G	H	I	J	K	L
1	员工工资明细表											
2	工号	姓名	性别	职务	基本工资	奖金	补贴	工资总额				
3	24001	王峰	男	员工	4880	400	200	5480				
4	24002	李梅	女	科长	6800	300	400	7500				
5	24003	张扬	男	员工	4500	400	200	5100				
6	24004	吴晓敏	女	组长				5700				
7	24005	董明辉	男	员工				5500				
8	24006	于晓明	男	员工				5250			性别	基本工资
9	24007	徐梁文	男	组长				5880			男	<5000
10	24008	王成飞	男	组长				5750			女	<4700
11	24009	胡丽萍	女	员工				5200				
12	24010	艾莉	女	员工				5000				
13												
14												
15												
16												
17												
18												
19												

高级筛选对话框:
方式
○ 在原有区域显示筛选结果(F)
⦿ 将筛选结果复制到其他位置(O)
列表区域(L): $A$2:$H$12
条件区域(C): '7月'!$K$8:$L$10
复制到(T): '7月'!$A$15
□ 选择不重复的记录(R)
确定　　取消

图 3-17　Excel 高级筛选

图 3-18　Excel高级筛选结果

注意

　　条件区域和数据区域需要分隔开，也就是至少要空一行或一列；条件区域的第一行内容应该与数据区域的标题行内容保持一致，为了避免有标点符号或者打字造成的不必要的偏差，最好使用复制粘贴的形式完成输入；在条件区域同一行中出现的条件，相互之间一般是"且"的关系（几个条件同时成立），而在不同行出现的条件，通常是"或"的关系（其中之一成立即可）。

例 3-7　Excel数据汇总

　　（1）打开"员工工资表.xlsx"，并切换到"汇总表"工作表。

　　（2）对当前表格进行排序，按照"职务"进行升序或降序排列（注：程序无法识别实际中"职务"的大小，只能按拼音字母顺序排列，在实际操作中需要手动调整），比如当前示例中按照升序排列，其结果如图 3-19 所示。

图 3-19　员工工资明细表按职务升序排列

（3）任意选择一个有内容的单元格，单击"数据"→"分级显示"→"分类汇总"按钮▦。

（4）在弹出的"分类汇总"对话框中，"分类字段"选择"职务"，"汇总方式"选择"平均值"，"选定汇总项"选择"工资总额"，选中"替换当前分类汇总"和"汇总结果显示在数据下方"复选框，如图 3-20 所示，单击确定按钮。为了更好地显示结果，我们可以将所有显示金额的单元格设置"数字"为"会计专用"，并保留 2 位有效数字，汇总结果如图 3-21 所示。

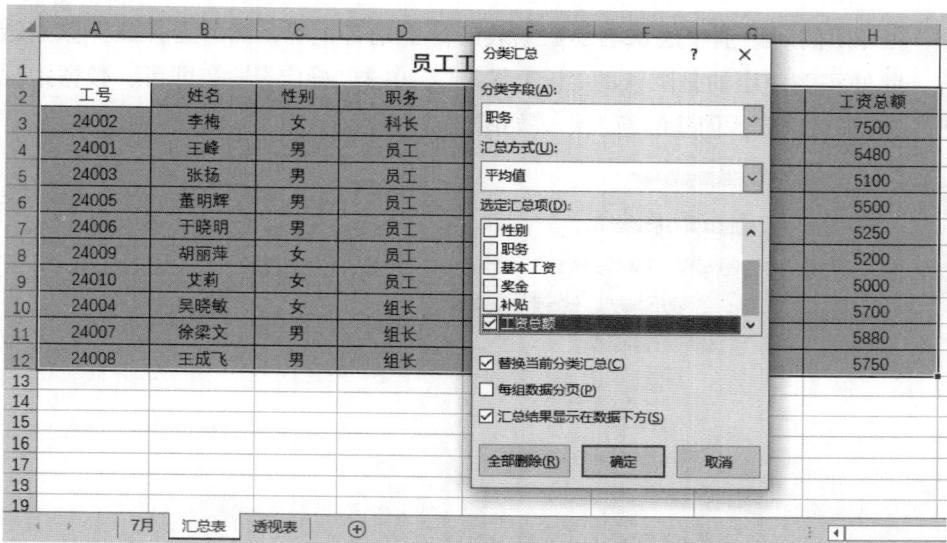

图 3-20　分类汇总设置

图 3-21　分类汇总结果

例3-8 /// Excel数据透视图/表

（1）打开"员工工资表.xlsx"，并切换到"透视表"工作表。

（2）选择任意有内容的单元格，然后切换到工具栏"插入"→"图表"，选择"数据透视图"下的"数据透视图和数据透视表",如图 3-22 所示。

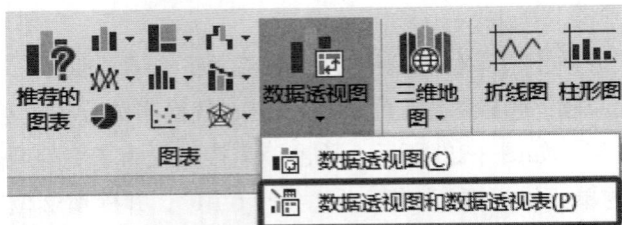

图 3-22 插入"数据透视图和数据透视表"选项

（3）在弹出的对话框中确认当前数据表的范围是否正确，然后选择放置数据透视表的位置，此处实例使用的是默认的"新工作表"，单击"确定"按钮即可，数据透视表选项如图 3-23 所示，默认创建的新工作表如图 3-24 所示。

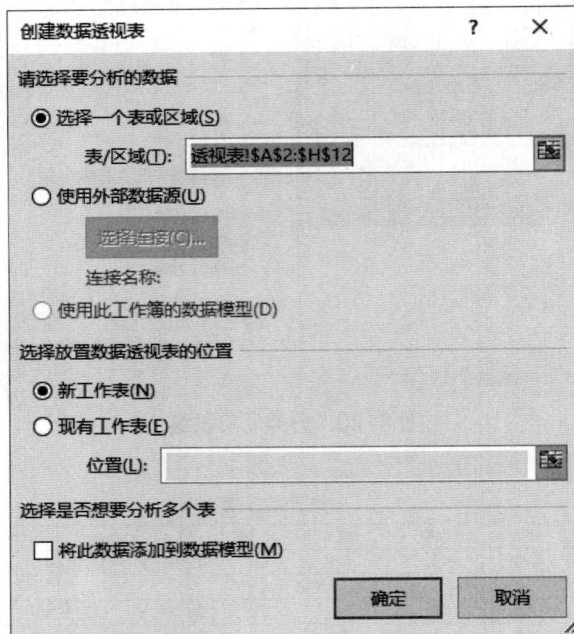

图 3-23 "创建数据透视表"对话框

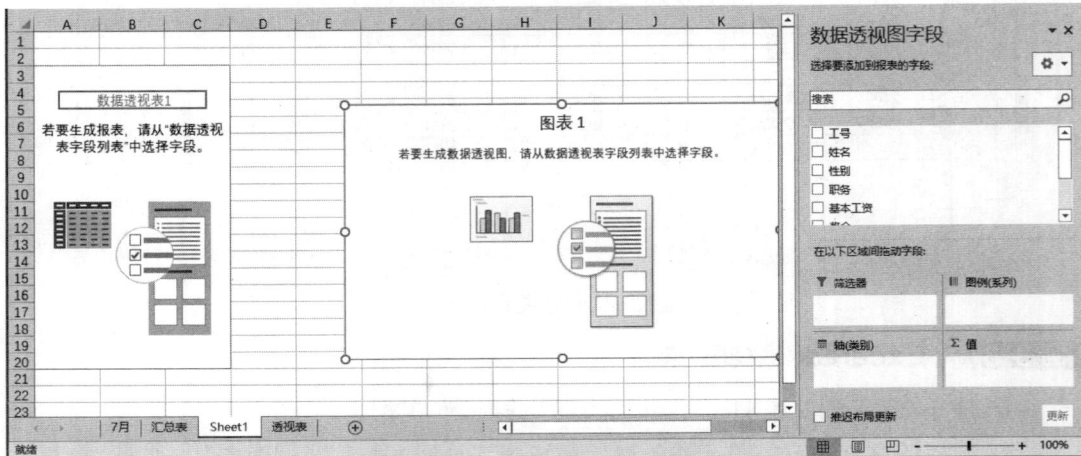

图 3-24 "创建数据透视表"对话框

（4）设置"列"为性别（鼠标从字段列表拖动过去即可），"行"为"职务"，值为"工资总额（求和）"，在进行设置之后，左方的列表会自动生成数据透视表和数据透视图。"筛选器"项可根据需要设置，此字段为单独数据筛选项，如果选择之后会单独生成一个数据筛选的单元格区域，最后的结果如图 3-25 所示。

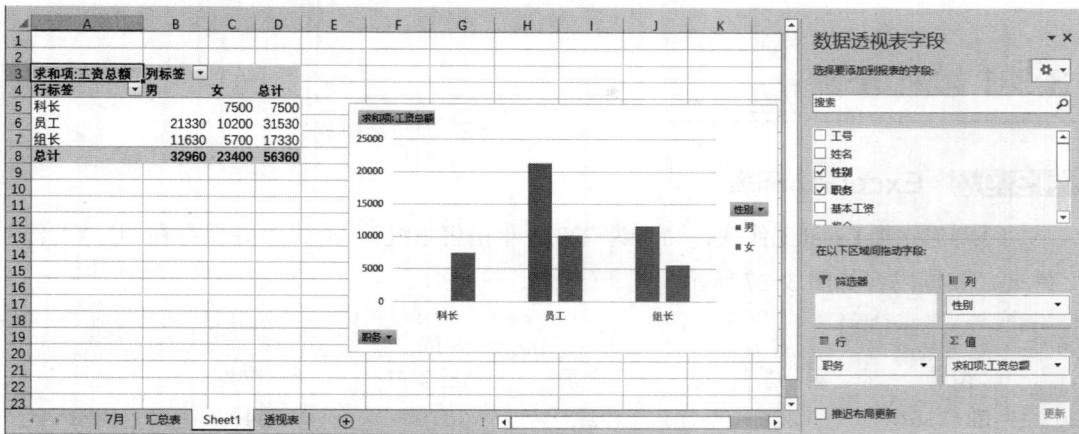

图 3-25　数据透视图和数据透视表结果

3.2.2 实验任务

【任务】创建学生成绩表如图 3-26 所示，并按要求完成统计和分析工作。

姓名	班级	语文	数学	英语	物理	历史	政治	地理	化学	生物	总分	平均分
陈林飞	1班	78	82	74	71	95	95	81	83	96	755	83.9
洪升	1班	78	78	80	68	80	87	87	84	51	693	77
张亮	1班	83	68	86	81	98	54	58	79	81	688	76.4
徐伟	2班	83	76	85	94	53	66	50	98	94	699	77.7
姚雨晴	1班	95	51	75	87	96	77	83	52	87	703	78.1
周士杰	2班	95	66	67	86	74	59	50	88	72	657	73
严兴光	2班	82	95	70	54	60	62	68	64	90	645	71.7
蔡健	3班	63	77	75	86	92	60	55	76	73	657	73
李辉	2班	70	64	89	70	60	90	52	94	91	680	75.6
游宏明	3班	70	52	52	94	57	57	59	68	65	574	63.8
乐玲	3班	87	88	79	73	71	90		68	65	703	78.1
王伟	2班	65	52	83	50	95	52	55	81	86	619	68.8
黄贵林	3班	91	76	71	95	55	69	57	77	83	674	74.9
黄宇	1班	78	63	84	76	69	65	91	90	51	667	74.1
余新	1班	69	70	90	97	76	84	88	76	82	732	81.3
马国芳	3班	78	54	68	60	49	55	56	60	48	528	58.7
周正业	3班	93	52	96	63	74	55	66	60	51	610	67.8
史莉莉	3班	75	93	60	87	68	91	63	93	98	728	80.9
杨雨菲	3班	66	91	86	92		90	89	76	73	732	81.3
饶广盛	2班	75	57	82	60	93	70	88	75	76	676	75.1

图 3-26　学生成绩表

（1）按平均分由高到低顺序进行排序，如果平均分相同，再按数学成绩进行降序排列。

（2）筛选出 3 班成绩情况。

（3）利用"高级筛选"功能，筛选出各班学生平均分在 75~85 分的人员信息。

（4）通过分类汇总功能求出每个班各科的平均成绩，并将每组结果分页显示。

（5）最后取消汇总结果，显示原始数据。

3.3 图表创建与编辑

3.3.1 实验示例

例 3-9 Excel插入图表

（1）新建一个Excel工作簿，命名为"2023年销售量统计.xlsx"，并保存在"C:\工作"文件夹，数据内容如图3-27所示。

	A	B	C	D	E	F
1	型号	第一季度	第二季度	第三季度	第四季度	合计
2	ML-235	355	402	370	354	1481
3	ML-255	122	180	190	221	713
4	ML-285	69	77	90	82	318
5	季度合计	546	659	650	657	2512

图 3-27　2023年销售量统计表

（2）选中任意一个有内容的单元格，单击工具栏的"插入"→"图表"→"柱形图或条形图"→"二维柱形图→簇状柱形图"，如图3-28所示。Excel会自动将激活单元格所在位置的数据作为图表的原始数据，并生成所选择样式的图表，如图3-29所示。

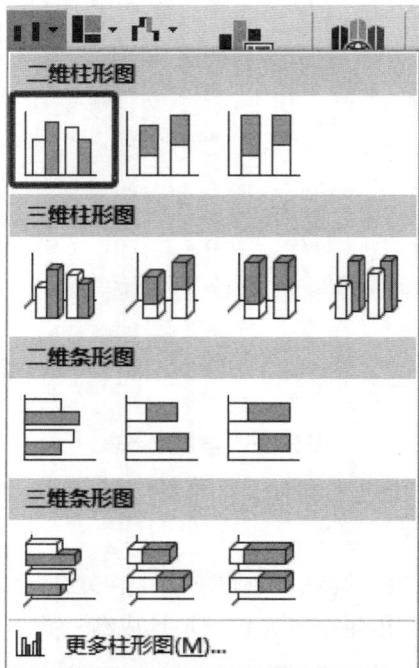

图 3-28　插入簇状柱形图选项

	A	B	C	D	E	F	G
1	型号	第一季度	第二季度	第三季度	第四季度	合计	
2	ML-235	355	402	370	354	1481	
3	ML-255	122	180	190	221	713	
4	ML-285	69	77	90	82	318	
5	季度合计	546	659	650	657	2512	

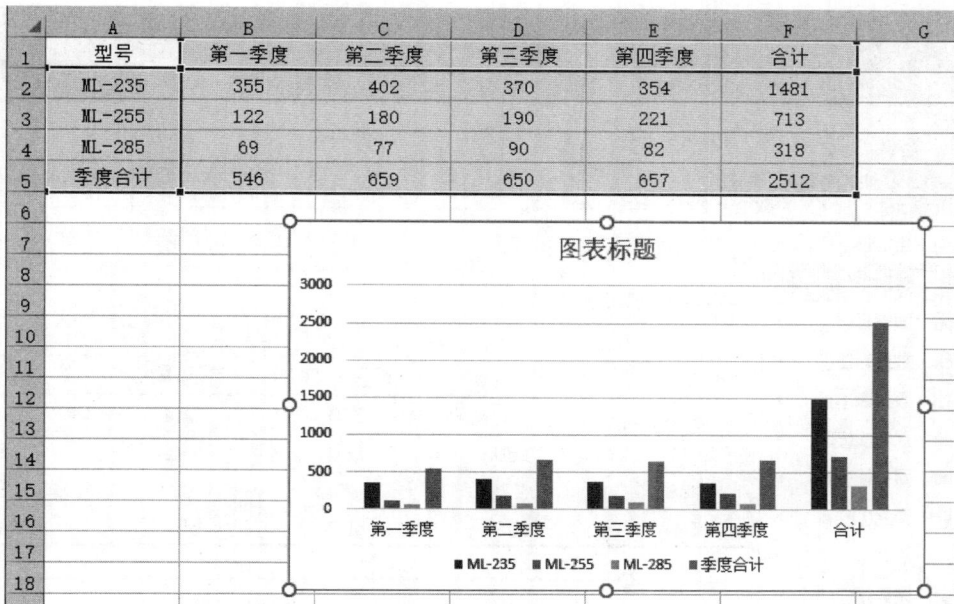

图 3-29　柱形图插入效果

（3）使用"图表工具"→"设计"→"图表布局"→"添加图表元素"或者快速布局来更改图表样式，比如可以使用"快速布局"→"布局 1"来设置图例在图表右侧，如图 3-30 所示。

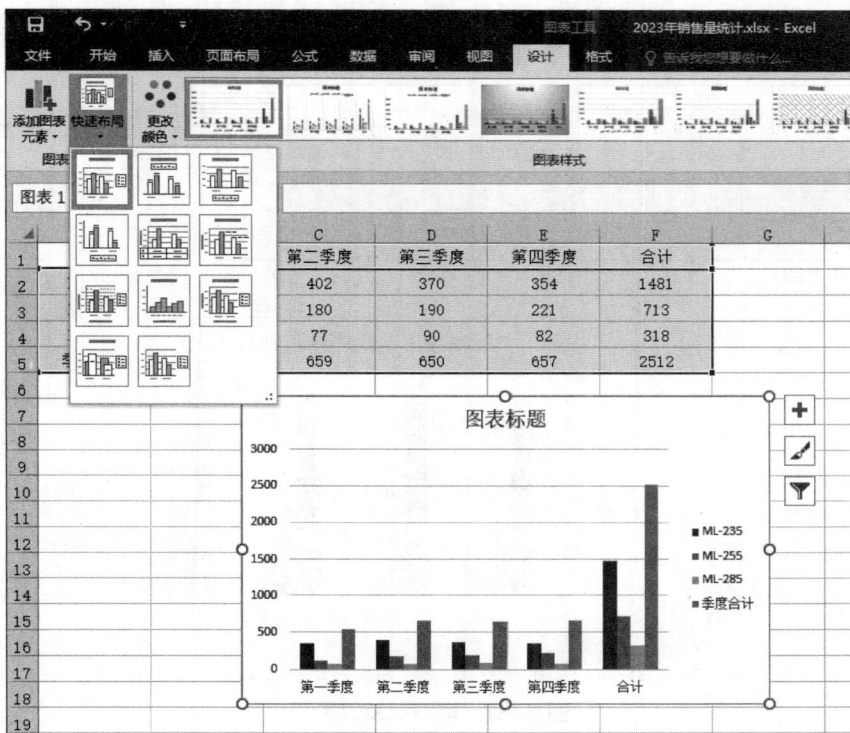

图 3-30　使用快速布局后的效果

（4）想要自定义其他图表属性，可以通过"图表工具"→"设计"→"图表布局"→"添加图表元素"按钮来进行各项的修改和调整，选项如图 3-31 所示。

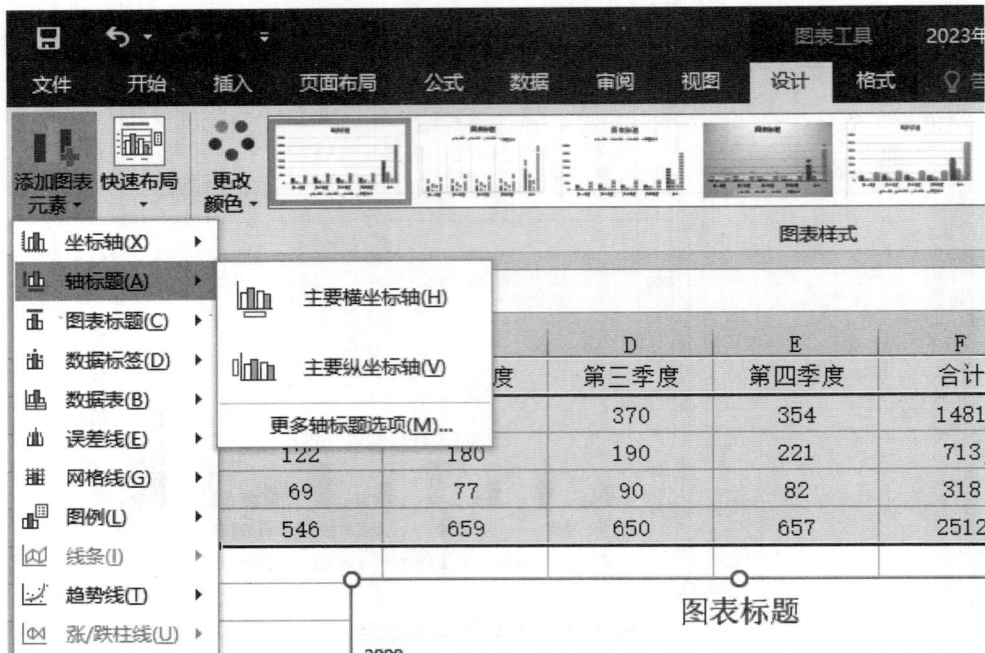

图 3-31　添加图表元素各个选项

（5）调整各个标题，以及数据表区域（去掉合计部分，通过"图表工具"→"设计"→"数据"→"选择数据"或者直接在工作表的数据表中的蓝框上进行拖动操作），包括添加横坐标轴和纵坐标轴标题，以及数据标签（数据标签外），最终达到效果如图 3-32 所示。

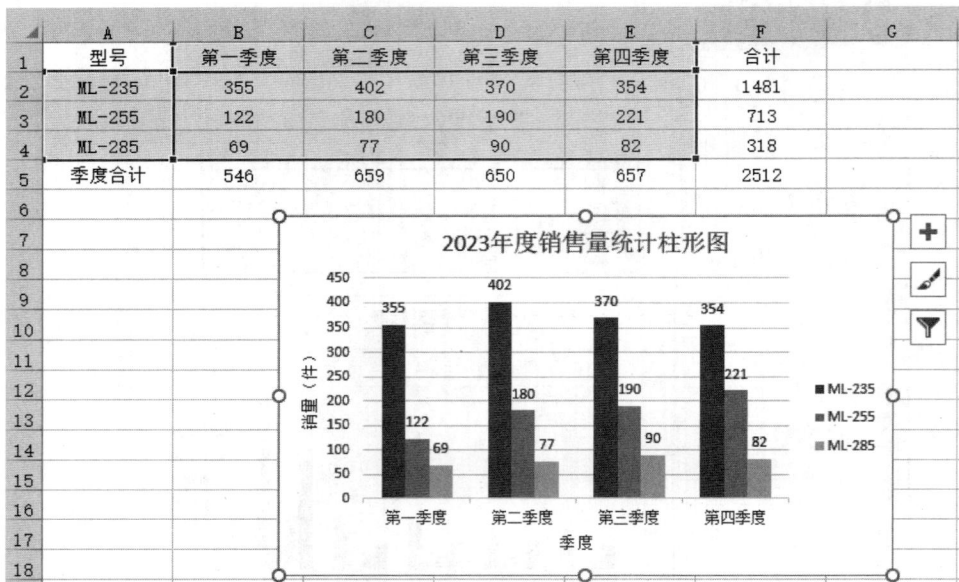

图 3-32　最终图表效果图

（6）注意：选择任何一个类型的图表列表时，单击下拉箭头"更多×××图表…"选项，会弹出一个所有图表类型综合列表的对话框，在找不到自己合适图表的情况下，可以尝试这个选项来进行综合查找，对话框效果如图 3-33 所示。

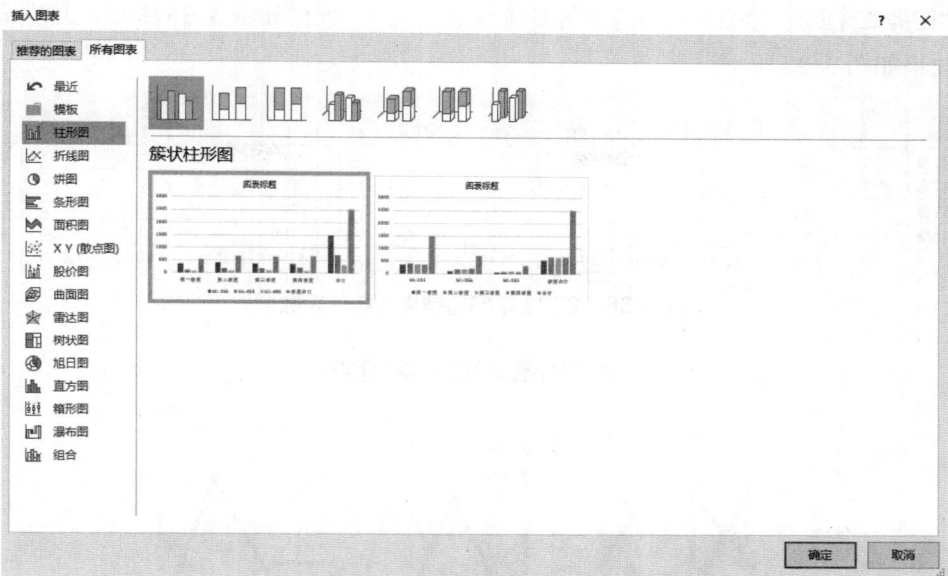

图 3-33　更多柱形图点击弹出的对话框

3.3.2　实验任务

【任务一】创建"7 月日常开销记录汇总表 .xlsx",数据如图 3-34 所示,并按要求创建饼图,结果如图 3-35 所示,注意数据标签可以选择"其他数据标签选项"后进行详细设置。

	A	B
1	类型	金额
2	住宿	1350
3	餐饮	983
4	衣物	700
5	交通	420
6	娱乐	290

图 3-34　7 月日常开销记录汇总数据内容

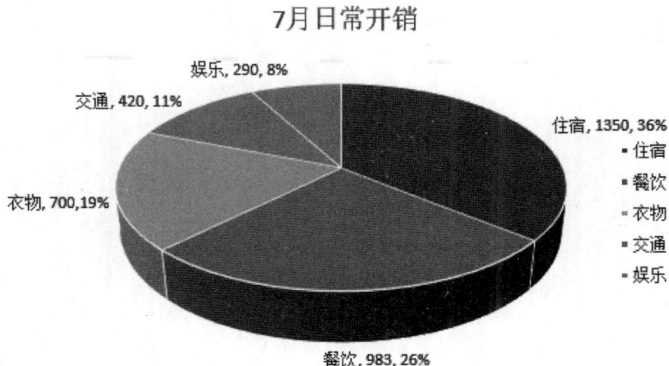

图 3-35　7 月日常开销记录汇总数据内容

【**任务二**】创建"2023 年部门销售额统计表.xlsx"，数据如图 3-36 所示，并生成折线图，效果如图 3-37 所示。

	A	B	C	D	E	F	G	H	I	J	K	L	M	N
1	部门	1月	2月	3月	4月	5月	6月	7月	8月	9月	10月	11月	12月	总计
2	销售1部	47.36	30.13	33.84	18.23	15.01	18.70	17.03	34.73	34.66	14.22	11.50	28.93	304.34
3	销售2部	49.29	30.65	30.35	33.78	16.56	29.51	49.27	11.91	25.90	25.99	42.12	47.67	393.00
4	销售3部	10.70	36.40	28.42	24.27	11.31	11.33	18.33	10.49	24.25	13.27	13.09	13.43	215.29
5	销售4部	34.70	46.49	42.82	27.79	25.55	45.61	22.68	31.90	31.03	49.28	21.81	13.34	393.00
6	总计	142.05	143.67	135.43	104.07	68.43	105.15	107.31	89.03	115.84	102.76	88.52	103.37	1305.63

图 3-36 　2023 年部门销售额统计表数据

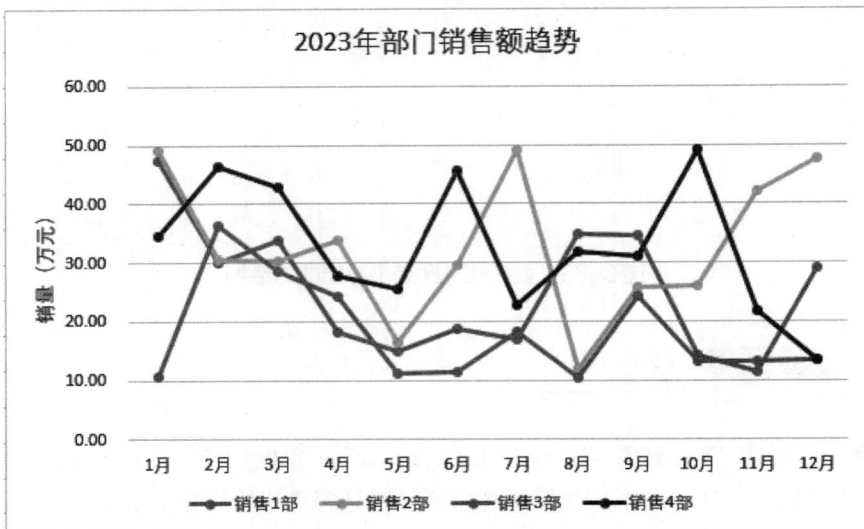

图 3-37 　2023 年部门销售额趋势折线图

实践 4
使用 PowerPoint 2016 制作演示文稿

学习目标

◇了解演示文稿的基本概念，掌握 PowerPoint 演示文稿基本操作和内容设置，如输入和设置文本，以及插入和设置文本框、图片、图形、艺术字、声音和视频等对象。

◇掌握管理幻灯片和修饰演示文稿的操作，如选择、插入、复制和移动幻灯片，为演示文稿应用主题，设置背景，以及使用母版统一设置幻灯片内容和格式等。

◇掌握幻灯片及幻灯片中的对象设置动画和放映演示文稿的操作。

4.1 PowerPoint 2016 的基本操作

4.1.1 实验示例

例 4-1 PowerPoint 2016 的启动与退出。启动 PowerPoint 2016 主要有以下三种方法

（1）单击"开始"按钮，打开"开始"菜单，选择"PowerPoint 2016"命令，如图 4-1 所示。显示启动画面，启动 PowerPoint 2016，如图 4-2 所示。

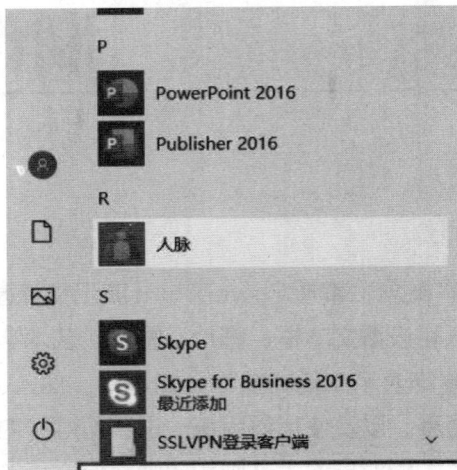

图 4-1 选择"PowerPoint 2016"命令

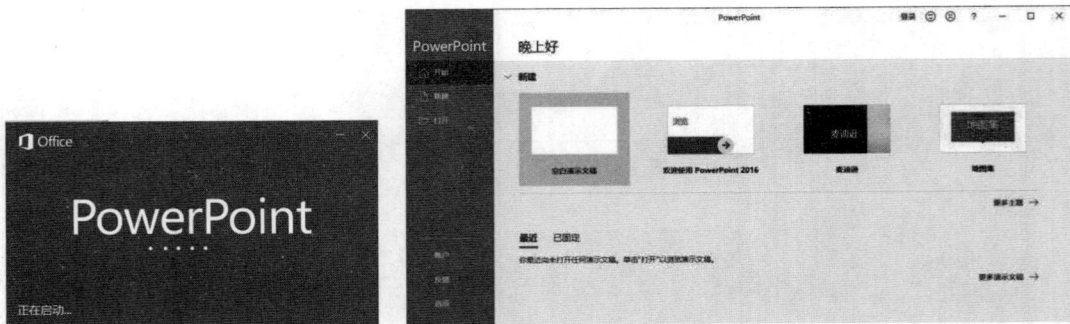

图 4-2 启动界面

（2）双击桌面 PowerPoint 2016 快捷图标。

（3）通过文件资源管理器选定要打开的 PowerPoint 文档，双击文档名即可启动 PowerPoint 2016 应用程序，同时打开该文档。

关闭 PowerPoint 2016 应用程序的方法有：

（1）单击窗口右上角的"关闭"按钮。

（2）选择"文件"→"关闭"命令。

（3）使用【Alt+F4】组合键。如果在退出操作之前，已被修改的演示文稿还没有被保存，那么在退出 PowerPoint 时将会显示一个确认对话框询问用户"是否保存对 演示文稿 1 的更改？"如图 4-3 所示，单击"保存"按钮，保存所做的修改；单击"不保存"按钮放弃所做的修改，直接关闭当前的演示文稿退出 PowerPoint；单击"取消"按钮，则返回编辑状态。

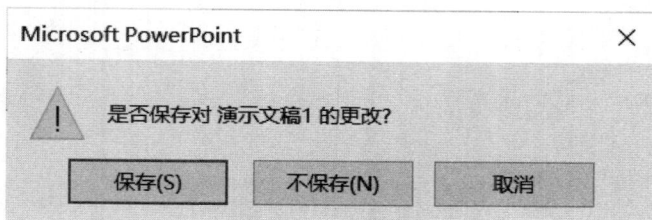

图 4-3　提示对话框

例 4-2 演示文稿的创建、保存、演示文稿中幻灯片的编辑

（1）新建空白演示文稿。单击"开始"→"PowerPoint 2016"命令，启动 PowerPoint 2016，进入启动界面，在"开始"界面选择"空白演示文稿"选项，或在"新建"界面选择默认设计模板，并新建一个文件名为"演示文稿 1 .pptx"的演示文档。

（2）新建幻灯片。在大纲视图的结尾使用【Enter】键，此时在演示文稿的结尾处会出现一张新幻灯片，该幻灯片默认直接套用上一张幻灯片的版式，或单击"开始"→"幻灯片"→"新建幻灯片"下拉按钮，在"Office 主题"下拉列表中选择所需要的版式。

（3）插入幻灯片。在演示文稿的浏览视图或普通视图的大纲窗格中，要在其后插入新幻灯片，可能直接使用【Enter】键添加与其同一版式的幻灯片，或单击"开始"→"幻灯片"→"新建幻灯片"下拉按钮，在"Office 主题"下拉列表选择一个合适的版式，单击即可完成插入。

（4）删除幻灯片。选择要删除的幻灯片，单击"开始"→"剪贴板"→"剪切"按钮，或使用【Delete】键。

（5）调整幻灯片的位置。选中要移动的幻灯片，按住鼠标左键，将其拖动到合适的位置松手，在拖动的过程中，在浏览视图中有一条竖线指示幻灯片移动目标位置，在普通视图下有一条横线指示演示文稿的位置，或选中要移动的幻灯片，单击"开始"→"剪贴板"→"剪切"按钮，然后在目标位置单击"开始"→"剪贴板"→"粘贴"按钮。

（6）隐藏幻灯片。单击"视图"→"演示文稿视图"→"幻灯片浏览"按钮，右击要隐藏的幻灯片，选择"隐藏幻灯片"命令，该幻灯片右下角的编号上会出现一条斜杠，表示该幻灯片已被隐藏。若想取消隐藏，则选中该幻灯片，再一次单击"隐藏幻灯片"命令。

（7）为幻灯片编号和插入页眉页脚。单击"插入"→"文本"→"幻灯片编号"按钮，这时会出现一个对话框，如图 4-4 所示。在对话框中进行相应的设置。根据需要，单击"全部应用"按钮或"应用"按钮。

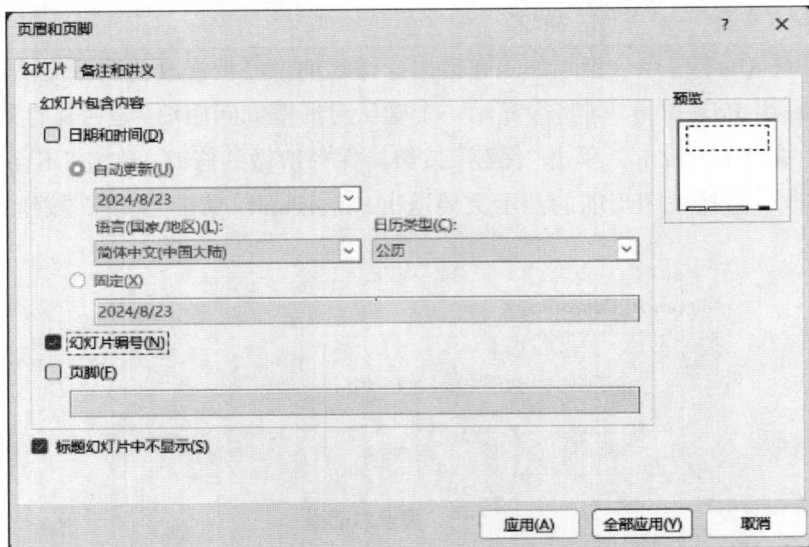

图 4-4　设置幻灯片编号及页眉页脚

（8）保存和关闭演示文稿。单击"文件"→"保存"命令，如果演示文稿是第一次保存，则系统会弹出"另存为"对话框，由用户选择保存文件的位置和名称，或单击快速访问工具栏中的"保存"按钮。

注意

PowerPoint 2016 生成的文档文件默认扩展名是".pptx"，这是一个向下兼容的文件类型，如果希望将演示文稿保存为早期的 PowerPoint 版本可以打开的文件，则在"另存为"对话框的"保存类型"下拉列表中选择"PowerPoint 97—2003 演示文稿"选项。

4.1.2 实验任务

【任务一】启动与退出 PowerPoint 2016

（1）启动 PowerPoint 2016。从"开始"菜单中选择 PowerPoint 2016，或者双击桌面上的 PowerPoint 2016 图标。等待程序启动并显示主界面。

（2）退出 PowerPoint 2016。点击窗口右上角的"关闭"按钮，或者从"文件"菜单中选择"退出"。

【任务二】熟悉操作界面

（1）浏览 PowerPoint 2016 的操作界面。

（2）了解界面的各个部分，包括功能区、幻灯片导航窗格、备注窗格以及幻灯片编辑区域。

（3）熟悉功能区中的各个选项卡，如"开始""插入""设计""切换""动画""幻灯片放映""审阅"和"视图"等。

【任务三】演示文稿的创建、保存和关闭

（1）创建演示文稿。启动 PowerPoint 2016 后，选择"新建"选项，然后点击"空白演示文稿"。

（2）保存演示文稿。在功能区中选择"文件"菜单，然后点击"保存"或"另存为"。为演示文稿选择一个保存位置，输入文件名，并选择"保存类型"为 PowerPoint 演示文稿（*.pptx）。点击"保存"按钮完成保存。

（3）关闭演示文稿。从"文件"菜单中选择"关闭"，或者点击窗口右上角的"关闭"按钮关闭演示文稿窗口。

【任务四】幻灯片的基本操作

（1）插入幻灯片。在功能区中选择"开始"选项卡，然后点击"新建幻灯片"按钮。从下拉菜单中选择所须的幻灯片版式。

（2）复制幻灯片。在幻灯片导航窗格中，右键点击需要复制的幻灯片。选择"复制"选项，然后在所需位置右键点击并选择"粘贴"。

（3）移动幻灯片。在幻灯片导航窗格中，单击并拖动需要移动的幻灯片到目标位置。

（4）删除幻灯片。在幻灯片导航窗格中，右键点击需要删除的幻灯片，选择"删除幻灯片"。

4.2　演示文稿的外观设计及内容编辑

4.2.1　实验示例

例 4-3　制作一个简单的计算机网络概述的 PowerPoint 演示文稿，效果如图 4-5 所示

（1）设计要求。

①新建一个空白演示文稿，将其命名为"计算机网络概述.pptx"（.pptx 为文件扩展名）。

②选择内置的主题"回顾"，并应用于所有的幻灯片。

③将幻灯片大小设置为"宽屏（16:9）"。

④按照如下要求修改幻灯片母版。

a.将幻灯片母版名称修改为"计算机网络概述"。母版标题应用"渐变填充：褐色，主题色 4；边框：褐色，主题色 4"的艺术字样式，字体为"微软黑"，并应用加粗效果；母版各级文本样式设置为"宋体"，文字颜色为"黑色"。

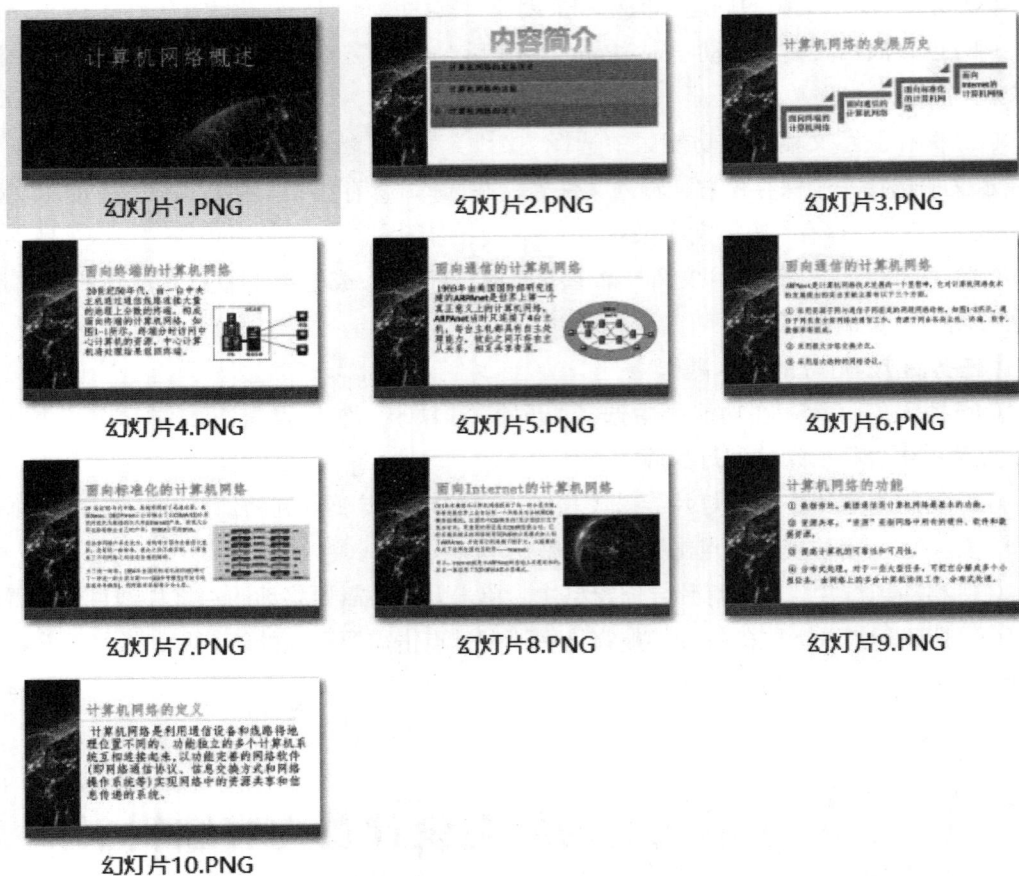

图 4-5　完成效果.pptx

b.使用图 4-6 所示的"图片 1 .jpg"作为标题幻灯片版式的背景。

c.新建名为"计算机网络概述 1"的自定义版式，在该版式中插入图 4-7 所示的"图片 2.jpg"，并对齐幻灯片左侧边缘；调整标题占位符的宽度为 26 cm，将其置于图片右侧；在标题占位符下方插入内容占位符，宽度为 26 cm，高度为 12cm，并与标题占位符左对齐。

图 4-6　图片 1.jpg　　　　　　　　　　4-7　图片 2.jpg

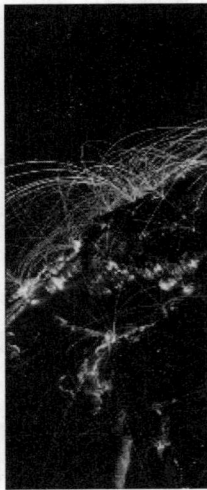

　　d.依据"计算机网络概述 1"版式创建名为"计算机网络概述 2"的新版式，在"计算机网络概述 2"版式中将内容占位符的宽度调整为 14.5 cm（保持与标题占位符左对齐）；在内容占位符右侧插入宽度为 11 cm、高度为 12 cm 的图片占位符，并与左侧的内容占位符顶端对齐，与上方的标题占位符右对齐。

　　⑤演示文稿共包含 10 张幻灯片，所涉及的文字内容保存在的配套素材相关文件夹"文字素材.docx"文档中，如图 4-8 所示，具体所对应的幻灯片可参考如图 4-5 所示的"完成效果.pptx"文档所示样例。其中第 1 张幻灯片版式为"标题幻灯片"，第 2、3、6、9、10 张幻灯片的版式为"计算机网络概述 1"，第 4、5、7、8 张幻灯片的版式为"计算机网络概述 2"。

计算机网络概述

一、计算机网络的发展历史

计算机网络的发展经历了四个阶段：面向终端的计算机网络、面向通信的计算机网络、面向标准化的计算机网络、面向 Internet 的计算机网络。

（1）面向终端的计算机网络

20 世纪 50 年代，由一台中央主机通过通信线路连接大量的地理上分散的终端，构成面向终端的计算机网络，如图 1-1 所示。终端分时访问中心计算机的资源，中心计算机将处理结果返回终端。

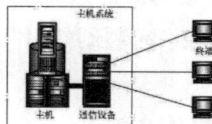

（2）面向通信的计算机网络

1969 年由美国国防部研究组建的 ARPAnet 是世界上第一个真正意义上的计算机网络，ARPAnet 当时只连接了 4 台主机，每台主机都具有自主处理能力，彼此之间不存在主从关系，相互共享资源。ARPAnet 是计算机网络技术发展的一个里程碑，它对计算机网络技术的发展做出的突出贡献主要有以下三个方面。

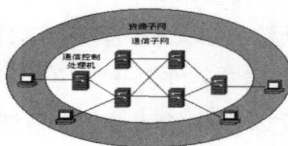

① 采用资源子网与通信子网组成的两级网络结构，如图 1-2 所示。通信子网负责全部网络的通信工作，资源子网由各类主机、终端、软件、数据库等组成。

② 采用报文分组交换方式。

③ 采用层次结构的网络协议。

（3）面向标准化的计算机网络

20 世纪 70 年代中期，局域网得到了迅速发展。美国 Xerox、DEC 和 Intel 三公司推出了以 CSMA/CD 介质访问技术为基础的以太网(Ethernet)产品、其他大公司也纷纷推出自己的产品，如 IBM 公司的 SNA。

但各家网络产品在技术、结构等方面存在着很大差异，没有统一的标准，彼此之间不能互联，从而造成了不同网络之间信息传递的障碍。

为了统一标准，1984 年由国际标准化组织 ISO 制订了一种统一的分层方案——OSI 参考模型(开放系统互连参考模型)，将网络体系结构分为七层。

（4）面向 Internet 的计算机网络

OSI 参考模型为计算机网络提供了统一的分层方案，但事实是世界上没有任何一个网络是完全按照 OSI 模型组建的，这固然与 OSI 模型的 7 层分层设计过于复杂有关，更重要的原因是在 OSI 模型提出时，已经有越来越多的网络使用 TCP/IP 的分层模式加入到了 ARPAnet，并使得它的规模不断扩大，以致最终形成了世界范围的互联网——Internet。

所以，Internet 就是在 ARPAnet 的基础上发展起来的，并且一直沿用了 TCP/IP 的 4 层分层模式。

二、计算机网络的功能

① 数据传送。数据通信是计算机网络最基本的功能。

② 资源共享。"资源"是指网络中所有的硬件、软件和数据资源。

③ 提高计算机的可靠性和可用性。

④ 分布式处理。对于一些大型任务，可把它分解成多个小型任务，由网络上的多台计算机协同工作、分布式处理。

三、计算机网络的定义

计算机网络是利用通信设备和线路将地理位置不同的、功能独立的多个计算机系统互相连接起来，以功能完善的网络软件(即网络通信协议、信息交换方式和网络操作系统等)实现网络中的资源共享和信息传递的系统。

图 4-8　"文字素材.docx"文档

⑥将第 2 张幻灯片中的文字转换为 2 行 2 列的表格，适当调整表格的行高、列宽，选择表格样式为"主题样式 2，强调 1"，字体为"宋体"，字号为 28。

⑦在第 3 张幻灯片中插入 SmartArt 图形，版式为"步骤上移流程"。

⑧将第 4、5、7、8 张幻灯片的右侧图片占位符中分别插入图片，如图 4-9 所示。

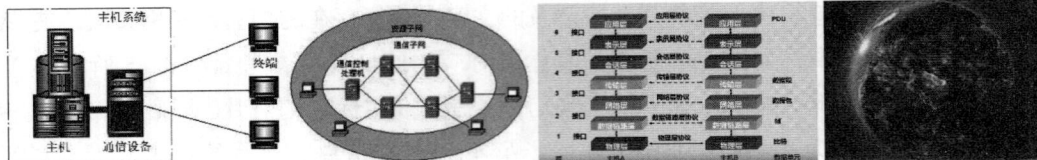

图 4-9　图 3～图 6

⑨为演示文稿插入幻灯片编号，编号从 1 开始，标题幻灯片中不显示编号。

⑩在第 1 张幻灯片中插入"背景音乐 .m4a"文件作为第 1～第 10 张幻灯片的背景音乐（第 10 张幻灯片放映结束后背景音乐停止），放映时隐藏图标。

⑪删除"标题幻灯片""计算机网络概述 1"和"计算机网络概述 2"之外的其他幻灯片版式。

（2）操作步骤。

①新建演示文稿。单击"文件"→"新建"命令，选择"空白演示文稿"命令，如图 4-10 所示。单击"文件"→"保存"→"浏览"命令，在弹出的"另存为"对话框的"文件名（N）："文本框中输入"人工智能概述"，在"保存类型（T）："中选择"PowerPoint 演示文稿（*.pptx）"，选择一个保存位置，单击"保存"按钮，如图 4-11 所示。

图 4-10　新建空白演示文档

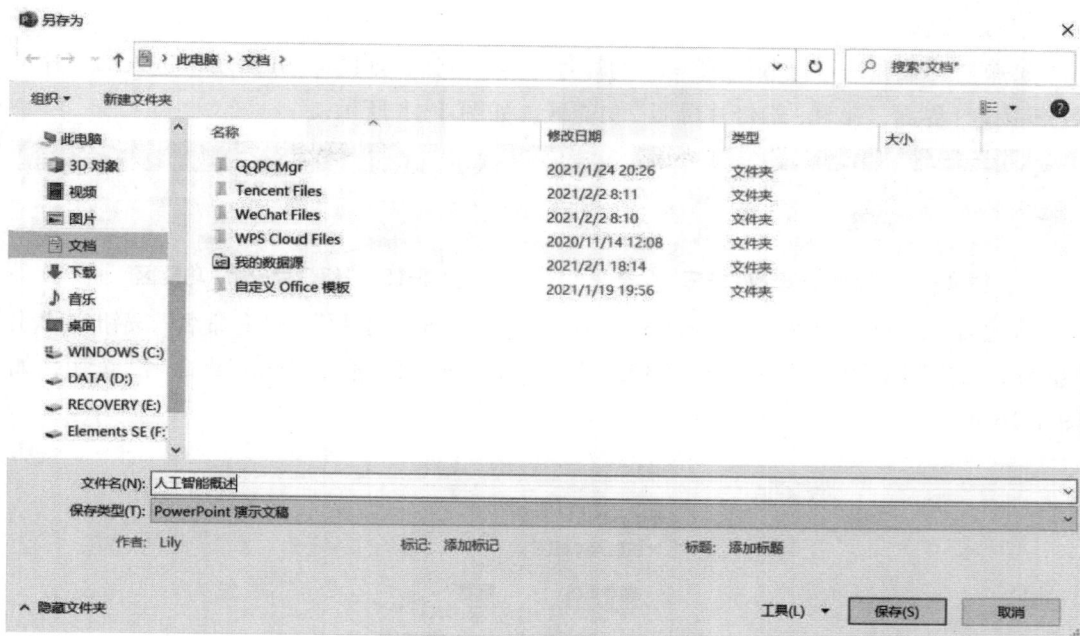

图 4-11　"另存为"对话框

　　②设置主题。单击"设计"→"主题"→"其他"命令，在打开的下拉列表中选择"回顾"主题，如图 4-12 所示。

　　③设置幻灯片大小。单击"设计"→"自定义"组 →"幻灯片大小"按钮，在打开的下拉列表中选择"宽屏（16:9）"，如图 4-13 所示。

图 4-12　选择"回顾"主题

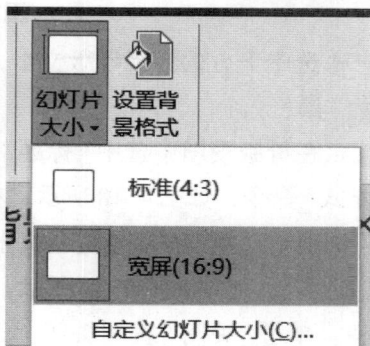

图 4-13　设置宽屏

④设计幻灯片母版。

a.单击"视图"→"母版视图"→"幻灯片母版"按钮，如图4-14所示，进入幻灯片母版视图设计界面，出现"幻灯片母版"功能区，如图4-15所示。

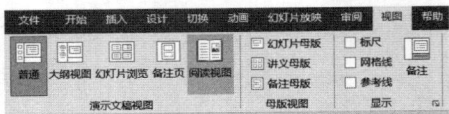

图4-14 "幻灯片母版"按钮

图4-15 "幻灯片母版"功能区

b.选定"幻灯片母版"，单击"幻灯片母版"→"编辑母版"→"重命名"按钮，弹出"重命名版式"对话框，将版式名称修改为"计算机网络概述"，单击"重命名"按钮，如图4-16所示。

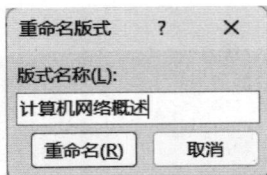

图4-16 "重命名版式"对话框

c.选中幻灯片母版中的标题文本框，单击"绘图工具/形式格式"→"艺术字样式"→"快速样式"按钮，在艺术字样式下拉列表框中选择"渐变填充：褐色，主题色4；边框：褐色，主题色4"，如图4-17所示。在"开始"选项卡"字体"组中将"字体"设置为"微软雅黑"，并应用加粗效果。

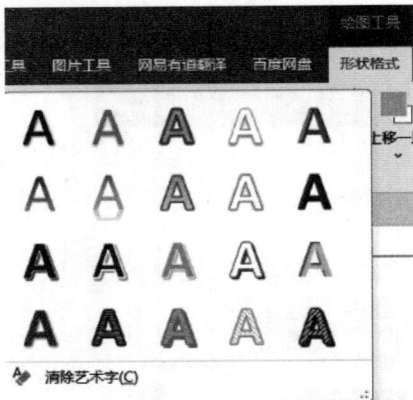

图4-17 艺术字样式下拉列表

d.选中下方的各级母版文本，在"字体"组中将"字体"设置为"宋体"，文字颜色设置为"黑色"。

e.在母版视图中选中"标题幻灯片"版式，右击，在弹出的快捷菜单中选择"设置背景格式"命令，如图4-18所示，右侧出现"设置背景格式"窗格，如图4-19所示，在"填充"选项中选择"图片或纹理填充"，单击"插入"按钮，弹出"插入图片"对话框，选择"从文件"选项，如图4-20所示，在打开的对话框中选择"图片1.jpg"文件，单击"插入"按钮。单击"关闭"按钮关闭"设置背景格式"窗格。"标题幻灯片"版式效果如图4-21所示。

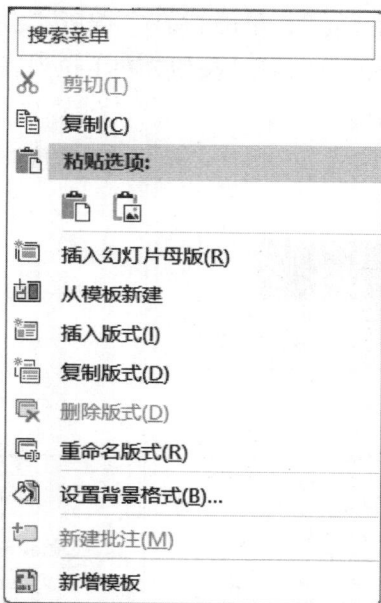

图 4-18　设置背景格式

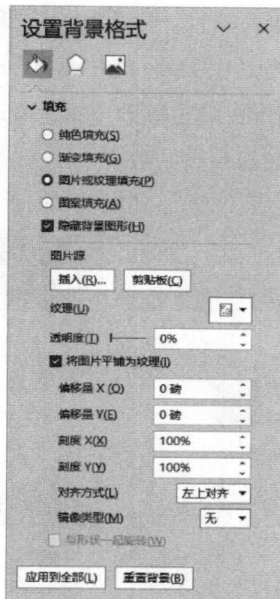

图 4-19　"设置背景格式"窗格

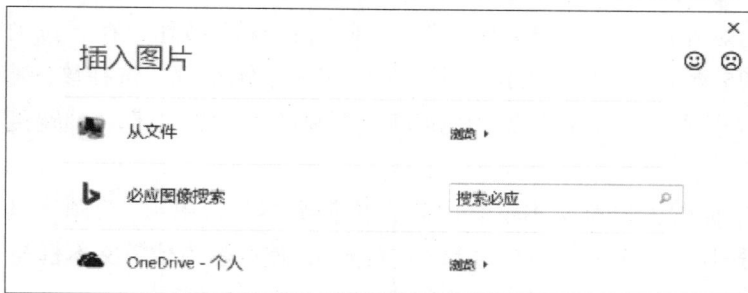

图 4-20　"插入图片"对话框

图 4-21　"标题幻灯片"版式效果

f. 单击"幻灯片母版"→"编辑母版"→"插入版式"按钮，选中新插入的版式并右击，在弹出的快捷菜单中选择"重命名版式"命令，弹出"重命名版式"对话框，将"版式名称"修改为"计算机网络概述 1"，单击"重命名"按钮。

g. 单击"插入"→"图像"→"图片"按钮，在下拉列表中选择"此设备"，如图 4-22

所示，弹出"插入图片"对话框，选择"图片2.jpg"，单击"插入"按钮。选择新插入的图片文件，单击"图片工具/图片格式"→"排列"→"对齐"按钮，在下拉列表中选择"左对齐"并调整大小至合适状态，如图4-23所示。

h.选择标题占位符，在"绘图工具/形状格式"→"大小"组中将"宽度"调整为"26厘米"并移动到合适位置，如图4-24所示。

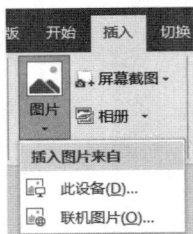

图4-22　"图片"下拉列表　　　　图4-23　"对齐"下拉列表　　　　图4-24　"大小"组

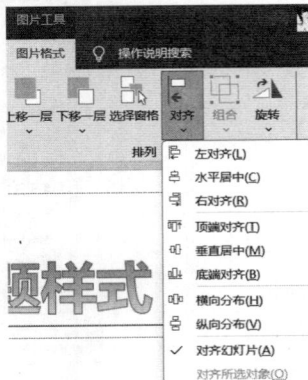

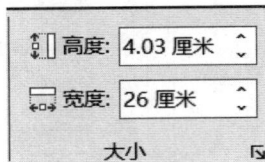

i.单击"幻灯片母版"→"母版版式"→"插入占位符"按钮，在下拉列表中选择"内容"，如图4-25所示，在标题占位符下方绘制出一个矩形框。选择该内容占位符对象，在"绘图工具/格式"→"大小"组中将"高度"调整为"12厘米"，"宽度"调整为"26厘米"。

j.同时选中标题占位符文本框和内容占位符文本框，单击"绘图工具/格式"→"排列"→"对齐"按钮，在下拉列表中选择"左对齐"，使内容占位符文本框与上方标题占位符文本框左对齐。"计算机网络概述1"版式效果如图4-26所示。

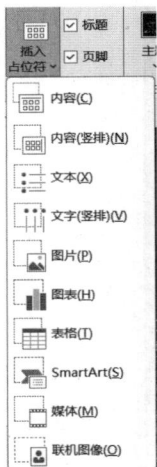

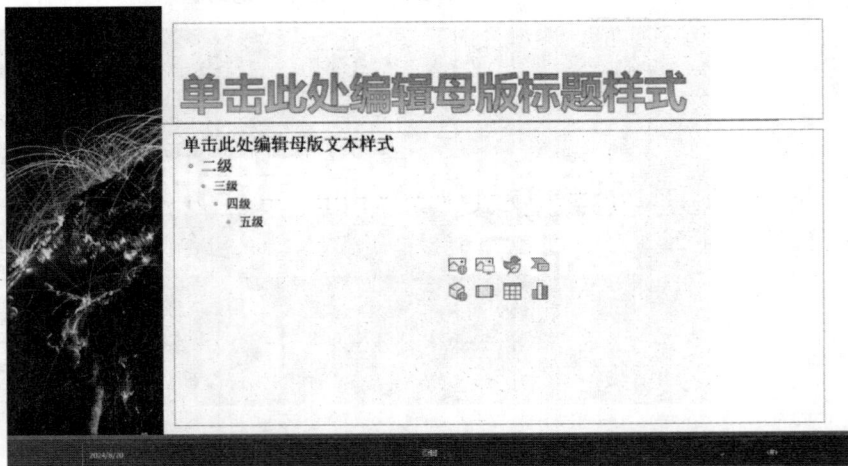

图4-25　插入占位符　　　　　　图4-26　"计算机网络概述1"版式效果

k.选中"计算机网络概述1"版式，右击，在弹出的快捷菜单中选择"复制版式"，在下方复制出一个"1_计算机网络概述1版式"，右击该版式，在弹出的快捷菜单中选择"重命名版式"，弹出"重命名版式"对话框，将版式名称修改为"计算机网络概述2"，单击"重命名"按钮。

l. 选中内容占位符文本框，在"绘图工具/格式"→"大小"组中将"宽度"调整为"14.5 厘米"。

m. 单击"幻灯片母版"→"母版版式"→"插入占位符"按钮，在下拉列表中选择"图片"，在内容占位符文本框右侧绘制出一个矩形框。选中该图片占位符文本框，在"绘图工具/格式"→"大小"组中将"高度"调整为"12 厘米"，将"宽度"调整为"11 厘米"。

n. 同时选中左侧的内容占位符文本框和右侧的图片占位符文本框，单击"绘图工具/格式"→"排列"→"对齐"按钮，在下拉列表中选择"顶端对齐"，使内容占位符文本框与图片占位符文本框顶端对齐。

o. 同时选中上方的标题占位符文本框和下方的图片占位符文本框，单击"绘图工具/格式"→"排列"→"对齐"按钮，在下拉列表中选择"右对齐"，使图片占位符文本框与上方的标题占位符文本框右对齐。"计算机网络概述 2"版式效果如图 4-27 所示。

p. 单击"绘图工具/格式"→"关闭"→"关闭母版视图"按钮。

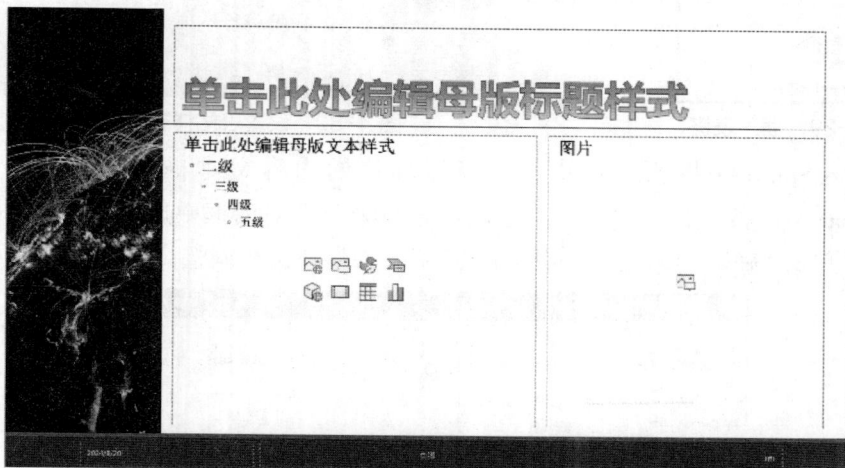

图 4-27　"计算机网络概述 2"版式效果

⑤添加幻灯片。

a. 在"计算机网络概述.pptx"演示文稿中，单击"开始"→"幻灯片"→"新建幻灯片"按钮，如图 4-28 所示，创建新幻灯片，使本文档共包含 10 张幻灯片。

图 4-28　新建幻灯片

b. 选中第 1 张幻灯片，单击"幻灯片"→"版式"按钮，在下拉列表中选择"标题幻灯片"。按照同样的方法，设置第 2、3、6、9、10 张幻灯片的版式为"计算机网络概述 1"，第4、5、7、8张幻灯片的版式为"计算机网络概述2"。

c.参考"完成效果.pptx"文件,将"文字素材.docx"文件中的文本信息复制到相应的演示文稿中。

⑥插入表格。选中第2张幻灯片内容文本框,单击"插入"→"表格"→"表格"按钮,在下拉列表中选择2行2列,如图4-29所示,在文档中插入表格,输入文字,选择"表格工具|表设计"→"表格样式"中的"主题样式2,强调1"样式,对表格进行调整,如图4-30所示。

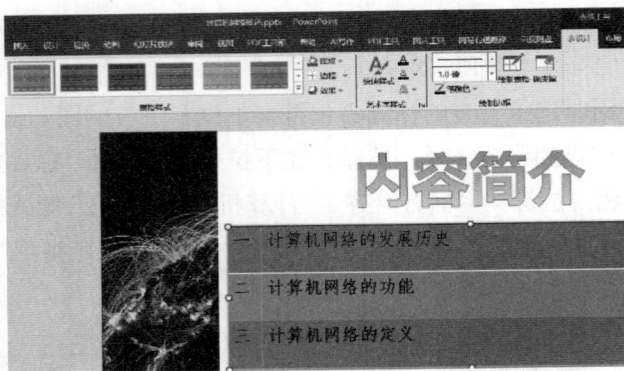

图4-29 插入表格　　　　图4-30 设置表格样式

⑦插入SmartArt图形。选中第3张幻灯片的内容文本框,单击"插入"→"插图"→"SmartArt"按钮,在弹出的"选择SmartArt图形"对话框中选择"流程"→"步骤上移流程",单击"确定"按钮,输入相应文字后,对字体进行调整,如图4-31所示。

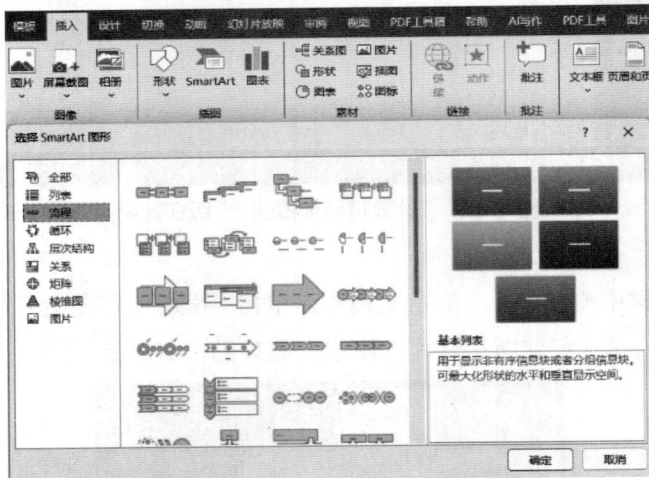

图4-31 插入 SmartArt 图形

⑧插入图片。选中第4张幻灯片,在幻灯片右侧的图片占位符文本框中,单击"图片"按钮,弹出"插入图片"对话框,选择"图片3.jpg"文件,单击"插入"按钮。第5、7、8张幻灯片的设置方法是一样的。效果如图4-32所示。

⑨插入幻灯片编号。选中第1张幻灯片,单击"插入"→"文本"→"幻灯片编号"按钮,如图4-33所示,弹出"页眉和页脚"对话框,在对话框中勾选"幻灯片编号"和"标题幻灯片中不显示"两个复选框,单击"全部应用"按钮,如图4-34所示。

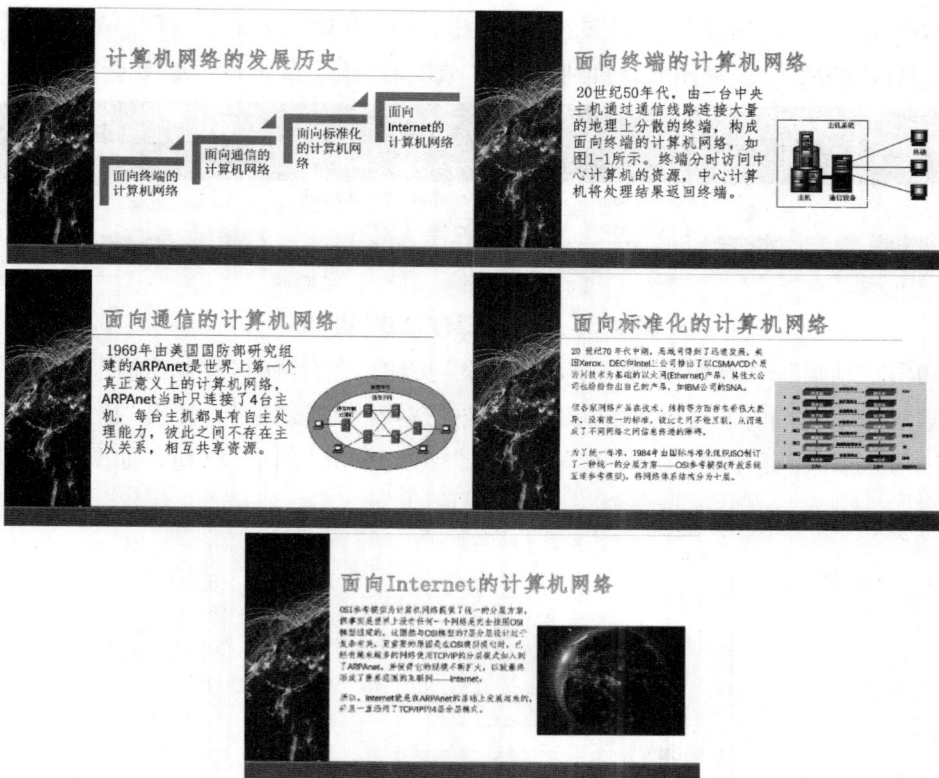

图 4-32　插入图片后的效果

图 4-33　幻灯片编号

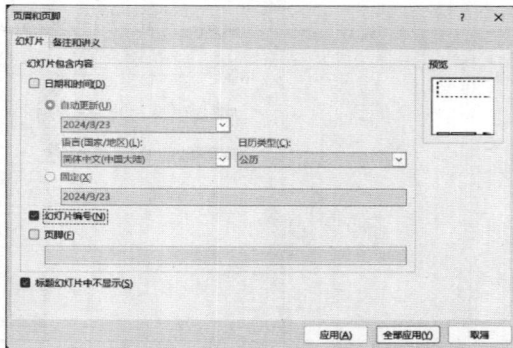

图 4-34　"页眉和页脚"对话框

⑩插入背景音乐。

a.选择第 1 张幻灯片，单击"插入"→"媒体"→"音频"按钮，在下拉列表中选择"PC 上的音频"选项，如图 4-35 所示，弹出"插入音频"对话框，选中"背景音乐.m4a"文件，单击"插入"按钮。

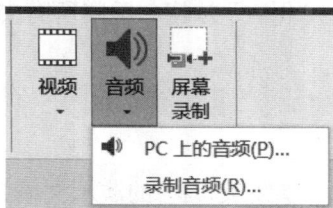

图 4-35　插入音频

b.在"音频工具/播放"→"音频选项"组中，将"开始"设置为"按照单击顺序"，选中"跨幻灯片播放""循环播放，直到停止""放映时隐藏"复选框，如图4-36所示。

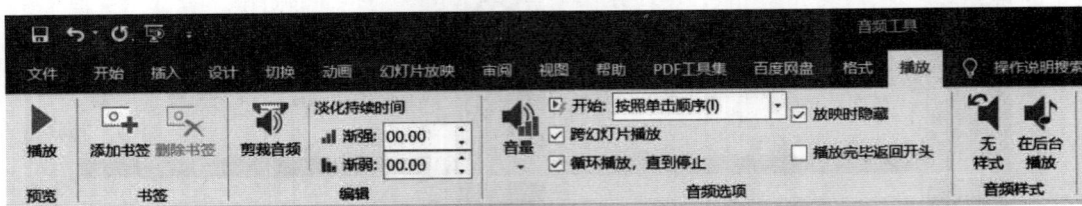

图 4-36　"音频工具/播放"功能区

c.单击"动画"→"高级动画"→"动画窗格"按钮，在右侧的"动画窗格"中，选中"背景音乐"，单击右侧的下拉按钮，在下拉列表中选择"效果选项"，弹出"播放音频"对话框；在"停止播放"组中的"在（F）："中输入"10"，单击"确定"按钮，如图4-37所示。

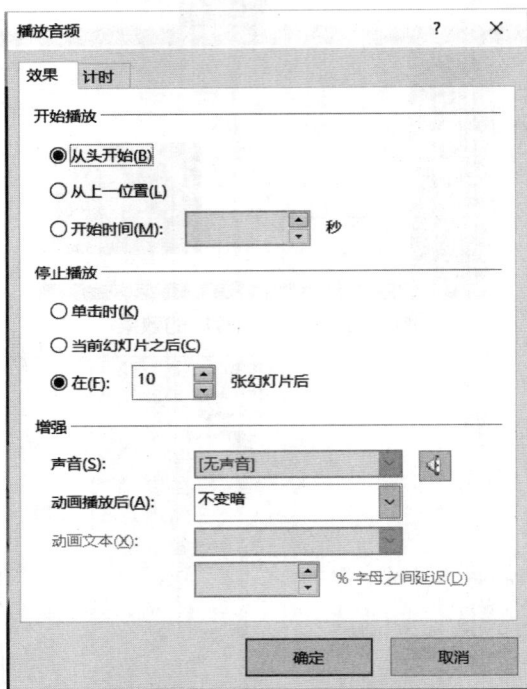

图 4-37　"播放音效"对话框

⑪删除版式。

a.单击"视图"→"母版视图"→"幻灯片母版"按钮，进入幻灯片母版视图。

b.选中除"标题幻灯片""计算机网络概述1"和"计算机网络概述2"版式之外的所有幻灯片版式，右击，选择"删除版式"命令，关闭母版视图。

⑫单击快速访问工具栏中的"保存"按钮，关闭所有文档。

4.2.2　实验任务

【任务】设计一个介绍2022年北京冬奥会的演示文稿，并满足以下要求：

（1）演示文稿中的幻灯片不能少于 60 张。

（2）第一张幻灯片的版式是"标题幻灯片"，其中副标题的内容必须是本人的信息，包括"专业、班级、姓名、学号"。

（3）其他的幻灯片中要包含与 2022 年北京冬奥会相关的文字、图片或艺术字等。

（4）除"标题幻灯片"之外，每张幻灯片上都要显示页码。

（5）选择至少两种"应用设计模板"或"背景"对文件进行设置。

（6）幻灯片的整体布局合理、美观大方。

4.3　演示文稿的放映设计

4.3.1　实验示例

例 4-4　**基于制作的演示文稿"计算机网络概述 .pptx"，设置演示文稿的放映**

（1）设计要求。

①为该演示文稿第 1 张幻灯片设置动画效果，标题的进入动画效果为"浮入"，效果选项为"上浮"，设置在上一动画之后开始动画。为"计算机网络概述 1"幻灯片版式的标题设置进入动画为"随即线条"，效果选项为"水平"，内容占位符的进入动画为"擦除"，效果选项为"自顶部"，设置在单击时开始动画。"计算机网络概述 2"幻灯片版式的动画设置与此相同。图片占位符的进入动画设置为"飞入"，效果选项为"自右侧"。设置在上一动画之后开始动画。

②在第 2 张幻灯片中，设置单击表格第一行超链接到第 3 张幻灯片，单击表格第二行文字超链接到第 9 张幻灯片，单击表格第三行文字超链接到第 10 张幻灯片。

③为该演示文稿的第 2 张幻灯片设置切换效果，切换方式为"擦除"；效果选项为"自左侧"；点击鼠标时换片或每隔 4 秒换片。其他幻灯片的切换效果设置为"旋转"。

④设置演示文稿由观众自行浏览且自动循环播放，并保存该文档。

（2）操作步骤。

①设置动画效果。

a.打开演示文稿"计算机网络概述 .pptx"，选定第 1 张幻灯片中的标题，单击"动画"→"动画"→"动画样式"按钮，在打开的下拉列表中选择"进入"中的"浮入"，如图 4-38 所示；单击"动画"→"效果选项"按钮，在打开的下拉列表中选择"上浮"，如图 4-39 所示，并设置在单击时开始动画。

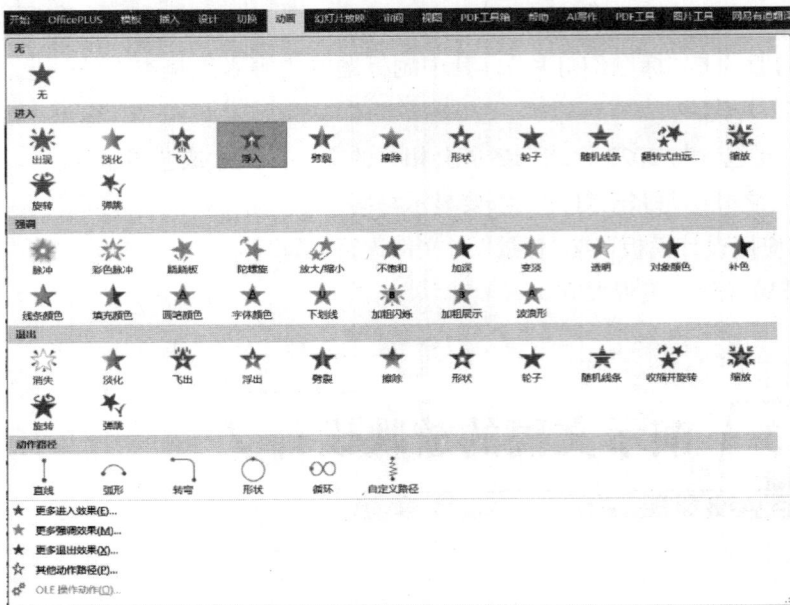

图 4-38 "动画"下拉列表

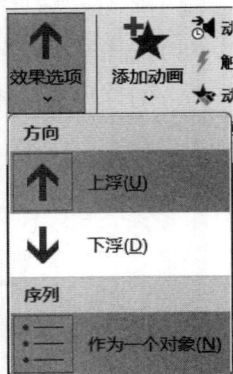

图 4-39 "效果选项"
下拉列表

b.单击"视图"→"母版视图"→"幻灯片母版"按钮，进入幻灯片母版视图设计界面。选择"计算机网络概述 1"版式中的标题占位符，单击"动画"→"动画"→"动画样式"按钮，在打开的下拉列表中选择"进入"中的"随机线条"，单击"动画"→"效果选项"按钮，在打开的下拉列表中选择"水平"→"计时"→"开始"→"单击时"。

c.选择"计算机网络概述 1"版式中的内容占位符，单击"动画"→"动画"→"动画样式"按钮，在打开的下拉列表中选择"进入"中的"擦除"，单击"动画"→"效果选项"按钮，在打开的下拉列表中选择"自顶部"→"计时"→"开始"→"单击时"。

d.选择"计算机网络概述 2"版式，按照步骤②③所示，设置标题占位符、内容占位符、图片占位符的动画。

e.关闭幻灯片母版视图。

②设置超链接。

a.单击第 2 张幻灯片，选中表格第 1 行第 2 列文字"计算机网络的发展历史"，右击，弹出快捷菜单，选择"超链接"选项，或者单击"插入"→"链接"→"链接"选项，如图 4-40 所示，弹出"插入超链接"对话框，选择左侧"本文档中的位置"，在"请选择文档中的位置"列表中选择"3.计算机网络的发展历史"，如图 4-41 所示，单击"确定"按钮，可以看到幻灯片表格中的文字"计算机网络的发展历史"变成了有底线的蓝色字体，如图 4-42 所示，鼠标移动到文字上时，会有超链接的提示。放映时，鼠标放在文字上，会变成一个手的形状，单击文字即可跳转到第 3 张幻灯片。

b.按照上述方法，设置表格第 2 行第 2 列文字超链接到第 9 张幻灯片和设置表格第 3 行第 3 列文字超链接到第 10 张幻灯片。

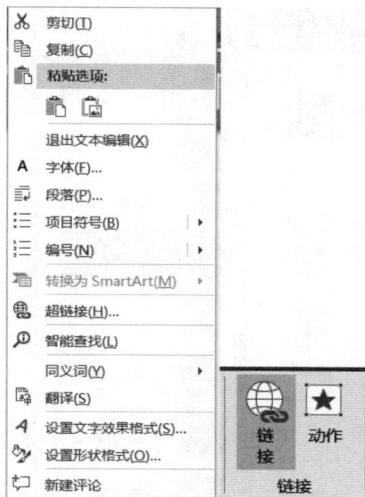

图 4-40　插入超链接

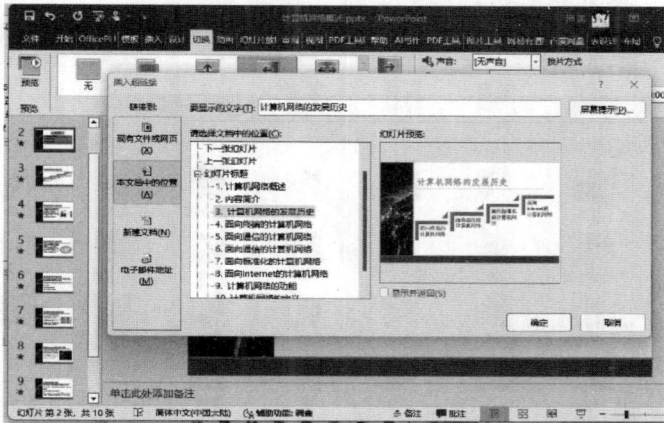

图 4-41　"插入超链接"对话框

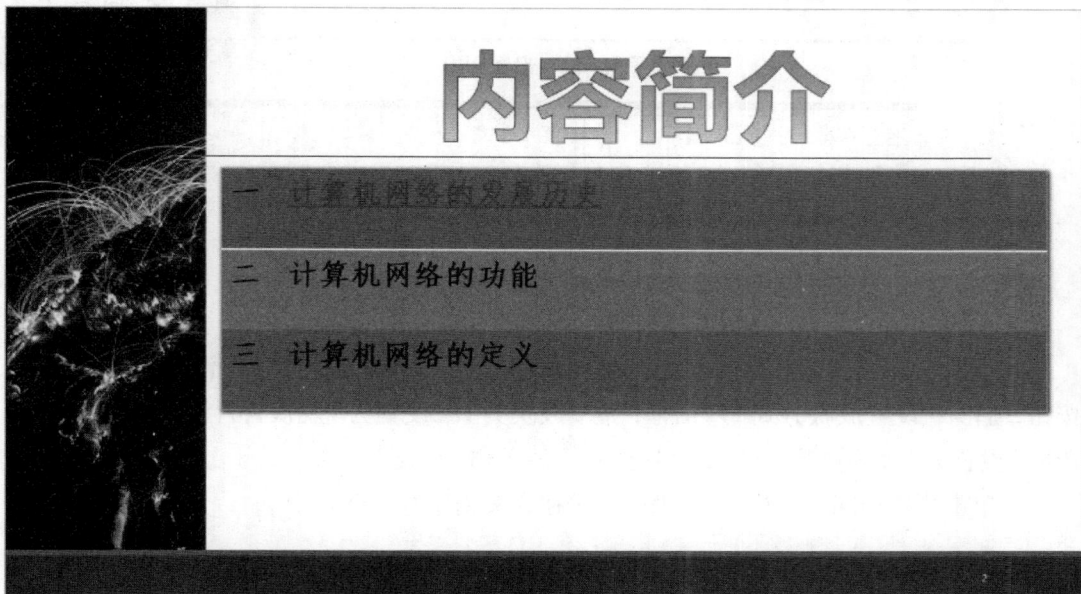

图 4-42　插入超链接后的效果

③设置幻灯片切换效果。

a.选定第 2 张幻灯片,单击"切换"→"切换到此幻灯片"→"切换效果"按钮。在打开的下拉列表中选择"细微"中的"擦除";单击"切换到此幻灯片"→"效果选项"按钮,在打开的下拉列表中选择"自左侧",如图 4-43 所示。

b.分别选择"计时"→"单击鼠标时"复选框和"设置自动换片时间"复选框,并将其设置为 4 秒,如图 4-44 所示。

c.选定第 1 张、第 3~第 10 张幻灯片,单击"切换"选项卡中"切换到此幻灯片"组的"切换效果"按钮 ，在打开的下拉列表中选择"动态内容"中的"旋转";单击"切换到此幻灯片"组中的"效果选项"按钮,在打开的下拉列表中选择"自顶部"。

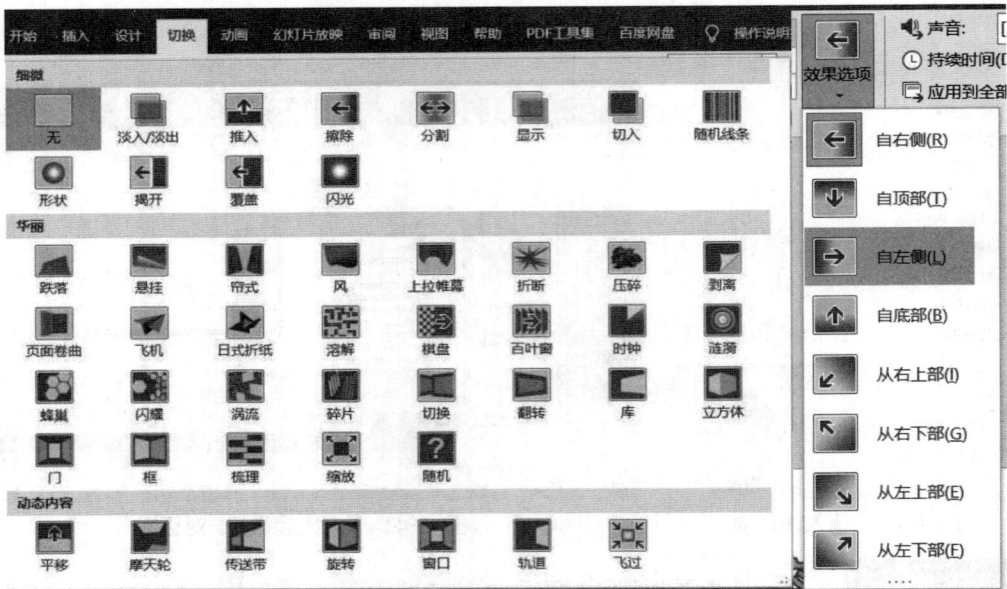

图 4-43 设置切换

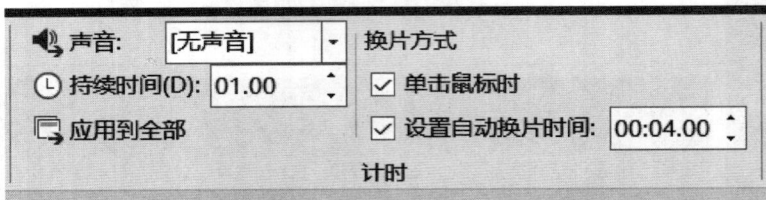

图 4-44 设置换片方式

④设置放映方式，并保存文档。单击"幻灯片放映"→"设置"→"设置幻灯片放映"按钮，打开"设置放映方式"对话框，将"放映类型"设置为"观众自行浏览"，将"放映选项"设置为"循环放映，按【Esc】键终止"，单击"确定"按钮。

⑤单击快速访问工具栏中的"保存"按钮，关闭所有文档。

4.3.2 实验任务

【任务】制作一份介绍"人工智能"的PPT演示文稿并满足以下要求：

（1）幻灯片数量：至少制作5张幻灯片。

（2）封面幻灯片：

①添加标题："人工智能简介"。

②添加副标题："人工智能的发展与应用"。

③插入一张相关图片作为封面背景，并调整图片的透明度为50%。

（3）内容幻灯片：

①第2张幻灯片：简述"什么是人工智能"（包括定义和简短解释），使用项目符号列出2~3点。

②第3张幻灯片：列出人工智能的主要应用领域（至少列出5个），并为每个应用领

域添加相关图片。

③第 4 张幻灯片：插入一个柱状图，展示未来五年全球人工智能市场增长预测数据〔可编造数据〕。

④第 5 张幻灯片：总结人工智能带来的机遇与挑战，使用项目符号列出至少 3 个机遇与 3 个挑战。

（4）动画和切换效果：

①为所有幻灯片添加淡入淡出的切换效果。

②为第 3 张幻灯片的图片添加"飞入"动画效果。

（5）设计和格式：

①使用统一的主题背景和颜色方案，确保美观简洁。

②标题字号设置为 36，正文内容设置为 24。

③每页幻灯片的内容应保持清晰、有条理，文字和图片不应过于拥挤。

（6）保存：将文件命名为"人工智能简介.pptx"并保存。

实践 5
局域网和 Internet 应用

学习目标

◇掌握在百度搜索需要的文档资料的方法。

◇通过对 Windows 10 自带防火墙进行管理操作，了解并掌握防火墙的打开和关闭方法。

5.1 使用百度平台搜索文档资料

5.1.1 实验示例

例 5-1 使用百度搜索英语四级方面的文献

（1）打开百度（http://www.baidu.com）官方网站，如图 5-1 所示。

图 5-1 百度搜索官方网站

（2）当我们需要专搜文档时，可以用关键字"英语四级资料"+关键字"filetype"（filetype：后面跟文件格式，比如 doc），并按【Enter】键进行搜索，将返回如图 5-2 所示的结果。

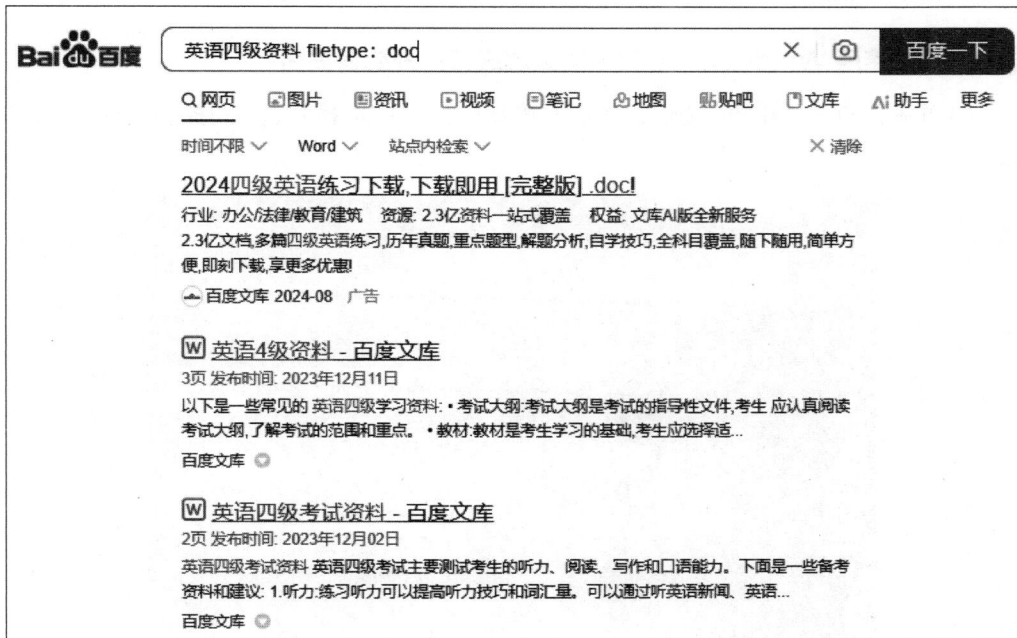

图 5-2 搜索结果

需要补充说明的是，具体可以搜索的文档类型有：doc、ppt、xls、pdf、rtf（Windows 自带的写字板格式）、all，也就是"文件格式"那里需要填上的。如果填写的是"all"，那么搜索的类型就是前面几种类型的综合。

5.1.2 实验任务

【任务】百度文献搜索：选择一个你熟悉的学科领域，例如"计算机科学""生物学""文学"等，在百度搜索框中输入该学科领域的一个基础关键词，如"计算机科学中的人工智能""生物学的细胞研究""文学中的古典小说"等，然后点击百度搜索。

具体要求如下：

（1）记录搜索结果的前 10 条网页的标题、网址和简要内容。

（2）列出搜索结果中符合要求的文献的标题、作者（如果有）、发布时间和网址。

（3）分析这些网页中哪些是真正的学术文献资源，哪些可能是相关的新闻报道、科普文章或其他非学术性内容。

5.2 Windows 10 防火墙的管理

5.2.1 实验示例

例 5-2 使用 Windows 10 自带防火墙进行打开或者关闭

（1）首先，点击"开始"按钮，随后在弹出的菜单中选择并进入"控制面板"，如 5-3 所示。

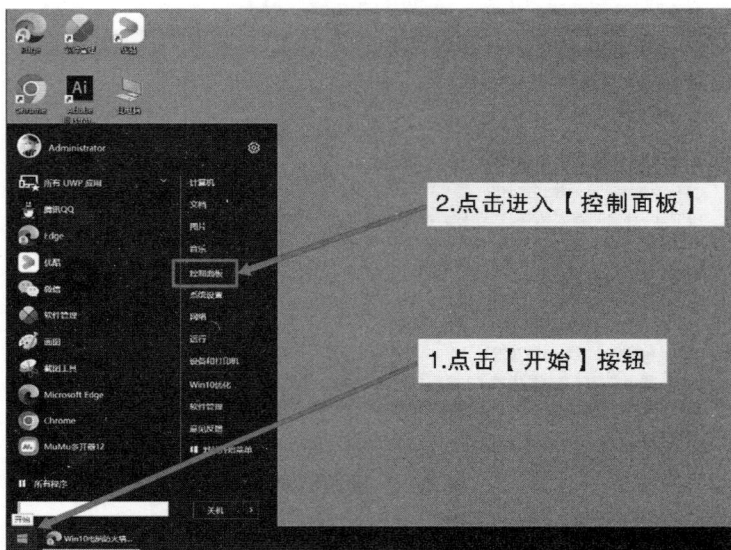

图 5-3　桌面点击进入控制面板

（2）进入控制面板界面后，点击"系统和安全"选项，如图 5-4 所示。

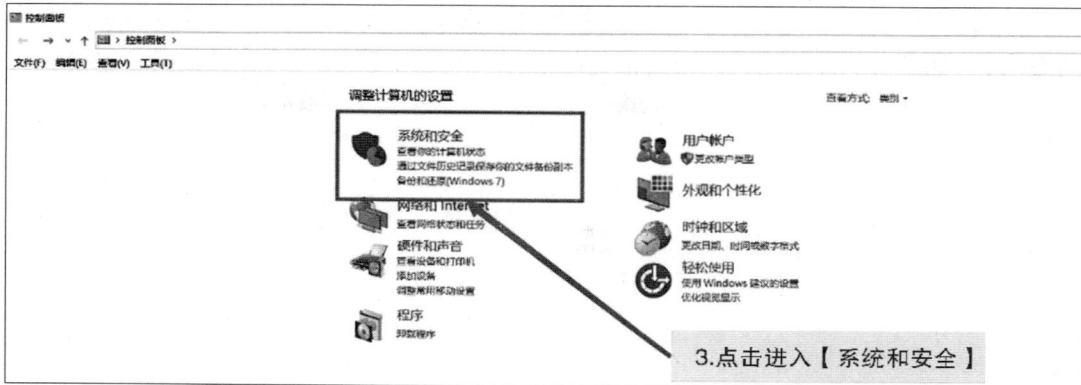

图 5-4　控制面板

（3）在左侧找到并点击"启用或关闭 Windows Defender 防火墙"，如图 5-5 所示。

图 5-5　控制面板－启动关闭防火墙

（4）最后，将专用网络设置和公用网络设置均设置为启用 Windows Defender 防火墙，完成设置后点击"确定"按钮即可，如图 5-6 所示。

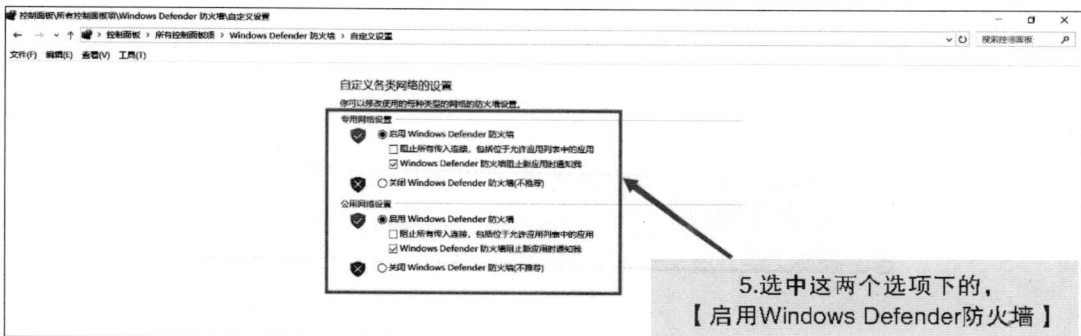

图 5-6　启动关闭界面

5.2.2　实验任务

【任务】在防火墙主界面中查看当前防火墙的总体状态（是开启还是关闭），并检查针对公共网络和专用网络的防火墙设置情况。

要求如下：记录当前防火墙的状态信息，包括公共网络和专用网络的防火墙是开启还是关闭状态，以及是否存在任何已启用的例外规则（与所选程序相关或其他常见程序的规则）。如果有例外规则，记录其相关程序名称和规则类型（允许连接或阻止连接）。